科学出版社“十四五”普通高等教育研究生规划教材

鲁棒控制基础理论

（第二版）

苏宏业　吴争光　徐巍华　编著

科学出版社

北京

内 容 简 介

本书从鲁棒控制的最基本定义和概念入手，根据作者多年的教学经验以及历届学生的反馈信息，结合作者的最新研究成果，由浅入深、循序渐进地阐述了鲁棒控制的基础理论和方法。

全书共 13 章。第 1 章介绍频域的基础知识；第 2 章和第 3 章介绍基本反馈系统的频域分析方法，包括不确定系统描述与稳定性分析；第 4 章介绍控制器参数化与镇定设计；第 5 章介绍基于频域方法的 H_∞控制器的设计方法；第 6 章介绍回路成形设计方法；第 7 章介绍时域鲁棒控制理论的数学基础；第 8 章介绍线性系统的性能指标；第 9 章介绍不确定线性系统的鲁棒控制基本理论；第 10 章介绍不确定时滞系统鲁棒控制的一些基本方法；第 11 章介绍奇异线性系统的鲁棒控制基本理论；第 12 章介绍多智能体系统事件触发分布式协同控制理论；第 13 章介绍 Markov 跳变系统的分析与非同步综合。

本书重点介绍鲁棒控制的基础理论与概念，可作为控制科学与工程学科以及机械、电子、通信、计算机、数学等相关专业的研究生教材，还可作为广大控制理论研究人员的参考书。

图书在版编目(CIP)数据

鲁棒控制基础理论 / 苏宏业，吴争光，徐巍华编著. —2 版. —北京：科学出版社, 2021.8

（科学出版社“十四五”普通高等教育研究生规划教材）

ISBN 978-7-03-069432-4

Ⅰ. ①鲁…　Ⅱ. ①苏…　②吴…　③徐…　Ⅲ. ①鲁棒控制-研究生-教材　Ⅳ. ①TP273

中国版本图书馆 CIP 数据核字(2021) 第 148486 号

责任编辑：余　江　陈　琪／责任校对：王　瑞

责任印制：张　伟／封面设计：迷底书装

科学出版社 出版

北京东黄城根北街 16 号

邮政编码：100717

http://www.sciencep.com

天津市新科印刷有限公司 印刷

科学出版社发行　各地新华书店经销

*

2010 年 10 月第　一　版　开本：787×1092　1/16

2021 年 8 月第　二　版　印张：15 3/4

2023 年 12 月第五次印刷　字数：374 000

定价：98.00 元

(如有印装质量问题，我社负责调换)

前　言

鲁棒控制是现代控制领域的基础理论之一。本书从最基本的定义和概念入手，根据作者多年的教学经验以及历届学生的反馈信息，结合作者的最新研究成果，由浅入深、循序渐进地阐述了鲁棒控制的基本理论和方法。

本书分为三个部分。

第一部分为基于频域的不确定系统鲁棒控制理论，内容包括第 1 ~ 6 章。其中，第 1 章介绍频域的基础知识；第 2、3 章介绍基本反馈系统的频域分析方法，包括不确定系统描述与稳定性分析；第 4 ~ 6 章介绍系统的综合，其中，第 4 章介绍控制器参数化与镇定设计，第 5 章介绍基于频域方法的 H_∞ 控制器的设计方法，第 6 章介绍回路成形设计方法。

第二部分为基于时域的不确定线性与时滞系统的鲁棒控制理论，内容包括第 7 ~ 11 章。其中，第 7 章介绍时域鲁棒控制理论的数学基础；第 8 章介绍线性系统的性能指标；第 9 章介绍不确定线性系统的鲁棒控制基本理论；第 10 章介绍不确定时滞系统鲁棒控制的一些基本方法；第 11 章介绍奇异线性系统的鲁棒控制基本理论。

第三部分为多智能体与 Markov 系统的分析与控制，内容为本次修订增加的第 12 ~ 13 章。其中，第 12 章介绍多智能体系统事件触发分布式协同控制理论；第 13 章介绍 Markov 跳变系统的分析与非同步综合。新增的章节体现了鲁棒控制研究的演变和拓展，也丰富了本书的内容。

此外，每章后面都有相应的习题供读者练习，希望读者综合应用教材中的基本概念和方法，全面掌握鲁棒控制理论思想和研究方法。

在完成本书的过程中，先后得到了国家自然科学基金创新研究群体项目、国家重点研发计划项目以及浙江大学研究生院、浙江大学工业控制技术国家重点实验室的资助。作者在此对国家自然科学基金委员会、科技部和浙江大学的支持深表谢意。毛维杰、吴俊、徐雍、石厅等参与了第一版的编写；吴争光、徐巍华等负责统筹本次修订工作，章一芳参与了本次修订，新增的第 12 章由徐勇执笔，第 13 章由沈英执笔。特别感谢科学出版社编辑为本书出版付出的辛勤劳动。

由于作者水平有限，书中难免存在不足和疏漏之处，殷切希望广大读者批评指正。

E-mail：hysu@iipc.zju.edu.cn

苏宏业

2021 年 5 月于杭州

目　　录

第 1 章　频域的数学基础

本章简要介绍频域鲁棒控制理论的一些数学基础。首先介绍度量空间、赋范空间等有关泛函分析的知识，接着分别定义信号的范数和传递函数的范数，并通过传递函数的范数来描述系统输入-输出的关系。

1.1　度 量 空 间

度量空间是 Euclid 上距离概念在一般抽象集合上的推广。

定义 1.1 (度量)　设 X 为一非空集合，它的一个度量 d 是指定义在 $X \times X$ 上的一个函数，且对任意的 $x, y, z \in X$ 满足：

(1) d 是有限的非负实数;

(2) $d(x, y) = 0$ 当且仅当 $x = y$;

(3) $d(x, y) = d(y, x)$;

(4) $d(x, y) \leqslant d(x, z) + d(z, y)$。

我们称定义了上述度量的集合为度量空间，通常记为 (X, d)。在同一集合上可定义不同的度量，可以构成不同的度量空间。

✍ **例 1.1**　对于 Euclid 空间 $\mathbb{R}^n$ 和酉空间 $\mathbb{C}^n$。它们分别是由 n 个实数和复数的有序组 $x = (\xi_1, \xi_2, \cdots, \xi_n)$ 或 $y = (\eta_1, \eta_2, \cdots, \eta_n)$ 等组成的集合，其 Euclid 度量定义为

$$d(x, y) = \sqrt{|\xi_1 - \eta_1|^2 + \cdots + |\xi_n - \eta_n|^2}$$

可以验证 $d(x, y)$ 满足定义 1.1 中的度量条件，因此 $\mathbb{R}^n$ 和 $\mathbb{C}^n$ 都是度量空间。

在一个度量空间 (X, d) 中，借助度量可以定义序列的极限。

定义 1.2 (收敛与极限)　设 $\{x_n\}$ 是度量空间 (X, d) 中的序列，若存在 $x \in X$ 使得

$$\lim_{n \to \infty} d(x_n, x) = 0$$

则称序列 $\{x_n\}$ 收敛到极限 x，并记为 $\lim\limits_{n \to \infty} x_n = x$。否则 $\{x_n\}$ 不收敛，称为发散。

定义 1.3 (Cauchy 序列与完备性)　设 (X, d) 是度量空间，$\{x_n\}$ 是 X 中的序列，如果对任意小的正数 $\epsilon > 0$ 存在 $N(\epsilon) > 0$，使得当 $m, n > N(\epsilon)$ 时有

$$d(x_m, x_n) < \epsilon$$

则称 $\{x_n\}$ 为一 Cauchy 序列。进一步，如果 X 中的每个 Cauchy 序列都在 X 中收敛，即其极限 x 包含在 X 中，则称 X 为完备的。

不难证明，Euclid 空间 $\mathbb{R}^n$ 及酉空间 $\mathbb{C}^n$ 都是完备的。

1.2 赋范空间

为了使度量空间中的度量与线性空间中的代数运算结合起来，我们可在线性空间上建立向量的范数，它是向量模概念的推广。设 X 为一向量空间，$\|\cdot\|$ 为一定义在 X 的实值函数，如果对于任意 $x \in X$ 和 $y \in X$，该实值函数满足下列性质：

(1) $\|u\| \geqslant 0$(非负性)；

(2) $\|u\| = 0 \Leftrightarrow u = 0$(正定性)；

(3) $\|au\| = |a|\|u\|$(齐次性)；

(4) $\|v + u\| \leqslant \|v\| + \|u\|$(三角不等式)。

则称这个实值函数 $\|\cdot\|$ 为范数。如果一个函数只满足其中的 (1)、(3) 和 (4)，而不一定满足 (2)，则称该函数为拟范数。对于向量 $x \in \mathbb{C}^n$，按照如下方式定义其 p-范数:

$$\|x\|_p = \left(\sum_{i=1}^{n} |x_i|^p\right)^{1/p}, \qquad 1 \leqslant p \leqslant \infty$$

特别地，当 $p = 1, 2, \infty$ 时有

$$\|x\|_1 = \sum_{i=1}^{n} |x_i|$$

$$\|x\|_2 = \left(\sum_{i=1}^{n} |x_i|^2\right)^{1/2}$$

$$\|x\|_\infty = \max_{1 \leqslant i \leqslant n} |x_i|$$

可以验证，它们均满足范数的几个性质。定义了范数的空间 X 称为赋范空间，并记为 $(X, \|\cdot\|)$。例如，对 $\mathbb{C}^n$ 中的向量定义 p-范数，则 $\mathbb{C}^n$ 便成为赋范空间。借助前面定义的范数，可诱导向量空间上的度量。记 $x, y \in X$，则诱导度量可以表示为

$$d(x, y) = \|x - y\|$$

若在该度量下 X 是完备的，则称 X 为 Banach 空间。换句话说，如果一个赋范空间 X 中的每个 Cauchy 序列均收敛到 X 中，则称该赋范空间是完备的。完备的赋范空间称为 Banach 空间。设 S 为 Banach 空间的子集，如果有下面两条性质成立:

(1) 如果 $x, y \in S$，必有 $x + y \in S$；

(2) 如果 $x \in S$，$c \in C$，必有 $cx \in S$。

则称 S 为 X 的一个子空间。进一步，如果 S 中的每一个在 X 中是收敛的序列在 S 中都有极限的话，那么 S 称为 X 中的闭子空间。一般说来，一个子空间不必是闭的。但如果 X 是有限维空间，则其每个子空间都是闭的。考虑 Euclid 空间 $\mathbb{R}^n$ 和酉空间 $\mathbb{C}^n$。对 $x = (\xi_1, \xi_2, \cdots, \xi_n)$，定义

$$\|x\| = \left(\sum_{i=1}^{n} |\xi_i|^2\right)^{1/2} = \sqrt{|\xi_1|^2 + |\xi_2|^2 + \cdots + |\xi_n|^2}$$

可以验证它满足范数定义中的 4 个条件。由此诱导出的度量为

$$d(x,y) = \|x-y\| = \sqrt{|\xi_1-\eta_1|^2+\cdots+|\xi_n-\eta_n|^2}$$

其中，$y=(\eta_1,\eta_2,\cdots,\eta_n)$。可以验证，在此度量下 $\mathbb{R}^n$ 空间和 $\mathbb{C}^n$ 空间都是完备的。因此，二者都是 Banach 空间。

定义 1.4 (等价范数)　设 X 是线性空间，$\|\cdot\|_1$ 和 $\|\cdot\|_2$ 是定义在 X 上的两个不同的范数。如果存在正数 a 和 b 使得对所有 $x\in X$ 满足：

$$a\|x\|_2 \leqslant \|x\|_1 \leqslant b\|x\|_2$$

则称范数 $\|\cdot\|_1$ 与 $\|\cdot\|_2$ 等价。在有限维线性空间 X 上，任何两个范数都是等价的。

定义 1.5 (线性算子)　设 X,Y 是同一数域 K 上的两个相量空间，T 是一个从 X 到 Y 的映射。如果 T 的定义域 $D(T)$ 是 X 的向量子空间，T 的值域 $R(T)$ 包含在 Y 中且对所有 $x,y\in D(T)$ 和任意的 $\alpha,\beta\in K$，有

$$T(\alpha x+\beta y) = \alpha Tx+\beta Ty \tag{1.1}$$

成立，则称 T 是线性算子。

定义 1.6 (线性有界算子)　设 X,Y 是同一数域 K 上的两个赋范空间，$T: X\mapsto Y$ 是一个线性算子。如果存在常数 $c>0$, 使得对任意 $x\in D(T)$，有

$$\|Tx\| \leqslant c\,\|x\| \tag{1.2}$$

成立，则称 T 是有界算子。否则，称 T 是无界算子。

式 (1.2) 表明

$$\frac{\|Tx\|}{\|x\|} \leqslant c, \qquad \forall x\neq 0\in X$$

因此，对所有 $x\neq 0\in D(T)$，与上式左边所对应的数集必有上确界。从而，算子 T 的范数 (或增益) 可以定义为

$$\|T\| = \sup_{x\neq 0}\frac{\|Tx\|}{\|x\|} \tag{1.3}$$

显然，由式 (1.3) 可得

$$\frac{\|Tx\|}{\|x\|} \leqslant \|T\| \leqslant c, \qquad x\neq 0\in D(T)$$

等价地

$$\|Tx\| \leqslant \|T\|\,\|x\| \leqslant c\,\|x\|, \qquad x\in D(T)$$

另外，对任意 $x,y\in D(T)$，有

$$\begin{aligned}\|T\| &= \sup_{x\neq 0}\frac{\|Tx\|}{\|x\|} \geqslant \sup_{x\neq 0,\|x\|\leqslant 1}\frac{\|Tx\|}{\|x\|} \geqslant \sup_{\|x\|\leqslant 1}\|Tx\| \\ &\geqslant \sup_{\|x\|=1}\|Tx\| = \sup_{y\neq 0}\left\|T\frac{y}{\|y\|}\right\| = \sup_{y\neq 0}\frac{\|Ty\|}{\|y\|} = \|T\|\end{aligned}$$

因此

$$\|T\| = \sup_{x \neq 0} \frac{\|Tx\|}{\|x\|} = \sup_{\|x\| \leqslant 1} \|Tx\| = \sup_{\|x\|=1} \|Tx\| \tag{1.4}$$

式 (1.4) 给出了线性算子范数的定义。由于上述范数是通过算子 T 在像空间和值空间的范数诱导出来的，因此也称为算子的诱导范数。

1.3 Hilbert 空间

内积空间是 Euclid 空间 $\mathbb{R}^n$ 的自然推广。

定义 1.7 (内积空间) 设 X 是 $\mathbb{C}$ 上的一个线性空间，则 X 上的内积是一复值函数

$$\langle \cdot, \cdot \rangle : X \times X \longmapsto \mathbb{C}$$

使得对任意 $x, y, z \in X$ 及 $\alpha, \beta \in \mathbb{C}$，有

(1) $\langle x, \alpha y + \beta z \rangle = \alpha \langle x, y \rangle + \beta \langle x, z \rangle$；

(2) $\langle x, x \rangle > 0$ 若 $x \neq 0$;

(3) $\langle x, x \rangle = 0$ 当且仅当 $x = 0$;

(4) $\langle x, y \rangle = \overline{\langle y, x \rangle}$。

定义了内积的线性空间称为内积空间并记为 $(X, \langle \cdot, \cdot \rangle)$。

借助上面定义的内积，可诱导出线性空间上的范数 $\|x\| = \sqrt{\langle x, x \rangle}$，$x \in X$。由 Schwarz 不等式可验证它满足范数的 4 个条件。因此，内积空间必是赋范空间。对于内积空间 X 中的两个向量 x, y，如果满足 $\langle x, y \rangle = 0$，则称之为正交的，记为 $x \perp y$。更一般地，如果对所有的 $y \in S, S \subset X$，都有 $x \perp y$，则称向量 x 与集合 S 正交，记为 $x \perp S$。内积和内积诱导出的范数具有下面的性质。

定理 1.1 设 X 是一内积空间，令 $x, y \in X$，则有

(1) $|\langle x, y \rangle| \leqslant \|x\| \|y\|$(Cauchy-Schwarz 不等式)。等式成立当且仅当存在某个常数 α 使得 $x = \alpha y$ 或者 $y = 0$;

(2) $\|x + y\|^2 + \|x - y\|^2 = 2\|x\|^2 + 2\|y\|^2$ (平行四边形法则);

(3) 若 $x \perp y$，则有 $\|x + y\|^2 = \|x\|^2 + \|y\|^2$。

X 可以是完备的，也可以是不完备的。如果一个定义了内积的线性空间在其诱导范数下是完备的，则称之为 Hilbert 空间。显然，Hilbert 空间也是一个 Banach 空间。例如，在 Euclid 空间 $\mathbb{R}^n$ 或酉空间 $\mathbb{C}^n$ 中，定义内积 $\langle x, y \rangle = x * y$，则它们都是 Hilbert 空间，这里 $*$ 表示复共轭转置。若 X 是一个 Hilbert 空间，$M \subset X$ 是其一个子集，则 M 的正交补记为 $M^{\perp}$，定义为

$$M^{\perp} = \{x : \langle x, y \rangle = 0, \forall y \in M, x \in X\}$$

令 X 为一个向量空间，M 和 N 为其子空间，如果 $M \cap N = \{0\}$ 且 X 中的每一个元素 $z \in X$ 均可表示为 $z = x + y$，其中，$x \in N, y \in M$，则 X 称为 M 和 N 的直和，记为 $X = M \oplus N$。若 X 是一个内积空间，M 和 N 是正交的，则 X 就称为 M 和 N 的正交直和。

定理 1.2　令 X 为一 Hilbert 空间，令 M 为其子空间，则对 X 的每个元素 $z \in X$，存在唯一的向量 $x \in M$ 和 $y \in M^{\perp}$ 使得 $z = x + y$，即 $X = M \oplus N^{\perp}$。进一步，$x \in M$ 是使得 $d(z, M) = \|z - M\|$ 成立的唯一向量。

定义 1.8 (伴随算子)　设 X 和 Y 是两个 Hilbert 空间，$T : X \mapsto Y$ 是一个有界线性算子，则存在唯一的算子 $T^* : Y \mapsto X$ 使得对所有的 $x \in X, y \in Y$，有

$$\langle Tx, y \rangle = \langle x, T^* y \rangle$$

满足上式的 T^* 称为 T 的伴随算子。当 $T = T^*$ 时，则称 T 为自伴算子。

伴随算子的一个基本结论是 $(T^*)^* = T$。设一个 Hilbert 空间 X 可以表示为 $X = S \oplus S^{\perp}$。如果存在一个映射到自身的有界算子 P 满足：

$$P(x + y) = x, \qquad \forall x \in S, \qquad y \in S^{\perp}$$

则称 P 为映射到 S 的正交投影。

1.4　H_2 和 H_∞ 空间

下面考虑某些常用的复（矩阵）函数空间。

1. $L_2(\mathrm{j}\mathbb{R})$ 空间

$L_2(\mathrm{j}\mathbb{R})$ 或简记为 L_2，是一个在 $\mathrm{j}\mathbb{R}$ 上的矩阵 (或标量) 函数 Hilbert 空间，由所有使得如下积分有界的矩阵函数 F 构成，即

$$\int_{-\infty}^{\infty} \operatorname{trace}[F^*(\mathrm{j}\omega)F(\mathrm{j}\omega)]\mathrm{d}\omega < \infty \tag{1.5}$$

对 $F, G \in L_2$，该 Hilbert 空间得内积定义为

$$\langle F, G \rangle \xlongequal{\text{def}} \frac{1}{2\pi} \int \operatorname{trace}[F^*(\mathrm{j}\omega)G(\mathrm{j}\omega)]\mathrm{d}\omega \tag{1.6}$$

而由内积引导的范数由式 (1.7) 给出：

$$\|F\|_2 \xlongequal{\text{def}} \sqrt{\langle F, F \rangle} \tag{1.7}$$

例如，所有在虚轴上无极点的实有理严格正则传递矩阵构成 $L_2(\mathrm{j}\mathbb{R})$ 的一个 (非闭的) 子空间，用 $\mathrm{RL}_2(\mathrm{j}\mathbb{R})$ 或 RL_2 表示。

2. H_2 空间

H_2 空间是 $L_2(\mathrm{j}\mathbb{R})$ 空间的一个 (闭) 子集，其矩阵函数 $F(s)$ 在 $\mathrm{Re}(s)>0$ (开右半平面) 解析。相应的范数定义为

$$\|F\|_2^2 \xlongequal{\text{def}} \sup_{\sigma>0} \left\{ \frac{1}{2\pi} \int \operatorname{trace}[F^*(\mathrm{j}\omega)F(\mathrm{j}\omega)]\mathrm{d}\omega \right\} \tag{1.8}$$

可以证明

$$\|F\|_2^2 = \frac{1}{2\pi}\int \text{trace}[F^*(\text{j}\omega)F(\text{j}\omega)]\text{d}\omega \tag{1.9}$$

因此，可以像计算 L_2 范数一样来计算 H_2 范数。用 RH_2 来表示 H_2 的实有理空间。它由所有严格正则和实有理稳定矩阵构成。

3. $H_2^\perp$ 空间

$H_2^\perp$ 是 H_2 在 L_2 中的正交补，即 L_2 中在开左半平面解析的函数的 (闭) 子空间。由全部极点位于开右半平面的严格正则有理传递矩阵所构成的 $H_2^\perp$ 的实有理子空间记为 $\text{RH}_2^\perp$。易见，若 G 是一个严格正则、稳定、实有理传递矩阵，则 $G \in H_2$ 且 $G \in H_2^\perp$。本书中大部分的研究内容将集中在实有理情形。

4. $L_\infty(\text{j}\mathbb{R})$ 空间

$L_\infty(\text{j}\mathbb{R})$ 或简记为 L_∞，是一个矩阵 (或标量) 函数的 Banach 空间，在 $\text{j}\mathbb{R}$ 上 (本性) 有界，具有范数

$$\|F\|_\infty \overset{\text{def}}{=\!=} \operatorname*{ess\,sup}_{\omega\in\mathbb{R}} \bar{\sigma}[F(\text{j}\omega)] \tag{1.10}$$

L_∞ 的有理子空间用 $\text{RL}_\infty(\text{j}\mathbb{R})$ 表示，或简记为 RL_∞，是由所有在虚轴上无极点的正则、实有理传递函数矩阵构成。

5. H_∞ 空间

H_∞ 是 L_∞ 的一个（闭）子空间，其中的函数在开右半平面解析并有界。H_∞ 范数定义为

$$\|F\|_\infty \overset{\text{def}}{=\!=} \sup_{\text{Re}(s)>0} \bar{\sigma}[F(s)] \overset{\text{def}}{=\!=} \sup_{\omega\in\mathbb{R}} \bar{\sigma}[F(\text{j}\omega)] \tag{1.11}$$

H_∞ 的实有理子空间用 RH_∞ 表示，由所有正则、实有理传递函数矩阵构成。

6. H_∞^- 空间

H_∞^- 是 L_∞ 的一个 (闭) 子空间，其中的函数在开左半平面解析并有界。H_∞^- 范数定义为

$$\|F\|_\infty \overset{\text{def}}{=\!=} \sup_{\text{Re}(s)>0} \bar{\sigma}[F(s)] = \sup_{\omega\in\mathbb{R}} \bar{\sigma}[F(\text{j}\omega)] \tag{1.12}$$

H_∞^- 的实有理子空间用 RH_∞^- 表示，由所有极点均位于开右半平面的正则、实有理传递函数矩阵构成。

定义 1.9　若一个传递函数 $G(s) \in H_\infty^-$，则通常称其为反稳定的或反因果的。

关于 L_∞ 和 H_∞ 空间，有下面一些性质：

(1) 若 $G(s) \in L_\infty$，则 $G(s)L_2 \overset{\text{def}}{=\!=} \{G(s)f(s) : f(s) \in L_2\} \subset L_2$;

(2) 若 $G(s) \in H_\infty$，则 $G(s)H_2 \overset{\text{def}}{=\!=} \{G(s)f(s) : f(s) \in H_2\} \subset H_2$;

(3) 若 $G(s) \in H_\infty^-$，则 $G(s)H_2^\perp \overset{\text{def}}{=\!=} \{G(s)f(s) : f(s) \in H_2^\perp\} \subset H_2^\perp$。

1.5　J-谱分解

定义 1.10　设 $G(s) \in \mathbb{R}^{n\times n}$ 是满足 $G, G^{-1} \in \mathrm{RH}_\infty$ 的方矩阵，即 $G(s)$ 在虚轴上没有极点和零点，也没有无穷远处的零点，并且可以将 $G(s)$ 分解成

$$G = G_+G_- \tag{1.13}$$

其中，$G_-, G_-^{-1}, G_+^\sim, (G_+^{-1})^\sim \in \mathrm{RH}_\infty$，则称式 (1.13) 为 G 的典范分解。为了记号简单，以下用 $G^\sim(s)$ 表示 $G^{\mathrm{T}}(-s)$ 的缩写。

G 的典范分解表明，$G_-, G_-^{-1} \in \mathrm{RH}_\infty$，即 G_- 在开左半平面有相同数目的零极点。$G_+^\sim, (G_+^{-1})^\sim \in \mathrm{RH}_\infty$，即 G_+ 在开右半平面有相同数目的零极点。$G_-, G_-^{-1} \in \mathrm{RH}_\infty$ 和 $G_+^\sim, (G_+^{-1})^\sim \in \mathrm{RH}_\infty$ 意味着 G_-、G_-^{-1} 和 G_+、G_+^{-1} 均为真有理函数矩阵。

下面讨论存在典范分解的条件及求解典范分解的步骤。

设 $G(s)$ 有最小实现为 (A, B, C, D)，即

$$G(s) = (A, B, C, D)$$

因为 $G(\infty) = D$ 且 $G^{-1} \in \mathrm{RL}_\infty$，可知 D 可逆，于是 $G^{-1}(s)$ 的实现为

$$G^{-1}(s) = (A_{\mathrm{INV}}, BD^{-1}, -D^{-1}C, D^{-1})$$

其中，$A_{\mathrm{INV}} = A - BD^{-1}C$。

设 $A \in \mathbb{R}^{n\times n}$ 的特征多项式为 $\alpha(s) = \alpha_-(s)\alpha_+(s)$，其中，$\alpha_-(s)$ 和 $\alpha_+(s)$ 分别为 $\mathrm{Re}\lambda(A) < 0$ 和 $\mathrm{Re}\lambda(A) > 0$($A$ 无虚轴上的特征值) 的特征值构成的多项式。A 的模态子空间分别定义为

$$\chi_-(A) = \mathrm{Ker}\ \alpha_-(A) \tag{1.14}$$

$$\chi_+(A) = \mathrm{Ker}\ \alpha_+(A) \tag{1.15}$$

显然，A 的模态子空间为 $\mathrm{Ker}\ \alpha(A)$。因为 A 没有虚轴上的特征值，可以通过相似变换 $\widetilde{T}$ 将 A 变换成

$$\widetilde{T}^{-1}A\widetilde{T} = \begin{bmatrix} A_1 & 0 \\ 0 & A_2 \end{bmatrix}$$

其中，A_1 为稳定矩阵；A_2 为反稳定矩阵 (指 $\mathrm{Re}\lambda(A_2) > 0$ 的矩阵)。现将 $\widetilde{T}$ 分块为 $\widetilde{T} = \begin{bmatrix} \widetilde{T}_1 & \widetilde{T}_2 \end{bmatrix}$，可得

$$\chi_-(A) = \mathrm{Im}\widetilde{T}_1 \tag{1.16}$$

$$\chi_+(A) = \mathrm{Im}\widetilde{T}_2 \tag{1.17}$$

其中，$\chi_-(A)(\chi_+(A))$ 是 A 相应于 $\mathrm{Re}(s) < 0(\mathrm{Re}(s) > 0)$ 特征值的广义特征向量，即 $\widetilde{T}_1$ 的列 ($\widetilde{T}_2$ 的列) 所张成的空间。这两个模态子空间是互补的，其直和构成整个 $\mathbb{R}^n$ 空间，即

$$\mathbb{R}^n = \chi_-(A) \oplus \chi_+(A)$$

为了计算 $\chi_+(A)$ 的基，利用正交相似变换 T 可以将矩阵 A 转化为按照特征值实部排序的 Schur 形，即

$$T^{\mathrm{T}}AT=\begin{bmatrix}A_1 & A_2\\ 0 & A_4\end{bmatrix}$$

其中，A_1 为特征值实部为负的矩阵 $(\mathrm{Re}\lambda(A_1)<0)$；$A_4$ 为特征值实部为正的矩阵 $(\mathrm{Re}\lambda(A_4)>0)$。将正交矩阵 T 适当分块 $T=[T_1,T_2]$，则有 $\chi_-(A)=\mathrm{Im}T_1$，即 $\chi_-(A)$ 是由 T_1 的列张成的空间。

综上所述，$\chi_+(A)$ 相应于 G 的右半平面的极点，$\chi_-(A_{\mathrm{INV}})$ 相应于 G 的左半平面的极点。于是，可以利用 $\chi_+(A)$ 和 $\chi_-(A_{\mathrm{INV}})$ 来判断 $G(s)$ 是否存在典范分解。

定理 1.3　若 $\chi_+(A)$ 和 $\chi_-(A_{\mathrm{INV}})$ 互补，则 G 存在典范分解。

下面用构造法来证明。

证明　首先，根据

$$\chi_-(A_{\mathrm{INV}})=\mathrm{Im}T_1,\qquad \chi_+(A)=\mathrm{Im}T_2$$

得到满秩的实矩阵 T_1 和 T_2。定义 $T=[T_1,T_2]$，因为 $\chi_+(A)$ 和 $\chi_-(A_{\mathrm{INV}})$ 互补，故 T 非奇异。

其次，用 T 对 $G(s)=(A,B,C,D)$ 作非奇异相似变换，按 T_1,T_2 的维数适当分块，有

$$T^{-1}AT=\begin{bmatrix}A_1 & A_2\\ A_3 & A_4\end{bmatrix},\qquad T^{-1}B=\begin{bmatrix}B_1\\ B_2\end{bmatrix},\qquad CT=\begin{bmatrix}C_1 & C_2\end{bmatrix},\qquad D=D \tag{1.18}$$

不难验证，A_1 和 A_4 均为方矩阵，且 $\dim A_1=\dim\chi_-(A_{\mathrm{INV}})$，$\dim A_4=\dim\chi_+(A)$。还可以证明 $A_2=0$，且 A_1 和 A_4 分别是稳定的和反稳定的矩阵，即 $\mathrm{Re}\lambda(A_1)<0$，$\mathrm{Re}\lambda(A_4)>0$。

再次，用 T 对 A_{INV} 作相似变换，得

$$\begin{aligned}T^{-1}A_{\mathrm{INV}}T&=T^{-1}(A-BD^{-1}C)T\\&=T^{-1}AT-T^{-1}BD^{-1}CT\\&=\begin{bmatrix}A_1 & 0\\ A_3 & A_4\end{bmatrix}-\begin{bmatrix}B_1\\ B_2\end{bmatrix}D^{-1}\begin{bmatrix}C_1 & C_2\end{bmatrix}\\&=\begin{bmatrix}A_1-B_1D^{-1}C_1 & -B_1D^{-1}C_2\\ A_3-B_2D^{-1}C_1 & A_4-B_2D^{-1}C_2\end{bmatrix}\end{aligned}$$

可以证明，上式中 $A_3-B_2D^{-1}C_1=0$，$A_1-B_1D^{-1}C_1$ 是稳定的矩阵，即 $\mathrm{Re}\lambda(A_1-B_1D^{-1}C_1)<0$，$A_4-B_2D^{-1}C_2$ 是反稳定的矩阵，即 $\mathrm{Re}\lambda(A_4-B_2D^{-1}C_2)>0$。

最后，令

$$G_+(s)=(A_4,B_2,C_2,D),\qquad G_-(s)=(A_1,B_1,D^{-1}C_1,I) \tag{1.19}$$

则有

$$G_+^{-1}(s)=(A_4-B_2D^{-1}C_2,B_2D^{-1},-D^{-1}C_2,D^{-1})$$

$$G_-^{-1}(s) = (A_1 - B_1D^{-1}C_1, B_1, -D^{-1}C_1, I)$$

因为 A_1、$A_1 - B_1D^{-1}C_1$ 是稳定矩阵，A_4、$A_4 - B_2D^{-1}C_2$ 是反稳定矩阵，所以 $G_-, G_-^{-1}, G_+^{\sim}, (G_+^{-1})^{\sim} \in \mathrm{RH}_\infty$。于是系统 $G_+(s)$ 和 $G_-(s)$ 串联之后的系统为 $G_+(s)G_-(s)$，其状态空间实现为

$$\begin{aligned}
G_+(s)G_-(s) &= (A_4, B_2, C_2, D)(A_1, B_1, D^{-1}C_1, I) \\
&= \left[\begin{bmatrix} A_1 & 0 \\ B_2D^{-1}C_1 & A_2 \end{bmatrix}, \begin{bmatrix} B_1 \\ B_2 \end{bmatrix}, \begin{bmatrix} C_1 & C_2 \end{bmatrix}, D\right] \\
&= \left[\begin{bmatrix} A_1 & 0 \\ A_3 & A_4 \end{bmatrix}, \begin{bmatrix} B_1 \\ B_2 \end{bmatrix}, \begin{bmatrix} C_1 & C_2 \end{bmatrix}, D\right] \\
&= (T^{-1}AT, T^{-1}B, CT, D) \\
&= (A, B, C, D) \\
&= G(s)
\end{aligned}$$

□

上述定理的证明过程同时也揭示了典范分解的步骤。下面介绍一种在求解 H_∞ 控制问题中要用到的 J-谱分解。

定义 1.11　设

$$G(s) = \begin{bmatrix} I & G_1(s) \\ 0 & I \end{bmatrix} \tag{1.20}$$

$$J = \begin{bmatrix} I & 0 \\ 0 & -I \end{bmatrix} \tag{1.21}$$

其中，$G_1(s)$ 为实有理矩阵，且满足：

(1) $G_1(s)$ 为严格真，并在 $\mathrm{Re}(s) \leqslant 0$ 内解析；

(2) $G_1(s)$ 的 Hankel 范数 $\|G_1(s)\|_\mathrm{H} < 1$。

定义如下的因式分解

$$G^{\sim}(s)JG(s) = G_-^{\sim}(s)JG_-(s) \tag{1.22}$$

其中

$$G_-(s),\ G_-^{-1}(s) \in \mathrm{RH}_\infty$$

为 $G(s)$ 的 J- 谱分解，$G_-(s)$ 称为 $G(s)$ 的 J-谱因子。

下面具体说明 J-谱分解的步骤。

设 $G(s)$ 的最小实现为

$$G_1(s) = (A_1, B_1, C_1, 0)$$

由 $G_1(s)$ 的性质可知，A_1 是反稳定矩阵。若记

$$y = \begin{bmatrix} y_1 \\ y_2 \end{bmatrix}, \qquad u = \begin{bmatrix} u_1 \\ u_2 \end{bmatrix}, \qquad y = G(s)u \tag{1.23}$$

等价地有

$$\begin{cases} y_1 = u_1 + G_1(s)u_2 \\ y_2 = u_2 \end{cases} \tag{1.24}$$

考虑到 $G_1(s)$ 的最小实现为 $(A_1, B_1, C_1, 0)$，由式 (1.24) 可得

$$\begin{cases} \dot{x} = A_1 x + B_1 u_2 \\ y_1 = C_1 x + u_1 \\ y_2 = u_2 \end{cases}$$

由此可得 $G(s)$ 的实现为

$$G(s) = \begin{bmatrix} I & G_1(s) \\ 0 & I \end{bmatrix} = \left[A_1,\ [0,\ B_1],\ \begin{bmatrix} C_1 \\ 0 \end{bmatrix},\ I\right] \tag{1.25}$$

类似可得 $JG(s)$ 的实现为

$$JG(s) = \begin{bmatrix} I & G_1(s) \\ 0 & -I \end{bmatrix} = \left[A_1,\ [0,\ B_1],\ \begin{bmatrix} C_1 \\ 0 \end{bmatrix},\ J\right] \tag{1.26}$$

由式 (1.25) 可得

$$G^{\sim}(s) = \left[-A_1^{\mathrm{T}},\ -[C_1^{\mathrm{T}},\ 0],\ \begin{bmatrix} 0 \\ B_1^{\mathrm{T}} \end{bmatrix},\ I\right] \tag{1.27}$$

由式 (1.26) 和式 (1.27)，可得系统 $G^{\sim}(s)$ 和 $JG(s)$ 串联之后的系统为

$$\begin{aligned} G^{\sim}(s)JG(s) &= \left[-A_1^{\mathrm{T}},\ -[C_1^{\mathrm{T}},\ 0],\ \begin{bmatrix} 0 \\ B_1^{\mathrm{T}} \end{bmatrix},\ I\right]\left[A_1,\ [0,\ B_1],\ \begin{bmatrix} C_1 \\ 0 \end{bmatrix},\ J\right] \\ &= [A,\ B,\ C,\ J] \end{aligned} \tag{1.28}$$

其中

$$A = \begin{bmatrix} -A_1^{\mathrm{T}} & C_1^{\mathrm{T}}C_1 \\ 0 & A_1 \end{bmatrix}, \qquad B = \begin{bmatrix} C_1^{\mathrm{T}} & 0 \\ 0 & B_1 \end{bmatrix}, \qquad C = \begin{bmatrix} 0 & C_1 \\ -B_1^{\mathrm{T}} & 0 \end{bmatrix}$$

由式 (1.28) 进一步有

$$(G^{\sim}(s)JG(s))^{-1} = (A_{\mathrm{INV}},\ BJ^{-1},\ -J^{-1}C,\ J^{-1}) \tag{1.29}$$

其中

$$A_{\mathrm{INV}} = A - BJ^{-1}C = \begin{bmatrix} -A_1^{\mathrm{T}} & 0 \\ -B_1B_1^{\mathrm{T}} & A_1 \end{bmatrix}, \qquad BJ^{-1} = \begin{bmatrix} C_1^{\mathrm{T}} & 0 \\ 0 & -B_1 \end{bmatrix},$$

$$-J^{-1}C = \begin{bmatrix} 0 & -C_1 \\ -B_1^{\mathrm{T}} & 0 \end{bmatrix}$$

注意到 $G_1(s)$ 的最小实现为 $(A_1, B_1, C_1, 0)$，其可控性和可观性格莱姆矩阵 W_c 和 W_o 满足下面的 Lyapunov 方程，即

$$A_1W_c + W_cA_1^T = B_1B_1^T$$
$$A_1^TW_o + W_oA_1 = C_1^TC_1$$

用 $T_1 = \begin{bmatrix} W_o & I \\ I & 0 \end{bmatrix}$ 对式 (1.28) 中的矩阵 A 作非奇异相似变换，得

$$\begin{aligned} T_1^{-1}AT_1 &= \begin{bmatrix} 0 & I \\ I & -W_o \end{bmatrix} \begin{bmatrix} -A_1^T & C_1^TC_1 \\ 0 & A_1 \end{bmatrix} \begin{bmatrix} W_o & I \\ I & 0 \end{bmatrix} \\ &= \begin{bmatrix} A_1 & 0 \\ -(A_1^TW_o + W_oA_1 - C_1^TC_1) & -A_1^T \end{bmatrix} \\ &= \begin{bmatrix} A_1 & 0 \\ 0 & -A_1^T \end{bmatrix} \end{aligned}$$

因为 A_1 是反稳定矩阵，故 A 的正模态子空间为

$$\chi_+(A) = \mathrm{Im}\begin{bmatrix} W_o \\ I \end{bmatrix}$$

用 $T_2 = \begin{bmatrix} I & 0 \\ W_c & I \end{bmatrix}$ 对式 (1.29) 中的矩阵 A_{INV} 作非奇异相似变换，得

$$T_2^{-1}A_{\mathrm{INV}}T_2 = \begin{bmatrix} I & 0 \\ -W_c & I \end{bmatrix} \begin{bmatrix} -A_1^T & 0 \\ -B_1B_1^T & A_1 \end{bmatrix} \begin{bmatrix} I & 0 \\ W_c & I \end{bmatrix} = \begin{bmatrix} -A_1^T & 0 \\ 0 & A_1 \end{bmatrix}$$

则 A_{INV} 的负模态子空间为

$$\chi_-(A_{\mathrm{INV}}) = \mathrm{Im}\begin{bmatrix} I \\ W_c \end{bmatrix}$$

定义矩阵 T 和 N 分别为

$$T = \begin{bmatrix} I & W_o \\ W_c & I \end{bmatrix}, \qquad N = (I - W_oW_c)^{-1}$$

根据分块矩阵求逆公式得

$$\begin{aligned} T^{-1} &= \begin{bmatrix} (I - W_oW_c)^{-1} & -W_o(I - W_cW_o)^{-1} \\ -W_c(I - W_oW_c)^{-1} & (I - W_cW_o)^{-1} \end{bmatrix} \\ &= \begin{bmatrix} N & -W_oN^T \\ -W_cN & N^T \end{bmatrix} \\ &= \begin{bmatrix} N & -NW_o \\ -W_cN & N^T \end{bmatrix} \end{aligned} \tag{1.30}$$

由式 (1.30) 可知，T^{-1} 存在的充分必要条件是 N 存在，也即要求

$$\lambda(W_oW_c)\neq 1$$

由定义 1.11 中可知，$G_1(s)$ 的 Hankel 范数 $\|G_1\|_H<1$。即 $\lambda_{\max}(W_oW_c)<1$，所以 N 存在，T^{-1} 也必存在。于是可知，$\chi_-(A_{\mathrm{INV}})=\mathrm{Im}\begin{bmatrix}I\\W_c\end{bmatrix}$ 和 $\chi_+(A)=\mathrm{Im}\begin{bmatrix}W_o\\I\end{bmatrix}$ 互补。由定理 1.3 可知，$G^{\sim}(s)JG(s)$ 存在典范分解。用类似于式 (1.18) 的变换有

$$\begin{aligned}
T^{-1}AT&=\begin{bmatrix}N & -NW_o\\ -W_cN & N^{\mathrm{T}}\end{bmatrix}\begin{bmatrix}-A_1^{\mathrm{T}} & C_1^{\mathrm{T}}C_1\\ 0 & A_1\end{bmatrix}\begin{bmatrix}I & W_o\\ W_c & I\end{bmatrix}\\
&=\begin{bmatrix}-NA_1^{\mathrm{T}}+(NC_1^{\mathrm{T}}C_1-NW_oA_1)W_c & -NA_1^{\mathrm{T}}W_o+NC_1C_1-NW_oA_1\\ W_cNA_1^{\mathrm{T}}-(W_cNC_1^{\mathrm{T}}C_1-N^{\mathrm{T}}A_1)W_c & W_cNA_1^{\mathrm{T}}W_o-W_cNC_1^{\mathrm{T}}C_1+N^{\mathrm{T}}A_1\end{bmatrix}\\
&=\begin{bmatrix}-NA_1^{\mathrm{T}}N^{-1} & 0\\ \bullet & A_1\end{bmatrix}\\
T^{-1}B&=\begin{bmatrix}N & -NW_o\\ -W_cN & N^{\mathrm{T}}\end{bmatrix}\begin{bmatrix}C_1^{\mathrm{T}} & 0\\ 0 & B_1\end{bmatrix}\\
&=\begin{bmatrix}NC_1^{\mathrm{T}} & -NW_oB_1\\ -W_cNC_1^{\mathrm{T}} & N^{\mathrm{T}}B_1\end{bmatrix}\\
CT&=\begin{bmatrix}0 & C_1\\ -B_1^{\mathrm{T}} & 0\end{bmatrix}\begin{bmatrix}I & W_o\\ W_c & I\end{bmatrix}\\
&=\begin{bmatrix}C_1W_c & C_1\\ -B_1^{\mathrm{T}} & -B_1^{\mathrm{T}}W_o\end{bmatrix}
\end{aligned}$$

再仿照式 (1.19)，得

$$G_+(s)=\left[A_1,\ [-W_cNC_1^{\mathrm{T}},\ N^{\mathrm{T}}B_1],\ \begin{bmatrix}C_1\\ -B_1^{\mathrm{T}}W_o\end{bmatrix},\ J\right] \tag{1.31}$$

$$G_-(s)=\left[-NA_1^{\mathrm{T}}N^{-1},\ [NC_1^{\mathrm{T}},\ NW_oB_1],\ \begin{bmatrix}C_1W_c\\ B_1^{\mathrm{T}}\end{bmatrix},\ I\right] \tag{1.32}$$

可以验证 $G_+(s)=G_-^{\sim}(s)J$，于是有

$$G^{\sim}(s)JG(s)=G_-^{\sim}(s)JG_-(s)$$

由式 (1.32) 可得

$$(G_-(s))^{-1}=\left[-A_1^{\mathrm{T}},\ [NC_1^{\mathrm{T}},\ -NW_cB_1],\ \begin{bmatrix}-C_1W_c\\ -B_1^{\mathrm{T}}\end{bmatrix},\ I\right] \tag{1.33}$$

根据式 (1.32) 和式 (1.33) 可知，$G_-(s),G_-^{-1}(s)\in\mathrm{RH}_\infty$。

1.6　信号的范数

本节将讨论信号和系统的范数。首先，针对信号定义一些常用的范数。

(1) 1-范数。

$$\|u\|_1 \overset{\text{def}}{=\!=} \int_{-\infty}^{\infty} |u(t)|\mathrm{d}t$$

信号 $u(t)$ 的 1-范数就是其绝对值的积分，表示了信号的时间累积量。

(2) 2-范数。

$$\|u\|_2 \overset{\text{def}}{=\!=} \left(\int_{-\infty}^{\infty} u(t)^2\mathrm{d}t\right)^{1/2}$$

信号 $u(t)$ 的 2-范数表示了该信号所携带的总积量。

(3) ∞-范数。

$$\|u\|_\infty \overset{\text{def}}{=\!=} \sup_t |u(t)|$$

信号 $u(t)$ 的 ∞-范数是它的绝对值的上确界，表示了该信号的最大幅值。

(4) 功率信号。

信号 $u(t)$ 的平均功率就是它瞬时功率对时间的平均值，即

$$\lim_{T\to\infty} \frac{1}{2T}\int_{-T}^{T} u(t)^2\mathrm{d}t$$

如果这个极限存在，则称信号 $u(t)$ 为功率信号。我们将平均功率的平方根定义为 $\mathrm{pow}(u)$，即

$$\mathrm{pow}(u) \overset{\text{def}}{=\!=} \left(\lim_{T\to\infty} \frac{1}{2T}\int_{-T}^{T} u(t)^2\mathrm{d}t\right)^{1/2}$$

需要注意的是，pow 不满足范数的性质 (2)，因为非零信号的平均功率可以是零，故信号的 pow 只是拟范数。

下面我们研究信号的各种范数之间的关系。

引理 1.1　如果 $\|u\|_2 < \infty$，那么 $u(t)$ 是一功率信号，并且 $\mathrm{pow}(u) = 0$。

证明　假定 $u(t)$ 的 2-范数有限，注意到

$$\frac{1}{2T}\int_{-T}^{T} u(t)^2\mathrm{d}t \leqslant \frac{1}{2T}\|u\|_2^2$$

又因为 $\|u\|_2 < \infty$，有

$$\lim_{T\to\infty} \frac{1}{2T}\|u\|_2^2 = 0$$

于是，可知 $u(t)$ 是一功率信号，且 $\mathrm{pow}(u) = 0$。　□

引理 1.2　如果 $u(t)$ 是一功率信号且 $\|u\|_\infty < \infty$，那么 $\mathrm{pow}(u) \leqslant \|u\|_\infty$。

证明 由于

$$\frac{1}{2T}\int_{-T}^{T}u(t)^2\mathrm{d}t \leqslant \frac{1}{2T}\int_{-T}^{T}\|u(t)\|_\infty^2\mathrm{d}t = \frac{1}{2T}\|u(t)\|_\infty^2\int_{-T}^{T}\mathrm{d}t$$
$$= \|u(t)\|_\infty^2$$

令 $T \to \infty$，即得引理中的结论。 □

引理 1.3 如果 $\|u\|_1 < \infty$，且 $\|u\|_\infty < \infty$，有 $\|u\|_2 < (\|u\|_\infty\|u\|_1)^{1/2}$，且 $\|u\|_2 < \infty$。

证明 注意到

$$\|u\|_2^2 = \int_{-\infty}^{\infty}u(t)^2\mathrm{d}t = \int_{-\infty}^{\infty}|u(t)||u(t)|\mathrm{d}t$$
$$\leqslant \int_{-\infty}^{\infty}\|u(t)\|_\infty|u(t)|\mathrm{d}t = \|u(t)\|_\infty\|u(t)\|_1$$

于是有 $\|u\|_2^2 \leqslant \|u(t)\|_\infty\|u(t)\|_1$。又因为 $\|u\|_1 < \infty$, $\|u\|_\infty < \infty$，有 $\|u\|_2 < \infty$。 □

图 1.1 概括了几种范数之间的关系，图中 $\|\cdot\|_1$ 表示了所有 1-范数有限的信号的集合，pow(·) 表示了所有 pow 有限的信号的集合，等等。

✍ **例 1.2** 计算信号 $u_1(t)$ 的各种范数及其 pow $(u_1(t))$。

$$u_1(t) = \begin{cases} 0, & t \leqslant 0 \\ 1/\sqrt{t}, & 0 < t \leqslant 1 \\ 0, & t > 1 \end{cases}$$

由于

$$\|u_1(t)\|_1 = \int_0^1 \frac{1}{\sqrt{2}}\mathrm{d}t = 2$$

因此它的 1-范数存在且 $\|u_1(t)\|_1 = 2$。因为 $u_1^2(t)$ 在积分区间 [0, 1] 是发散的，所以它的 2-范数不存在。同理可知，$u_1(t)$ 的平均功率也不存在，因此 $u_1(t)$ 不是功率信号，它的 pow $(u_1(t))$ 不存在。又因为 $u_1(t)$ 是无界的，所以 $\|u_1(t)\|_\infty$ 是无限的，$u_1(t)$ 的 ∞-范数也是不存在的。那么该信号在图 1.1 中的位置如图 1.2 所示。

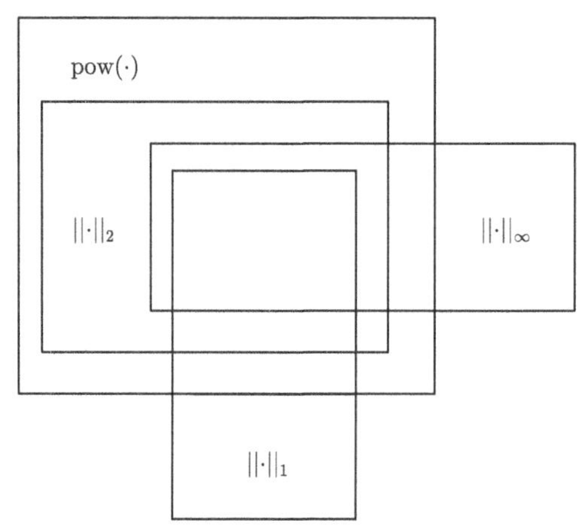

图 1.1 信号范数之间的关系

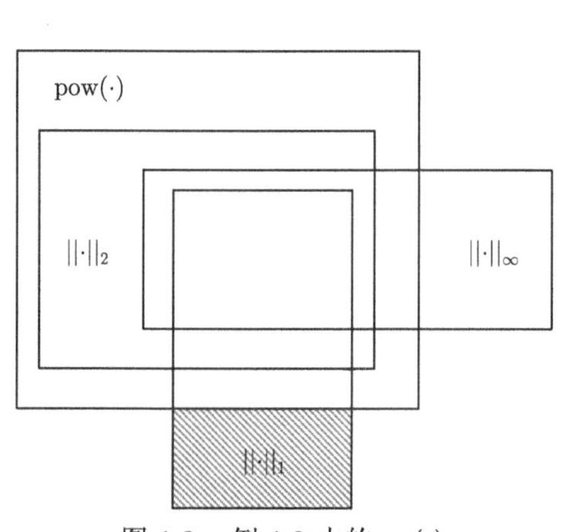

图 1.2 例 1.2 中的 $u_1(t)$

✍ **例 1.3**　计算信号 $u_2(t)$ 的各种范数及其 pow $(u_2(t))$。

$$u_2(t)=\begin{cases}0, & t\leqslant 0\\ 1/\sqrt[4]{t}, & 0<t\leqslant 1\\ 0, & t>1\end{cases}$$

由于

$$\|u_2\|_1=\int_0^1\frac{1}{\sqrt[4]{t}}\mathrm{d}t=\frac{4}{3}$$

因此，它的 1-范数存在。且

$$\|u_2\|_2^2=\int_0^1\frac{1}{\sqrt{t}}\mathrm{d}t=2$$

于是 $\|u_2\|_2=\sqrt{2}$。根据引理 1.1 可知 $\text{pow}(u_2(t))=0$。另外，$u_2(t)$ 在其定义域上是无界的，因此其 ∞-范数不存在。那么该信号在图 1.1 中的位置如图 1.3 所示。

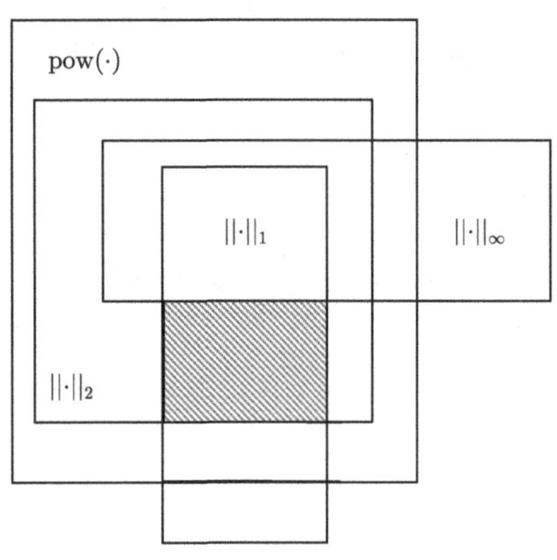

图 1.3　例 1.3 中的 $u_2(t)$

1.7　系统的范数

考虑一个线性时不变的、因果的、有限维系统，其输入-输出模型在时间域内可表示为

$$y(t)=G(t)*u(t)=\int_{-\infty}^{\infty}G(t-\tau)u(\tau)\mathrm{d}\tau$$

令 $G(s)$ 表示系统的传递函数，即 $G(t)$ 的 Laplace 变换。那么 $G(s)$ 是具有实系数的有理函数，即

$$G(s)=\frac{b_ms^m+b_{m-1}s^{m-1}+\cdots+b_1s+b_0}{a_ns^n+a_{n-1}s^{n-1}+\cdots+a_1s+a_0}$$
$$a_i,\ b_j\in\mathbb{R},\qquad i=0,1,\cdots,n,\qquad j=0,1,\cdots,m$$

下面给出系统的一些常用定义。

定义 1.12 (因果性)　系统的因果性指的是系统的输出 $y(t)$ 由过去的输入决定，即 $G(t)=0,\forall t<0$。

定义 1.13 (稳定)　如果 $G(s)$ 在闭右半平面 $(\mathrm{Re}(s)\geqslant 0)$ 解析，或在 $\mathrm{Re}(s)\geqslant 0$ 无极点，我们称系统是稳定的。

定义 1.14 (正则)　如果 $G(\mathrm{j}\omega)$ 是有限的 (分母的阶次大于或者等于分子的阶次)，那么称系统是正则的。

定义 1.15 (严格正则)　如果

$$\lim_{w\to\infty}G(\mathrm{j}\omega)=0$$

即分母的阶次严格大于分子的阶次，则称系统是严格正则的。

定义 1.16 (双正则) 如果 $G(\mathrm{j}\omega)$ 和 $G(\mathrm{j}\omega)^{-1}$ 两个都是正则的 (分母和分子的阶次相等)，则称 $G(\mathrm{j}\omega)$ 是双正则的。

我们对系统引进下面两个范数。

(1) 2-范数。

$$\|G(\mathrm{j}\omega)\|_2 \xlongequal{\text{def}} \left(\frac{1}{2\pi}\int_{-\infty}^{\infty} G(\mathrm{j}\omega)^2 \mathrm{d}\omega\right)^{1/2}$$

注意到 $G(\mathrm{j}\omega) = \int_{-\infty}^{\infty} G(t)e^{-\mathrm{j}\omega t}\mathrm{d}t$，如果 $G(\mathrm{j}\omega)$ 是稳定的，由 Parseval 定理有

$$\begin{aligned}\|G(\mathrm{j}\omega)\|_2 &\xlongequal{\text{def}} \left(\frac{1}{2\pi}\int_{-\infty}^{\infty} G(\mathrm{j}\omega)^2 \mathrm{d}\omega\right)^{1/2} \\ &= \left(\int_{-\infty}^{\infty} |G(t)|^2 \mathrm{d}t\right)^{1/2}\end{aligned}$$

即有 $\|G(\mathrm{j}\omega)\|_2 = \|G(t)\|_2$

(2) ∞-范数。

$$\|G(\mathrm{j}\omega)\|_\infty \xlongequal{\text{def}} \sup_{\omega} |G(\mathrm{j}\omega)|$$

在复平面上，$G(\mathrm{j}\omega)$ 的 ∞-范数是它的 Nyquist 曲线离原点最远的距离，它也是 $G(\mathrm{j}\omega)$ 的 Bode 幅频特性图的峰值。∞-范数的一个重要性质为

$$\|G(\mathrm{j}\omega)H(\mathrm{j}\omega)\|_\infty \leqslant \|G(\mathrm{j}\omega)\|_\infty \|H(\mathrm{j}\omega)\|_\infty$$

对于系统这两个范数的存在性，我们有下面的结论。

引理 1.4 $G(\mathrm{j}\omega)$ 的 2-范数是有限的，当且仅当 $G(\mathrm{j}\omega)$ 是严格正则的，且没有极点在虚轴上；$G(\mathrm{j}\omega)$ 的 ∞-范数是有限的，当且仅当 $G(\mathrm{j}\omega)$ 是正则的，且无极点在虚轴上。

证明 下面给出系统 2-范数有限的证明。

(1) 充分性证明。

若 $G(\mathrm{j}\omega)$ 是严格正则的，且没有极点在虚轴上，则

$$\lim_{\omega\to\infty} |G(\mathrm{j}\omega)| = 0, \qquad \sup_{\omega} |G(\mathrm{j}\omega)| < \infty$$

若取 $H(s) = \dfrac{K}{Ts+1}$ $(T, K > 0)$，则有

$$|H(\mathrm{j}\omega)| = \frac{K}{\sqrt{T^2\omega^2+1}}$$

于是

$$\lim_{\omega\to\infty} |H(\mathrm{j}\omega)| = 0, \qquad \sup_{\omega} |H(\mathrm{j}\omega)| < K$$

令 K 充分大，T 充分小 (曲线充分平坦)，则必有 $|H(\mathrm{j}\omega)| \geqslant |G(\mathrm{j}\omega)|$, $\forall\omega$，从而有 $\|H(\mathrm{j}\omega)\|_2 \geqslant \|G(\mathrm{j}\omega)\|_2$。注意到

$$\|H(\mathrm{j}\omega)\|_2 = \left(\frac{1}{2\pi}\int_{-\infty}^{\infty} \frac{K^2}{1+T^2\omega^2}\mathrm{d}\omega\right)^{1/2}$$

$$
\begin{aligned}
&= \left(\frac{1}{2\pi} \frac{K^2}{T} \arctan(T\omega)|_{-\infty}^{\infty} \right)^{1/2} \\
&= \frac{K}{\sqrt{2T}} < \infty
\end{aligned}
$$

则必有 $\|G(\mathrm{j}\omega)\|_2 < \infty$。充分性得证。

(2) 必要性证明 (反证法)。

若 $G(\mathrm{j}\omega)$ 存在极点在虚轴上，则在极点处有 $|G(\mathrm{j}\omega)| \to \infty$，于是有 $|G(\mathrm{j}\omega)|_2 = \infty$。若 $G(\mathrm{j}\omega)$ 不是严格正则的，可分两种情况讨论：若 $G(\mathrm{j}\omega)$ 是双正则的，

$$
\lim_{\omega\to\infty} |G(\mathrm{j}\omega)| = \left| \frac{b_n}{a_n} \right| > 0
$$

若 $G(\mathrm{j}\omega)$ 不是双正则的，

$$
\lim_{\omega\to\infty} |G(\mathrm{j}\omega)| = \infty
$$

从而有 $\|G(\mathrm{j}\omega)\|_2 = \infty$。必要性得证。类似可得关于 ∞-范数的证明。　□

下面介绍系统范数的计算方法。系统 2-范数的计算。我们可以按照定义计算。假设 $G(\mathrm{j}\omega)$ 是严格正则的，且无极点在虚轴上 (保证了它的 2-范数有限)，于是有

$$
\begin{aligned}
\|G(\mathrm{j}\omega)\|_2^2 &= \frac{1}{2\pi} \int_{-\infty}^{\infty} |G(\mathrm{j}\omega)|^2 \mathrm{d}\omega = \frac{1}{2\pi\mathrm{j}} \int_{-\mathrm{j}\infty}^{\mathrm{j}\infty} G(-s)G(s)\mathrm{d}s \\
&= \frac{1}{2\pi\mathrm{j}} \oint G(-s)G(s)\mathrm{d}s
\end{aligned}
$$

最后的积分是沿虚轴向上，沿包围左半平面的无穷大半圆的回路积分。因为 $G(\mathrm{j}\omega)$ 是严格正则的，故沿无穷大半圆的积分等于 0。根据留数定理，$\|G(\mathrm{j}\omega)\|_2^2$ 等于 $G(-s)G(s)$ 在它的左半平面极点上的留数之和。

✍ **例 1.4**　已知一系统的传递函数为

$$
G(s) = \frac{1}{\tau s + 1}, \qquad \tau > 0
$$

求其 2-范数。

由于 $G(-s)G(s)$ 在左半平面的极点是 $s = -1/\tau$，在这一极点上的留数等于

$$
\lim_{s\to -1/\tau} \left(s + \frac{1}{\tau} \right) \frac{1}{-\tau s + 1} \frac{1}{\tau s + 1} = \frac{1}{2\tau}
$$

因此 $\|G(\mathrm{j}\omega)\|_2 = 1/\sqrt{2\tau}$。

计算 ∞-范数需要搜索。设一系列稠密的频率点 $\{\omega_1, \cdots, \omega_N\}$，$\|G(\mathrm{j}\omega)\|_\infty$ 的估计值为

$$
\max_{1\leqslant k\leqslant N} |G(\mathrm{j}\omega_k)|
$$

另一方法是通过求解方程

$$
\frac{\mathrm{d}|G(\mathrm{j}\omega)|^2}{\mathrm{d}\omega}(\mathrm{j}\omega) = 0
$$

找到 $|G(\mathrm{j}\omega)|$ 的最大值的位置。由于 $|G(\mathrm{j}\omega)|$ 是有理的，这个导数可以用公式求出，因此只需计算导出多项式的根。

✍ **例 1.5**　已知一系统为

$$G(s)=\frac{as+1}{bs+1},\qquad a,b>0$$

求出其 ∞-范数。

根据其 Bode 幅频特性图可知：当 $a\geqslant b$ 时，它是递增的 (高通)，反之，它是递减的 (低通)。于是

$$\|G(\mathrm{j}\omega)\|_\infty=\begin{cases}a/b, & a\geqslant b\\ 1, & a<b\end{cases}$$

1.8　功 率 分 析

定义 1.17 (自相关函数)　对于一功率信号 $u(t)$，其自相关函数定义为

$$R_u(\tau)\xlongequal{\text{def}}\lim_{T\to\infty}\frac{1}{2T}\int_{-T}^{T}u(t)u(t+\tau)\mathrm{d}t$$

下面介绍几条关于自相关函数的性质。

性质 1.1

$$R_u(0)=\mathrm{pow}(u)^2\geqslant 0$$

根据定义可得该性质的证明。

性质 1.2

$$R_u(\tau)\leqslant R_u(0)$$

证明　根据 Cauchy-Schwarz 不等式可得

$$\left|\int_{-T}^{T}u(t)v(t)\mathrm{d}t\right|\leqslant\left(\int_{-T}^{T}u(t)^2\mathrm{d}t\right)^{1/2}\left(\int_{-T}^{T}v(t)^2\mathrm{d}t\right)^{1/2}$$

令 $v(t)=u(t+\tau)$，并且在不等式两边同时乘以 $1/(2T)$ 可得

$$\frac{1}{2T}\left|\int_{-T}^{T}u(t)v(t)\mathrm{d}t\right|\leqslant\frac{1}{2T}\left(\int_{-T}^{T}u(t)^2\mathrm{d}t\right)^{1/2}\left(\int_{-T}^{T}u(t+\tau)^2\mathrm{d}t\right)^{1/2}$$

取 $T\to\infty$ 可得所需结果。 □

令 S_u 表示 R_u 的 Fourier 变换，有下面的关系成立：

$$S_u(\mathrm{j}\omega)=\int_{-\infty}^{\infty}R_u(\tau)\mathrm{e}^{-\mathrm{j}\omega\tau}\mathrm{d}\tau$$

$$R_u(\tau)=\frac{1}{2\pi}\int_{-\infty}^{\infty}S_u(\mathrm{j}\omega)\mathrm{e}^{\mathrm{j}\omega\tau}\mathrm{d}\omega$$

定义 1.18 (功率谱密度)　我们称 $S_u(\mathrm{j}\omega)$ 为信号 $u(t)$ 的功率谱密度。

定义 1.19　对于两个功率信号 u 和 v，定义它们的互相关函数为

$$R_{uv}(\tau) \xlongequal{\text{def}} \lim_{T\to\infty}\frac{1}{2T}\int_{-T}^{T}u(t)v(t+\tau)\mathrm{d}t$$

它的 Fourier 变换 S_{uv} 为

$$S_{uv}(\mathrm{j}\omega)=\int_{-\infty}^{\infty}R_{uv}(\tau)\mathrm{e}^{-\mathrm{j}\omega\tau}\mathrm{d}\tau$$

叫做互功率谱密度函数。

假定传递函数 G 是稳定的和正则的，其输入信号和输出信号分别为 u,y，下面我们来讨论与该线性系统有关的一些性质。

性质 1.3

$$R_{uy}(\tau)=G*R_u(\tau)$$

证明　由系统输入输出关系得

$$y(t)=\int_{-\infty}^{\infty}G(\alpha)u(t-\alpha)\mathrm{d}\alpha$$

于是有

$$u(t)y(t+\tau)=\int_{-\infty}^{\infty}G(\alpha)u(t)u(t+\tau-\alpha)\mathrm{d}\alpha$$

求 $u(t)y(t+\tau)$ 的平均值，有

$$\int_{-\infty}^{\infty}G(\alpha)R_u(\tau-\alpha)\mathrm{d}\alpha$$

进而得所需结论。　□

性质 1.4

$$R_y(\tau)=G*G_{\mathrm{rev}}*R_u$$

其中，$G_{\mathrm{rev}}(t)\xlongequal{\text{def}}G(-t)$。

证明　利用上面得到的性质有

$$y(t)y(t+\tau)=\int_{-\infty}^{\infty}G(\alpha)y(t)u(t+\tau-\alpha)\mathrm{d}\alpha$$

于是可知，$y(t)y(t+\tau)$ 的平均值为

$$\int_{-\infty}^{\infty}G(\alpha)R_{yu}(\tau-\alpha)\mathrm{d}\alpha$$

即 $R_y=G*R_{yu}$。同理也可以得到 $R_{yu}=G_{\mathrm{rev}}*R_u$，于是性质中的结论得证。　□

性质 1.5

$$S_y(\mathrm{j}\omega)=|G(\mathrm{j}\omega)|^2S_u(\mathrm{j}\omega)$$

证明　从前面的结论可得

$$S_y(\mathrm{j}\omega)=G(\mathrm{j}\omega)G_{\mathrm{rev}}(\mathrm{j}\omega)S_u(\mathrm{j}\omega)$$

进一步可以得到 G_{rev} 的 Fourier 变换等于 $G(\mathrm{j}\omega)$ 的复共轭，于是可得所需结论。　□

1.9 输入-输出关系

本节研究系统输入-输出信号之间的关系。考察一个稳定的、严格正则的线性系统，其输入、输出信号分别 $u(t)$ 和 $y(t)$，$y(t)=G(t)*u(t)$。传递函数为 $G(\mathrm{j}\omega)$，则系统的输入、输出关系概括在表 1.1 和表 1.2 中。表 1.1 中给出的是当系统输入信号分别是 $\delta(t)$ 和 $\sin(\omega t)$ 时，其对应输出信号的各种范数和 pow。例如，假定系统输入 $u(t)$ 是单位脉冲信号，那么输出 $y(t)$ 的 2-范数等于 $G(t)$ 的 2-范数，根据 Parseval 定理，也等于 $G(\mathrm{j}\omega)$ 的 2-范数。这便是表 1.1 中的 (1,1) 项。其余项的意义与此相同。值得注意的是，(1,2) 项中的 ∞ 需要满足 $G(t)\neq 0$ 才能成立。表 1.2 考虑的是另外一种情况。当系统输入 $u(t)$ 不是一个具体的信号，而是 2-范数不大于 1 的任何信号，则其输出信号 2-范数的上确界为

$$\sup\{\|y(t)\|_2:\ \|u(t)\|_2\leqslant 1\}$$

我们称之为 2-范数 /2-范数系统增益。下面将证明，它等于 $\|G(\mathrm{j}\omega)\|$ 的 ∞-范数。这就是表 1.2 中的 (1,1) 项。其余项对应着系统的其他增益。值得注意的是，表中标有 ∞ 的项，只要 $G(\mathrm{j}\omega)\neq 0$ (即只要存在某个 ω 使得 $G(\mathrm{j}\omega)\neq 0$) 总是成立的。

表 1.1 输入为 $\delta(t)$ 和 $\sin(\omega t)$ 时，输出的各种范数和 pow

	$u(t)=\delta(t)$	$u(t)=\sin(\omega t)$
$\|y\|_2$	$\|G(\mathrm{j}\omega)\|_2$	∞
$\|y\|_\infty$	$\|G(t)\|_\infty$	$\|G(\mathrm{j}\omega)\|$
$\mathrm{pow}(y)$	0	$\dfrac{1}{\sqrt{2}}\|G(\mathrm{j}\omega)\|$

表 1.2 系统增益

	$\|u\|_2$	$\|u\|_\infty$	$\mathrm{pow}(u)$
$\|y\|_2$	$\|G(\mathrm{j}\omega)\|_\infty$	∞	∞
$\|y\|_\infty$	$\|G(\mathrm{j}\omega)\|_2$	$\|G(t)\|_1$	∞
$\mathrm{pow}(y)$	0	$\leqslant\|G(\mathrm{j}\omega)\|_\infty$	$\|G(\mathrm{j}\omega)\|_\infty$

下面给出两个表中部分结论的证明。

表 1.1 中结论的证明如下。

(1) (1,1) 项。

由于 $u(t)=\delta(t)$，有 $y(t)=G(t)*\delta(t)=G(t)$，因此 $\|y(t)\|_2=\|G(t)\|_2$。再根据 Parseval 定理，有 $\|G(t)\|_2=\|G(\mathrm{j}\omega)\|_2$，于是得到 $\|y(t)\|_2=\|G(\mathrm{j}\omega)\|_2$。同理可得 (2,1) 项中的证明。

(2) (3,1) 项。

$$\begin{aligned}\mathrm{pow}(y(t))^2&=\lim_{T\to\infty}\frac{1}{2T}\int_{-T}^{T}G(t)^2\mathrm{d}t\leqslant\lim_{T\to\infty}\frac{1}{2T}\int_{-\infty}^{\infty}G(t)^2\mathrm{d}t\\&=\lim_{T\to\infty}\frac{1}{2T}\|G(t)\|_2^2=0\end{aligned}$$

(3) (1,2) 项。

由于系统的输入信号 $u(t)=\sin(\omega t)$，则输出信号的稳态为

$$y(t)=|G(\mathrm{j}\omega)|\sin[\omega t+\arg G(\mathrm{j}\omega)]$$

只要 $G(\mathrm{j}\omega)\neq 0$ 就有 $\|y(t)\|_2=\infty$。

(4) (2,2) 项。

根据 (1,2) 项的证明可知，$y(t)$ 的幅值为 $|G(\mathrm{j}\omega)|$，因此有

$$\|y(t)\|_\infty=\|G(\mathrm{j}\omega)\|_\infty$$

于是得 (2,2) 项的证明。

(5) (3,2) 项。

令 $\phi\overset{\text{def}}{=\!=}\arg G(\mathrm{j}\omega)$，有

$$\begin{aligned}
\mathrm{pow}(y(t))^2&=\lim_{T\to\infty}\frac{1}{2T}\int_{-T}^{T}|G(\mathrm{j}\omega)|^2\sin^2(\omega t+\phi)\mathrm{d}t\\
&=|G(\mathrm{j}\omega)|^2\lim_{T\to\infty}\frac{1}{2T}\int_{-T}^{T}\sin^2(\omega t+\phi)\mathrm{d}t\\
&=|G(\mathrm{j}\omega)|^2\lim_{T\to\infty}\frac{1}{2\omega T}\int_{-wT+\phi}^{wT+\phi}\sin^2\theta\mathrm{d}\theta\\
&=|G(\mathrm{j}\omega)|^2\frac{1}{\pi}\int_0^{\pi}\sin^2\theta\mathrm{d}\theta=\frac{1}{2}|G(\mathrm{j}\omega)|^2
\end{aligned}$$

表 1.2 中结论的证明如下。设 $u(t),y(t)$ 对应的频域函数分别为 $U(\mathrm{j}\omega),Y(\mathrm{j}\omega)$。

(1) (1,1) 项。

由 $Y(\mathrm{j}\omega)=G(\mathrm{j}\omega)U(\mathrm{j}\omega)$，且 $\|y(t)\|_2=\|Y(\mathrm{j}\omega)\|_2$(Parseval 定理)，有

$$\begin{aligned}
\|y(t)\|_2^2=\|Y(\mathrm{j}\omega)\|_2^2&=\frac{1}{2\pi}\int_{-\infty}^{\infty}|Y(\mathrm{j}\omega)|^2\mathrm{d}\omega\\
&=\frac{1}{2\pi}\int_{-\infty}^{\infty}|G(\mathrm{j}\omega)|^2|U(\mathrm{j}\omega)|^2\mathrm{d}\omega\\
&\leqslant\frac{1}{2\pi}\int_{-\infty}^{\infty}\left\{\sup_w|G(\mathrm{j}\omega)|\right\}^2|U(\mathrm{j}\omega)|^2\mathrm{d}\omega\\
&=\left\{\sup_w|G(\mathrm{j}\omega)|\right\}^2\left\{\frac{1}{2\pi}\int_{-\infty}^{\infty}|U(\mathrm{j}\omega)|^2\mathrm{d}\omega\right\}\\
&=\|G(\mathrm{j}\omega)\|_\infty^2\|U(\mathrm{j}\omega)\|_2^2=\|G(\mathrm{j}\omega)\|_\infty^2\|u(t)\|_2^2
\end{aligned}$$

即

$$\|y(t)\|_2\leqslant\|G(\mathrm{j}\omega)\|_\infty\|u(t)\|_2,\qquad\frac{\|y(t)\|_2}{\|u(t)\|_2}\leqslant\|G(\mathrm{j}\omega)\|_\infty$$

下面证明 $\|G(\mathrm{j}\omega)\|_\infty$ 是最小上界。选择 ω_0，使 $|G(\mathrm{j}\omega_0)| = \|G(\mathrm{j}\omega)\|_\infty$，不失一般性，假设 $\omega_0 > 0$。选择输入 u^* 满足：

$$|U^*(\mathrm{j}\omega)| = \begin{cases} \sqrt{\dfrac{\pi}{2\varepsilon}}, & |\omega - \omega_0| < \varepsilon, |\omega + \omega_0| < \varepsilon \\ 0, & \text{其他} \end{cases}$$

则

$$\begin{aligned}\|y(t)\|_2^2 = \|Y(\mathrm{j}\omega)\|_2^2 &= \frac{1}{2\pi}\int_{-\infty}^{\infty} |G(\mathrm{j}\omega)|^2 |U^*(\mathrm{j}\omega)|^2 \mathrm{d}\omega \\ &= \frac{1}{2\pi}\int_{-\omega_0-\varepsilon}^{-\omega_0+\varepsilon} |G(\mathrm{j}\omega)|^2 \frac{\pi}{2\varepsilon}\mathrm{d}\omega + \frac{1}{2\pi}\int_{\omega_0-\varepsilon}^{\omega_0+\varepsilon} |G(\mathrm{j}\omega)|^2 \frac{\pi}{2\varepsilon}\mathrm{d}\omega\end{aligned}$$

当 $\varepsilon \to 0$，对上面的积分进行运算可得

$$\|y(t)\|_2^2 \approx \frac{1}{2\pi}\|G(\mathrm{j}\omega)\|_\infty^2 \frac{2\pi}{2\varepsilon} \cdot 2\varepsilon = \|G(\mathrm{j}\omega)\|_\infty^2$$

即 $\|y(t)\|_2 \approx \|G(\mathrm{j}\omega)\|_\infty$。由此可得，$\|G(\mathrm{j}\omega)\|_\infty$ 为最小上界。

(2) (2,1) 项。

由 $y(t) = G(t) * u(t)$，有

$$\begin{aligned}|y(t)| &= \left|\int_{-\infty}^{\infty} G(t-\tau)u(\tau)\mathrm{d}\tau\right| \\ &\leqslant \left|\int_{-\infty}^{\infty} G^2(t-\tau)\mathrm{d}\tau\right|^{1/2} \left|\int_{-\infty}^{\infty} u^2(\tau)\mathrm{d}\tau\right|^{1/2} \qquad \text{(Cauchy-Schwarz 不等式)} \\ &= \left(\int_{-\infty}^{\infty} G^2(t-\tau)\mathrm{d}\tau\right)^{1/2} \left(\int_{-\infty}^{\infty} u^2(\tau)\mathrm{d}\tau\right)^{1/2} \\ &= \|G(t)\|_2 \|u(t)\|_2 = \|G(\mathrm{j}\omega)\|_2 \|u(t)\|_2, \qquad \forall t \quad \text{(Parseval 定理)}\end{aligned}$$

或

$$\|y(t)\|_\infty \leqslant \|G(\mathrm{j}\omega)\|_2 \|u(t)\|_2, \qquad \frac{\|y(t)\|_\infty}{\|u(t)\|_2} \leqslant \|G(\mathrm{j}\omega)\|_2$$

下面证明 $\|G(\mathrm{j}\omega)\|_2$ 是最小上界。选择 $u^*(t) = \dfrac{G(-t)}{\|G(t)\|_2}$，则有 $\|u^*(t)\|_2 = 1$，且

$$y(t) = \int_{-\infty}^{\infty} G(t-\tau)u^*(\tau)\mathrm{d}\tau = \int_{-\infty}^{\infty} G(t-\tau)\frac{G(-\tau)}{\|G(t)\|_2}\mathrm{d}\tau$$

于是有

$$\begin{aligned}|y(0)| &= \int_{-\infty}^{\infty} \frac{G^2(-t)}{\|G(t)\|_2}\mathrm{d}\tau = \frac{1}{\|G(t)\|_2}\int_{-\infty}^{\infty} \frac{G^2(-t)}{\|G(t)\|_2}\mathrm{d}\tau \\ &= \|G(t)\|_2 = \|G(\mathrm{j}\omega)\|_2\end{aligned}$$

注意到 $|y(0)| \leqslant \|y(t)\|_\infty$，有

$$|y(0)| = \|G(\mathrm{j}\omega)\|_2 \leqslant \|y(t)\|_\infty$$

又因为 $\|u^*(t)\|_2 = 1$，有 $\|G(\mathrm{j}\omega)\|_2 \leqslant \dfrac{\|y(t)\|_\infty}{\|u^*(t)\|_2}$。前面又证得 $\|G(\mathrm{j}\omega)\|_2 \geqslant \dfrac{\|y(t)\|_\infty}{\|u(t)\|_2}$，当 $u(t)$ 取一特殊形式时，如 $u(t) = u^*(t)$，这个关系式仍然成立，于是得到

$$\|G(\mathrm{j}\omega)\|_2 \leqslant \frac{\|y(t)\|_\infty}{\|u^*(t)\|_2} \leqslant \|G(\mathrm{j}\omega)\|_2$$

所以

$$\frac{\|y(t)\|_\infty}{\|u^*(t)\|_2} = \|G(\mathrm{j}\omega)\|_2$$

即

$$\|y(t)\|_\infty = \|u^*(t)\|_2\|G(\mathrm{j}\omega)\|_2 = \|G(\mathrm{j}\omega)\|_2$$

由于 $\|y(t)\|_\infty$ 可以取值到 $\|G(\mathrm{j}\omega)\|_2$，因此 $\|G(\mathrm{j}\omega)\|_2$ 为 $\|y(t)\|_\infty$ 的最小上界。其余证明可作为练习。

表 1.1 和表 1.2 中的内容在控制系统的分析和设计中有着重要的应用。如果已知一个稳定的、严格正则的 (或至少是正则的) 的系统，受到一个干扰输入 $u(t)$ 的作用，这两个表可以告诉我们在各种意义下，$u(t)$ 对系统输出 $y(t)$ 的影响有多大。例如，若 $u(t)$ 是具有一定频率的正弦信号，那么表 1.1 中的第二列给出了三种意义下 $y(t)$ 的相对大小。通常情况下，干扰信号的具体形式是未知的，因而表 1.2 更具实际意义。

✍ **例 1.6**　设一系统的传递函数

$$G(s) = \frac{1}{10s+1}$$

干扰输入 $d(t)$ 的能量已知为 $\|d(t)\|_2 \leqslant 0.4$。求出系统输出信号 $y(t)$ 的 2-范数的一个估计值。

根据表 1.2 的 (1,1) 项可知

$$\|y(t)\|_2 = \|G(\mathrm{j}\omega)\|_\infty\|d(t)\|_2 \leqslant 0.4$$

注记　本章主要讨论了频率鲁棒控制的数学基础，其中 1.1～1.5 节主要参考了文献 (周克敏 等，2006；姜长生 等，2005；贾英民，2007；解学书 等，1994) 的相关内容。1.6～1.9 节内容由文献 (多伊尔 等，1993) 的第 2 章整理而成。

习　题

1-1　计算下面各信号的各种范数及 pow，并确定它们位于图 1.1 中的什么位置。

$$u_1(t) = \begin{cases} \dfrac{1}{\sqrt{t}}, & t > 0 \\ 0, & t \leqslant 0 \end{cases} \qquad u_2(t) = \begin{cases} 1, & t > 0 \\ 0, & t \leqslant 0 \end{cases}$$

$$u_3(t) = \begin{cases} \dfrac{1}{t^{1/4}}, & t > 0 \\ 0, & t \leqslant 0 \end{cases}$$

1-2　已知一系统的传递函数为

$$\frac{a}{bs+1}, \qquad a, b > 0$$

求其 2-范数和 ∞-范数。

1-3　已知一系统的传递函数为

$$\frac{1}{2s+1}$$

其输入信号为

$$u(t) = \sin\left(\frac{1}{2}t\right)$$

计算其输出信号的各种范数及其 pow。

1-4　证明表 1.2 中的 (1,3) 项、(2,2) 项和 (2,3) 项。

1-5　已知一系统的传递函数为

$$\frac{s}{2s+1}$$

其输入输出信号分别为 $u(t)$ 和 $y(t)$，计算

$$\sup_{\|u(t)\|_\infty = 1} \|y(t)\|_\infty$$

并求出这一上确界对应的输入。

参 考 文 献

多伊尔 J C，弗朗西斯 B A，坦嫩鲍姆 A R，1993. 反馈控制理论 [M]. 慕春棣，译. 北京：清华大学出版社.

贾英民，2007. 鲁棒 H_∞ 控制 [M]. 北京：科学出版社.

姜长生，吴庆宪，陈文华，等，2005. 现代鲁棒控制基础 [M]. 哈尔滨：哈尔滨工业大学出版社.

解学书，钟宜生，1994. H_∞ 控制理论 [M]. 北京：清华大学出版社.

周克敏，DOYLE J C，GLOVER K，2006. 鲁棒与最优控制 [M]. 毛剑琴，钟宜生，林岩，等译. 北京：国防工业出版社.

第 2 章　频域的稳定性概念

本章从基本控制系统出发，研究其稳定性并得到其充分必要条件。把跟踪作为一种性能指标来讨论，研究系统对某些信号渐近跟踪的能力。

2.1　基本反馈系统

考察下面的基本反馈控制系统，其中 P 表示控制对象，C 表示设计的控制器，F 是测量系统输出的观测器。注意到系统中的三个部分都有两个输入信号 (一个来自系统内部，一个来自系统外部) 和一个输出信号。r 是参考输入，d 和 n 是系统外部扰动输入，u 是控制信号，y 是系统输出，v 是观测器输出。

下面研究图 2.1 所示系统的输入输出关系，假定每一部分都是线性的，在这种情况下，输入是一个二维向量，输出是输入的线性函数。例如，控制对象的输入输出关系为

$$y = P\begin{bmatrix} d \\ u \end{bmatrix}$$

进一步，将 P 矩阵分块为 $P = \begin{bmatrix} P_1 & P_2 \end{bmatrix}$，可得

$$y = P_1 d + P_2 u$$

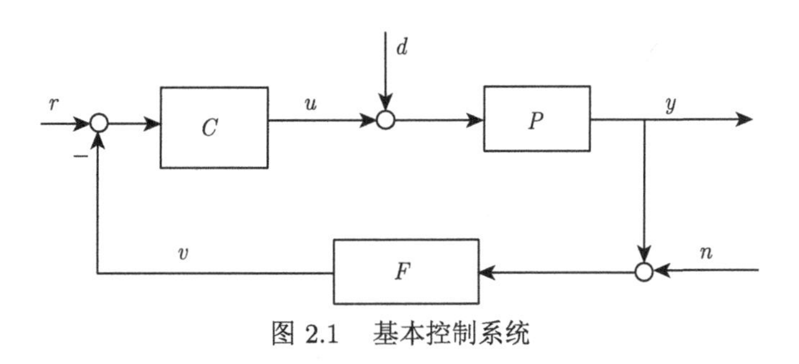

图 2.1　基本控制系统

为了简化问题，本章假设三个部分的输出都是它们输入的和 (或差) 的线性函数，即系统中三个部分的方程为

$$\begin{aligned} y &= P(d+u) \\ v &= F(y+n) \\ u &= C(r-v) \end{aligned}$$

最后一个方程中的 “−” 是一个习惯的表示。这几个方程对应的方框图如图 2.2 所示。下面给出关于系统输入输出关系的几个定义。

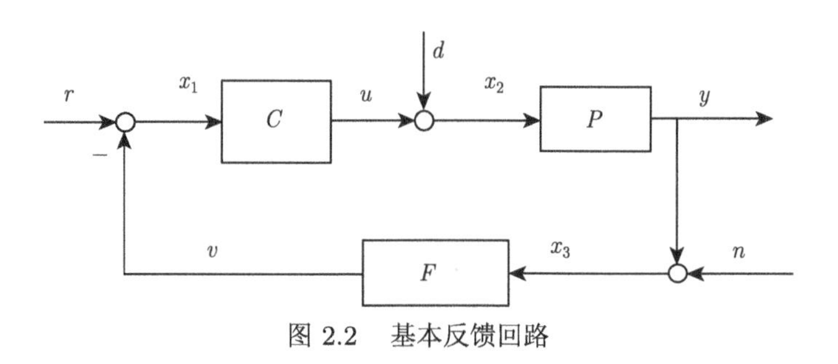

图 2.2　基本反馈回路

定义 2.1 (弱良定性)　图 2.2 中所有闭环传递函数都存在，即从三个外部输入到所有内部信号 u, y, v 以及求和点的输出之间的传递函数都存在，我们称系统具有弱良定性。

为了考察系统的弱良定性，我们只需考察从 r、d、n 到 x_1、x_2、x_3 的 9 个传递函数，其他几个传递函数可从这 9 个传递函数得到。各求和点的方程为

$$x_1 = r - Fx_3$$
$$x_2 = d + Cx_1$$
$$x_3 = n + Px_2$$

表达成矩阵形式为

$$\begin{bmatrix} 1 & 0 & F \\ -C & 1 & 0 \\ 0 & -P & 1 \end{bmatrix} \begin{bmatrix} x_1 \\ x_2 \\ x_3 \end{bmatrix} = \begin{bmatrix} r \\ d \\ n \end{bmatrix}$$

从这个方程中可以看出：系统是弱良定的，当且仅当上面方程中的 3×3 矩阵是非奇异的，即行列式 $1 + PCF$ 不恒等于 0。系统的 9 个传递函数可通过下面方程得到

$$\begin{bmatrix} x_1 \\ x_2 \\ x_3 \end{bmatrix} = \begin{bmatrix} 1 & 0 & F \\ -C & 1 & 0 \\ 0 & -P & 1 \end{bmatrix}^{-1} \begin{bmatrix} r \\ d \\ n \end{bmatrix}$$

即

$$\begin{bmatrix} x_1 \\ x_2 \\ x_3 \end{bmatrix} = \frac{1}{1 + PCF} \begin{bmatrix} 1 & -PF & -F \\ C & 1 & -CF \\ PC & P & 1 \end{bmatrix} \begin{bmatrix} r \\ d \\ n \end{bmatrix} \tag{2.1}$$

定义 2.2 (强良定性)　当式 (2.1) 中的 9 个传递函数都是正则的，我们称系统是强良定的。

显而易见，强良定性的前提是要求 P、C 和 F 是正则的，并且强良定性的充分必要条件是 $1 + PCF$ 不是严格正则的 ($PCF(\infty) \neq -1$)。

性质 2.1　如果 P、C 和 F 是正则的，并且其中之一是严格正则的，那么反馈系统就是强良定性的。

证明　不失一般性，假设 P 是严格正则的，令

$$P=\frac{N_P}{M_P},\qquad C=\frac{N_C}{M_C},\qquad F=\frac{N_F}{M_F}$$

则

$$1+PCF=\frac{N_PN_CN_F+M_PM_CM_F}{M_PM_CM_F}$$

可见如果 P 是严格正则的，$1+PCF$ 一定是双正则的。　□

在本书中，一般假设：P 是严格正则的，C 和 F 是正则的，即系统是强良定的。

2.2　内　稳　定

对于一个系统，仅仅看输入-输出传递函数是不够的，即便这个传递函数是稳定的，它也仅能保证系统存在有界的输入时，输出信号是有界的，却不能保证系统内部的每一个状态变量都有界。如果内部存在无界信号时，就可能会引起物理系统内部结构的毁坏。这便是下面将要介绍的内稳定问题。

定义 2.3 (内稳定)　对于基本反馈回路，当 r、d、n 到 x_1、x_2、x_3 的所有传递函数均稳定时，称系统是内稳定的。

内稳定的一个结果是：如果外部输入信号的幅值有界，那么 x_1、x_2 和 x_3 以及 u、y 和 v 都是有界的。因此，对所有有界的外部信号，内稳定确保内部信号是有界的 (保证系统的安全性)。

✍ **例 2.1**　在图 2.2 中，假设

$$C(s)=\frac{s-1}{s+1},\qquad P(s)=\frac{1}{s^2-1},\qquad F=1$$

判断系统是否为内稳定的。检验从 r 到 y 以及从 d 到 r 的传递函数。

$$\frac{y}{r}=\frac{PC}{1+PCF}=\frac{1}{s^2+2s+2}$$

$$\frac{y}{d}=\frac{P}{1+PCF}=\frac{s+1}{(s-1)(s^2+2s+2)}$$

从 r 到 y 的传递函数是稳定的，但从 d 到 y 是不稳定的，因此反馈系统不是内稳定的。这种情况是由于控制器的零点和对象的极点在 $s=1$ 相消引起的，即

$$CP=\frac{s-1}{s+1}\frac{1}{s^2-1}=\frac{s-1}{(s+1)^2(s-1)}$$

如图 2.2 所示的基本反馈系统可以看出，系统是内稳定的当且仅当式 (2.1) 中的 9 个传递函数都是稳定的。直接考察 9 个传递函数的稳定性比较麻烦，下面将给出一种更简单的方法。将 P、C、F 写成互质多项式 (即分子分母没用共同的因子) 的比，即

$$P=\frac{N_P}{M_P},\qquad C=\frac{N_C}{M_C},\qquad F=\frac{N_F}{M_F}$$

反馈系统的特征多项式定义为

$$N_PN_CN_F + M_PM_CM_F$$

闭环系统的极点就是特征多项式的零点。下面我们从闭环系统的极点研究系统的内稳定性。

定理 2.1　反馈系统是内稳定的，当且仅当没有闭环极点 (即 $N_PN_CN_F + M_PM_CM_F$ 的零点) 在 $\mathrm{Re}(s) \geqslant 0$。

证明　将 P、C、F 的互质多项式代入式 (2.1) 中，整理得

$$\begin{bmatrix} x_1 \\ x_2 \\ x_3 \end{bmatrix} = \frac{1}{N_PN_CN_F + M_PM_CM_F} \begin{bmatrix} M_PM_CM_F & -N_PM_CN_F & -M_PM_CN_F \\ M_PN_CM_F & M_PM_CM_F & -M_PN_CN_F \\ N_PN_CM_F & N_PM_CM_F & M_PM_CM_F \end{bmatrix} \begin{bmatrix} r \\ d \\ n \end{bmatrix} \tag{2.2}$$

(1) 充分性证明。

显然，如果系统的闭环极点，即 $N_PN_CN_F + M_PM_CM_F$ 的零点，都不在复平面的闭右半平面，则式 (2.2) 中的 9 个传递函数都是稳定，因此系统内稳定。

(2) 必要性证明。

假定系统是内稳定的，那么式 (2.2) 中的 9 个传递函数都是稳定的，即它们没有极点在 $\mathrm{Re}(s) \geqslant 0$，但这并不能立即断定 $N_PN_CN_F + M_PM_CM_F$ 没有零点在 $\mathrm{Re}(s) \geqslant 0$，因为即使这个多项式存在一个闭右半平面的零点，如果这 9 个传递函数的分子也恰好存在同样的零点，那么它们相消之后仍然可以得到 9 个稳定的传递函数。由此可知，要使 $N_PN_CN_F + M_PM_CM_F$ 没有零点在 $\mathrm{Re}(s) \geqslant 0$，必须得保证式 (2.2) 中 9 个传递函数的分子分母没有在 $\mathrm{Re}(s) \geqslant 0$ 的共同零点。下面将接着证明这一论断。首先，我们假设式 (2.2) 中的某个传递函数，如

$$\frac{M_PM_CM_F}{N_PN_CN_F + M_PM_CM_F}$$

分子分母同时存在一个在 $\mathrm{Re}(s) \geqslant 0$ 的零点，记为 s_0，$\mathrm{Re}(s_0) \geqslant 0$，即 $M_PM_CM_F$ 和 $N_PN_CN_F$ 都存在一个因子 $(s - s_0)$，再假设该项因子存在于 M_P 中，根据互质性可知，N_P 中不存在该项因子，于是 N_CN_F 中必存在该因子。进一步得 $N_PM_CM_F$ 或 $N_PM_CN_F$ 中必不存在该项因子。那么传递函数

$$\frac{N_PM_CM_F}{N_PN_CN_F + M_PM_CM_F}$$

或者

$$\frac{N_PM_CN_F}{N_PN_CN_F + M_PM_CM_F}$$

分母中的不稳定极点无法与分子中的因子相消，于是该传递函数是不稳定的。事实上，无论假设 9 个传递函数中的哪一个为不稳定的，都会导致另外一个传递函数不稳定，这就与系统内稳定的假设矛盾，所以这 9 个传递函数的分子分母都不存在相同的闭右半平面零点。 □

定理 2.2　反馈系统是内稳定的，当且仅当下面两个条件成立：

(1) 传递函数 $1+PCF$ 没有零点在 $\mathrm{Re}(s)\geqslant 0$；

(2) 乘积 PCF 在 $\mathrm{Re}(s)\geqslant 0$ 没有零极点相消。

证明　根据前面内容可知，反馈系统是内稳定的，当且仅当式 (2.1) 中的 9 个传递函数都是稳定的。

(1) 充分性证明。

假定定理中的 (1) 和 (2) 都成立，将 P、C、F 写成互质多项式之比的形式

$$P=\frac{N_P}{M_P},\qquad C=\frac{N_C}{M_C},\qquad F=\frac{N_F}{M_F}$$

令 s_0 是特征多项式的零点，即

$$(N_PN_CN_F+M_PM_CM_F)(s_0)=0 \tag{2.3}$$

下面我们将证明该多项式的零点必在复平面的左半平面，即 $s_0<0$。假设 $s_0\geqslant 0$。如果 $(M_PM_CM_F)(s_0)=0$，那么由式 (2.3) 可知 $(N_PN_CN_F)(s_0)=0$。这就与定理中的条件 (2) 矛盾。如果 $(M_PM_CM_F)(s_0)\neq 0$，用它去除式 (2.3) 中的方程，有

$$(1+\frac{N_PN_CN_F}{M_PM_CM_F})(s_0)=0$$

即 $(1+PCF)(s_0)=0$，这又与定理中的条件 (1) 矛盾。由此可见，只要定理中的条件成立，则必有 $s_0<0$，即特征多项式的零点必在左半平面。于是可知系统是内稳定的。

(2) 必要性证明。

假设系统是内稳定的，那么 $(1+PCF)^{-1}$ 必须是稳定的，即 $1+PCF$ 没有零点在 $\mathrm{Re}(s)\geqslant 0$。这就证明了定理中的条件 (1)。将 P、C、F 写成上面所示的互质因子的形式。由定理 2.1 可知，特征多项式 $N_PN_CN_F+M_PM_CM_F$ 没有零点在 $\mathrm{Re}(s)\geqslant 0$。因此，$N_P$ 和 M_P、M_C、M_F 中的任何一个都没有共同的零点在 $\mathrm{Re}(s)\geqslant 0$(否则，特征多项式在 $\mathrm{Re}(s)\geqslant 0$ 存在零点)。同理 N_C、N_F 也不可能和 M_P、M_C、M_F 有共同的零点在 $\mathrm{Re}(s)\geqslant 0$。这就证明了 $N_PN_CN_F$ 和 $M_PM_CM_F$ 在 $\mathrm{Re}(s)\geqslant 0$ 没有共同的零点，即定理中的 (2)。□

2.3　Nyquist 判据

本书再从定理 2.2 及幅角原理推导出 Nyquist 判据，该判据是根据开环传递函数的频率特性来判定闭环反馈系统稳定性的方法。为了简便起见，下面只讨论单输入单输出系统的 Nyquist 判据。

如图 2.3 所示的单位反馈系统

$$P(s)=\frac{N_P(s)}{M_P(s)},\qquad C(s)=\frac{N_C(s)}{M_C(s)}$$

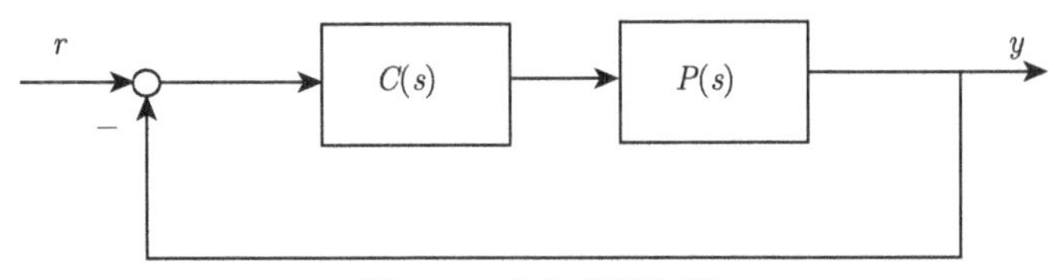

图 2.3 单位反馈回路

其中，$N_P(s)$、$M_P(s)$、$N_C(s)$ 和 $M_C(s)$ 均为关于 s 的多项式。考虑到物理上的可实现性，假设对象 $P(s)$ 和控制器 $C(s)$ 均为严格真有理的传递函数。该闭环系统的传递函数为

$$\varPhi(s)=\frac{P(s)C(s)}{1+P(s)C(s)}$$

显然有

(1) $1+P(s)C(s)$ 的极点与 $P(s)C(s)$ 的极点相同；

(2) 闭环传递函数 $\varPhi(s)$ 的极点与 $1+P(s)C(s)$ 的零点相同。

从 2.2 节内容可知，闭环系统的稳定性取决于 $\varPhi(s)$ 的极点在 s 平面的分布情况。因此，判断该系统的稳定性需要求解出多项式方程 $1+P(s)C(s)=0$ 的根，即需求解

$$N_P(s)N_C(s)+M_P(s)M_C(s)=0$$

的根。对于高阶系统，求解该方程常常比较困难。为了避免求解该方程，Nyquist 判据给出了另外一种方法：根据开环传递函数 $P(s)C(s)$ 的极点分布，来判断闭环系统特征多项式在 s 右半平面的根的数目。

引理 2.1 (幅角原理) 设复变函数

$$w=\phi(s)$$

在区域 $\varOmega$ 内除了有限个孤立点以外均是解析的，在 $\varOmega$ 的边界 $\varGamma$ 上 $\phi(s)$ 连续且不为零，则 $\phi(s)$ 在 $\varOmega$ 内的零点总数 Z 和极点总数 P 之差，等于 s 沿 $\varGamma$ 正方向上运行一周时，$w=\phi(s)$ 在 w 平面绕过原点的总圈数 M，即

$$M=Z-P=\frac{1}{2\pi}\Delta_{\varGamma}\arg\phi(s)$$

其中，$\Delta_{\varGamma}\arg\phi(s)$ 为 $\phi(s)$ 沿 $\varGamma$ 运行一周时的幅角差，多重极点和多重零点按重数计算。

需要注意的是，$M>0$ 表示 $\phi(s)$ 的零点数超过极点数。

定理 2.3 (Nyquist 稳定判据) 如图 2.3 所示的系统，若开环传递函数 $P(s)C(s)$ 在右半平面内有 P 个极点，其中 $s=0$ 为 v 重极点，则闭环系统稳定的充分必要条件是：当 ω 从 $-\infty$ 变化到 ∞ 时，开环频率特性曲线 $P(\mathrm{j}\omega)C(\mathrm{j}\omega)$ 包围点 $(-1,\mathrm{j}0)$ 的圈数为 $P+\dfrac{v}{2}$。

证明 如图 2.4 所示，考虑 s 平面中的区域 $\varOmega$，其边界由 $\varGamma_1$、$\varGamma_2$、$\varGamma_3$ 和 $\varGamma_4$ 组成，其中

$\varGamma_1$：从 $-\mathrm{j}R$ 到 $-\mathrm{j}r$ 的一段虚轴；

$\varGamma_2$：以 r 为半径的位于右半平面的半圆圈 (逆时针)；

Γ_3：从 jr 到 jR 的一段虚轴；

Γ_4：以 R 为半径的位于右半平面的半圆圈 (顺时针)。

这里的 r 和 R 均为适当的正数，使得 $P(s)C(s)$ 的 P 个极点均被包含在 Ω 之内。注意到 $1+P(s)C(s)$ 与 $P(s)C(s)$ 有相同的极点，所以 $1+P(s)C(s)$ 在 Ω 内也有 P 个极点。假设 $1+P(s)C(s)$ 在 Ω 内有 Z 个零点。因此，当 s 沿 Γ 顺时针运行一周时，对 $1+P(s)C(s)$ 应用幅角原理，有

$$P-Z=\frac{1}{2\pi}\Delta_\Gamma \arg[1+P(s)C(s)]$$

因为 $P(s)$ 和 $C(s)$ 均为有理函数，所以有

$$\Delta_{\Gamma_4}\arg[1+P(s)C(s)]=0$$

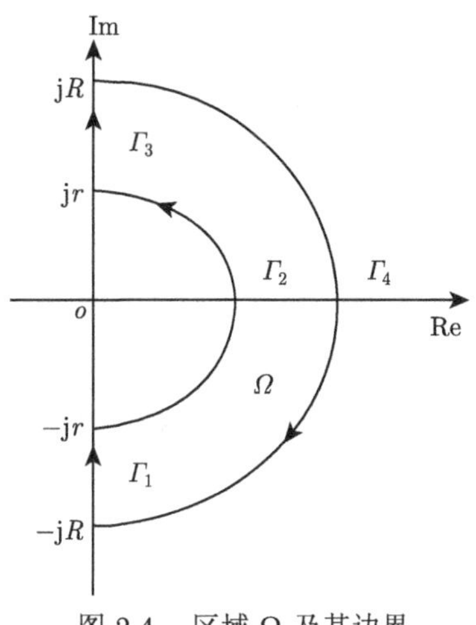

图 2.4　区域 Ω 及其边界

又因为 $s=0$ 是 $1+P(s)C(s)$ 的 v 重极点，所以当 r 充分小时，有

$$\Delta_{\Gamma_2}\arg[1+P(s)C(s)]\approx -v\pi$$

于是得

$$\begin{aligned}&\Delta_{\Gamma_1}\arg[1+P(s)C(s)]+\Delta_{\Gamma_3}\arg[1+P(s)C(s)]\\ \approx\ &(P-Z)2\pi+v\pi\end{aligned}$$

令 $r\to 0$, $R\to\infty$，则有

$$\Delta_\Gamma \arg[1+P(\mathrm{j}\omega)C(\mathrm{j}\omega)]=(P-Z)2\pi+v\pi$$

其中，$-\infty<\omega<+\infty$。

由于闭环系统稳定当且仅当其特征多项式在右半平面没有零点，即 $Z=0$。也就是说，闭环系统稳定当且仅当

$$\Delta_\Gamma \arg[1+P(\mathrm{j}\omega)C(\mathrm{j}\omega)]=\left(P+\frac{v}{2}\right)2\pi$$

注意到，$1+P(\mathrm{j}\omega)C(\mathrm{j}\omega)$ 绕过原点的圈数等于 $P(\mathrm{j}\omega)C(\mathrm{j}\omega)$ 绕过点 $(-1,\ \mathrm{j}0)$ 的圈数，定理得证。 □

需要注意的时候，当 $P(s)C(s)$ 在虚轴上有极点 $s=\mathrm{j}\omega_0$ $(\omega_0\neq 0)$ 时，在构造闭环曲线 Γ 时，可以用半径充分小的半圆绕过该极点 (如定理证明中绕过原点一样) 的方法，同样可以得到类似的结论。

2.4　渐 近 跟 踪

本章从现在开始研究单位反馈系统，即 $F=1$，系统的方框图如图 2.5 所示 $(F=1)$，图中 e 为渐近跟踪误差，当 $n=d=0$ 时，e 等于参考输入 (理想的响应) r 与对象输出 (实

际的响应) y 之差。本节研究当时间趋向无穷时，系统跟踪某些试验信号的能力。下面主要讨论阶跃信号

$$r_1(t)=\begin{cases} c, & t\geqslant 0\\ 0, & t=1\end{cases}$$

和斜坡信号

$$r_2(t)=\begin{cases} ct, & t\geqslant 0\\ 0, & t=1\end{cases}$$

其中，c 为一非零实数。从参考输入 r 到系统输出 y 之间的传递函数为

$$\frac{y}{r}=\frac{PC}{1+PC}\overset{\text{def}}{=\!=}T$$

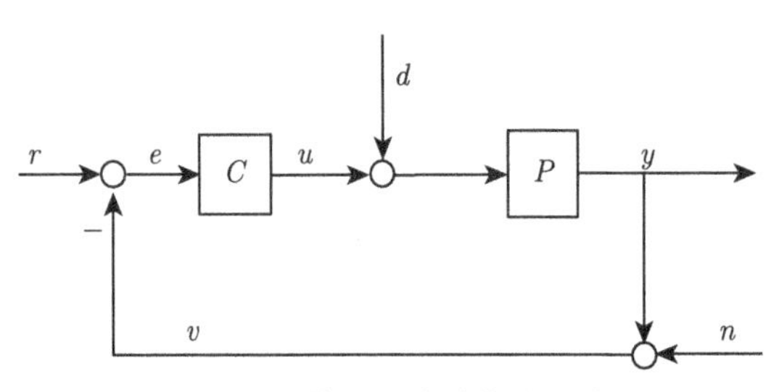

图 2.5　单位反馈系统的回路

从参考输入 r 到跟踪误差 e 之间的闭环传递函数为

$$\frac{e}{r}=\frac{1}{1+PC}\overset{\text{def}}{=\!=}S$$

对于传递函数 P 的摄动 ΔP，将引起 T 的摄动 ΔT，则相对摄动的比

$$\lim_{\Delta P\to 0}\frac{\Delta T/T}{\Delta P/P}=\frac{\mathrm{d}T}{\mathrm{d}P}\frac{P}{T}$$

表示了 T 对 P 的变化敏感程度。

$$\begin{aligned}\frac{\mathrm{d}TP}{\mathrm{d}PT}&=\frac{C}{(1+PC)^2}\frac{1+PC}{PC}P\\&=\frac{1}{1+PC}=S\end{aligned}$$

定义 2.4 (敏感函数)　闭环传递函数 T 对 P 的无限小摄动的灵敏度称为系统的敏感函数。

定义 2.5 (补敏感函数)　$T=1-S$ 称为系统的补敏感函数。

从上面的分析可知，S 就是系统的敏感函数。系统的敏感函数和补敏感函数存在着关系 $S+T=1$。本节将介绍，系统渐近跟踪阶跃信号和斜坡信号的能力取决于敏感函数 S 在原点 $s=0$ 处的零点数。

定理 2.4 假定反馈系统是内稳定的，且 $n = d = 0$，

(1) 对于 r_1(阶跃信号)，系统渐近跟踪 $(t \to 0, e(t) \to 0)$，当且仅当 S 至少有一个零点在原点。

(2) 对于 r_2(斜坡信号)，系统渐近跟踪，当且仅当 S 至少有两个零点在原点。

证明 如果 $y(s)$ 是一有理 Laplace 变换，除了可能有一单极点在原点以外，没有极点在 $\mathrm{Re}(s) \geqslant 0$，那么 $\lim\limits_{t\to 0} y(t)$ 存在且等于 $\lim\limits_{s\to 0} sy(s)$。

(1) 对于 r_1 (阶跃信号)

$$r_1(s) = \frac{c}{s}, \qquad e(s) = S(s)r_1(s) = \frac{c}{s}S(s)$$

由于系统是内稳定的，则 $S(s)$ 是一稳定的传递函数。根据终值定理有

$$e(\infty) = \lim_{s\to 0} s\frac{c}{s}S(s) = cS(0)$$

则

$$e(\infty) = 0 \Leftrightarrow S(0) = 0$$

即 S 至少有一零点在原点。

(2) 对于 r_2 (斜坡信号)，$r_2(s) = \dfrac{c}{s^2}$，证明类似。 □

✍ **例 2.2** 在图 2.5 中，假设

$$P(s) = \frac{1}{s}, \qquad C(s) = 1$$

判断该系统的跟踪能力。

从 r 到 e 的传递函数等于

$$\frac{1}{1+s^{-1}} = \frac{s}{1+s}$$

那么该系统能跟踪阶跃信号，但不能跟踪斜坡信号。

该例中，开环极点 $s = 0$ 成了闭环误差传递函数的零点，这一零点与 $r(s)$ 的极点相消，结果在 $r(e)$ 中便没有不稳定的极点。所以该系统能跟踪阶跃信号。斜坡信号输入的情况与此类似。

2.5 性　　能

前面研究系统跟踪性能的时候仅考虑渐近跟踪单一的信号，现在考察不同输入信号的集合下，跟踪性能的量度。确定性能指标 (即跟踪特性好坏的量度)，取决于两方面的因素：一是知道多少 r 的信息；二是用什么方式来量测跟踪误差。通常 r 是预先未知的，但总要预知或至少为了设计的需要而假定预知的一组可能的输入。首先考虑一组正弦信号，假定 $r(t)$ 是任意幅值不大于 1 的正弦信号

$$r(t) \in \{a \sin \omega t \mid \forall a \in (0,\ 1],\ \ \forall \omega \in \mathbb{R}_+\}$$

对应的 Laplace 变换为

$$R(s) \in \left\{ \frac{a\omega}{s^2+\omega^2} \middle| \ \forall a \in (0,\ 1],\ \ \forall \omega \in \mathbb{R}_+ \right\}$$

我们希望跟踪误差 $e(t)$ 的幅值小于 ε，根据表 1.2 可知，$e(t)$ 的最大幅值等于它的传递函数的 ∞-范数。从 $r(t)$ 到 $e(t)$ 的传递函数即敏感函数 $S(\mathrm{j}\omega)$，那么性能指标就可以等价表示为 $\|S(\mathrm{j}\omega)\| \leqslant \varepsilon$。由 $e(t) = a|S(\mathrm{j}\omega)|\ \sin(\omega t + \arg(S(\mathrm{j}\omega)))$，则

$$\sup_t |e(t)| = \|e(t)\|_\infty = \sup_\omega |S(\mathrm{j}\omega)| = \|S(\mathrm{j}\omega)\|_\infty$$

即 $\|e(t)\|_\infty < \varepsilon \Rightarrow \|S(\mathrm{j}\omega)\|_\infty < \varepsilon$。定义权函数 $W_1(\mathrm{j}\omega) = \dfrac{1}{\varepsilon}$，则由 $W_1(\mathrm{j}\omega)S(\mathrm{j}\omega) = \dfrac{1}{\varepsilon}S(\mathrm{j}\omega)$，有

$$\|W_1 S\|_\infty = \frac{1}{\varepsilon}\|S\|_\infty < 1$$

于是有

$$\|S\|_\infty < \varepsilon$$

进而可得

$$\|e\|_\infty < \varepsilon$$

因此，常以 $\|W_1 S\|_\infty$ 为跟踪性能的量度，将性能指标进行了标称化 (图 2.6)。一般地，这种处理可视为在参考输入信号后串联了一个滤波器。

接下来考虑任意能量 (在沿频率加权的意义下) 不大于 1 的输入信号 (图 2.7)。

$$r(t) = \{W_1(s)r_0(s) |\ \|r_0(t)\|_2 \leqslant 1\}$$

$$\|e\|_2 \leqslant \|W_1 S\|_\infty \|r_0\|_2 \Rightarrow \sup \|e\|_2 = \|W_1 S\|_\infty$$

标称化地，令 $\|W_1 S\|_\infty < 1$ 作为系统跟踪性能设计的指标，可保证 $\|e\|_\infty < 1$ 或 $\|e\|_2 < 1$。

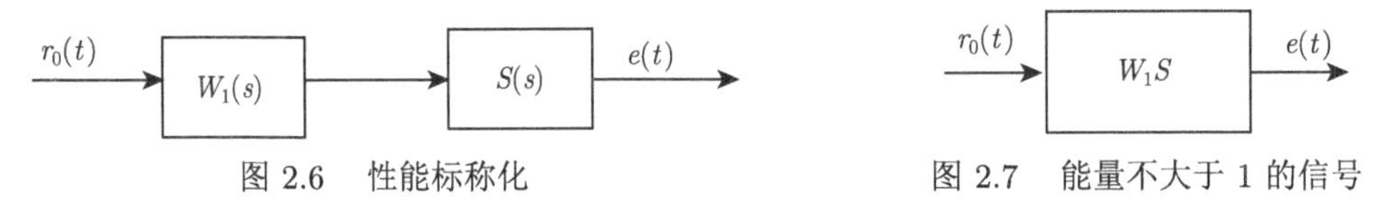

图 2.6　性能标称化　　　　图 2.7　能量不大于 1 的信号

注记　本章内容由文献 (多伊尔 等，1993) 的第 3 章整理而成，其中 2.3 节参考了文献 (梅生伟 等，2003) 第 4 章的内容。

习　题

2-1　在图 2.2 所示的基本反馈系统中，已知

$$P(s) = \frac{1}{s+a}, \qquad C(s) = \frac{1}{s}, \qquad F(s) = 1$$

a 为一实数，求出保证系统内稳定的 a 的范围。

2-2　在图 2.2 所示的基本反馈系统中，已知

$$P(s) = \frac{1}{2s+1}, \qquad C(s) = k, \qquad F(s) = 1$$

求出最小的反馈增益 k 使得下面的结论都成立。(1) 反馈系统是内稳定的；(2) 当 $n = d = 0$ 且 $r(t)$ 为单位阶跃信号时，$\|e(\infty)\| \leqslant 0.2$。

2-3　在图 2.2 所示的基本反馈系统中，已知 $r = n = 0$, $d(t) = \sin(\omega t)1(t)$。求证：如果反馈系统是内稳定的，那么 $\lim_{t\to\infty} y(t) = 0$ 当且仅当 P 有一个零点在 $s = \mathrm{j}\omega$ 或者 C 有一个极点在 $s = \mathrm{j}\omega$。

参考文献

多伊尔 J C，弗朗西斯 B A，坦嫩鲍姆 A R，1993. 反馈控制理论 [M]. 慕春棣，译. 北京：清华大学出版社.

梅生伟，申铁龙. 刘康志，2003. 现代鲁棒控制理论与应用 [M]. 北京：清华大学出版社.

第 3 章　不确定性描述与鲁棒性分析

对系统建立的模型，总是存在着不确定的因素。系统的不确定性有两个来源：一类来源于系统外部，表现为不可预知的干扰；另一类来源于系统内部，常常由于对系统运行规律的不完全认识导致模型与真实系统之间存在着误差，或者由于简化系统模型而造成的不确定性。由于不确定因素的存在，必须知道建模误差对控制系统的性能可能会产生怎样的不利影响。本章开始论述各种不确定对象的模型，进而研究鲁棒稳定性，即在对象存在不确定性时的稳定性问题。最后论述鲁棒性能问题，在对象不确定的情形下确保跟踪目标的实现。

3.1　对象的不确定模型

不确定对象建模的基本方法是使用一个集合 $\mathscr{P}$ 来代表对象的模型。根据不确定性产生的原因，我们将不确定性系统分为结构化不确定性和非结构化不确定性。

定义 3.1 (结构化不确定模型)　结构化不确定性又叫参数化不确定性。指的是系统的不确定性可以通过模型中有限个参数的摄动来描述。参数的摄动可能会改变系统的零极点分布，进而影响系统的性能甚至稳定性，但不会改变系统的结构。

结构化不确定模型描述不确定性的来源和位置明确的情况。例如，考虑一个对象的模型

$$P(s)=\frac{1}{s^2+as+1}$$

其中，常数 a 在某个区间 $[a_{\min},a_{\max}]$ 内，那么我们可以用下面的结构化集合来描述该不确定系统

$$\mathscr{P}=\left\{\left.\frac{1}{s^2+as+1}\right|\ a\in[a_{\min},\ a_{\max}]\right\}$$

这一类结构化不确定集合是由有限个参数来表示的 (本例仅一个参数 a)。还有一类结构化不确定性是离散化不确定性：以离散的对象模型的集合来表示对象模型。例如，

$$P(s)=\left\{\frac{1}{s^2+as+1},\ \frac{\mathrm{e}^{-\tau s}}{Ts+1},\ \frac{bs+1}{s^3+a_2s^2+a_1s+1}\right\}$$

定义 3.2 (非结构化不确定模型)　非结构化不确定模型描述系统“未建模动态”造成的不确定性，即系统的不确定性不能仅仅用有限个参数的摄动来表示，而是通过对象的整体摄动来表示。这种摄动不仅会改变系统的零极点分布和个数，通常还会改变系统的结构。

在实际工程设计中，非结构化不确定模型更加重要，这是基于两方面原因。其一，参数化不确定性是建立在对系统内在规律深刻认识的基础上，但是对系统的完全认识实际上是

很难的。实际的系统都应当包括某些非结构化的不确定性才能覆盖未建模动态。因此非结构化不确定性更具一般性。其二，当系统中存在多个参数同时摄动，尤其是这些摄动之间彼此耦合的时候，用参数不确定性来描述系统的不确定性，其处理过程是非常复杂的。而用一些特定的非结构化不确定模型来描述系统不确定性时，如乘积不确定性，我们可以得到既简单又具有一般性的分析方法。

下面将进一步讨论具有不确定性线性系统的建模问题。对于线性系统，用标称系统的传递函数 $P(s)$ 及未知摄动 $\Delta(s)$ 来表征不确定系统。下面介绍 4 类常用不确定性系统的表达方式。为了符号简单，我们用 $P(s)$ 表示标称对象的传递函数，实际对象的传递函数为 $\tilde{P}(s)$。在用每一种模型时都要对 $\Delta(s)$ 和 $W_2(s)$ 作适当的假设。

(1) 乘积摄动模型。如图 3.1 所示，我们用一个集合来表示系统的模型，即

$$\tilde{P}(s)=[1+\Delta(s)W_2(s)]\,P(s),\qquad \|\Delta(s)\|_\infty\leqslant 1$$

这里的 $\Delta(s)$ 和 $W_2(s)$ 是稳定的传递函数，且 $\|\Delta(s)\|_\infty\leqslant 1$，假设 $\Delta(s)$ 的摄动不会与 $P(s)$ 中不稳定极点相消 ($P(s)$ 和 $\tilde{P}(s)$ 具有相同的不稳定极点)，此时称 $\Delta(s)$ 是可容许的。$\Delta(s)$ 为尺度因子，$W_2(s)$ 是权函数。

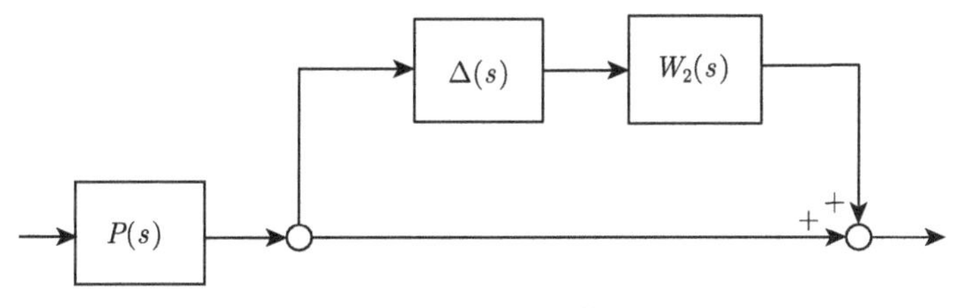

图 3.1　乘积摄动模型

从上述乘积摄动不确定性模型的描述中可以看出

$$\left|\frac{\tilde{P}(\mathrm{j}\omega)}{P(\mathrm{j}\omega)}-1\right|=|\Delta(\mathrm{j}\omega)W_2(\mathrm{j}\omega)|\leqslant|W_2(\mathrm{j}\omega)|$$

对每个 ω，上式表示一个以 $(1,\mathrm{j}0)$ 为圆心，$W_2(\mathrm{j}\omega)$ 为半径的圆。ΔW_2 是偏离 1 的标称化对象的摄动，即 ΔW_2 表示了不确定的范围。用该模型来描述不确定系统处理起来简单、规范，但是比较保守。

(2) 加性摄动模型。如图 3.2 所示该不确定系统的传递函数为

$$\tilde{P}(s)=P(s)+\Delta(s)W_2(s)$$

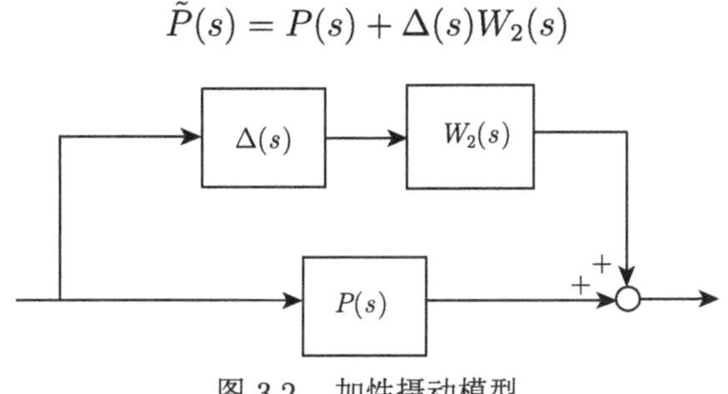

图 3.2　加性摄动模型

(3) 除性摄动模型。如图 3.3 所示，该系统模型用下面的传递函数集合表示

$$\tilde{P}(s)=\frac{P(s)}{1+\Delta(s)W_2(s)}$$

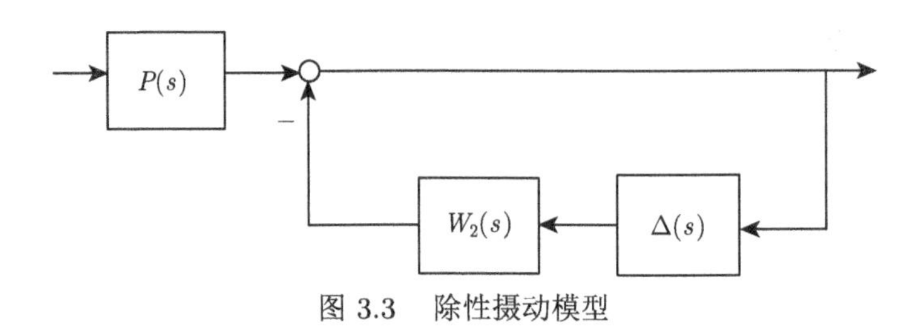

图 3.3　除性摄动模型

(4) 混合型摄动模型。如图 3.4 所示，其传递函数为

$$\tilde{P}(s)=\frac{P(s)(1+\Delta_2(s)W_2(s))}{1+\Delta_1(s)W_1(s)}$$

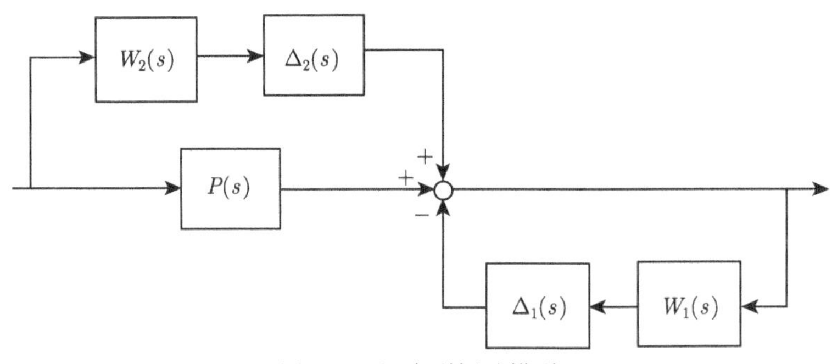

图 3.4　混合型摄动模型

在 4 类不确定模型中，我们用标称对象 $P(s)$ 和权函数 $W_2(s)$ 来表示不确定系统。但在实际中我们是怎样来获得权函数 $W_2(s)$ 的呢？下面举例说明。

✍ **例 3.1**　根据试验，获得稳定对象的频率响应特性 $\{\omega_i,(M_{i_k},\phi_{i_k})_{k=1}^{n}\}_{i=1}^{m}$，其中，$i$ 为频率点的编号；k 为试验次数的编号；选取标称对象传递函数 $P(s)$，获得频率响应特性 $\{\omega_i,(M_i,\phi_i)\}_{i=1}^{m}$。如图 3.5 和图 3.6 所示。

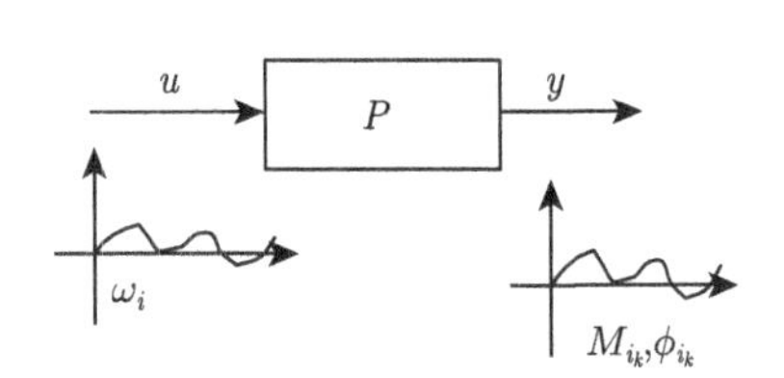

图 3.5　系统频率响应特性

选取 $W_2(s)$，满足：

$$|W_2(\mathrm{j}\omega_i)|\geqslant\left|\frac{M_{i_k}\mathrm{e}^{\phi_{i_k}}}{M_i\mathrm{e}^{\phi_i}}-1\right|,\quad i=1,\cdots,m,\quad k=1,\cdots,n$$

$$\Rightarrow\tilde{P}=(1+\Delta W_2)\,P$$

下面我们通过一个例子来研究结构化不确定性模型与非结构化不确定性模型之间的转换 (结构化不确定性模型嵌入非结构化不确定性模型)。

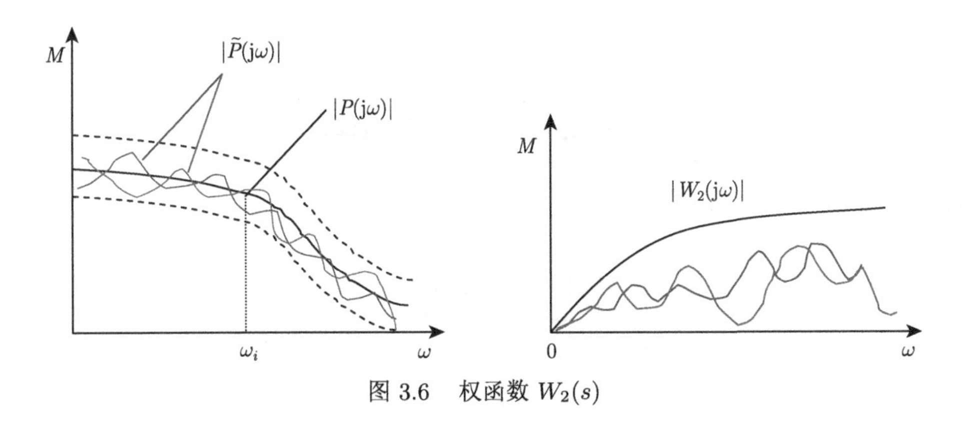

图 3.6　权函数 $W_2(s)$

例 3.2　设标称模型为

$$P(s) = \frac{1}{s^2}$$

如理想的直流电机便具有这样的传递函数。设实际对象含时间滞后，即

$$\tilde{P}(s) = \frac{e^{-\tau s}}{s^2}$$

其中，$\tau \in [0,\ 0.1]$。现将上述不确定性模型嵌入乘积摄动模型中。由

$$\left|\frac{\tilde{P}(j\omega)}{P(j\omega)} - 1\right| = \left|e^{-\tau j\omega} - 1\right| \leqslant |W_2(j\omega)|, \qquad \forall\omega,\ \forall\tau \in [0,\ 0.1]$$

画出 $|e^{-\tau j\omega} - 1|$ 和 $|W_2(j\omega)|$，如图 3.7 所示。

$$\begin{aligned}\left|e^{-\tau j\omega} - 1\right| &= \sqrt{2(1 - \cos\tau\omega)} \\ &= \begin{cases} 0, & \tau\omega = 2k\pi \\ 2, & \tau\omega = (2k+1)\pi \end{cases}\end{aligned}$$

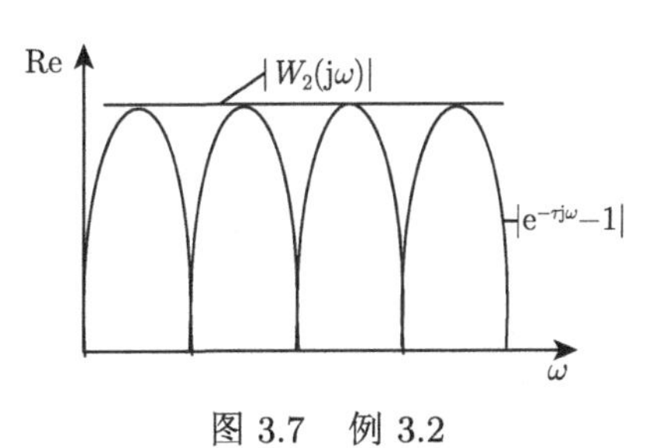

图 3.7　例 3.2

选择

$$W_2(s) = \frac{0.21s}{0.1s + 1}$$

这样便可以得到不确定系统的乘积摄动模型。

例 3.3　设实际对象传递函数

$$\widetilde{P}(s) = \frac{k}{s - 2}$$

其中，$k \in [0.1,\ 10]$，现将它嵌入乘积模型。令标称对象

$$P(s) = \frac{k_0}{s - 2}$$

选择 $W_2(\mathrm{j}\omega)$ 满足：

$$\left|\frac{\tilde{P}(\mathrm{j}\omega)-P(\mathrm{j}\omega)}{P(\mathrm{j}\omega)}\right| \leqslant |W_2(\mathrm{j}\omega)|$$

注意到

$$\left|\frac{\tilde{P}(\mathrm{j}\omega)}{P(\mathrm{j}\omega)}-1\right| = \left|\frac{k}{k_0}-1\right|$$

为取得最小上界，取

$$\min_{k_0}\max_{0.1\leqslant k\leqslant 10}\left|\frac{k}{k_0}-1\right| = \left|\frac{10-5.05}{5.05}\right| = \left|\frac{0.1-5.05}{5.05}\right| = \frac{4.95}{5.05}$$

则

$$W_2(s)=\frac{4.95}{5.05}, \qquad P(s)=\frac{5.05}{s-2}, \qquad \tilde{P}(s)=[1+\Delta(s)W_2(s)]\,P(s)$$

从上述内容可以看出，在系统建模的过程中，实际对象的模型可能属于某个对象的集合，但是这个集合可能在数学上难以处理，因此把它嵌入一个容易处理的较大的集合中。显而易见，这样虽然具有保守性，但是带来了处理的方便。乘积不确定模型并不适合所有的情况，因为覆盖不确定性集合的圆有时是一种太过于粗糙的近似。这种情况下根据乘积不确定性模型设计的控制器相对于原来的不确定模型就可能太过于保守了。

3.2 鲁棒稳定性

在研究不确定系统的时候，常常假设系统的传递函数属于一个集合 $\mathscr{P}$，在对该系统进行分析的时候，就需要用到鲁棒性的概念。

定义 3.3 (鲁棒性) 假设对象属于一个集合 $\mathscr{P}$，给定一个控制器，如果该控制器使得对象集合中的每一个对象都具有某种特性，则称该控制器对此特性具有鲁棒性。

谈到鲁棒性必定要求有一个对象的集合，一个控制器和某些系统的特性。一般说来，鲁棒性分为鲁棒稳定性和鲁棒性能。

定义 3.4 (鲁棒稳定性) 一个控制器 C，如果对集合 $\mathscr{P}$ 中的每一个对象都能保证反馈系统内稳定，则称该控制器具有鲁棒稳定性。

下面将针对不确定系统的各种模型，分别研究其鲁棒稳定性。

定理 3.1 设对象不确定性满足乘积摄动模型，即

$$\mathscr{P}=\left\{\tilde{P}(s)\,[1+\Delta(s)W_2(s)]\,P(s)\Big|\,\|\Delta\|_\infty\leqslant 1\right\}$$

设控制器 C 使标称对象 P 内稳定，则控制器 C 使 $\tilde{P}$ 内稳定的充分必要条件为 $\|W_2T\|_\infty<1$，其中，T 为标称系统的补敏感函数 $T=\dfrac{PC}{1+PC}$。

证明　(1) 充分性证明。

已知 $\|W_2T\|_\infty < 1$，定义 $L = PC$ 表示标称系统的开环传递函数，用 $\tilde{L}$ 表示摄动系统的开环传递函数，则有

$$\begin{aligned}\tilde{L} &\overset{\text{def}}{=\!=} \tilde{P}C = (1+\Delta W_2)PC \\ &= (1+\Delta W_2)L\end{aligned}$$

构造 L 的 Nyquist 图，将围线 $\mathscr{D}$ 在虚轴上的极点处增加凹槽向左绕过去。由于标称系统是内稳定的，根据 Nyquist 稳定性判据可知，L 的 Nyquist 图不经过 -1 点，且逆时针方向包围 -1 点的圈数等于 P 在 $\mathrm{Re}(s) \geqslant 0$ 的极点数加上 C 在 $\mathrm{Re}(s) \geqslant 0$ 的极点数。构造摄动系统 $\tilde{L}$ 的 Nyquist 图，由于 ΔW_2 的引进不会增加虚轴上的极点，故 $\tilde{L}$ 的 Nyquist 图不需增加虚轴上的凹槽数。我们需要证明 $\tilde{L}$ 的 Nyquist 图不经过 -1 点，且逆时针方向包围 -1 点的圈数等于 $(1+\Delta W_2)P$ 在 $\mathrm{Re}(s) \geqslant 0$ 的极点数加上 C 在 $\mathrm{Re}(s) \geqslant 0$ 的极点数。需要证明 $\tilde{L}$ 的 Nyquist 图不经过 -1 点，且包围 -1 点的圈数与 L 的 Nyquist 图相同。注意到 $L(\mathrm{j}\omega)$ 不通过 $(-1,\mathrm{j}0)$ 点，而 Δ 可容许的，因此 $\tilde{L}(\mathrm{j}\omega)$ 也不通过 $(-1,\mathrm{j}0)$ 点，另外

$$\begin{aligned}\|\Delta W_2T\|_\infty &= \sup_\omega |\Delta(\mathrm{j}\omega)W_2(\mathrm{j}\omega)T(\mathrm{j}\omega)| \\ &\leqslant \sup_\omega |\Delta(\mathrm{j}\omega)| \sup_\omega |W_2(\mathrm{j}\omega)T(\mathrm{j}\omega)| \\ &= \|W_2T\|_\infty < 1\end{aligned}$$

令 $\tilde{F} = 1+\tilde{L}$ 和 $F = 1+L$ 分别表示摄动系统和标称系统的闭环特征多项式，有

$$\begin{aligned}\tilde{F} &= 1+\tilde{L} = 1+(1+\Delta W_2)L \\ &= (1+L)+\Delta W_2 L \\ &= (1+L)+\Delta W_2 L\frac{1+L}{1+L} \\ &= (1+L)+\Delta W_2 T(1+L) \\ &= (1+\Delta W_2 T)F\end{aligned} \tag{3.1}$$

因为

$$\|\Delta W_2T\|_\infty \leqslant \|W_2T\|_\infty < 1$$

如图 3.8 所示，对于围线 $\mathscr{D}$ 上的所有点 s，$1+\Delta W_2T(\mathrm{j}\omega)$ 总是位于以 1 为圆心，半径小于 1 的闭圆内，相位角变化小于 360°。根据式 (3.1) 可知，当 s 绕 $\mathscr{D}$ 一圈时，$\tilde{L}(\mathrm{j}\omega)$ 围绕 $(-1,\ \mathrm{j}0)$ 的圈数和 $L(\mathrm{j}\omega)$ 围绕 $(-1,\ \mathrm{j}0)$ 的圈数相同。则摄动系统内稳定。

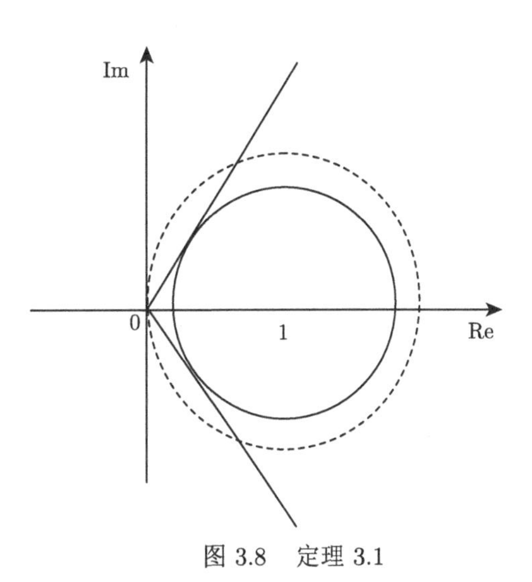

图 3.8　定理 3.1

(2) 必要性证明 (反证法)。

设 $\|W_2T\|_\infty = k \geqslant 1$，假定 $\omega^* = 0$ 处，有

$$|W_2(\mathrm{j}\omega^*)\,T(\mathrm{j}\omega^*)| = k$$

则若取 $\Delta = -\dfrac{1}{k}$(满足 $\|\Delta\|_\infty \leqslant 1$)，则在 ω^* 处，有

$$1 + \Delta W_2(\mathrm{j}\omega)\,T(\mathrm{j}\omega) = 1 - \frac{1}{k}\cdot k = 0$$

由于 $\tilde{F} = (1 + \Delta W_2 T)\,F$，则在 ω^* 处，$\tilde{F}(\mathrm{j}\omega^*) = 0$，即 $L(\mathrm{j}\omega)$ 通过 $(-1,\mathrm{j}0)$ 点。则摄动系统不稳定。 □

根据该定理，我们可以定义一个系统的稳定裕量，设系统不确定性满足以下模型：

$$\wp(\beta) = \left\{ \tilde{P} = (1 + \Delta W_2)P \,\middle|\, \|\Delta\|_\infty \leqslant \beta \right\}$$

给定控制器 C，设 C 使标称对象 P 内稳定，若存在一个最大的 β_{sup} 使得 $\beta_{\text{sup}} \overset{\text{def}}{=\!=} \sup\beta$，对于每一个 $P \in \wp(\beta_{\text{sup}})$，$C$ 均使得 P 内稳定，则称 β_{sup} 为乘积摄动模型下的稳定裕度。定理 3.1 可用于寻找乘积摄动模型下的稳定裕度。由

$$\left\{ \tilde{P} = (1 + \Delta W_2)\,P \,\middle|\, \|\Delta\|_\infty \leqslant \beta \right\}$$

等价于

$$\left\{ \tilde{P} = (1 + \Delta W_2{}')\,P \,\middle|\, \|\Delta'\|_\infty \leqslant 1 \right\}$$

其中

$$\Delta' = \frac{1}{\beta}\Delta, \qquad W_2' = \beta W_2$$

则由定理 3.1，可知摄动系统 $\wp(\beta)$ 内稳定的充分必要条件为

$$\|W_2{}'T\|_\infty = \|\beta W_2 T\|_\infty < 1$$

即 $\|W_2T\|_\infty < \dfrac{1}{\beta}$。则可取

$$\begin{aligned}\beta_{\text{sup}} &= \sup_{\beta}\left\{ \beta \,\middle|\, \|\beta W_2 T\|_\infty < 1 \right\}\\ &= \sup_{\beta}\left\{ \beta \,\middle|\, \beta\cdot\|W_2T\|_\infty < 1 \right\} = \frac{1}{\|W_2T\|_\infty}\end{aligned}$$

条件 $\|W_2T\|_\infty < 1$ 也可以用图形来解释。注意到

$$\begin{aligned}\|W_2T\|_\infty < 1 &\Leftrightarrow \left|\frac{W_2(\mathrm{j}\omega)\,L(\mathrm{j}\omega)}{1 + L(\mathrm{j}\omega)}\right| < 1, \qquad \forall\omega\\ &\Leftrightarrow |W_2(\mathrm{j}\omega)\,L(\mathrm{j}\omega)| < |1 + L(\mathrm{j}\omega)|, \qquad \forall\omega\end{aligned} \tag{3.2}$$

不等式 (3.2) 表明，在每一个频率下，临界点 -1 都位于以 $L(\mathrm{j}\omega)$ 为圆心，以 $|W_2(\mathrm{j}\omega)L(\mathrm{j}\omega)|$ 为半径的圆外，如图 3.9 所示。

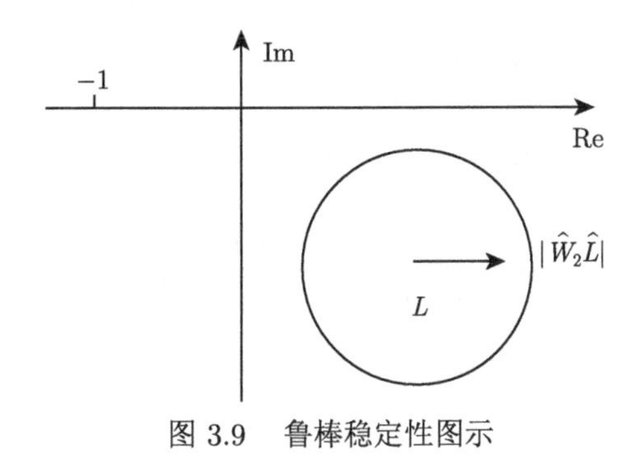

图 3.9　鲁棒稳定性图示

定理 3.2　考虑加性摄动不确定系统

$$\tilde{P} = P + \Delta W_2$$

设控制器 C 使标称对象 P 内稳定，则控制器 C 使得该不确定系统鲁棒稳定的充要条件为 $\|W_2CS\|_\infty < 1$。

证明　(1) 充分性证明。

由于标称反馈系统是内稳定的，其开环传递函数 $L = PC$ 的 Nyquist 图不经过 $(-1, \mathrm{j}0)$ 点，并且其逆时针包围该点的圈数等于 P、C 在闭右半平面的极点数之和。由于容许的摄动 Δ 不改变 P 的任何不稳定极点，若要保证系统摄动后的不确定系统仍然是内稳定的，只需要摄动后的开环传递函数

$$\tilde{L} = \tilde{P}C = (P + \Delta W_2)C$$

的 Nyquist 图逆时针包围 $(-1, \mathrm{j}0)$ 的圈数和 L 一样。由

$$\begin{aligned} 1 + \tilde{L} &= 1 + L + \Delta W_2 C \\ &= (1 + L)\left(1 + \frac{\Delta W_2 C}{1 + L}\right) \\ &= (1 + L)(1 + \Delta W_2 CS) \end{aligned}$$

并注意到

$$\begin{aligned} \|\Delta W_2 CS\|_\infty &\leqslant \|\Delta\|_\infty \|W_2 CS\|_\infty \\ &\leqslant \|W_2 CS\|_\infty < 1 \end{aligned}$$

因此，$(1 + \Delta W_2 CS)$ 总是位于以 1 为圆心，半径小于 1 的圆内，于是 $1 + \tilde{L}$ 的幅角变化等于 $1 + L$ 的幅角变化，故不会改变包围的圈数。所以不确定系统仍然是稳定的。充分性得证。

(2) 必要性证明 (反证法)。

假定 $\|W_2CS\|_\infty \geqslant 1$，并存在频率 ω^*，使得

$$|W_2(\mathrm{j}\omega^*)C(\mathrm{j}\omega^*)S(\mathrm{j}\omega^*)| = 1$$

在复平面内，复向量 $W_2(\mathrm{j}\omega^*)C(\mathrm{j}\omega^*)S(\mathrm{j}\omega^*)$ 的幅值为 1，相角记为 $\varphi^*(W_2CS)$，如图 3.10 所示的实线。取

$$\Delta(\mathrm{j}\omega^*) = \frac{-1}{W_2(\mathrm{j}\omega^*)C(\mathrm{j}\omega^*)S(\mathrm{j}\omega^*)}$$

其幅值也为 1，相角为 $-\pi - \varphi^*(W_2CS)$，如图 3.10 所示虚线。显然 $\Delta(\mathrm{j}\omega^*)$ 是允许的，且有

$$1 + (\Delta W_2CS)|_{\omega=\omega^*} = 0$$

于是，$1+\tilde{L}$ 的 Nyquist 图会通过临界点，这样的摄动系统不是内稳定的，与假设矛盾。因此假定不成立。

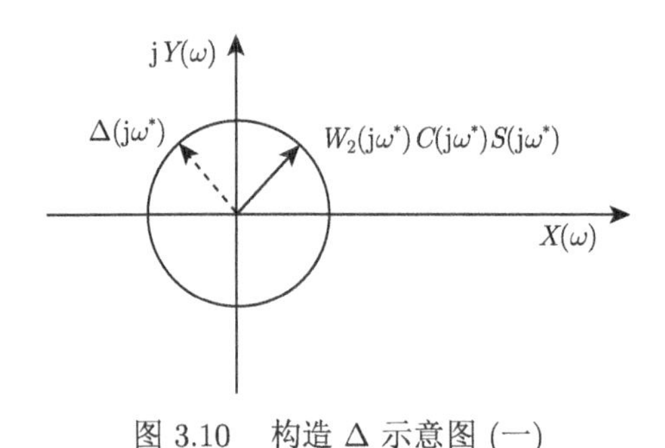

图 3.10　构造 Δ 示意图 (一)

□

定理 3.3　考虑具有除性摄动模型的不确定对象

$$\tilde{P} = \frac{P}{1+\Delta W_2}$$

设控制器 C 使标称对象 P 内稳定，则控制器 C 能保证该不确定系统鲁棒稳定性的充要条件为 $\|W_2S\|_\infty < 1$。

证明　该证明的一个关键方程为

$$1+\tilde{L} = 1 + \frac{P}{1+\Delta W_2}C = \frac{(1+L)(1+\Delta W_2S)}{1+\Delta W_2}$$

具体证明过程留着课后练习。　□

引理 3.1　$\||W_1S| + |W_2T|\|_\infty < 1$ 与下面两组不等式均等价：

$$(1)\ \begin{cases} \|W_2T\|_\infty < 1 \\ \left\|\dfrac{W_1S}{1-|W_2T|}\right\|_\infty < 1 \end{cases};\qquad (2)\ \begin{cases} \|W_1S\|_\infty < 1 \\ \left\|\dfrac{W_2T}{1-|W_1S|}\right\|_\infty < 1 \end{cases}$$

证明　由于引理中的 (1) 式和 (2) 式在形式上具有对偶性，其证明过程完全类似。这里只证明 (1) 式。

(1) 必要性证明。

因为 $\||W_1S|+|W_2T|\|_\infty<1$，根据无穷范数定义可得

$$||W_1S|+|W_2T||<1$$

进一步可得

$$|W_1S|+|W_2T|<1$$

于是有

$$\begin{cases}|W_2T|<1\\|W_1S|<1-|W_2T|\end{cases}$$

所以有

$$\begin{cases}\|W_2T\|_\infty<1\\\dfrac{|W_1S|}{1-|W_2T|}<1\Rightarrow\left\|\dfrac{|W_1S|}{1-|W_2T|}\right\|_\infty<1\end{cases}$$

(2) 充分性证明。

因为 $\|W_2T\|_\infty<1$，由 ∞-范数定义可得 $|W_2T|<1$。同理，因为

$$\left\|\frac{|W_1S|}{1-|W_2T|}\right\|_\infty<1$$

可得

$$\left|\frac{|W_1S|}{1-|W_2T|}\right|<1$$

又因为 $|W_2T|<1$，于是有

$$|1-|W_2T||=1-|W_2T|$$

经整理得

$$|W_1S|<1-|W_2T|$$

从而有

$$|W_1S|+|W_2T|<1$$

所以，$\||W_1S|+|W_2T|\|_\infty<1$。　□

定理 3.4　考虑不确定对象具有下面形式的摄动

$$\tilde{P}=P\frac{1+\Delta_2W_2}{1+\Delta_1W_1}$$

设控制器 C 使标称对象 P 内稳定，则控制器 C 使得该摄动系统鲁棒稳定性的充要条件为

$$\||W_1S|+|W_2T|\|_\infty<1$$

为了定理证明的方便，先推导出下面 3 个系统鲁棒稳定的条件。

(1) 假设 Δ_2 固定，令标称对象为 $P_1 = P(1+\Delta_2 W_2)$，设不确定系统为

$$\tilde{P} = \frac{P_1}{1+\Delta_1 W_1}$$

根据定理 3.3，该系统鲁棒稳定的条件为 $\|W_1 S_1\|_\infty < 1$，其中

$$S_1 = \frac{1}{1+P_1 C} = \frac{S}{1+\Delta_2 W_2 T}$$

于是鲁棒稳定条件可等价改写为

$$\left\| W_1 \frac{S}{1+\Delta_2 W_2 T} \right\|_\infty < 1$$

(2) 假设 Δ_1 固定，令标称对象为 $P_2 = P\dfrac{1}{1+\Delta_1 W_1}$，设不确定系统为

$$\tilde{P} = P_2(1+\Delta_2 W_2)$$

根据定理 3.1，该摄动系统棒稳定的条件为 $\|W_2 T_2\|_\infty < 1$，其中

$$T_2 = \frac{P_2 C}{1+P_2 C} = \frac{T}{1+\Delta_1 W_1 S}$$

因此，鲁棒稳定条件可等价改写为

$$\left\| W_2 \frac{T}{1+\Delta_1 W_1 S} \right\|_\infty < 1$$

(3) 当 Δ_1、Δ_2 均不固定时，系统鲁棒稳定要求条件 (1) 和条件 (2) 均满足。$\| |W_1 S| + |W_2 T| \|_\infty < 1$ 等价于

$$\begin{cases} \|W_1 S\|_\infty < 1 \\ \left\| W_2 \dfrac{T}{1+\Delta_1 W_1 S} \right\|_\infty < 1 \end{cases}$$

或者

$$\begin{cases} \|W_2 T\|_\infty < 1 \\ \left\| W_1 \dfrac{S}{1+\Delta_2 W_2 T} \right\|_\infty < 1 \end{cases}$$

根据引理 3.1 可知，为了证明 (3) 中的关系，需证明：

$$\left\| W_1 \frac{S}{1+\Delta_2 W_2 T} \right\|_\infty < 1 \Leftrightarrow \left\| W_1 \frac{S}{1-|W_2 T|} \right\|_\infty < 1$$

以及

$$\left\| W_2 \frac{T}{1+\Delta_1 W_1 S} \right\|_\infty < 1 \Leftrightarrow \left\| W_2 \frac{T}{1-|W_1 S|} \right\|_\infty < 1$$

由于其对偶性，这里只证明前者。

① 充分性证明。

对所有的 Δ，有

$$\begin{aligned}1 &= |1+\Delta W_2 T - \Delta W_2 T| \\ &\leqslant |1+\Delta W_2 T| + |\Delta W_2 T| \\ &\leqslant |1+\Delta W_2 T| + |W_2 T|\end{aligned}$$

于是有

$$|1+\Delta W_2 T| \geqslant 1 - |W_2 T| > 0$$

进一步可以得到

$$\left|\frac{W_1 S}{1+\Delta W_2 T}\right| \leqslant \left|\frac{W_1 S}{1-|W_2 T|}\right|, \qquad \forall \omega$$

于是有

$$\left\|\frac{W_1 S}{1+\Delta W_2 T}\right\|_\infty < 1$$

充分性得证。

② 必要性证明。

设在 ω^* 处

$$\frac{|W_1 S|}{1-|W_2 T|}$$

取得最大值，即

$$\frac{|W_1 S|}{1-|W_2 T|} = \sup_\omega \frac{|W_1(\mathrm{j}\omega) S(\mathrm{j}\omega)|}{1-|W_2(\mathrm{j}\omega) T(\mathrm{j}\omega)|}$$

寻找 Δ，满足 $1-|W_2 T| = |1+\Delta W_2 T|$，即 $\Delta W_2 T < 0$(一个负实数)。则

$$\begin{aligned}\left\|\frac{W_1 S}{1-|W_2 T|}\right\|_\infty &= \left|\frac{W_1(\mathrm{j}\omega^*) S(\mathrm{j}\omega^*)}{1-|W_2(\mathrm{j}\omega^*) T(\mathrm{j}\omega^*)|}\right| \\ &= \frac{|W_1(\mathrm{j}\omega^*) S(\mathrm{j}\omega^*)|}{|1+\Delta(\mathrm{j}\omega^*) W_2(\mathrm{j}\omega^*) T(\mathrm{j}\omega^*)|} \\ &\leqslant \left\|\frac{W_1 S}{1+\Delta W_2 T}\right\|_\infty < 1\end{aligned}$$

必要性得证。

下面回到定理的证明。

证明　(1) 充分性证明。

根据 (3) 可知：$\||W_1S| + |W_2T|\|_\infty < 1$ 等价于

$$\begin{cases} \|W_2T\|_\infty < 1 \\ \left\|W_1 \dfrac{S}{1+\Delta_2 W_2 T}\right\|_\infty < 1 \end{cases}$$

于是 (1) 中的条件得到满足。对于摄动有界的 Δ_1，总可以找到一个合适的 W_1，使得 $\Delta_1 W_1 S > 0$，由 $\|W_2T\|_\infty < 1$ 可得

$$\left\|W_2 \frac{T}{1+\Delta_1 W_1 S}\right\|_\infty < 1$$

因此，条件 (1) 和条件 (2) 同时满足，系统鲁棒稳定。

(2) 必要性证明。

假设系统是鲁棒稳定的，于是 (1) 和 (2) 中的条件都成立。对于有界的摄动 Δ_2，总可以找到一个合适的权 W_2，使得 $\Delta_2 W_2 T > 0$，于是 $1 + \Delta_2 W_2 T > 1$，另外，由 (1) 中的条件

$$\left\|W_1 \frac{S}{1+\Delta_2 W_2 T}\right\|_\infty < 1$$

可得

$$\|W_1 S\|_\infty < 1$$

因为系统鲁棒稳定，则条件 (1) 和条件 (2) 同时满足，因此可推出下面的不等式组同时成立

$$\begin{cases} \|W_1S\|_\infty < 1 \\ \left\|W_2 \dfrac{T}{1+\Delta_1 W_1 S_0}\right\|_\infty < 1 \end{cases}$$

根据 (3) 中的结论，有

$$\||W_1S| + |W_2T|\|_\infty < 1$$

□

最后，我们将其他一些常用不确定模型的鲁棒稳定性检验概括在表 3.1 中，表中的 T、S 均表示标称对象的补敏感函数和敏感函数。

表 3.1　常用不确定模型鲁棒稳定性的检验

摄动模型	条件
$(1+\Delta W_2)P$	$\|W_2T\|_\infty < 1$
$P+\Delta W_2$	$\|W_2CS\|_\infty < 1$
$P/(1+\Delta W_2 P)$	$\|W_2PS\|_\infty < 1$
$P/(1+\Delta W_2)$	$\|W_2S\|_\infty < 1$

3.3　小增益定理

3.2 节分析了摄动系统的稳定性问题，其判据也可以通过下面介绍的小增益定理得到，并与前面定理的结果一致。

定理 3.5 (小增益定理)　如图 3.11 所示的不确定系统，设 $M \in \mathrm{RH}_\infty$，且令 $\gamma > 0$，则对所有的 $\Delta(s) \in \mathrm{RH}_\infty$，闭环系统鲁棒稳定的条件为

(1) $\|\Delta\|_\infty \leqslant 1/\gamma$ 当且仅当 $\|M(s)\|_\infty < \gamma$；

(2) $\|\Delta\|_\infty < 1/\gamma$ 当且仅当 $\|M(s)\|_\infty \leqslant \gamma$。

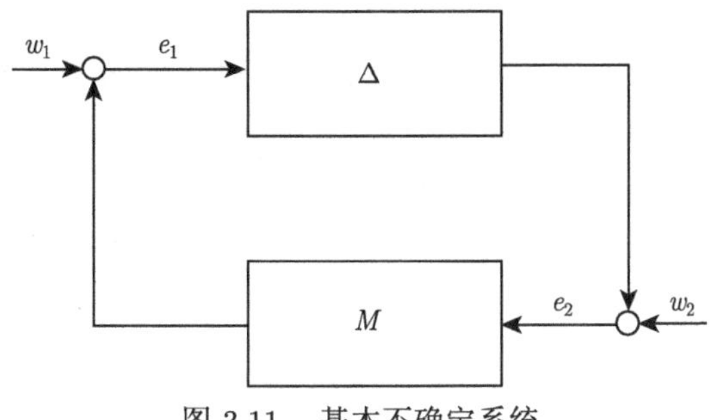

图 3.11　基本不确定系统

证明　由于定理中 (1) 和 (2) 的证明类似，下面只证明 (1)。不失一般性，假设 $\gamma = 1$。

(1) 充分性证明。

由于 $M(s)$ 和 $\Delta(s)$ 均是稳定的，因此 $M(s)\Delta(s)$ 也是稳定的。由于 $\Delta(s) \in \mathrm{RH}_\infty$ 且 $\|\Delta(s)\|_\infty \leqslant 1$，可以得到

$$\begin{aligned}\inf_{s\in\overline{\mathbb{C}}_+} \underline{\sigma}(I - M(s)\Delta(s)) &\geqslant 1 - \sup_{s\in\overline{\mathbb{C}}_+} \overline{\sigma}(M(s)\Delta(s)) \\ &= 1 - \|M(s)\Delta(s)\|_\infty \\ &\geqslant 1 - \|M(s)\|_\infty > 0\end{aligned}$$

其中，$\overline{\sigma}(\cdot)$、$\underline{\sigma}(\cdot)$ 分别表示最大和最小奇异值；$\overline{\mathbb{C}}_+$ 为闭右半平面。于是可知，下式

$$\inf_{s\in\overline{\mathbb{C}}_+} \underline{\sigma}(I - M(s)\Delta(s)) \neq 0$$

对所有 $\Delta(s) \in \mathrm{RH}_\infty$ 且 $\|\Delta(s)\|_\infty \leqslant 1$ 均成立。即 $\det(I - M(s)\Delta(s))$ 对所有 $\Delta(s) \in \mathrm{RH}_\infty$ 且 $\|\Delta(s)\|_\infty \leqslant 1$ 在闭右半平面没有零点。根据定理 2.2 可知，闭环系统稳定。

(2) 必要性证明 (反证法)。

假设 $M(s) \geqslant 1$,下面将证得:存在一个 $\Delta \in \mathrm{RH}_\infty$ 且 $\|\Delta\|_\infty \leqslant 1$,使得 $\det(I-M(s)\Delta(s))$ 在虚轴上有一个零点，因此系统不稳定。

设 $\omega_0 \in \mathbb{R}_+ \cup \{\infty\}$，使得 $\overline{\sigma}(M(\mathrm{j}\omega_0)) \geqslant 1$。令 $M(\mathrm{j}\omega_0) = U(\mathrm{j}\omega_0)\Sigma(\mathrm{j}\omega_0)V^*(\mathrm{j}\omega_0)$ 为一个奇异值分解，其中

$$\begin{aligned}U(\mathrm{j}\omega_0) &= \begin{bmatrix} u_1 & u_2 & \cdots & u_p \end{bmatrix} \\ V(\mathrm{j}\omega_0) &= \begin{bmatrix} V_1 & V_2 & \cdots & V_q \end{bmatrix} \\ \Sigma(\mathrm{j}\omega_0) &= \mathrm{diag}\{\sigma_1, \sigma_2, \cdots\}\end{aligned}$$

为了得到与假设矛盾的结果，只需构造出一个 $\Delta \in \mathrm{RH}_\infty$ 使得 $\Delta(\mathrm{j}\omega_0) = \dfrac{1}{\sigma_1} v_1 u_1^*$ 及

$\|\Delta\| \leqslant 1$ 即可。因为，对这样的 $\Delta(s)$ 有

$$\begin{aligned}\det(I - M(\mathrm{j}\omega_0)\Delta(\mathrm{j}\omega_0)) &= \det\left(I - U\Sigma V^* \frac{v_1 u_1^*}{\sigma_1}\right) \\ &= 1 - u_1^* U\Sigma V^* \frac{v_1}{\sigma_1} = 0\end{aligned}$$

故闭环系统要么不是良定的 (若 $\omega_0 = 0$ 或 ∞)，要么不是稳定的 (若 $\omega_0 \in \mathbb{R}$)。下面对这 2 种情况再分别进行讨论。

① 若 $\omega_0 = 0$ 或 ∞，则 U 和 V 均为实矩阵。此时，可将 $\Delta(s)$ 取为

$$\Delta = \frac{v_1 u_1^*}{\sigma_1} \in \mathbb{R}^{q\times p}$$

② 若 $0 < \omega_0 < \infty$，记 u_1 和 v_1 的形式分别为

$$u_1^* = \begin{bmatrix} u_{11}\mathrm{e}^{\mathrm{j}\theta_1} & u_{12}\mathrm{e}^{\mathrm{j}\theta_2} & \cdots & u_{1p}\mathrm{e}^{\mathrm{j}\theta_p}\end{bmatrix}, \qquad v_1 = \begin{bmatrix} v_{11}\mathrm{e}^{\mathrm{j}\phi_1} \\ v_{12}\mathrm{e}^{\mathrm{j}\phi_2} \\ \vdots \\ v_{1q}\mathrm{e}^{\mathrm{j}\phi_q}\end{bmatrix}$$

选择合适的 $u_{1i} \in \mathbb{R}$ 及 $v_{1j} \in \mathbb{R}$ 使得对所有 i, j 都满足 $\theta_i, \phi_j \in [-\pi,\ 0)$。选择 $\beta_i \geqslant 0$ 和 $\alpha_j \geqslant 0$ 使得

$$\angle\left(\frac{\beta_i - \mathrm{j}\omega_0}{\beta_i + \mathrm{j}\omega_0}\right) = \theta_i, \qquad \angle\left(\frac{\alpha_j - \mathrm{j}\omega_0}{\alpha_j + \mathrm{j}\omega_0}\right) = \phi_j$$

对 $i = 1, 2, \cdots, p$ 及 $j = 1, 2, \cdots, q$ 均成立。令

$$\Delta = \frac{1}{\sigma_1}\begin{bmatrix} v_{11}\dfrac{\alpha_1 - s}{\alpha_1 + s} \\ \vdots \\ v_{1q}\dfrac{\alpha_q - s}{\alpha_q + s}\end{bmatrix}\begin{bmatrix} u_{11}\dfrac{\beta_1 - s}{\beta_1 + s} & \cdots & u_{1p}\dfrac{\beta_p - s}{\beta_p + s}\end{bmatrix} \in \mathrm{RH}_\infty$$

则 $\|\Delta\|_\infty = \dfrac{1}{\sigma_1} \leqslant 1$ 及 $\|\Delta(\mathrm{j}\omega_0)\|_\infty = \dfrac{v_1 u_1^*}{\sigma_1} \leqslant 1$。 □

通过该定理同样可以得到 3.2 节所述各种不同摄动模型的鲁棒稳定条件，并与 3.2 节的结果一致。例如，将乘积摄动模型表示成图 3.11 所示的形式，可知 $M = -W_2 T$。由于乘积摄动模型中有 $\|\Delta\| < 1$，根据小增益定理，闭环系统稳定的充分必要条件为 $\|W_2 T\|_\infty < 1$。

3.4 鲁棒性能 (鲁棒跟踪性)

本节介绍不确定系统的性能。假定对象传递函数属于集合 $\mathscr{P}$。鲁棒性能的一般含义是指集合中的所有对象都满足内稳定和一种特定的性能。需要注意的是，鲁棒性能的前提是要求系统具有鲁棒稳定性。

定义 3.5 (鲁棒跟踪性)　设不确定对象属于集合 $\mathscr{P}$，对于给定的参考输入信号，当摄动集合中的每一个对象均为鲁棒稳定，并且均具有跟踪性能，则称该系统具有鲁棒跟踪性。

例如，对于乘积摄动模型

$$\mathscr{P} = \left\{ \tilde{P}(s) = [1 + \Delta(s)W_2(s)]\, P(s) \middle| \, \|\Delta\|_\infty \leqslant 1 \right\}$$

对于给定的参考输入信号，当鲁棒镇定的控制器使得对于 $\forall \tilde{P} \in \mathscr{P}$，均有 $\left\|W_1\tilde{S}\right\|_\infty < 1$，则称系统是鲁棒跟踪的，其中

$$\tilde{S} = \frac{1}{1 + \tilde{P}C}$$

为摄动系统的敏感函数。

C 为鲁棒稳定控制器的条件为 $\|W_2T\|_\infty < 1$，其中，$T = \dfrac{PC}{1 + PC}$ 为标称系统的补敏感函数。对于摄动系统，C 为鲁棒跟踪控制器的条件为 $\left\|W_1\tilde{S}\right\|_\infty < 1$，其中

$$\begin{aligned} \tilde{S} &= \frac{1}{1 + \tilde{P}C} = \frac{1}{1 + (1 + \Delta W_2)\, L} \\ &= \frac{1}{(1 + L)\,(1 + \Delta W_2 T)} = \frac{S}{1 + \Delta W_2 T} \end{aligned}$$

则鲁棒跟踪性的条件归结为

(1) $\|W_2T\|_\infty < 1$（鲁棒稳定性）；

(2) $\left\|\dfrac{W_1 S}{1 + \Delta W_2 T}\right\|_\infty < 1, \qquad \forall \Delta : \|\Delta\|_\infty \leqslant 1$ (鲁棒跟踪性)。

下面针对几种摄动模型，给出其鲁棒跟踪性的检验方法。

定理 3.6　设对象不确定性满足乘积摄动模型，即

$$\mathscr{P} = \left\{ \tilde{P} = (1 + \Delta W_2)\, P \middle| \|\Delta\|_\infty \leqslant 1 \right\}$$

则系统具有鲁棒跟踪性的充分必要条件为

$$\| |W_1 S| + |W_2 T| \|_\infty < 1$$

证明　(1) 充分性证明。

已知 $\| |W_1 S| + |W_2 T| \|_\infty < 1$，该式等价于

$$|W_1 S| < 1,\ |W_2 T| < 1 \text{ 且 } |W_1 S| + |W_2 T| < 1, \qquad \forall \omega$$

可得

$$\|W_2 T\|_\infty < 1$$

即系统是鲁棒稳定的。从 $|W_1S|+|W_2T|<1$ 中可以推出

$$
\begin{aligned}
&|W_1S|<1-|W_2T|=|1-|W_2T||\\
&\Rightarrow \left|\frac{|W_1S|}{|1-|W_2T||}\right|<1, \qquad \forall\omega\\
&\Rightarrow \left\|\frac{|W_1S|}{|1-|W_2T||}\right\|_\infty<1
\end{aligned}
$$

对所有的 Δ，有

$$
\begin{aligned}
1&=|1+\Delta W_2T-\Delta W_2T|\\
&\leqslant|1+\Delta W_2T|+|\Delta W_2T|\\
&\leqslant|1+\Delta W_2T|+|W_2T|
\end{aligned}
$$

于是有

$$
|1+\Delta W_2T|\geqslant 1-|W_2T|>0
$$

进一步可以得到

$$
\left|\frac{W_1S}{1+\Delta W_2T}\right|\leqslant\left|\frac{W_1S}{1-|W_2T|}\right|, \qquad \forall\omega
$$

于是有

$$
\left\|\frac{W_1S}{1+\Delta W_2T}\right\|_\infty<1
$$

因此该系统满足鲁棒跟踪性。

(2) 必要性证明。

设系统满足鲁棒跟踪性，即

$$
\|W_2T\|_\infty<1, \qquad \left\|\frac{W_1S}{1+\Delta W_2T}\right\|_\infty<1, \qquad \forall\Delta:\|\Delta\|_\infty<1
$$

则 $|W_2T|<1,\forall\omega$。设在 ω^* 处有

$$
\frac{|W_1S|}{1-|W_2T|}
$$

取得最大，即

$$
\frac{|W_1S|}{1-|W_2T|}=\sup_\omega\frac{|W_1(\mathrm{j}\omega)S(\mathrm{j}\omega)|}{1-|W_2(\mathrm{j}\omega)T(\mathrm{j}\omega)|}
$$

寻找 Δ，满足 $1-|W_2T|=|1+\Delta W_2T|$，即 $\Delta W_2T<0$(一个负实数)。则

$$
\left\|\frac{W_1S}{1-|W_2T|}\right\|_\infty=\left|\frac{W_1(\mathrm{j}\omega^*)S(\mathrm{j}\omega^*)}{1-|W_2(\mathrm{j}\omega^*)T(\mathrm{j}\omega^*)|}\right|
$$

$$
\begin{aligned}
&= \frac{|W_1(\mathrm{j}\omega^*)S(\mathrm{j}\omega^*)|}{|1+\Delta(\mathrm{j}\omega^*)W_2(\mathrm{j}\omega^*)T(\mathrm{j}\omega^*)|} \\
&\leqslant \left\| \frac{W_1 S}{1+\Delta W_2 T} \right\|_\infty < 1
\end{aligned}
$$

则有

$$
\frac{|W_1 S|}{1-|W_2 T|} < 1, \qquad \forall\omega
$$

即

$$
|W_1 S| + |W_2 T| < 1, \qquad \forall\omega
$$

进一步可得到

$$
\| |W_1 S| + |W_2 T| \|_\infty < 1
$$

□

定理 3.7　考虑加性摄动不确定模型

$$
\tilde{P} = P + \Delta W_2
$$

标称性能条件为 $\|W_1 S\|_\infty < 1$，鲁棒性能的充分必要条件是

$$
\| |W_1 S| + |W_2 CS| \|_\infty < 1
$$

证明　对于标称对象内稳定的加性不确定模型，其标称性能条件为 $\|W_1 S\|_\infty < 1$，鲁棒稳定条件是 $\|W_2 CS\|_\infty < 1$。当 P 摄动到 $\tilde{P}$，S 将摄动到 $\tilde{S}$，即

$$
\begin{aligned}
\tilde{S} &= \frac{1}{1+\tilde{P}C} = \frac{1}{1+(P+\Delta W_2)C} \\
&= \frac{S}{1+\Delta W_2 CS}
\end{aligned}
$$

因此，鲁棒性能条件等价为

$$
\begin{cases}
\|W_2 CS\|_\infty < 1 \\
\left\| \dfrac{W_1 S}{1+\Delta W_2 CS} \right\|_\infty < 1
\end{cases}
$$

由引理 3.1 可知，$\| |W_1 S| + |W_2 CS| \|_\infty < 1$ 可等价于

$$
\begin{cases}
\|W_2 CS\|_\infty < 1 \\
\left\| \dfrac{W_1 S}{1-|W_2 CS|} \right\|_\infty < 1
\end{cases}
$$

于是问题转化为证明：不等式组

$$
\begin{cases}
\|W_2 CS\|_\infty < 1 \\
\left\| \dfrac{W_1 S}{1+\Delta W_2 CS} \right\|_\infty < 1
\end{cases}
$$

与下面的条件等价

$$\begin{cases} \|W_2CS\|_\infty < 1 \\ \left\|\dfrac{W_1S}{1-|W_2CS|}\right\|_\infty < 1 \end{cases}$$

(1) 充分性证明。

注意到

$$\begin{aligned} 1 &= |1+\Delta W_2CS - \Delta W_2CS| \\ &\leqslant |1+\Delta W_2CS| + |\Delta W_2CS| \\ &\leqslant |1+\Delta W_2CS| + |W_2CS| \end{aligned}$$

因此有

$$0 < 1-|W_2CS| \leqslant |1+\Delta W_2CS|$$

所以

$$\left\|\frac{W_1S}{1+\Delta W_2CS}\right\|_\infty \leqslant \left\|\frac{W_1S}{1-|W_2CS|}\right\|_\infty < 1$$

(2) 必要性证明。

设在频率 ω^* 处

$$\frac{W_1S}{1-|W_2CS|}$$

取得极大值，即

$$\left\|\frac{W_1S}{1-|W_2CS|}\right\|_\infty = \left.\frac{W_1S}{1-|W_2CS|}\right|_{\omega=\omega^*}$$

选择 Δ 使得

$$1-|W_2CS| = |1+\Delta W_2CS|$$

需要注意的是，这样的 Δ 是肯定存在的，即

$$\Delta = -\left.\frac{|W_2CS|}{W_2CS}\right|_{\omega=\omega^*}$$

其几何意义为将向量 W_2CS 的幅值归一化，幅角变为自身的补角，如图 3.12 所示。因此

$$\begin{aligned} \left\|\frac{W_1S}{1-|W_2CS|}\right\|_\infty &= \left.\frac{W_1S}{1-|W_2CS|}\right|_{\omega=\omega^*} \\ &= \left.\frac{W_1S}{|1+\Delta W_2CS|}\right|_{\omega=\omega^*} \\ &\leqslant \left\|\frac{W_1S}{1+\Delta W_2CS}\right\|_\infty \\ &< 1 \end{aligned}$$

□

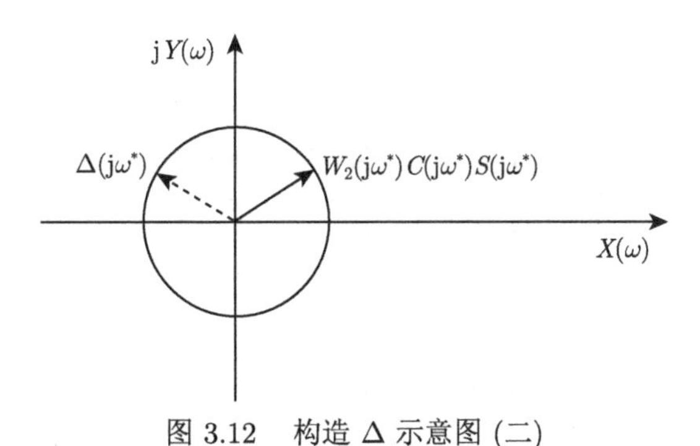

图 3.12 构造 Δ 示意图 (二)

定理 3.8 考虑除性摄动模型不确定模型

$$\tilde{P}=\frac{P}{1+\Delta W_2}$$

其标称性能条件为 $\|W_1T\|_\infty<1$，则鲁棒性能的充分必要条件是

$$\||W_1T|+|W_2S|\|_\infty<1$$

证明 对于标称对象内稳定的除性不确定模型，已知标称性能条件为 $\|W_1T\|_\infty<1$，鲁棒稳定的条件是 $\|W_2S\|_\infty<1$。当 P 摄动到 $\tilde{P}$，T 将摄动到 $\tilde{T}$

$$\begin{aligned}\tilde{T}=\frac{\tilde{P}C}{1+\tilde{P}C}&=\frac{\dfrac{PC}{1+\Delta W_2}}{1+\dfrac{PC}{1+\Delta W_2}}\\&=\frac{PC}{1+PC+\Delta W_2}\\&=\frac{T}{1+\Delta W_2S}\end{aligned}$$

因此，鲁棒性能的条件等价于

$$\begin{cases}\|W_2S\|_\infty<1\\ \left\|\dfrac{W_1T}{1+\Delta W_2S}\right\|_\infty<1\end{cases}$$

由引理 3.1 可知

$$\||W_1T|+|W_2S|\|_\infty<1$$

可以等价于

$$\begin{cases}\|W_2S\|_\infty<1\\ \left\|\dfrac{W_1T}{1-|W_2S|}\right\|_\infty<1\end{cases}$$

于是问题转化为证明

$$\begin{cases} \|W_2 S\|_\infty < 1 \\ \left\|\dfrac{W_1 T}{1+\Delta W_2 S}\right\|_\infty < 1 \end{cases}$$

等价于

$$\begin{cases} \|W_2 S\|_\infty < 1 \\ \left\|\dfrac{W_1 T}{1-|W_2 S|}\right\|_\infty < 1 \end{cases}$$

(1) 充分性证明。

因为

$$\begin{aligned} 1 &= |1+\Delta W_2 S - \Delta W_2 S| \\ &\leqslant |1+\Delta W_2 S| + |\Delta W_2 S| \\ &\leqslant |1+\Delta W_2 S| + |W_2 S| \end{aligned}$$

于是得到

$$0 < 1 - |W_2 S| \leqslant |1+\Delta W_2 S|$$

所以

$$\left\|\frac{W_1 T}{1+\Delta W_2 S}\right\|_\infty \leqslant \left\|\frac{W_1 T}{1-|W_2 S|}\right\|_\infty < 1$$

(2) 必要性证明。

设在频率 ω^* 处

$$\frac{W_1 T}{1-|W_2 S|}$$

取得极大值，即

$$\left\|\frac{W_1 T}{1-|W_2 S|}\right\|_\infty = \left.\frac{W_1 T}{1-|W_2 S|}\right|_{\omega=\omega^*}$$

选择 Δ 使得下面等式成立

$$1 - |W_2 S| = |1+\Delta W_2 S|$$

注意，这样的 Δ 存在性是必然的

$$\Delta = -\left.\frac{|W_2 S|}{W_2 S}\right|_{\omega=\omega^*}$$

其几何意义为将向量 $W_2 S$ 的幅值归一化，幅角变为自身的补角，如图 3.13 所示。所以

$$\begin{aligned} \left\|\frac{W_1 T}{1-|W_2 S|}\right\|_\infty &= \left.\frac{W_1 T}{1-|W_2 S|}\right|_{\omega=\omega^*} = \left.\frac{W_1 T}{|1+\Delta W_2 S|}\right|_{\omega=\omega^*} \\ &\leqslant \left\|\frac{W_1 T}{1+\Delta W_2 S}\right\|_\infty < 1 \end{aligned}$$

□

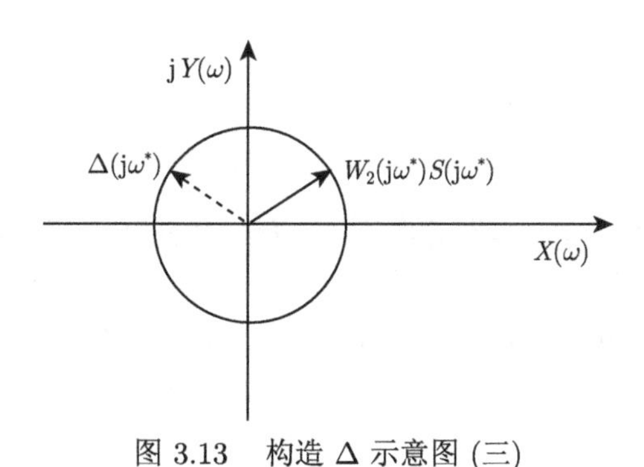

图 3.13　构造 Δ 示意图 (三)

定理 3.6 ~ 定理 3.8 中给出了已知不确定摄动模型和标称性能条件的情况下，摄动系统鲁棒性能的检验条件。表 3.2 给出了 4 种不确定模型和 2 种标称性能条件下，不确定系统鲁棒性能的检验。

表 3.2　常用不确定模型鲁棒性能的检验

摄动	标称性能条件	
	$\Vert W_1S\Vert_\infty < 1$	$\Vert W_1T\Vert_\infty < 1$
$(1+\Delta W_2)\,P$	$\Vert\,\vert W_1S\vert+\vert W_2T\vert\,\Vert_\infty < 1$	复杂
$P+\Delta W_2$	$\Vert\,\vert W_1S\vert+\vert W_2CS\vert\,\Vert_\infty < 1$	复杂
$P/(1+\Delta W_2P)$	复杂	$\Vert\,\vert W_1T\vert+\vert W_2PS\vert\,\Vert_\infty < 1$
$P/(1+\Delta W_2)$	复杂	$\Vert\,\vert W_1T\vert+\vert W_2S\vert\,\Vert_\infty < 1$

注记　本章内容由文献 (多伊尔 等，1993) 的第 4 章和文献 (周克敏 等，2006) 的第 9 章内容整理而成。

习　题

3-1　一个单位反馈系统 $(F=1)$,如果一个控制器能同时使得两个对象内稳定,这两个对象在 $\mathrm{Re}(s)\geqslant 0$ 有相同数量的极点吗？为什么？

3-2　一个单位反馈系统，其中

$$P(s)=\frac{k}{s}$$

是否存在一个控制器 $C(s)$ 使得 $k=1$ 和 $k=2$ 两种情况下系统均能内稳定？

3-3　一个单位反馈系统，其中

$$P(s)=\frac{1}{s+a},\qquad C(s)=10$$

其中，a 为一个实数，试求出保证系统内稳定的 a 范围。

3-4　证明定理 3.3 中的结论。

参 考 文 献

多伊尔 J C，弗朗西斯 B A，坦嫩鲍姆 A R，1993. 反馈控制理论 [M]. 慕春棣，译. 北京：清华大学出版社.

周克敏，DOYLE J C，GLOVER K，2006. 鲁棒与最优控制 [M]. 毛剑琴，钟宜生，林岩，等译. 北京：国防工业出版社.

第 4 章　控制器参数化与镇定设计

本章研究系统的综合问题。如图 4.1 所示的单位反馈系统，图中 P 严格正则，C 正则，即标称系统是强良定的。

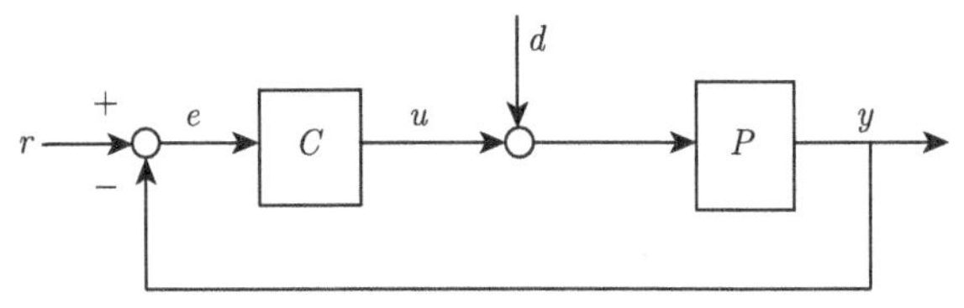

图 4.1　单位反馈系统

给定对象 P，系统的综合问题一般为设计 C，使得反馈系统达到：

(1) 内稳定；

(2) 具有某些希望的附加特性，如跟踪性能。

系统综合的一般方法是把所有满足 (1) 的控制器 C 参数化，然后考察是否存在一个参数使 (2) 成立。

4.1　控制器参数化：稳定对象

本节我们研究标称对象的综合问题，即对象是没有不确定性的传递函数。并假定对象 P 是稳定的。首先需要参数化所有使得反馈系统内稳定的控制器 C。令 ζ 为所有稳定、正则、实有理传递函数的集合，如果 $F,G\in\zeta$，则有下面的性质：

(1) $F+G\in\zeta$;

(2) $F\cdot G\in\zeta$;

(3) $1\in\zeta$。

代数系统 $\{(+,\cdot),\ \zeta\}$ 是一个具有单位元的环 (可交换环)。

定理 4.1　假定 $P\in\zeta$，那么使反馈系统内稳定的所有控制器 C 的集合为

$$\left\{\frac{Q}{1-PQ}:Q\in\zeta\right\}$$

证明　(1) 必要性证明。

假定 C 使系统达到内稳定，令 Q 表示从 r 到 u 的传递函数，即

$$Q\xlongequal{\text{def}}\frac{C}{1+PC}$$

那么 $Q\in\zeta$，并且有

$$C=\frac{Q}{1-PQ}$$

(2) 充分性证明。

假定 $Q \in \zeta$，定义

$$C \overset{\text{def}}{=\!=} \frac{Q}{1-PQ} \tag{4.1}$$

根据前面内容可知，反馈系统是内稳定的，当且仅当 9 个传递函数

$$\frac{1}{1+PC}\begin{bmatrix} 1 & -P & -1 \\ C & 1 & -C \\ PC & P & 1 \end{bmatrix}$$

都是稳定的和正则的。将式 (4.1) 代入上式，并简化分式，得

$$\begin{bmatrix} 1-PQ & -P(1-PQ) & -(1-PQ) \\ Q & 1-PQ & -Q \\ PQ & P(1-PQ) & 1-PQ \end{bmatrix}$$

注意到这 9 个传递函数都是自由参数 Q 的仿射函数，即每一个传递函数都具有 T_1+T_2Q 的形式，这里的 T_1, T_2 均属于 ζ。显然这 9 项都属于 ζ。 □

下面来看看定理 4.1 的应用。假定要找一个 C，使得反馈系统内稳定，且 y 渐近跟踪阶跃输入 $r\,(d=0)$。按定理 4.1 参数化 C，注意到该系统的敏感函数为

$$S = \frac{1}{PC} = 1-PQ$$

那么 y 渐近跟踪阶跃信号的充分必要条件是从 r 到 e(即 S) 的传递函数有一个零点在 $s=0$，即

$$P(0)Q(0)=1$$

这个方程有解 $Q \in \zeta$，当且仅当 $P(0) \neq 0$。当这个条件满足时，所有解的集合是

$$\left\{C = \frac{Q}{1-PQ} : Q \in \zeta, Q(0) = \frac{1}{P(0)}\right\}$$

我们注意到，在 $s=0$ 的情况下，Q 等于 P 的逆。而且可以检验，这样的控制器有一个极点在 $s=0$ (参看第 2 章)。

✍ **例 4.1**　已知一个对象为

$$P(s) = \frac{1}{(s+1)\,(s+2)}$$

寻找一个使系统达内稳定的控制器 C，使输出信号 y 渐近跟踪斜坡信号 r。

按定理 4.1 参数化 C，从 r 到 e 的传递函数 S 必须有 (至少) 2 个零点在 $s=0$，又知 r 有两个极点在此处。取

$$Q\,(s) = \frac{as+b}{s+1}$$

它属于 ζ，且有两个变量 a 和 b 可用来配置 S 的两个零点，于是有

$$\begin{aligned} S(s) &= 1 - \frac{as+b}{(s+1)^2(s+2)} \\ &= \frac{s^3+4s^2+(5-a)s+(2-b)}{(s+1)^2(s+2)} \end{aligned} \tag{4.2}$$

所以应当取 $a=5$，$b=2$。这就得到

$$\begin{cases} Q(s) = \dfrac{5s+2}{s+1} \\ C(s) = \dfrac{(5s+2)(s+1)(s+2)}{s^2(s+4)} \end{cases} \tag{4.3}$$

该控制器是可镇定的，且传递函数 S 有 2 个零点在 $s=0$，即反馈系统满足跟踪性能。

4.2 互质分解

本节将介绍传递函数的互质分解，为 4.3 节做准备。

定义 4.1 设 $N, M \in \zeta$，若存在 $X, Y \in \zeta$，满足以下方程：

$$XN + YM = 1 \tag{4.4}$$

则称 N、M 互质。

性质 4.1 N、M 是互质的，当且仅当 N 和 M 在 $\mathrm{Re}(s) \geqslant 0$ 和 $s=\infty$ 没有共同的零点。

这个性质的证明是显然的，若存在 $s=s_0$ 满足 $N(s_0)=M(s_0)=0$，则

$$X(s_0)N(s_0)+Y(s_0)M(s_0)=0 \neq 1, \qquad \forall X, Y \in \zeta$$

进一步也可以证明这个条件也是互质的。

定义 4.2 设 G 为实有理传递函数，若存在 $N, M \in \zeta$，使

$$G(s) = \frac{N(s)}{M(s)}$$

且 N、M 互质，则称 N、M 为 G 在 ζ 中的一个互质分解。

对于给定的实有理传递函数 $G(s)$，本节的目的在于求出 ζ 中的 4 个函数 $N(s)$、$X(s)$、$M(s)$、$Y(s)$，使得下面两个方程得到满足：

$$G(s) = \frac{N(s)}{M(s)}, \qquad N(s)X(s)+M(s)Y(s)=1$$

通常由给定的 $G(s)$ 构造 $N(s)$ 和 $M(s)$ 是比较方便的，具体见例 4.2。

✍ **例 4.2** 给定一实有理传递函数为

$$G(s) = \frac{1}{s}$$

求其互质分解。

将分子分母同除以一个在 $\mathrm{Re}(s) \geqslant 0$ 无零点的多项式，如 $(s+1)^k$，一般地，k 为 $G(s)$ 分子分母的最大阶次。这里 $k=1$，即

$$N(s) = \frac{1}{s+1}, \qquad M(s) = \frac{s}{s+1}$$

值得注意的是，如果取 $k>1$，那么 $N(s)$ 和 $M(s)$ 就不是互质的。例如，我们可以取即 $k=2$，此时有

$$N(s) = \frac{1}{(s+1)^2}, \qquad M(s) = \frac{s}{(s+1)^2}$$

显然，$N(s)$ 和 $M(s)$ 在 $s=\infty$ 有共同的零点，因此它们不是互质的。

Euclid 算法　由互质的 $N, M \in \zeta$，求 $X, Y \in \zeta$ 满足 $XN + YM = 1$ 是比较困难的。可以用下面介绍的 Euclid 算法来解决这个问题。给定多项式 $n(\lambda)$、$m(\lambda)$，满足 $\deg(n) \geqslant \deg(m)$。如果 $n(\lambda)$ 的阶次比 $m(\lambda)$ 的阶次小，则交换 $n(\lambda)$ 和 $m(\lambda)$。下面给出 Euclid 算法来求出 $x(\lambda)$、$y(\lambda)$，满足 $x(\lambda)n(\lambda) + y(\lambda)m(\lambda) = 1$。

(1) 用 n 除以 m，得商和余式分别为 q_1、r_1，

$$n = mq_1 + r_1$$

此时有：r_1 的阶次小于 m 的阶次。

(2) 用 m 除以 r_1，得商和余式分别为 q_2、r_2，

$$m = r_1 q_2 + r_2$$

此时有：r_2 的阶次小于 r_1 的阶次。

(3) 用 r_1 除以 r_2，得商和余式分别为 q_3、r_3，

$$r_1 = r_2 q_3 + r_3$$

此时有：r_3 的阶次小于 r_2 的阶次。

终止判据：当 $r_n(\lambda)$ 为一个常数 (与 λ 无关) 时，则停止计算。具体计算过程总结见表 4.1。若 $r_n = 0$，则 $n(\lambda)$、$m(\lambda)$ 不是互质的；若 $r_n \neq 0$，则 $n(\lambda)$、$m(\lambda)$ 是互质的，此时由 $r_n = r_{n-2} - r_{n-1}q_n$ 可解出

$$r_n = a(q_1, q_2, \cdots, q_n) \cdot n + b(q_1, q_2, \cdots, q_n) \cdot m$$

其中，$a(\cdot)$、$b(\cdot)$ 为 $(q_1, q_2, \cdots, q_n)$ 的多项式。令

$$x(\lambda) = \frac{1}{r_n} a(q_1, q_2, \cdots, q_n)$$
$$y(\lambda) = \frac{1}{r_n} b(q_1, q_2, \cdots, q_n)$$

有

$$x(\lambda)n(\lambda) + y(\lambda)m(\lambda) = 1$$

于是得到所需的 $x(\lambda)$ 和 $y(\lambda)$。下面通过一个例子来介绍 Euclid 算法。

表 4.1　Euclid 算法

步骤	被除数	除数	商	余	备注
1	$n(\lambda)$	$m(\lambda)$	$q_1(\lambda)$	$r_1(\lambda)$	$n = mq_1 + r_1$
2	$m(\lambda)$	$r_1(\lambda)$	$q_2(\lambda)$	$r_2(\lambda)$	$m = r_1q_2 + r_2$
3	$r_1(\lambda)$	$r_2(\lambda)$	$q_3(\lambda)$	$r_3(\lambda)$	$r_1 = r_2q_3 + r_3$
⋮	⋮	⋮	⋮	⋮	⋮
n	$r_{n-2}(\lambda)$	$r_{n-1}(\lambda)$	$q_n(\lambda)$	$r_n(\lambda)$	$r_{n-2} = r_{n-1}q_n + r_n$

✍ **例 4.3**　$n(\lambda) = \lambda^2, m(\lambda) = -2\lambda^2 - \lambda + 1$，用 Euclid 算法求出多项式 $x(\lambda)$、$y(\lambda)$ 使之满足 $xn + ym = 1$。用 $n(\lambda)$ 除以 $m(\lambda)$，得商和余式分别为

$$q_1(\lambda) = -\frac{1}{2}$$
$$r_1(\lambda) = -\frac{1}{2}\lambda + \frac{1}{2}$$

再利用 $m(\lambda)$ 除以 $r_1(\lambda)$，得商和余式分别为

$$q_2(\lambda) = 4\lambda + 6$$
$$r_2(\lambda) = -2$$

由于 r_2 是一非零常数，故 $n(\lambda)$、$m(\lambda)$ 互质，且有

$$n = mq_1 + r_1$$
$$m = r_1q_2 + r_2$$

得

$$r_2 = (1 + q_1q_2)m - q_2n$$

注意到

$$-\frac{q_2}{r_2}n + \frac{1 + q_1q_2}{r_2}m = 1$$

因此取

$$x = -\frac{q_2}{r_2} = 2\lambda + 3$$
$$y = \frac{1 + q_1q_2}{r_2} = \lambda + 1$$

下面给出将一实有理传递函数 $G(s)$ 进行互质分解的步骤。主要思路在于作变量代换 $s \leftrightarrow \lambda$

$$s = \frac{1-\lambda}{\lambda}, \qquad \lambda = \frac{1}{s+1}$$

使得 λ 的多项式变成 ζ 中的函数。对 $G(s)$ 进行互质分解的步骤如下：

(1) 如果 $G(s)$ 是稳定的，取 $N=G(s)$、$M=1$、$X=0$、$Y=1$，停止；否则继续。

(2) 利用映射 $s=(1-\lambda)/\lambda$ 将 $G(s)$ 变换成 $\tilde{G}(\lambda)$，将 $\tilde{G}(\lambda)$ 写成互质多项式的比

$$\tilde{G}(\lambda)=\frac{n(\lambda)}{m(\lambda)}$$

(3) 利用 Euclid 算法，求得多项式 $x(\lambda)$、$y(\lambda)$ 使得 $nx+my=1$。

(4) 利用映射

$$\lambda=\frac{1}{s+1}$$

将 $n(\lambda)$、$m(\lambda)$、$x(\lambda)$、$y(\lambda)$ 变换成 $N(s)$、$M(s)$、$X(s)$、$Y(s)$，此步骤中所用的映射并不唯一，但必须保证 $n(\lambda)$、$m(\lambda)$、$x(\lambda)$、$y(\lambda)$ 映射到 N、M、X、Y 后，它们属于 ζ。

✍ **例 4.4**　设一有理传递函数为

$$G(s)=\frac{1}{(s+2)(s-1)}$$

对其做互质分解。利用映射 $s=\dfrac{1-\lambda}{\lambda}$ 将 $G(s)$ 变换成 $\tilde{G}(\lambda)$，得

$$\tilde{G}(\lambda)=\frac{\lambda^2}{-2\lambda^2-\lambda+1}$$

即 $n=\lambda^2$、$m=-2\lambda^2-\lambda+1$，根据例 4.3 可得

$$x=2\lambda+3$$
$$y=\lambda+1$$

再利用映射 $\lambda=\dfrac{1}{s+1}$ 得

$$N(s)=\frac{1}{(s+1)^2}$$
$$M(s)=\frac{(s+2)(s-1)}{(s+1)^2}$$
$$X(s)=\frac{3s+5}{s+1}$$
$$Y(s)=\frac{s+2}{s+1}$$

4.3　控制器参数化：一般对象

前面讨论了稳定对象的控制器设计，为了研究更一般的情形，下面不再假设控制对象 P 是稳定的。

定理 4.2 设 P 和 C 分别为控制对象和控制器，$P(s)=\dfrac{N(s)}{M(s)}$ 为 P 在 ζ 中的一个互质分解。$X,Y\in\zeta$，满足 $XN+YM=1$，则使闭环系统内稳定的所有 C 的集合为

$$\ell=\left\{C=\frac{X+MQ}{Y-NQ}\left|Q\in\zeta\right.\right\}$$

其中，Q 为控制器参数。

为证明定理 4.2，先给出以下引理。

引理 4.1 设 P 和 C 分别为控制对象和控制器，令

$$C=\frac{N_c}{M_c},\qquad P=\frac{N}{M}$$

分别是 ζ 中的互质分解，则闭环系统内稳定的充分必要条件为

$$(NN_c+MM_c)^{-1}\in\zeta$$

证明 系统内稳定的充要条件为下面的 9 个传递函数都是稳定的

$$\begin{bmatrix}x_1\\x_2\\x_3\end{bmatrix}=\frac{1}{1+PC}\begin{bmatrix}1&-P&-1\\C&1&-C\\PC&P&1\end{bmatrix}\begin{bmatrix}r\\d\\u\end{bmatrix}$$

注意到

$$\frac{1}{1+PC}=\frac{1}{1+\dfrac{NN_c}{MM_c}}=MM_c\left(NN_c+MM_c\right)^{-1}$$

而 $MM_c\in\zeta$，则系统稳定性取决于 $(NN_c+MM_c)^{-1}$ 的稳定性。 □

下面回到定理 4.2 的证明。

证明 (1) 充分性证明。

已知 $Q\in\zeta$ 且 $C=\dfrac{X+MQ}{Y-NQ}$，令

$$N_c=X+MQ,\qquad M_c=Y-NQ$$

首先证明 $C=\dfrac{N_c}{M_c}$ 是 ζ 中的互质分解。

$$N_cN+M_cM=XN+YM=1$$

由于 N_c、M_c、N、$M\in\zeta$，因此 $C=\dfrac{N_c}{M_c}$ 是 ζ 中的一个互质分解。同时注意到

$$(N_cN+M_cM)^{-1}=1\in\zeta$$

根据引理 4.1，闭环系统内稳定。

(2) 必要性证明。

已知系统内稳定，设 C 为任一使得闭环系统内稳定控制器。令 $C=\dfrac{N_c}{M_c}$ 为 ζ 中的一个互质分解，定义

$$v=\frac{1}{NN_c+MM_c}$$

由引理 4.1 可知，$v\in\zeta$，且

$$NN_cv+MM_cv=1$$

构造一个 Q，满足 $M_cv=Y-NQ$，代入上式得 $NN_cv+M(Y-NQ)=1$。又因为

$$\begin{aligned}NX+MY&=NX+MY-MNQ+MNQ\\&=N(X+MQ)+M(Y-NQ)\\&=1\end{aligned}$$

比较两式，可得 $NN_cv=N(X+MQ)$，即 $N_cv=X+MQ$，则有

$$C=\frac{N_c}{M_c}=\frac{N_cv}{M_cv}=\frac{X+MQ}{Y-NQ}$$

最后需证明 $Q\in\zeta$。由 $M_cv=Y-NQ$，有

$$XM_cv=XY-XNQ$$

由 $N_cv=X+MQ$，有

$$YN_cv=XY+YMQ$$

两式相减得

$$(YN_c-XM_c)v=(YM+XN)Q=Q$$

因此有

$$Q=(YN_c-XM_c)v\in\zeta$$ □

推论 4.1　设 $P\in\zeta$，则使闭环系统内稳定的所有控制器 C 的集合为

$$\ell=\left\{C=\frac{Q}{1-PQ}\middle|Q\in\zeta\right\}$$

证明　由于 $P\in\zeta$，根据互质分解算法，可令 $N=P$、$M=1$、$X=0$、$Y=1$，代入定理 4.2，可得

$$C=\frac{X+MQ}{Y-NQ}=\frac{Q}{1-PQ},\qquad Q\in\zeta$$ □

标注 4.1　当 $X+MQ$、$Y-NQ\in\zeta$ 为 ζ 中的一个互质分解，因为存在 $N,M\in\zeta$，使得 $N(X+MQ)+M(Y-NQ)=1$。

标注 4.2　当 $C=\dfrac{X+MQ}{Y-NQ}$，系统的敏感函数和补敏感函数都是 Q 的仿射函数分别为

$$
\begin{aligned}
S &= \frac{1}{1+PC} = \frac{1}{1+\dfrac{N}{M}\cdot\dfrac{X+MQ}{Y-NQ}} \\
&= \frac{M\left(Y-NQ\right)}{MY+NX} = M\left(Y-NQ\right) \\
T &= 1-S = 1-MY+MNQ \\
&= NX+MNQ = N\left(X+MQ\right)
\end{aligned}
$$

标注 4.3　已知 $N,M\in\zeta$，引理 4.1 给出了求解方程 $XN+YM=1$ 的另一种方法：

(1) 对于给定的 $P=\dfrac{N}{M}$，寻找控制器 C 使闭环系统内稳定；

(2) 令 $C=\dfrac{N_c}{M_c}$ 为 ζ 中的一个互质分解，定义

$$v=NN_c+MM_c$$

根据引理 4.1 有 $v^{-1}\in\zeta$，且 $NN_cv^{-1}+MM_cv^{-1}=1$。可设 $X=N_cv^{-1}$、$Y=M_cv^{-1}$，则 $X,Y\in\zeta$ 且 $NX+MY=1$。

4.4　强　镇　定

在工程中，总希望使用本身就是稳定的控制器来镇定控制对象，特别当对象本身是稳定的。这是因为反馈回路出现故障时，例如系统敏感元件或执行机构出现故障，或者在启动或停机时，此时反馈回路就成了开路。如果对象和控制器各自都是稳定的，那么整体的稳定性就能维持。这就是本节将要研究的强镇定问题。

定义 4.3 (强镇定)　对于给定的对象 P，若存在稳定的控制器 C 使闭环系统内稳定，则称 P 是可强镇定的，C 为强镇定控制器。

定理 4.3　P 是可强镇定的当且仅当在 $\mathrm{Re}(s)\geqslant 0$，$P$ 的每一对相邻的实零点之间有偶数个实极点。

证明　(1) 必要性证明。

令 $P=\dfrac{N}{M}$ 为 ζ 中的一个互质分解，即 $N,M\in\zeta$，且

$$\exists X,Y\in\zeta,\qquad NX+MY=1$$

对于 $Q\in\zeta$，已知存在 $C=\dfrac{X+MQ}{Y-NQ}$ 使闭环系统内稳定。采用反证法证明其必要性，如图 4.2 所示。

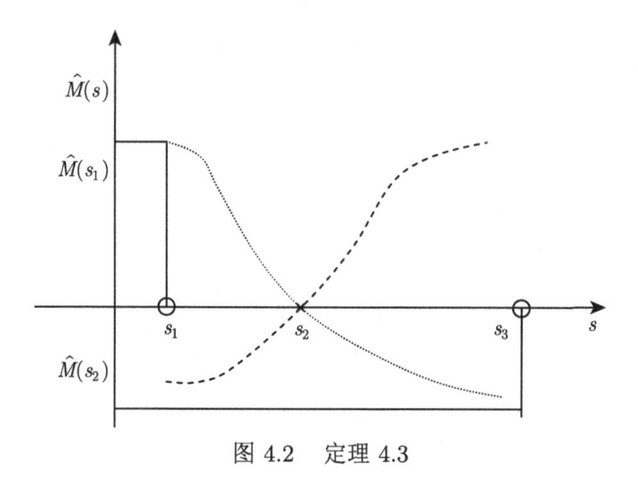

图 4.2　定理 4.3

假设在 $\mathrm{Re}(s) \geqslant 0$，$P$ 的某一对相邻的实零点之间有奇数个实极点，如设 $0 \leqslant s_1 \leqslant s_2 \leqslant s_3$ 满足：

$$N(s_1) = N(s_3) = 0, \qquad M(s_2) = 0$$

即 s_1、s_3 为 P 在 $\mathrm{Re}(s) \geqslant 0$ 的两个相邻的实零点，而 s_2 为 P 在 $\mathrm{Re}(s) \geqslant 0$ 的实极点，则必然有

$$M(s_1) M(s_3) < 0$$

即 $M(s_1)$ 和 $M(s_3)$ 的符号相反 (注：若 $M(s_1) M(s_3) > 0$，则 s_2 必为 $M(s)$ 的一个偶数阶零点)。由于

$$N(s_1) X(s_1) + M(s_1) Y(s_1) = M(s_1) Y(s_1) = 1$$
$$N(s_3) X(s_3) + M(s_3) Y(s_3) = M(s_3) Y(s_3) = 1$$

因此 $Y(s_1) = \dfrac{1}{M(s_1)}$ 与 $M(s_1)$ 符号相同，$Y(s_3) = \dfrac{1}{M(s_3)}$ 与 $M(s_3)$ 符号相同。则有

$$Y(s_1) - N(s_1) Q(s_1) = Y(s_1)$$
$$Y(s_3) - N(s_3) Q(s_3) = Y(s_3)$$

符号相反。则 $Y(s) - N(s) Q(s)$ 必有零点在 s_1、s_3 之间，即

$$C = \frac{X + MQ}{Y - NQ}$$

一定有极点在 $\mathrm{Re}(s) \geqslant 0$，因此 C 必不稳定，于是 P 是不可强镇定的。这与假设矛盾。所以在 $\mathrm{Re}(s) \geqslant 0$，$P$ 的每一对相邻的实零点之间不可能为奇数个极点，只可能有偶数个实极点。

(2) 充分性证明。

为简化起见，设 P 在 $\mathrm{Re}(s) \geqslant 0$ 的极点和零点 (包括 $s = \infty$ 的零点) 均为实的，且不相同的。当然，如果没有这个假设，定理仍然成立。设 $P(s) = \dfrac{N(s)}{M(s)}$ 为 ζ 中的一个互质

分解。令 $0 \leqslant \sigma_1 < \sigma_2 < \cdots < \sigma_m = \infty$ 为 $P(s)$ 的 m 个在 $\mathrm{Re}(s) \geqslant 0$ 的实零点，即

$$N(\sigma_i) = 0, \qquad i = 1, 2, \cdots, m$$

另外，在 $P(s)$ 的实零点处，

$$N(\sigma_i) X(\sigma_i) + M(\sigma_i) Y(\sigma_i) = M(\sigma_i) Y(\sigma_i) = 1$$

则

$$Y(\sigma_i) = \frac{1}{M(\sigma_i)} \triangleq r_i, \qquad i = 1, 2, \cdots, m$$

根据必要性证明中的推导，仅当 r_i, $i = 1, 2, \cdots, m$ 具有相同的符号时，C 才可能是稳定的。

由于

$$C = \frac{X + MQ}{Y - NQ}, \qquad Q \in \zeta$$

若令 $U(s) \triangleq Y(s) - N(s)Q(s)$，$Q \in \zeta$，则 C 稳定 (P 可强镇定) 当且仅当存在一个 $Q \in \zeta$, $U^{-1} \in \zeta$。

因此，为了得到一个使系统内稳定的，且本身也是稳定的控制器 C，就等效为寻找一个 $U(s)$ 使得

(1) $U \in \zeta, U^{-1} \in \zeta$；

(2) $U(\sigma_i) = Y(\sigma_i) - N(\sigma_i) Q(\sigma_i) = Y(\sigma_i) = r_i, i = 1, \cdots, m$。

为寻找满足条件 (1) 和 (2) 中的 $U(s)$，先令

$$U_1(s) = r_1$$

于是有

$$U_1 \in \zeta, \qquad U_1^{-1} \in \zeta$$

且 $U_1(\sigma_1) = r_1$。令

$$U_2(s) = (1 + a_1 F_1(s))^{l_1} U_1(s)$$

其中，$a_1 \in \mathbb{R}$ 为一常数；l_1 为一整数；$F_1(s) \in \zeta$，则 $U_2(s) \in \zeta$，为满足 $U_2^{-1} \in \zeta$ 以及

$$U_2(\sigma_1) = r_1, \qquad U_2(\sigma_2) = r_2$$

有

$$\begin{aligned}
U_2(\sigma_1) &= (1 + a_1 F_1(\sigma_1))^{l_1} U_1(\sigma_1) = (1 + a_1 F_1(\sigma_1))^{l_1} r_1 = r_1 \\
&\Rightarrow F_1(\sigma_1) = 0 \\
U_2(\sigma_2) &= (1 + a_1 F_1(\sigma_2))^{l_1} U_1(\sigma_2) = (1 + a_1 F_1(\sigma_2))^{l_1} r_1 = r_2 \\
&\Rightarrow a_1 = \left(\sqrt[l_1]{\frac{r_2}{r_1}} - 1 \right) \Big/ F_1(\sigma_2)
\end{aligned}$$

为了得到 $U_2^{-1}\in\zeta$，需要用到小增益定理。$U_2^{-1}\in\zeta$ 的框图如图 4.3 所示，若每一个回路都是稳定的，则整个系统 (即 U_2^{-1}) 才是稳定的。

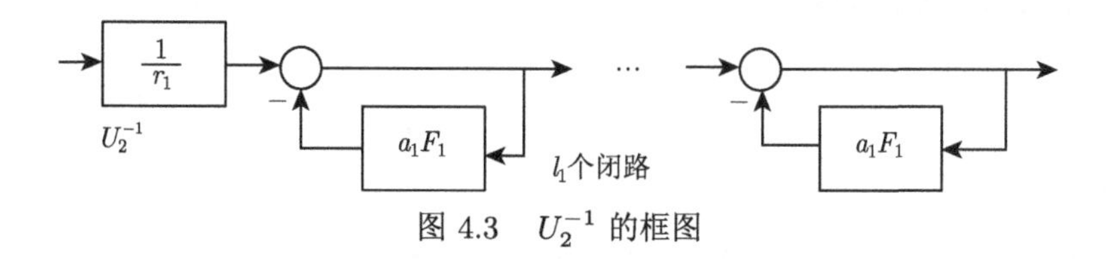

图 4.3　U_2^{-1} 的框图

根据小增益定理，每个回路稳定的条件为：$\|a_1F_1\|_\infty<1$ 或 $|a_1|<\dfrac{1}{\|F_1\|_\infty}$。综上所述，为了得到

$$U_2(\sigma_1)=r_1,\qquad U_2(\sigma_2)=r_2,\qquad \text{且 } U_2^{-1}\in\zeta$$

可选择合适的 $a_1\in\mathbb{R}$，整数 $l_1,F_1(s)\in\zeta$，使得

$$\begin{aligned}&F_1(\sigma_1)=0\\&a_1=\left(\sqrt[l_1]{\frac{r_2}{r_1}}-1\right)\Big/F_1(\sigma_2)\\&\|a_1F_1\|_\infty<1 \text{ 或 } |a_1|<\frac{1}{\|F_1\|_\infty}\end{aligned}$$

假设这样进行到第 k 步，继续令

$$U_{k+1}(s)=(1+a_kF_k(s))^{l_k}U_k(s)$$

满足：

$$U_{k+1}(\sigma_i)=r_i,\qquad i=1,\cdots,k+1,\qquad \text{且 } U_{k+1}^{-1}\in\zeta$$

当 $k=m-1$ 时，令 $U_m(s)=U(s)$，则有

$$U,U^{-1}\in\zeta,\qquad U(\sigma_i)=r_i,\qquad i=1,\cdots,m$$

最后，由 $U=Y-NQ$，得到 $Q=\dfrac{Y-U}{N}$，于是有

$$\begin{aligned}C&=\frac{X+MQ}{Y-NQ}=\frac{X+M\dfrac{Y-U}{N}}{U}\\&=\frac{NX+YM-MU}{NU}=\frac{1-MU}{NU}\end{aligned}$$

稳定，即 $P=\dfrac{N}{M}$ 是可强镇定的。 □

例 4.5　设对象的传递函数为

$$P(s)=\frac{s-1}{s(s-2)}$$

判断其是否可强镇定的。

对象的实零点为：$s=1$ 和 $s=\infty$，在这两个零点之间只有一个极点 $s=2$，根据定理 4.3 可知系统是不可强镇定的。

✍ **例 4.6** 判断对象

$$P(s)=\frac{(s-1)^2(s^2-s+1)}{(s-2)^2(s+1)^3}$$

是否为可强镇定的。

传递函数的零点为：$s=1$、$\frac{1}{2}(1\pm\sqrt{3}i)$、$\infty$。系统的极点为：$s=2$(二阶)、$-1$ (三阶)。其中在右半平面的实零点为：$s=1$ 和 $s=\infty$。在这两个零点之间有两个相同的极点 $s=2$，所以系统是可强镇定的。

✍ **例 4.7** 设有对象的传递函数为

$$P(s)=\frac{s-1}{(s-2)^2}$$

判断其是否可强镇定的，如果可强镇定，求出其强镇定控制器。

对象的零点为：$s=1$、∞。在这两个零点之间有两个相同的极点 $s=2$，根据定理 4.3 可知系统是可强镇定的。将 $P(s)$ 写成 ζ 中的互质分解 $P(s)=\dfrac{N(s)}{M(s)}$，于是有

$$N(s)=\frac{s-1}{(s+2)^2},\qquad M(s)=\frac{(s-2)^2}{(s+2)^2}$$

参数化的镇定控制器

$$C=\frac{X+MQ}{Y-NQ},\qquad \forall Q\in\zeta$$

令 $U\overset{\text{def}}{=\!=}Y-NQ$，欲使得控制器 C 稳定，需有 $U^{-1}\in\zeta$，注意到

$$\begin{aligned}N(1)X(1)+M(1)Y(1)&=M(1)Y(1)=1\\N(\infty)X(\infty)+M(\infty)Y(\infty)&=M(\infty)Y(\infty)=1\end{aligned}$$

所以，为了得到稳定的控制器 C，需要找到一个 $U\in\zeta$ 满足 $U^{-1}\in\zeta$，同时满足下面的关系

$$\begin{aligned}U(1)&=Y(1)-N(1)Q(1)\\&=Y(1)=\frac{1}{M(1)}=4\\U(\infty)&=Y(\infty)-N(\infty)Q(\infty)\\&=Y(\infty)=\frac{1}{M(\infty)}=1\end{aligned}$$

首先，寻找 $U_1\in\zeta$ 使得

$$U_1^{-1}\in\zeta,\qquad U_1(1)=4$$

最简单的办法就是选择一个常数 $U_1(s)=4$。下面寻找一个

$$U_2(s)=(1+aF(s))^l\,U_1(s)$$

其中，$a\in\mathbb{R}$ 为一个常数；l 为一整数；$F(s)\in\zeta$。为保证

$$U_2(1)=(1+aF(1))^l\,U_1(1)=4$$

需要有 $F(1)=0$，可以作如下选择

$$F(s)=\frac{s-1}{s+1}$$

为了使

$$U_2(\infty)=(1+aF(\infty))^lU_1(\infty)=(1+a)^l4=1$$

必须有 $a=\sqrt[l]{\dfrac{1}{4}}-1$。为了使 $U_2^{-1}\in\zeta$，需要让 $\|aF\|_\infty<1$，从而需要有 $|a|<\dfrac{1}{\|F\|_\infty}=1$，即 $\left|\sqrt[l]{\dfrac{1}{4}}-1\right|<1$。可选择 $l=1$，则 $a=-\dfrac{3}{4}$。于是有

$$\begin{aligned}U(s)=U_2(s)&=\left(1-\frac{3}{4}\frac{s-1}{s+1}\right)\cdot 4\\&=\frac{s+7}{s+1}=Y(s)-N(s)Q(s)\end{aligned}$$

进一步有

$$Q(s)=\frac{U(s)-Y(s)}{N(s)}$$

最后得到

$$\begin{aligned}C(s)&=\frac{X(s)+M(s)Q(s)}{U(s)}\\&=\frac{1-M(s)U(s)}{N(s)U(s)}=\frac{27}{s+7}\end{aligned}$$

下面我们求出闭环系统的极点来验证结果的正确性。

$$\begin{aligned}L(s)\triangleq P(s)C(s)&=\frac{27(s-1)}{(s+7)(s-2)^2}\\1+L(s)&=\frac{(s+1)^3}{(s-2)^2(s+7)}=0\end{aligned}$$

得闭环系统的极点为 $s=-1$ (三阶)，所以系统内稳定。

4.5 同时镇定

本节研究用单一控制器 (固定参数) 镇定多个不同对象的问题。考察下面对象

$$(P_0)\quad \begin{cases} \dot{x} = f(x,u) \\ y = g(x,u) \end{cases}$$

在 (x_1, u_1) 处进行线性化后得

$$(P_1)\quad \begin{cases} \dot{x} = A_1x + B_1u \\ y = C_1x + D_1u \end{cases}$$

其中

$$A_1 = \left.\frac{\partial f}{\partial x}\right|_{\substack{x=x_1\\u=u_1}},\qquad B_1 = \left.\frac{\partial f}{\partial u}\right|_{\substack{x=x_1\\u=u_1}},\qquad C_1 = \left.\frac{\partial g}{\partial x}\right|_{\substack{x=x_1\\u=u_1}},\qquad D_1 = \left.\frac{\partial g}{\partial u}\right|_{\substack{x=x_1\\u=u_1}}$$

并且有

$$P_1(s) = C_1(sI - A_1)^{-1}B_1 + D_1$$

当 x、u 在 (x_1, u_1) 的 δ 邻域内变动时，$P_1(s)$ 可代替 P_0 获得满意精度。当 x、u 变动过大时，需要重新线性化

$$P_2(s) = C_2(sI - A_2)^{-1}B_2 + D_2$$

在工程上，称之为用固定参数控制器镇定不同操作点 (x_1, u_1) 或 (x_2, u_2) 下工作的对象。这就是本节将研究的同时镇定问题。

定义 4.4 (同时镇定)　给定对象 P_1、P_2，如果存在控制器 C 与 P_1 或 P_2 构成的闭环系统均是内稳定的，则称 P_1、P_2 是可同时镇定的，C 为对象 P_1、P_2 的同时镇定控制器。

将 P_1、P_2 在 ζ 进行互质分解，

$$P_i = \frac{N_i}{M_i},\qquad X_iN_i + Y_iM_i = 1,\qquad M_i, N_i, X_i, Y_i \in \zeta,\qquad i = 1, 2$$

定义

$$P = \frac{N}{M} = \frac{N_2M_1 - N_1M_2}{N_2X_1 + M_2Y_1}$$

定理 4.4　P_1、P_2 是可以同时镇定的当且仅当 P 可以强镇定。

证明　假设 P_1、P_2 是可以同时镇定的，下面我们推导出其等价条件是 P 可以强镇定。对于对象 P_i，可使闭环系统内稳定的控制器为

$$C_i = \frac{X_i + M_iQ_i}{Y_i - N_iQ_i},\qquad Q_i \in \zeta,\qquad i = 1, 2$$

则 P_1、P_2 是可同时镇定的，当且仅当存在 $Q_1, Q_2 \in \zeta$，使 $C_1 = C_2$，即

$$\frac{X_1 + M_1Q_1}{Y_1 - N_1Q_1} = \frac{X_2 + M_2Q_2}{Y_2 - N_2Q_2}$$

由于 $X_i + M_iQ_i$ 与 $Y_i - N_iQ_i$ 互质，因此以上方程成立，当且仅当存在一个 $U \in \zeta$，满足 $U^{-1} \in \zeta$，且

$$X_1 + M_1Q_1 = U(X_2 + M_2Q_2)$$
$$Y_1 - N_1Q_1 = U(Y_2 - N_2Q_2)$$

将上述两式写成矩阵表达式的形式

$$\begin{bmatrix} 1 & Q_1 \end{bmatrix} \begin{bmatrix} X_1 & Y_1 \\ M_1 & -N_1 \end{bmatrix} = U \begin{bmatrix} 1 & Q_2 \end{bmatrix} \begin{bmatrix} X_2 & Y_2 \\ M_2 & -N_2 \end{bmatrix}$$

两边分别右乘以矩阵

$$\begin{bmatrix} X_2 & Y_2 \\ M_2 & -N_2 \end{bmatrix}^{-1}$$

得到

$$\begin{bmatrix} 1 & Q_1 \end{bmatrix} \begin{bmatrix} X_1N_2 + Y_1M_2 & X_1Y_2 - Y_1X_2 \\ M_1N_2 - N_1M_2 & M_1Y_2 + N_1X_2 \end{bmatrix} = U \begin{bmatrix} 1 & Q_2 \end{bmatrix}$$

定义

$$X = X_1Y_2 - Y_1X_2$$
$$Y = M_1Y_2 + N_1X_2$$

进一步有

$$\begin{bmatrix} 1 & Q_1 \end{bmatrix} \begin{bmatrix} M & X \\ N & Y \end{bmatrix} = U \begin{bmatrix} 1 & Q_2 \end{bmatrix}$$

或

$$M + NQ_1 = U$$
$$X + YQ_1 = UQ_2$$

综上所述，P_1、P_2 是可同时镇定的，当且仅当 ζ 中存在 $Q_1, Q_2, U \in \zeta$，满足：

$$U^{-1} \in \zeta$$
$$M + NQ_1 = U$$
$$X + YQ_1 = UQ_2$$

由于 Q_2 可以从上面第三个方程中得到，即

$$Q_2 = \frac{X + YQ_1}{U} \in \zeta$$

于是，上面的条件等价为在 ζ 中寻找 $Q_1, U \in \zeta$，满足：

$$U^{-1} \in \zeta$$

$$M + NQ_1 = U$$

如果令 $N_c = Q_1 U^{-1}$，$M_c = U^{-1}$，则有

$$NN_c + MM_c = (NQ_1 + M)\,U^{-1} = U \cdot U^{-1} = 1$$

于是有

$$(NN_c + MM_c)^{-1} \in \zeta$$

根据引理 4.1，有

$$C = \frac{N_c}{M_c} = \frac{Q_1 U^{-1}}{U^{-1}} = Q_1 \in \zeta$$

为控制器可以镇定对象 $P = \dfrac{N}{M}$。注意到 $C \in \zeta$，可知，P 是可强镇定的。 □

值得注意的是，上面定理仅仅给出了 P_1、P_2 可同时镇定的充分必要条件，并没有给出其同时镇定控制器的具体形式。

✍ **例 4.8** 考察以下对象

$$P_1(s) = \frac{1}{s+1}, \qquad P_2(s) = \frac{as+b}{(s+1)(s-1)}$$

其中，a、b 为实常数，且 $a \neq 1$，求出当 a、b 为何值时，P_1、P_2 可同时镇定。

由于 $P_1(s) \in \zeta$，有

$$N_1 = P_1(s), \qquad M_1 = 1, \qquad X_1 = 0, \qquad Y_1 = 1$$

对 $P_2(s)$ 互质分解，有

$$P_2(s) = \frac{N_2}{M_2}, \qquad X_2 N_2 + Y_2 M_2 = 1, \qquad X_2, Y_2, M_2, N_2 \in \zeta$$

则

$$\begin{aligned} N &= N_2 M_1 - N_1 M_2 = N_2 - P_1 M_2 \\ M &= N_2 X_1 + M_2 Y_1 = M_2 \end{aligned}$$

可知

$$\begin{aligned} P &= \frac{N}{M} = \frac{N_2 - P_1 M_2}{M_2} = P_2 - P_1 \\ &= \frac{as+b-s+1}{(s+1)(s-1)} = \frac{(a-1)s+(b+1)}{(s+1)(s-1)} \end{aligned}$$

P 的零点为 $s = \dfrac{-(b+1)}{a-1}$、∞；P 的极点 $s = 1$、-1。则 P_1、P_2 可同时镇定的当且仅当 P 是可强镇定，这就需要

$$\frac{1+b}{1-a} < 0 \text{ 或 } \frac{1+b}{1-a} > 1$$

注记　本章内容由文献 (多伊尔 等，1993) 的第 5 章改写而成。

习　题

4-1　设一传递函数为

$$G(s)=\frac{1}{(s-1)(s-2)}$$

求其在 ζ 中的互质分解。

4-2　已知一个对象为

$$P(s)=\frac{1}{s-1}$$

求控制器 C 使得反馈系统内稳定，且当 $r(t)$ 为单位阶跃信号及 $d(t)=0$ 时，系统的跟踪误差信号满足 $\lim\limits_{t\to\infty}e(t)=0$。

4-3　已知一个对象为

$$P(s)=\frac{1}{s(s+1)}$$

求控制器 C 使得反馈系统内稳定，且当 $r(t)$ 为单位阶跃信号及 $d(t)=\sin(2t)$ 时，系统的跟踪误差信号满足 $\lim\limits_{t\to\infty}e(t)=0$。

4-4　假设 N、M 是 ζ 中的互质函数，如果 $NM\in\zeta$，求证：$M^{-1}\in\zeta$。

参 考 文 献

多伊尔 J C，弗朗西斯 B A，坦嫩鲍姆 A R，1993. 反馈控制理论 [M]. 慕春棣，译. 北京：清华大学出版社.

第 5 章　H_∞ 控制的设计方法

自 1981 年加拿大学者 Zames 首次提出 H_∞ 控制问题以来，该问题在控制理论界受到了极大的关注，并获得了快速的发展，逐渐成为控制理论中的重要研究方向和组成部分，也成为工程应用中强有力的依据。本章在描述 H_∞ 标准控制问题的基础上，将几种常用的控制问题等价转化为标准 H_∞ 控制问题。最后简单介绍 H_∞ 控制的优化算法。

5.1　频域中的 H_∞ 控制问题

考虑图 5.1 所示的不确定反馈系统，图中，w 是外部输入，z 是系统控制输出，包括跟踪误差、调节误差等，y 是系统观测量输出，u 是系统控制输入。$\Delta(s)$ 是系统的不确定部分。为了处理的方便，我们将图 5.1 简化成图 5.2 所示的形式。

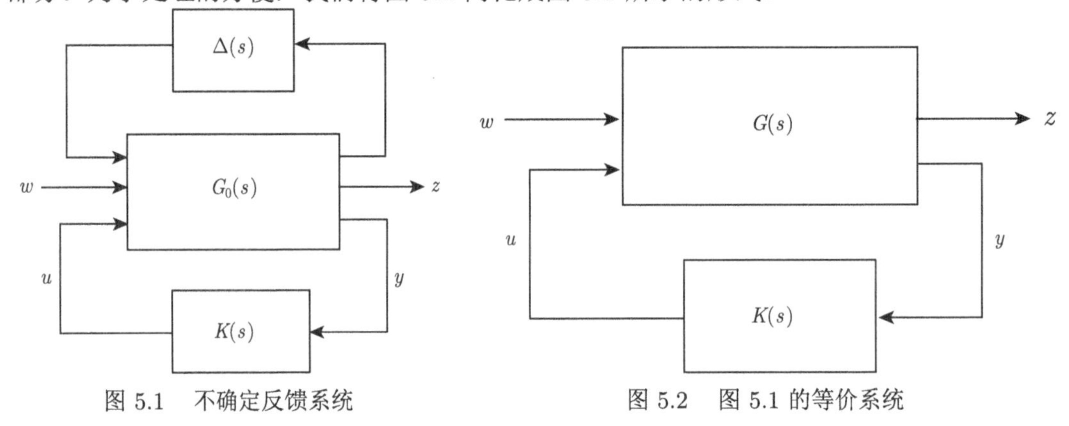

图 5.1　不确定反馈系统　　图 5.2　图 5.1 的等价系统

假设 G 为真有理矩阵，表示广义的被控制对象，并且分块为

$$G = \begin{bmatrix} G_{11} & G_{12} \\ G_{21} & G_{22} \end{bmatrix}$$

于是有

$$z = G_{11}w + G_{12}u$$
$$y = G_{21}w + G_{22}u$$

注意到 $u = Ky$，消去上式中的 u 和 y，于是得到

$$z = \left[G_{11} + G_{12}K(I - G_{22}K)^{-1}G_{21}\right] w$$

为了使问题简化，假设 $I - G_{22}K$ 对每一个真有理矩阵 K 都是可逆的。将上式简写成

$$z = H(G, K)w$$

H_∞ 标准控制问题可以描述为：寻找一个真实有理的控制矩阵 K，在 K 镇定 G 的情况下，使得从 w 到 z 的传递矩阵的 H_∞ 范数极小化，即

$$\min_K \|H(G,K)\|_\infty$$

若给定常数 $\gamma > 0$，寻找一个真实有理的控制矩阵 K，在 K 镇定 G 的情况下，使得从 w 到 z 的传递矩阵的 H_∞ 小于 $\gamma > 0$，即

$$\|H(G,K)\|_\infty < \gamma$$

则为次优的 H_∞ 控制问题。

5.2　H_∞ 控制的各类问题

在 5.1 节介绍的标准 H_∞ 控制问题中，广义对象 G 并不等同于实际的受控对象。即使与实际被控对象相同，针对不同的控制目标，广义对象也可能不相同。标准的 H_∞ 控制问题比较重要，实际中的很多控制问题均可以等价为该问题。本节将说明灵敏度极小化问题、鲁棒镇定问题、模型匹配问题、跟踪问题等如何等价转化为标准 H_∞ 控制，并推导出上述各种问题所对应的广义对象 P 和控制器 K。

5.2.1　灵敏度极小化问题

Zames 提出 H_∞ 控制思想的时候，首先考虑了一个单输入单输出系统的设计问题：对于任意属于有限能量信号集的干扰信号，设计一个控制器使得闭环系统稳定，并且使得系统外部干扰对系统的控制输出影响最小。这便是本节的灵敏度极小化问题。

考虑图 5.3 所示的单变量单位反馈系统。图中 P 为对象的传递函数，C 为控制器的传递函数，w 为作用在系统上的干扰信号，z 为控制系统的输出。从 w 到 z 的闭环传递函数，即反馈系统的灵敏度函数为

$$S = \frac{1}{1+PC} \tag{5.1}$$

灵敏度函数表示了控制系统输出对干扰的灵敏度，理想情况下 $S=0$。灵敏度极小化问题实质上就是寻找一个控制器 C 在镇定系统的同时，使得敏感函数的峰值极小化。这个峰值定义为

$$\|S\|_\infty = \max_{w\in\mathbb{R}} |S(\mathrm{j}\omega)| \tag{5.2}$$

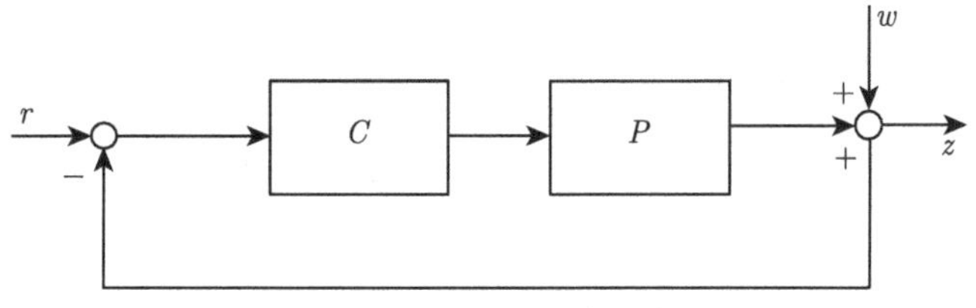

图 5.3　SISO 反馈回路

由于敏感函数的峰值可能并不存在，因此用上确界代替式 (5.2) 的最大值，即

$$\|S\|_\infty = \sup_{w\in\mathbb{R}} |S(\mathrm{j}\omega)| \tag{5.3}$$

如果能保证灵敏度函数 S 的峰值 $\|S\|_\infty$ 小，则在所有频率上 S 的幅值都小。于是干扰被衰减。因此该方法相当于极小化最坏干扰对输出的影响。在最坏的情况下，我们希望找到一个控制器 C，使得它能最好地抑制存在的最坏干扰。实际中，每个对象 P 和控制器 C 的频率响应函数在高频处都会有衰减，这表明灵敏度函数 $S = 1/(1+PC)$ 在低频处可以很小，在高频处逐渐趋近 1。灵敏度函数 S 在低频处的大小并没有反映到峰值中，但是它对于控制系统的性能来说是最重要的。因此通常引入频率加权函数 W，并考虑如下极小化问题

$$\|WS\|_\infty = \sup_{w\in R} |W(\mathrm{j}\omega)S(\mathrm{j}\omega)| \tag{5.4}$$

W 在低频处很大，到高频处就衰减下来。令 $\phi = WS$，由

$$\phi = W(I+PC)^{-1} = W - WPC(I+PC)^{-1}$$

可知，相应的广义对象 G 和 K 取为

$$G = \begin{bmatrix} W & -WP \\ I & -P \end{bmatrix}, \qquad K = C$$

这样一来，敏感函数极小化问题就转化为标准的 H_∞ 控制问题。

5.2.2 模型匹配问题

图 5.4 所示为模型匹配问题，即用三个串联的传递函数矩阵 T_3、Q、T_2 来逼近传递函数矩阵 T_1。这里 $T_1, T_2, T_3 \in \mathrm{RH}_\infty$ 为给定矩阵。$Q \in \mathrm{RH}_\infty$ 为待设计的矩阵。

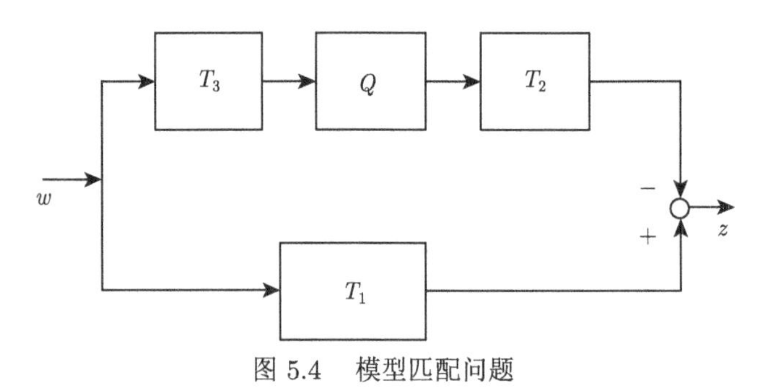

图 5.4　模型匹配问题

模型匹配准则为选择 $Q \in \mathrm{RH}_\infty$ 使得

$$\sup\{\|z\|_2 : w \in H_2, \|w\|_2 \leqslant 1\}$$

取得极小值，即

$$\min_Q \|T_1 - T_2QT_3\|_\infty$$

定义

$$G \stackrel{\text{def}}{=\!=} \begin{bmatrix} T_1 & T_2 \\ T_3 & 0 \end{bmatrix}, \qquad K = -Q$$

可将模型匹配问题转化为标准的 H_∞ 控制问题。这里，K 镇定 G 这个约束条件等价于 $Q \in \mathrm{RH}_\infty$。

5.2.3 跟踪问题

考虑图 5.5 中所示的系统，图中 P 和 W 为给定的实有理传递函数，C_1 和 C_2 为待设计控制器。设计的目的在于使得系统 P 的输出 v 跟踪参考信号 r。这里 r 为一个不确定信号，且属于下列集合：

$$\{r : r = Ww, \ \ w \in H_2, \ \ \|w\|_2 \leqslant 1\}$$

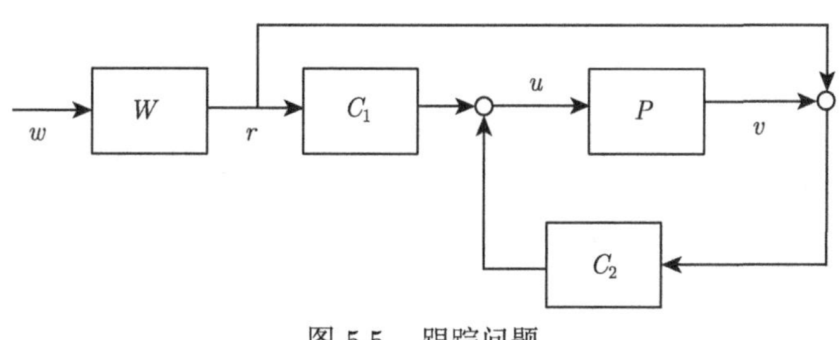

图 5.5 跟踪问题

跟踪误差信号为 $e = r - v$，性能函数为

$$(\|e\|_2^2 + \rho\|u\|_2^2)^{1/2} \tag{5.5}$$

加权因子 ρ 为正的标量。由于式 (5.5) 可等价于 $z = \begin{bmatrix} e \\ \rho u \end{bmatrix}$ 的 H_2 范数，跟踪准则选为

$$\min_{C_1, C_2} \sup\{\|z\|_2 : w \in H_2, \|w\|_2 \leqslant 1\}$$

于是，定义

$$y \stackrel{\text{def}}{=\!=} \begin{bmatrix} r \\ v \end{bmatrix}, \qquad K \stackrel{\text{def}}{=\!=} \begin{bmatrix} C_1 & C_2 \end{bmatrix}, \qquad G \stackrel{\text{def}}{=\!=} \begin{bmatrix} G_{11} & G_{12} \\ G_{21} & G_{22} \end{bmatrix}$$

$$G_{11} \stackrel{\text{def}}{=\!=} \begin{bmatrix} W \\ 0 \end{bmatrix}, \qquad G_{12} \stackrel{\text{def}}{=\!=} \begin{bmatrix} -P \\ \rho I \end{bmatrix}, \qquad G_{21} \stackrel{\text{def}}{=\!=} \begin{bmatrix} W \\ 0 \end{bmatrix}, \qquad G_{22} \stackrel{\text{def}}{=\!=} \begin{bmatrix} 0 \\ P \end{bmatrix}$$

可将本节的跟踪问题等价转化为标准 H_∞ 控制问题。

5.2.4 鲁棒镇定问题

考虑图 5.6 所示的系统，图中 P 为标称系统，实际控制对象为受到加性摄动的不确定系统 $P + \Delta P$，这里的 ΔP 满足条件：

$$\sigma_{\max}[\Delta P(\mathrm{j}\omega)] < |r(\mathrm{j}\omega)|, \qquad \omega \in \mathrm{R}$$

其中，$r \in \mathrm{RH}_\infty$ 为标量值函数，鲁棒镇定的目的即找到一个真实有理矩阵 K，镇定上面描述的不确定系统。

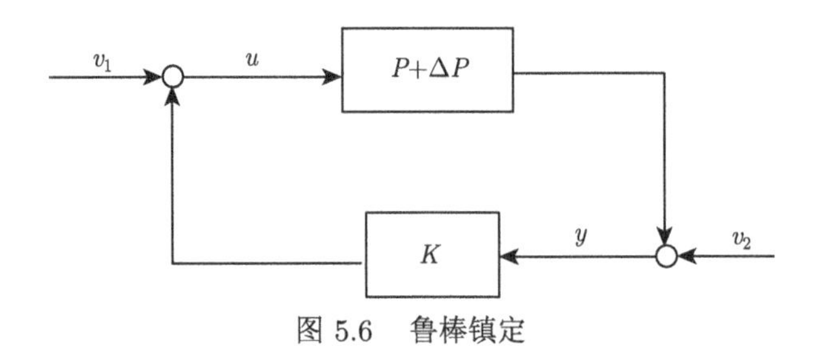

图 5.6　鲁棒镇定

引理 5.1　一个真实有理矩阵 K 能镇定所有不确定系统 $P+\Delta P$，当且仅当 K 能镇定标称系统 P 并且有

$$\|rK(I-PK)^{-1}\|_\infty \leqslant 1$$

通过定义 $G \stackrel{\mathrm{def}}{=\!=} \begin{bmatrix} 0 & rI \\ I & P \end{bmatrix}$，可以将上述的鲁棒镇定问题转化为标准 H_∞ 控制问题。

前面举了控制系统设计中常用到的几个例子，它们都可以转化为相应的标准 H_∞ 问题。下面介绍 H_∞ 控制的频域算法来进行求解。

5.3　H_∞ 控制的频域优化算法

虽然可以分别从时域和频域来对 H_∞ 控制问题进行求解，但 H_∞ 控制本质上还是频域的控制理论。本节主要介绍频域中最简单的方法：基于 J 谱因子分解的方法。

由图 5.2 可知，从 w 到 z 的闭环传递函数矩阵为

$$H = G_{11} + G_{12}(I-KG_{22})^{-1}KG_{21} \tag{5.6}$$

在求解标准 H_∞ 控制问题时，常常并不是直接解决 $\|H\|_\infty$ 的极小化问题。而是首先寻找一个次优 H_∞ 控制器，也即寻找一个控制器，使得其能镇定闭环系统并且满足：

$$\|H\|_\infty \leqslant \gamma \tag{5.7}$$

其中，γ 为一给定的非负常数。然后逐步寻优找到 γ 的最小值，进而获得最优的 H_∞ 控制器。式 (5.7) 等价于

$$H^{\mathrm{T}}(-\mathrm{j}\omega)H(\mathrm{j}\omega) \leqslant \gamma^2 I, \qquad \omega \in \mathrm{R} \tag{5.8}$$

如果式中的 H 是有理函数矩阵，记 $H^{\sim}(s) = H^{\mathrm{T}}(-s)$。式 (5.8) 进一步等价表示为

$$H^{\sim}H \leqslant \gamma^2 I$$

下面在介绍的求解标准 H_∞ 控制问题的时候，仅仅考虑的是一种比较简单的情况，即研究的传递函数矩阵具有下面这种特殊形式

$$H = P - K$$

其中，P 为给定不稳定对象的传递函数；K 为待设计的稳定传递函数阵。该问题常被称为 Nehari 问题。定义 $G_{11}=P$、$G_{12}=-I$、$G_{21}=I$、$G_{22}=0$，便可将该问题转化为 H_∞ 标准控制问题。

将 $H=P-K$ 代入式 (5.8) 中，可以得到

$$P^{\sim}P-P^{\sim}K-K^{\sim}P+K^{\sim}K\leqslant\gamma^2 I,\qquad \omega\in\mathrm{R}$$

即

$$\begin{bmatrix} I & K^{\sim}\end{bmatrix}\begin{bmatrix}\gamma^2 I-P^{\sim}P & P^{\sim}\\ P & -I\end{bmatrix}\begin{bmatrix} I\\ K\end{bmatrix}\geqslant 0 \tag{5.9}$$

定义

$$\pi_\gamma=\begin{bmatrix}\gamma^2 I-P^{\sim}P & P^{\sim}\\ P & -I\end{bmatrix}$$

为了对该问题求解，将控制器 K 定义为下面的形式

$$K=YX^{-1} \tag{5.10}$$

其中，Y 和 X 均为稳定的有理函数矩阵。在式 (5.9) 的左右分别乘以 $X^{\sim}$ 和 X，利用式 (5.10) 可知：$\|H\|_\infty\leqslant\gamma$ 等价于

$$\begin{bmatrix} X^{\sim} & Y^{\sim}\end{bmatrix}\pi_\gamma\begin{bmatrix} X\\ Y\end{bmatrix}\geqslant 0,\qquad s=\mathrm{j}\omega,\qquad \omega\in\mathrm{R} \tag{5.11}$$

这样的等价不仅仅存在于 Nehari 问题中。可以证明，对于一般情况，$\|H\|_\infty\leqslant\gamma$ 也与式 (5.11) 等价，此时 π_γ 的形式定义为

$$\pi_\gamma=\begin{bmatrix} 0 & I\\ -G_{12}^{\sim} & -G_{22}^{\sim}\end{bmatrix}\begin{bmatrix}\gamma^2 I-G_{11}G_{11}^{\sim} & -G_{11}G_{12}^{\sim}\\ -G_{21}G_{11}^{\sim} & -G_{21}^{\sim}G_{22}^{\sim}\end{bmatrix}^{-1}\begin{bmatrix} 0 & -G_{12}\\ I & -G_{22}\end{bmatrix} \tag{5.12}$$

下面再回到 Nehari 问题，π_γ 为准 Hermitian 矩阵，且 $\pi_\gamma^{\sim}=\pi_\gamma$。如果 $\det\pi_\gamma$ 在虚轴上没有极点和零点，则可对 π_γ 进行 J 谱分解

$$\pi_\gamma=Z_\gamma^{\sim}JZ_\gamma \tag{5.13}$$

其中，Z_γ 为有理矩阵，且 Z_γ^{-1} 的所有极点都位于左半开平面内；J 为常数矩阵，且具有下面的形式

$$J=\begin{bmatrix} I & 0\\ 0 & -I\end{bmatrix} \tag{5.14}$$

式中的两个单位矩阵均具有适当维数。称 J 为 π_γ 的特征矩阵；根据 J 谱因子分解式 (5.13)，式 (5.11) 可以改写为

$$\begin{bmatrix} X^{\sim} & Y^{\sim}\end{bmatrix}Z_\gamma^{\sim}JZ_\gamma\begin{bmatrix} X\\ Y\end{bmatrix}\geqslant 0,\qquad s=\mathrm{j}\omega,\qquad \omega\in\mathrm{R} \tag{5.15}$$

选择稳定的有理方阵 A 和 B，使得下式成立

$$\begin{bmatrix} A \\ B \end{bmatrix} = Z_\gamma \begin{bmatrix} X \\ Y \end{bmatrix} \tag{5.16}$$

于是，式 (5.15) 可进一步等价为

$$A^\sim A \geqslant B^\sim B, \qquad s = \mathrm{j}\omega, \qquad \omega \in \mathrm{R} \tag{5.17}$$

由式 (5.16) 可得

$$\begin{bmatrix} X \\ Y \end{bmatrix} = Z_\gamma^{-1} \begin{bmatrix} A \\ B \end{bmatrix} \tag{5.18}$$

可见，满足约束条件 $\|H_\infty\| \leqslant \gamma$ 的所有控制器 $K = YX^{-1}$ 可以通过式 (5.17) 和式 (5.18) 来求解。满足式 (5.17) 的稳定有理矩阵 A 和 B 不是唯一的，常选择 $A = I$、$B = 0$，该解也被称为中心解。

下面来验证，根据式 (5.17) 和式 (5.18) 求出的控制器是否能镇定闭环系统，能镇定的一个必要条件是 $\det A$ 的所有零点位于左半平面。进一步可以证明：如果满足 $\|H_\infty\| \leqslant \gamma$ 的镇定控制器存在，那么所有满足该条件的控制器均可由式 (5.17) 和式 (5.18) 求出，其中 $\det A$ 的所有零点均位于左半平面内。

由前面的讨论可知，H_∞ 最优控制问题的求解步骤如下：

(1) 给定 γ 的初始值；

(2) 求 J 谱因子 Z_γ，并根据式 (5.17) 和式 (5.18) 求出相应的控制器，使得 $\det A$ 的所有零点位于左半平面内，最常见的解可能是中心解；

(3) 验证控制器是否能镇定闭环系统，如果能，则减小 γ；否则增大 γ；

(4) 如果已经充分逼近最优解，则停止计算；否则返回 (2)。

有理 J 谱因子分解式 (5.13) 可以简化为两个多项式矩阵的 J 谱因子分解，一个是分母多项式，另一个是分子多项式。上述搜索过程有 2 种停止方法。一种方法是不断减小 γ，直到 γ 等于某一极小值，当再减小 γ 使之小于此极小值的时候，J 谱因子分解不存在。对应这个极小值 γ 求解出的次优控制器便是最优控制器。另一种方法是逐渐减小 γ，直到出现这样一个情况：当 γ 减至某一值的时候，J 谱因子虽存在，但没有次优的控制器能镇定闭环系统，那么这个值，便是 γ 的最优值。这两种方法中，后一种方法更为常用。

实践表明，当 γ 接近最优值的时候，J 谱因子分解可能会出现奇异现象，即谱因子 Z_γ 的有理函数系数会无限增长。同时当 $\gamma = \gamma_{\mathrm{opt}}$ 的时候，求出中心解得到的闭环系统，其闭环极点会无限接近左半平面的界，即从左半平面穿越虚轴到右半平面，反之亦然。由于闭环传递函数 H 不能具有这种不稳定的极点，因此该极点一定是在 H 中被抵消了。其实，这种抵消是发生在控制器 $C(s)$ 中，因此可以被取消。为了避免 J 谱因子分解出现的奇异现象，一般对其进行部分分解，这种分解可以比较精确地求出最优解。奇异现象和抵消现象一般不会常常发生。如果没有发生这些现象，则可对 γ 寻优得到最优解，该解是使得 $\det \pi_\gamma$ 在虚轴上具有极点或零点的最大值。

上面只介绍了 Nehari 问题的求解，这是一种特殊的 H_∞ 控制问题，该问题比较简单，对于一般性的 H_∞ 控制问题，读者可进一步参阅相关文献。

注记　本章内容由文献 (史忠科 等，2003) 的第 2 章和文献 (解学书 等，1994) 的相关内容整理而成。

习　题

5-1　试从灵敏度极小化问题说明 H_∞ 控制的物理意义。

参 考 文 献

史忠科，吴方向，王蓓，等，2003. 鲁棒控制理论 [M]. 北京：国防工业出版社.
解学书，钟宜生，1994. H_∞ 控制理论 [M]. 北京：清华大学出版社.

第 6 章　基于回路成形的设计方法

本章介绍一种鲁棒控制器设计的图形化方法——回路成形。

6.1　回路成形的基本方法

鲁棒控制的基本目的就是针对不确定对象，设计一个控制器 $C(s)$ 保证系统内稳定的同时满足一定的性能。由第 3 章的内容可知，这样的设计要求可归结为使得闭环系统满足下面的不等式：

$$\| \, |W_1 S| + |W_2 T| \, \|_\infty < 1 \tag{6.1}$$

换句话说，鲁棒控制就是给定对象 P，以及权函数 W_1 和 W_2，设计一个控制器 $C(s)$ 保证闭环系统满足式 (6.1)。求解该问题是相当困难的。首先是问题不一定有解，即便是有解，要得到控制器也并不容易。本章介绍一种图形化方法，如果解存在，通过该方法可能会得到系统的一个控制器。回路成形的大体思路为：构造回路传递函数 L 近似满足式 (6.1)，由 $C = L/P$ 得到 C。由定理 2.2 可知，当 P 或者 P^{-1} 是不稳定的，L 必须包含 P 的不稳定极点和零点，这样一来就加大了求解的困难，所以本章我们假设 P 和 P^{-1} 都是稳定的。注意到 $S = \dfrac{1}{1+L}$，$T = \dfrac{L}{1+L}$，代入式 (6.1) 中有

$$\Gamma(\mathrm{j}\omega) = \left| \frac{W_1(\mathrm{j}\omega)}{1+L(\mathrm{j}\omega)} \right| + \left| \frac{W_2(\mathrm{j}\omega)L(\mathrm{j}\omega)}{1+L(\mathrm{j}\omega)} \right| < 1 \tag{6.2}$$

回路成形的基本思路就是找到一个函数 $L(\mathrm{j}\omega)$，使得式 (6.2) 对所有的 ω 都成立。

引理 6.1　式(6.1) 成立的必要条件是权函数 W_1 和 W_2 需满足：

$$\min\{|W_1(\mathrm{j}\omega)|, |W_2(\mathrm{j}\omega)|\} < 1, \qquad \forall \omega \tag{6.3}$$

证明　固定一 ω，并假设 $|W_1| \leqslant |W_2|$，注意到 $S + T = 1$，于是有

$$\begin{aligned} |W_1| &= |W_1(S+T)| \leqslant |W_1 S| + |W_1 T| \\ &\leqslant |W_1 S| + |W_2 T| \end{aligned}$$

由式 (6.1) 可知，$|W_1 S| + |W_2 T| < 1$，于是有 $|W_1| < 1$。因此式 (6.3) 中的不等式成立。同理，当 $|W_2| < |W_1|$ 时可导出同样的结论。下面从式 (6.2) 中推导出一些不等式。为了简便，推导过程中省略变量 $\mathrm{j}\omega$。 □

引理 6.2　如果式 (6.1) 成立，则下面几个不等式都成立。

$$(|W_1| - |W_2|)|S| + |W_2| \leqslant \Gamma \leqslant (|W_1| + |W_2|)|S| + |W_2| \tag{6.4}$$

$$(|W_2| - |W_1|)|T| + |W_1| \leqslant \Gamma \leqslant (|W_2| + |W_1|)|T| + |W_1| \tag{6.5}$$

$$\frac{|W_1| + |W_2 L|}{1 + |L|} \leqslant \Gamma \leqslant \frac{|W_1| + |W_2 L|}{|1 - |L|\,|} \tag{6.6}$$

证明　注意到 $S = \dfrac{1}{1+L}$，根据式 (6.2) 中 Γ 的定义有

$$\begin{aligned}\Gamma &= \left|\frac{W_1(\mathrm{j}\omega)}{1 + L(\mathrm{j}\omega)}\right| + \left|\frac{W_2(\mathrm{j}\omega)L(\mathrm{j}\omega)}{1 + L(\mathrm{j}\omega)}\right| \\ &= |W_1 S| + |W_2|\,|1 - S|\end{aligned}$$

因为 $1 - |S| \leqslant |1 - S| \leqslant 1 + |S|$，得

$$|W_1 S| + |W_2|(1 - |S|) \leqslant \Gamma \leqslant |W_1 S| + |W_2|(1 + |S|)$$

整理可得式 (6.4)。由 $T = \dfrac{L}{1+L}$ 及 Γ 的定义有

$$\Gamma = |W_1||1 - T| + |W_2 T|$$

注意到 $1 - |T| \leqslant |1 - T| \leqslant 1 + |T|$，得

$$|W_1|(1 - |T|) + |W_2 T| \leqslant \Gamma \leqslant |W_1|(1 + |T|) + |W_2 T|$$

进一步可得式 (6.5)。由于 $|1 - |L|| \leqslant |1 + L|$，得到

$$\begin{aligned}\left|\frac{W_1}{1+L}\right| &< \frac{|W_1|}{|1 - |L||} \\ \left|\frac{W_2 L}{1+L}\right| &< \frac{|W_2 L|}{|1 - |L||}\end{aligned}$$

于是有 $\Gamma < \dfrac{|W_1| + |W_2 L|}{|1 - |L||}$。又由于 $|1 + L| \leqslant 1 + |L|$，得到

$$\begin{aligned}\left|\frac{W_1}{1+L}\right| &> \frac{|W_1|}{1 + |L|} \\ \left|\frac{W_2 L}{1+L}\right| &> \frac{|W_2 L|}{1 + |L|}\end{aligned}$$

于是有 $\Gamma > \dfrac{|W_1| + |W_2 L|}{1 + |L|}$。综上可得式 (6.6)。 □

假设 $|W_2| < 1$，那么从式 (6.4) 中可得

$$\Gamma < 1 \Leftarrow \frac{|W_1| + |W_2|}{1 - |W_2|}|S| < 1 \tag{6.7}$$

$$\Gamma < 1 \Rightarrow \frac{|W_1| - |W_2|}{1 - |W_2|}|S| < 1 \tag{6.8}$$

从式 (6.6) 中可得

$$\varGamma < 1 \Leftarrow |L| > \frac{|W_1|+1}{1-|W_2|} \tag{6.9}$$

$$\varGamma < 1 \Rightarrow |L| > \frac{|W_1|-1}{1-|W_2|} \tag{6.10}$$

当 $|W_1| \gg 1$，式(6.7) 和式 (6.8) 右边的条件相互趋近，式(6.9) 和式 (6.10) 右边的条件也相互趋近。因此我们把式 (6.2) 中 $\varGamma < 1$ 成立的条件近似为

$$\frac{|W_1|}{1-|W_2|}|S| < 1 \tag{6.11}$$

或者

$$|L| > \frac{|W_1|}{1-|W_2|} \tag{6.12}$$

假设 $|W_1| < 1$，同理，从式 (6.5) 中可得

$$\varGamma < 1 \Leftarrow \frac{|W_2|+|W_1|}{1-|W_1|}|T| < 1$$

$$\varGamma < 1 \Rightarrow \frac{|W_2|-|W_1|}{1-|W_1|}|T| < 1$$

从式 (6.6) 中可得

$$\varGamma < 1 \Leftarrow |L| < \frac{1-|W_1|}{|W_2|+1}$$

$$\varGamma < 1 \Rightarrow |L| < \frac{1-|W_1|}{|W_2|-1}$$

当 $|W_2| \gg 1$，同理，我们可把 $\varGamma < 1$ 成立的条件近似为

$$\frac{|W_2|}{1-|W_1|}|T| < 1 \tag{6.13}$$

或者

$$|L| < \frac{1-|W_1|}{|W_2|} \tag{6.14}$$

上面的讨论可以概括如下：

(1) 当 $|W_1| \geqslant 1 > |W_2|$ 成立，为了使式 (6.2) 成立，回路传递函数的幅值应当满足式 (6.12)；

(2) 当 $|W_2| \geqslant 1 > |W_1|$ 成立，为了使式 (6.2) 成立，回路传递函数的幅值应当满足式 (6.14)。

下面来研究用回路成形法设计控制器的步骤。考虑一个典型的情况：$|W_1(\mathrm{j}\omega)|$ 是 ω 的减函数，$|W_2(\mathrm{j}\omega)|$ 是 ω 的增函数。这样一来，在低频段有

$$|W_1| > 1 > |W_2|$$

在高频段有

$$|W_2| > 1 > |W_1|$$

回路成形的思路大致如下：

(1) 在低频范围内 $|W_1| > 1 > |W_2|$，画出 $\dfrac{|W_1|}{1-|W_2|}$ 的幅值对频率的对数曲线；在高频范围内 $|W_2| > 1 > |W_1|$，画出 $\dfrac{1-|W_1|}{|W_2|}$ 的幅值对频率的对数曲线 (图 6.1 中的点线)。

(2) 通过这两条曲线画出 L 的曲线：在低频段，让它位于第一条曲线之上，同时远大于 1；在高频段，让它位于第二条曲线之下，同时远小于 1；在更高的频段让它下降的斜率至少与 P 一样大 (这样才能保证 C 是正则的)；在从低频段到高频段要平滑转换，且保持曲线的斜率在穿越频率 (幅值等于 1 的频率) 附近尽可能平缓 (平缓的原因将进一步说明)。

(3) 找到一稳定的最小相位的传递函数 L，它的 Bode 幅频特性曲线就是 (2) 中构造的曲线，然后规范化使 $L(0) > 0$。

这样构造的 L 曲线在低频段满足式 (6.12)，在高频段满足式 (6.14)，因此在低频段和高频段式 (6.2) 都成立。需要注意的是，式(6.2) 在中频段上不一定成立，这就需要在构造 L 曲线的时候，对这个过渡频率段的转换非常小心，因为这可能导致系统不是内稳定的。在 6.2 节推导的相位公式可知，如果 $L(0) > 0$，且 L 就像前面构造的那样是一个减函数，则 L 的幅角从 0 开始减小。因此 L 的 Nyquist 图从正实轴出发按顺时针方向移动，根据 Nyquist 判据，如果 L 的幅角在过渡频率段处大于 -180°，即过渡频率段出现在第三或第四象限，则可保证系统内稳定。需要注意的是，当 $|L|$ 在穿越频率附近越陡，则 L 的幅角就越小 (这一论断将在 6.2 节中证明)。如果 L 在过渡频率段衰减太快，就可能导致系统不是内稳定的。所以在过渡频率段，我们要让 L 的曲线尽可能平缓，根据经验可知在此过渡频率段的斜率不得超过 2。完成上述步骤后，需要进一步检验系统是否为内稳定的，以及式 (6.2) 是否成立，如果不成立再反复多次修正。

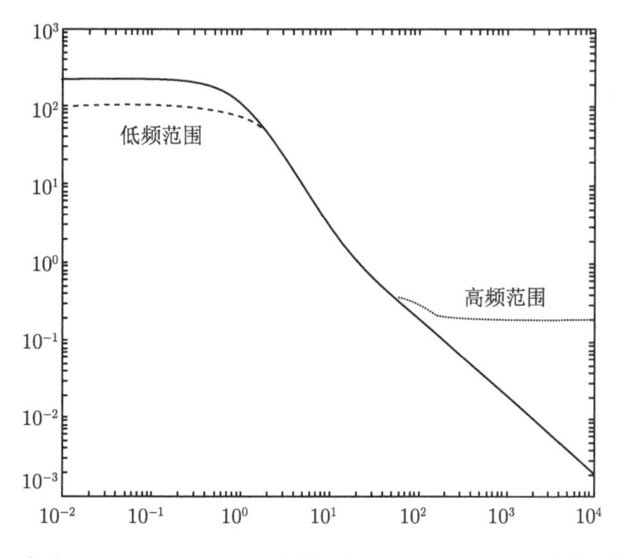

图 6.1 $|L|$(实线)，$|W_1|/(1-|W_2|)$(虚线) 和 $(1-|W_1|)/|W_2|$(点线) 的 Bode 图

6.2 相位公式

如果 L 是稳定的和最小相位的，并且规范化使得 $L(0) > 0$，那么它的相位曲线由其 Bode 幅频曲线唯一决定，例如

$$\frac{1}{s+1}, \qquad \frac{-1}{s+1}$$

都是稳定的和最小相位的。它们有同样的幅频曲线，但是相位曲线不同。本节的目的就是根据 $|L|$ 来找到 $\arg L$ 的表达式。

假设 L 是正则的，L 和 L^{-1} 在 $\text{Re}(s) \geqslant 0$ 都是解析的，并且 $L(0) > 0$。定义 $G \xlongequal{\text{def}} \ln L$，于是有

$$\text{Re}\ G = \ln|L|, \qquad \text{Im}\ G = \arg L$$

并且 G 有以下三条性质。

(1) G 在包含虚轴的某个右半平面是解析的。我们对该性质做简要证明，考虑 G 的微分

$$G' = \frac{L'}{L}$$

由于 L 在右半平面解析，因此 L' 在右半平面也是解析的。由于 L 在右半平面没有零点，因此 G' 在所有右半平面的点以及靠近虚轴左边的一些点上都存在。

(2) $\text{Re}\ G(\text{j}\omega)$ 是 ω 的偶函数，$\text{Im}\ G(\text{j}\omega)$ 是 ω 的奇函数。

(3) 当右半平面的半圆的半径 R 趋于 ∞ 时，$s^{-1}G(s)$ 一致趋于 0，即

$$\lim_{R\to\infty} \sup_{-\pi/2\leqslant\theta\leqslant\pi/2} \left|\frac{G(R\text{e}^{\text{j}\theta})}{R\text{e}^{\text{j}\theta}}\right| = 0$$

证明 注意到

$$G(R\text{e}^{\text{j}\theta}) = \ln|L(R\text{e}^{\text{j}\theta})| + \text{j}\arg L(R\text{e}^{\text{j}\theta})$$

并且当 $R \to \infty$ 时，$\arg L(R\text{e}^{\text{j}\theta})$ 是有界的。于是

$$\left|\frac{G(R\text{e}^{\text{j}\theta})}{R\text{e}^{\text{j}\theta}}\right| \to \frac{|\ln|L(R\text{e}^{\text{j}\theta})||}{R}$$

注意到 L 是正则的，因此对某些 c 和 $k \geqslant 0$，有

$$L(s) \approx \frac{c}{s^k}, \qquad |s| \to \infty$$

于是得

$$\left|\frac{G(R\text{e}^{\text{j}\theta})}{R\text{e}^{\text{j}\theta}}\right| \to \frac{\left|\ln\left|\frac{c}{R^k}\right|\right|}{R} = \frac{|\ln|c| - k\ln|R||}{R}$$

$$\to k\frac{\ln R}{R} \to 0$$

□

下面由 G 的实部得到其虚部的表达式。

引理 6.3　对每一个频域 ω_0

$$\text{Im } G(\text{j}\omega_0) = \frac{2\omega_0}{\pi}\int_0^{\infty}\frac{\text{Re } G(\text{j}\omega) - \text{Re } G(\text{j}\omega_0)}{\omega^2 - \omega_0^2}\text{d}\omega$$

证明　定义函数

$$\begin{aligned} F(s) &\overset{\text{def}}{=\!=} \frac{G(s) - \text{Re } G(\text{j}\omega_0)}{s - \text{j}\omega_0} - \frac{G(s) - \text{Re } G(\text{j}\omega_0)}{s + \text{j}\omega_0} \\ &= 2\text{j}\omega_0\frac{G(s) - \text{Re } G(\text{j}\omega_0)}{s^2 + \omega_0^2} \end{aligned} \tag{6.15}$$

函数 $F(s)$ 除了在极点 $s = \pm\text{j}\omega_0$ 以外，在右半平面及虚轴上均解析。

作 Nyquist 围线：由虚轴向上，在点 $\pm\text{j}\omega_0$ 处，沿半径为 r 的半圆向右绕过，再沿右半平面半径为 R 的大半圆封闭。根据 Cauchy 定理可知，F 沿这条围线的积分等于 0。这个积分等于六段积分的和：虚轴上三个区间、两个小半圆和一个大半圆。令 I_1 表示虚轴上三段积分的和，I_2 表示下半圆的小半圆的积分，I_3 表示上半部小半圆的积分，I_4 表示大半圆的积分。对于这几段积分，我们将证明下面 4 条结论。

$$\lim_{R\to\infty, r\to 0} I_1 = 2\omega_0\int_{-\infty}^{\infty}\frac{\text{Re } G(\text{j}\omega) - \text{Re } G(\text{j}\omega_0)}{\omega^2 - \omega_0^2}\text{d}\omega \tag{6.16}$$

$$\lim_{r\to 0} I_2 = -\pi\text{Im } G(\text{j}\omega_0) \tag{6.17}$$

$$\lim_{r\to 0} I_3 = -\pi\text{Im } G(\text{j}\omega_0) \tag{6.18}$$

$$\lim_{R\to 0} I_4 = 0 \tag{6.19}$$

首先，$I_1 = \int \text{j}F(\text{j}\omega)\text{d}\omega$，这里积分是在集合

$$[-R, -\omega_0, -r] \cup [-\omega_0 + r, \omega_0 - r] \cup [\omega_0 + r, R] \tag{6.20}$$

上。当 $R\to\infty, r\to 0$ 时，这个集合就成为 $(-\infty, \infty)$。另外，从式 (6.15) 中可以得到

$$\text{j}F(\text{j}\omega) = 2\omega_0\frac{G(\text{j}\omega) - \text{Re } G(\text{j}\omega_0)}{\omega^2 - \omega_0^2}$$

又因为

$$\frac{\text{Im } G(\text{j}\omega)}{\omega^2 - \omega_0^2}$$

是奇函数，它在集合式 (6.20) 上的积分等于 0，于是可得式 (6.16)。

其次

$$\begin{aligned} I_2 = &\int_{-\pi/2}^{\pi/2}\frac{G(-\text{j}\omega_0 + r\text{e}^{\text{j}\theta}) - \text{Re } G(\text{j}\omega_0)}{-\text{j}\omega_0 + r\text{e}^{\text{j}\theta} - \text{j}\omega_0}\text{j}r\text{e}^{\text{j}\theta}\text{d}\theta \\ &- \int_{-\pi/2}^{\pi/2}\frac{G(-\text{j}\omega_0 + r\text{e}^{\text{j}\theta}) - \text{Re } G(\text{j}\omega_0)}{-\text{j}\omega_0 + r\text{e}^{\text{j}\theta} + \text{j}\omega_0}\text{j}r\text{e}^{\text{j}\theta}\text{d}\theta \end{aligned}$$

当 $r \to 0$ 时，第一项积分趋于 0，第二项积分趋于

$$[G(-\mathrm{j}\omega_0) - \mathrm{Re}\ G(\mathrm{j}\omega_0)]\mathrm{j}\int_{-\pi/2}^{\pi/2} \mathrm{d}\theta = \pi \mathrm{Im}\ G(\mathrm{j}\omega_0)$$

于是得到式 (6.17) 的证明。式(6.18) 的证明与之类似。

最后

$$I_4 = -\int_{-\pi/2}^{\pi/2} F(R\mathrm{e}^{\mathrm{j}\theta})\mathrm{j}R\mathrm{e}^{\mathrm{j}\theta}\mathrm{d}\theta$$

所以

$$|I_4| \leqslant \sup_{-\pi/2\leqslant\theta\leqslant\pi/2} \left|\frac{2\omega_0[G(R\mathrm{e}^{\mathrm{j}\theta}) - \mathrm{Re}\ G(\mathrm{j}\omega_0)]}{(R\mathrm{e}^{\mathrm{j}\theta})^2 + \omega_0^2}\right| R\pi$$

则

$$|I_4| \to \sup_{\theta} \frac{\left|G(R\mathrm{e}^{\mathrm{j}\theta})\right|^2}{R} \to 0$$

进一步得到式 (6.19) 的证明。

最后，由于式 (6.16)~ 式(6.19) 以及 $\mathrm{Re}G(\mathrm{j}\omega)$ 是偶函数，可得引理 6.3 的证明。 □

根据引理 6.3 有

$$\arg L(\mathrm{j}\omega_0) = \frac{2\omega_0}{\pi}\int_0^{\infty} \frac{\ln|L(\mathrm{j}\omega)| - \ln|L(\mathrm{j}\omega_0)|}{\omega^2 - \omega_0^2}\mathrm{d}\omega \tag{6.21}$$

定理 6.1　对每一个频率 ω_0，有

$$\arg L(\mathrm{j}\omega_0) = \frac{1}{\pi}\int_{-\infty}^{\infty} \frac{\mathrm{d}\ln|L|}{\mathrm{d}\nu} \ln\coth\frac{|\nu|}{2}\mathrm{d}\nu$$

其中，积分变量为 $\nu = \ln(\omega/\omega_0)$。

证明　改变式 (6.21) 中的积分变量得到

$$\arg L(\mathrm{j}\omega_0) = \frac{1}{\pi}\int_{-\infty}^{\infty} \frac{\ln|L| - \ln|L(\mathrm{j}\omega_0)|}{\sinh\nu}\mathrm{d}\nu$$

需要注意的是，在这个积分中，$\ln|L|$ 实际上看作是 ν 的函数 $\ln|L(\mathrm{j}\omega_0\mathrm{e}^{\nu})|$。从 $-\infty$ 到 0 及从 0 到 $+\infty$ 作分部积分得

$$\begin{aligned}
\arg L(\mathrm{j}\omega_0) = &-\frac{1}{\pi}\left[(\ln|L| - \ln|L(\mathrm{j}\omega_0)|)\ln\coth\frac{\nu}{2}\right]_0^{\infty} \\
&+ \frac{1}{\pi}\int_0^{\infty} \frac{\mathrm{d}\ln|L|}{\mathrm{d}\nu}\ln\coth\frac{\nu}{2}\mathrm{d}\nu \\
&+ \frac{1}{\pi}\left[(\ln|L| - \ln|L(\mathrm{j}\omega_0)|)\ln\coth\frac{\nu}{2}\right]_0^{\infty} \\
&+ \frac{1}{\pi}\int_{-\infty}^{0} \frac{\mathrm{d}\ln|L|}{\mathrm{d}\nu}\ln\coth\frac{-\nu}{2}\mathrm{d}\nu
\end{aligned}$$

第 1 项和第 3 项相加等于 0。于是定理得证。 □

例如，假设 $\ln|L|$ 斜率为常数

$$\frac{\mathrm{d}\ln|L|}{\mathrm{d}\nu}=-c$$

那么

$$\arg L(\mathrm{j}\omega_0)=\frac{c}{\pi}\int_{-\infty}^{\infty}\ln\coth\frac{|\nu|}{2}\mathrm{d}\nu=-\frac{c\pi}{2}$$

即相位转移是一个 $-90c^\circ$ 的常数。

在相位公式中，斜率函数 $\mathrm{d}\ln|L|/\mathrm{d}\nu$ 被函数

$$\ln\coth\frac{|\nu|}{2}=\ln\left|\frac{\omega+\omega_0}{\omega-\omega_0}\right|$$

加权。这个函数是关于 ω_0 对称的 (水平坐标取自然对数)，在 $\omega=\omega_0$ 处是正的无穷大，当 ω 从 $-\infty$ 到 ω_0 时是递增的，当 ω 从 ω_0 到 $+\infty$ 时是递减的。$\mathrm{d}\ln|L|/\mathrm{d}\nu$ 在接近 $\omega=\omega_0$ 处加了很大的权。因此可以得出这样的结论：$|L|$ 的曲线在靠近频率 ω_0 处越陡，则 $\arg L$ 越小。

✍ **例 6.1**　考察一对象的传递函数

$$P(s)=\frac{s+1}{s^2+2\times0.7\times5s+5^2}\frac{s^2+2\times0.05\times30s+30^2}{s^2+2\times0.01\times45s+45^2}$$

这是飞行器运动的模型，它包含 45rad/s 的第一柔性模态。这个模态具有非常小的阻尼比 0.01。与这样的频率和阻尼比相关的不确定性，一般为 $2\%\sim3\%$。P 中还包含一对小阻尼零点。P 的 Bode 幅频图如图 6.2 所示。

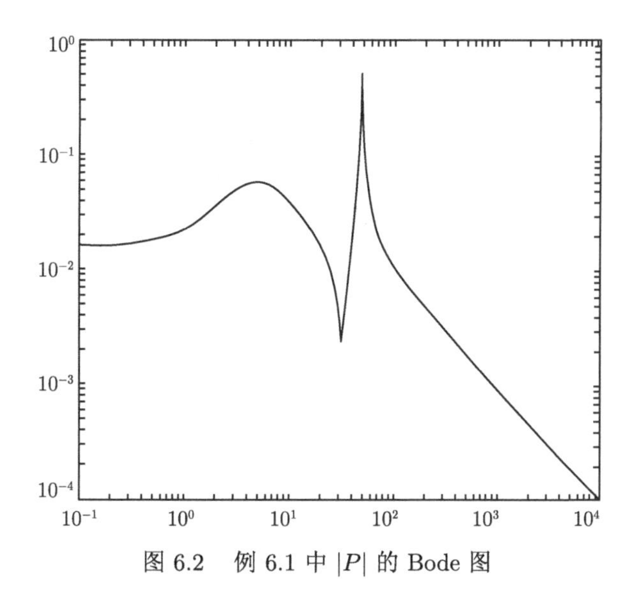

图 6.2　例 6.1 中 $|P|$ 的 Bode 图

一般先不规定性能加权 W_1，而是指定一个希望的开环回路传递函数。最简单又合适的回路传递函数取

$$L(s)=\frac{\omega_c}{s}$$

其中，ω_c 是一正数，即穿越频率 (在该频率处 $|L|=1$)。这就要求 $C=L/P$ 的分子含下面的因子 (即 C 很可能像一个有很深的凹形槽的滤波器)。

$$s^2+2\times 0.01\times 45s+45^2$$

另外，根据如上所述，45 和 0.01 这两个数是不确定的，为了更保险起见，可令

$$L(s)=\frac{\omega_c}{s}\frac{s^2+2\times 0.03\times 45s+45^2}{s^2+2\times 0.01\times 45s+45^2}$$

以便让凹槽浅些。

注意到

$$S=\frac{s}{s+\omega_c}$$

原则上，ω_c 越大越好，这样一来 $|S|$ 可在更宽的频域范围内越小 ($|S|$ 越小可保证系统的跟踪性能和抗干扰性能越好)。实际上，由于高频的不确定性，ω_c 的取值也有一定的限制。处理这种不确定性的典型办法是从不确定比较明显的频率开始，保证标称对象 L 充分小。于是，我们选最大的 ω_c 使得

$$|L(\mathrm{j}\omega)|\leqslant 0.5,\qquad \forall\omega\geqslant 45$$

于是有 $\omega_c\approx 8$。回路的形状如图 6.3 所示，控制器为

$$\begin{aligned}C(s)&=\frac{L(s)}{P(s)}\\&=8\frac{s^2+2\times 0.7\times 5s+5^2}{s(s+1)}\frac{s^2+2\times 0.03\times 45s+45^2}{s^2+2\times 0.05\times 30s+30^2}\end{aligned}$$

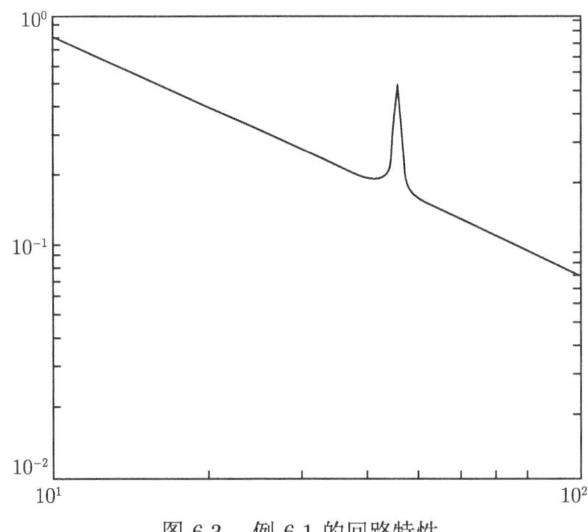

图 6.3　例 6.1 的回路特性

注记　本章内容由文献 (多伊尔 等，1993) 的第 7 章改写而成。关于回路成形的更详细内容可参考文献（多伊尔 等 1993；周克敏 等，2006）中的相关内容。

习　题

6-1　在例 6.1 中，取

$$P(s) = \frac{s+1}{s^2 + 2 \times 0.7 \times 5s + 5^2}$$

根据回路成形的方法，重新设计一控制器。

参考文献

多伊尔 J C，弗朗西斯 B A，坦嫩鲍姆 A R，1993. 反馈控制理论 [M]. 慕春棣，译. 北京：清华大学出版社.

周克敏，DOYLE J C，GLOVER K，2006. 鲁棒与最优控制 [M]. 毛剑琴，钟宜生，林岩，等译. 北京：国防工业出版社.

第 7 章 时域鲁棒控制的数学基础

时域鲁棒控制理论的数学基础是矩阵分析和 Lyapunov 定理。本章介绍时域鲁棒控制理论的基础知识，包括矩阵范数、稳定性理论、LMI 方法以及一些常用引理等。这些基础知识和基本概念为以后各章节的学习提供理论基础。

7.1 矩阵论基础

7.1.1 矩阵的基本运算

$m\times n$ 个数排成 m 行 n 列的阵列

$$\begin{bmatrix} a_{11} & a_{12} & \cdots & a_{1n} \\ a_{21} & a_{22} & \cdots & a_{2n} \\ \vdots & \vdots & & \vdots \\ a_{m1} & a_{m2} & \cdots & a_{mn} \end{bmatrix} \tag{7.1}$$

称为维数为 $m\times n$ 的矩阵，简称为 $m\times n$ 矩阵，用单个大写字母表示，如 A、B 等。

给定矩阵 A，可以在行间作水平线，或（及）在列间作垂直线，把矩阵划分成一些块，称为矩阵 A 的分块。例如，下面 3×5 的矩阵 A 可以被虚线分成四块：

$$A=\left[\begin{array}{ccc:cc} a_{11} & a_{12} & a_{13} & a_{14} & a_{15} \\ a_{21} & a_{22} & a_{23} & a_{24} & a_{25} \\ \hdashline a_{31} & a_{32} & a_{33} & a_{34} & a_{35} \end{array}\right]=\begin{bmatrix} A_{11} & A_{12} \\ A_{21} & A_{22} \end{bmatrix} \tag{7.2}$$

矩阵分块可以显示其结构特征，简化矩阵计算。例如当 A_{11} 与 A_{22} 都可逆时，有以下的简化矩阵求逆运算：

$$\begin{bmatrix} A_{11} & 0 \\ A_{21} & A_{22} \end{bmatrix}^{-1}=\begin{bmatrix} A_{11}^{-1} & 0 \\ -A_{22}^{-1}A_{21}A_{11}^{-1} & A_{22}^{-1} \end{bmatrix} \tag{7.3}$$

和

$$\begin{bmatrix} A_{11} & A_{12} \\ 0 & A_{22} \end{bmatrix}^{-1}=\begin{bmatrix} A_{11}^{-1} & -A_{11}^{-1}A_{12}A_{22}^{-1} \\ 0 & A_{22}^{-1} \end{bmatrix} \tag{7.4}$$

矩阵 P 称为是正定的，如果对于任意的 $x\neq 0$，都有 $x^{\mathrm{T}}Px>0$ 成立。正定矩阵有如下的几个性质：

(1) 如果 P 的特征值都是正数，则 P 是正定的，记为 $P>0$；

(2) 如果 $P>0$，则 P 的对角线元素都大于 0；

(3) 如果 Q 是非奇异矩阵，且有 $P>0$，则 $Q^{\mathrm{T}}PQ$ 也是正定的；

(4) 如果 $P>0$，则 P^{-1} 存在，且有 $P^{-1}>0$；

(5) 如果 $P>0$，则从 P 中去掉一行及其对应的列所得的矩阵仍然是正定的。

7.1.2　向量和矩阵的范数

定义 7.1　设 x 为属于复空间 $\mathbb{C}^n$ 的复向量，按某一对应规则在 $\mathbb{C}^n$ 上定义 x 的一个实值函数 $\|x\|$。如果该函数满足如下条件：

(1) 非负性，即 $\|x\| \geqslant 0$，$\forall x \in \mathbb{C}^n$，$\|x\| = 0$ 当且仅当 $x = 0$；

(2) 齐次性，即 $\|kx\| = |k| \cdot \|x\|$，$\forall k \in \mathbb{C}$，$x \in \mathbb{C}^n$；

(3) 三角不等式，即 $\|x + y\| \leqslant \|x\| + \|y\|$，$\forall x, y \in \mathbb{C}^n$，

则称实函数 $\|x\|$ 为向量 x 的范数。

记 $\mathbb{C}^n$ 上的复向量 $x = [x_1 \ \ x_2 \ \ \cdots \ \ x_n]^{\mathrm{T}}$。几种常用的向量范数定义如下。

(1) 1-范数。

$$\|x\|_1 \overset{\text{def}}{=\!=} \sum_{i=1}^{n} |x_i| \tag{7.5}$$

1-范数通常记为 $\|x\|_1$。

(2) 2-范数。

$$\|x\|_2 = (x^* x)^{1/2} \overset{\text{def}}{=\!=} \left(\sum_{i=1}^{n} |x_i|^2 \right)^{1/2} \tag{7.6}$$

2-范数通常记为 $\|x\|_2$，又称为 Euclidean 范数。

(3) ∞-范数。

$$\|x\|_\infty \overset{\text{def}}{=\!=} \max_{1 \leqslant i \leqslant n} |x_i| \tag{7.7}$$

∞-范数通常记为 $\|x\|_\infty$。

(4) p-范数。

$$\|x\|_p \overset{\text{def}}{=\!=} \left(\sum_{i=1}^{n} |x_i|^p \right)^{1/p} \tag{7.8}$$

容易看出，p-范数中，当 $p = 1$ 时，p-范数即为 1-范数，当 $p = 2$ 时，p-范数即为 2-范数，而当 $p \to \infty$ 时，p-范数为 ∞-范数。因此，p-范数具有一般性。

在实际工程问题中，一般讨论的是 n 维实空间 $\mathbb{R}^n$。这时，上述的几类范数定义依然适用，只是 $x^* = x^{\mathrm{T}}$。

$x \in \mathbb{C}^n$ 的范数有无穷多种，对于任意两种范数，有如下的等价性定理。

定理 7.1　设 $\|x\|_\alpha$ 和 $\|x\|_\beta$ 是定义在 $\mathbb{C}^n$ 上的任意两种范数，则存在正数 $k_2 > k_1 > 0$ 满足：

$$k_1 \|x\|_\beta \leqslant \|x\|_\alpha \leqslant k_2 \|x\|_\beta \tag{7.9}$$

定义 7.2　设 A 为属于复矩阵空间 $\mathbb{C}^{m\times n}$ 的矩阵，按照某一对应规则在 $\mathbb{C}^{m\times n}$ 上定义 A 的一个实值函数 $\|A\|$。如果 $\|A\|$ 满足如下条件：

(1) 非负性，即 $\|A\| \geqslant 0$，$\forall A \in \mathbb{C}^{m\times n}$；$\|A\| = 0$ 当且仅当 $A = 0$；

(2) 齐次性，即 $\|kA\| = |k| \cdot \|A\|$，$\forall A \in \mathbb{C}^{m\times n}$，$k \in \mathbb{C}$；

(3) 三角不等式，即 $\|A + B\| \leqslant \|A\| + \|B\|$，$\forall A, B \in \mathbb{C}^{m\times n}$；

(4) 相容性，即当矩阵乘积 AB 有意义时，有

$$\|AB\| \leqslant \|A\| \cdot \|B\| \tag{7.10}$$

则称 $\|A\|$ 为矩阵 A 的范数。

比较定义 7.1 和定义 7.2 可知，向量范数和矩阵范数所满足的条件 (1)~(3) 完全相同。实际上，若把 $m \times n$ 的矩阵看成 n 个 m 维列向量串接而成的 $m \times n$ 维向量，那么上述任何一种向量范数的定义都可以看作 $m \times n$ 维矩阵的范数定义，但是必须验证是否满足相容性条件。

设 $A = (a_{ij}) \in \mathbb{C}^{m\times n}$。几种常见的矩阵范数定义如下。

(1) 1-范数（又称为列范数）。

$$\|A\|_1 \xlongequal{\text{def}} \max_j \sum_{i=1}^{m} |a_{ij}| \tag{7.11}$$

(2) 2-范数（又称为谱范数）。

$$\|A\|_2 \xlongequal{\text{def}} \sqrt{\lambda_{\max}(A^{\mathrm{H}}A)} \tag{7.12}$$

其中，$\lambda_{\max}(\cdot)$ 表示最大特征值。

(3) ∞-范数（又称为行范数）。

$$\|A\|_\infty \xlongequal{\text{def}} \max_i \sum_{j=1}^{n} |a_{ij}| \tag{7.13}$$

这三种范数分别为对应向量范数的诱导范数，即

$$\|A\| \xlongequal{\text{def}} \max_{\|x\|=1} \|Ax\| \tag{7.14}$$

因此都有

$$\|Ax\| \leqslant \|A\| \cdot \|x\|$$

对于 1-范数、2-范数、∞-范数成立。

另外一种常见的矩阵范数是 Frobenius 范数，简称 F 范数，定义为

$$\|A\|_F \xlongequal{\text{def}} \left(\sum_{i=1}^{m} \sum_{j=1}^{n} |a_{ij}|^2 \right)^{1/2} \tag{7.15}$$

对于矩阵范数，我们同样有如下的等价性定理。

定理 7.2　设 $\|A\|_\alpha$ 和 $\|A\|_\beta$ 是定义在 $\mathbb{C}^{m\times n}$ 上的任意两种矩阵范数，则存在正数 $k_2 > k_1 > 0$ 满足：

$$k_1 \|A\|_\beta \leqslant \|A\|_\alpha \leqslant k_2 \|A\|_\beta \tag{7.16}$$

7.1.3 矩阵的 Kronecker 运算

对于两个矩阵 $A=(a_{ij})\in\mathbb{R}^{m\times n}$，$B=(b_{ij})\in\mathbb{R}^{p\times q}$，矩阵 A 和 B 的 Kronecker 乘积是一个分块矩阵

$$A\otimes B=\begin{bmatrix} a_{11}B & a_{12}B & \cdots & a_{1n}B \\ a_{21}B & a_{22}B & \cdots & a_{2n}B \\ \vdots & \vdots & & \vdots \\ a_{m1}B & a_{m2}B & \cdots & a_{mn}B \end{bmatrix}\in\mathbb{R}^{mp\times nq} \tag{7.17}$$

利用矩阵的运算，可以得到矩阵的 Kronecker 乘积的一些性质：

(1) $1\otimes A=A$；

(2) $(A+B)\otimes C=A\otimes C+B\otimes C$；

(3) $(A\otimes B)(C\otimes D)=AC\otimes BD$；

(4) $(A\otimes B)^{\mathrm{T}}=A^{\mathrm{T}}\otimes B^{\mathrm{T}}$；

(5) $(A\otimes B)^{-1}=A^{-1}\otimes B^{-1}$；

(6) $\sigma(A\otimes B)=\{\lambda(A)\lambda(B):\lambda(A)\in\sigma(A),\lambda(B)\in\sigma(B)\}$。

其中，A、B、C、D 为适当维数的矩阵。很显然，$A\otimes B$ 和 $B\otimes A$ 同阶，但是一般说来，$A\otimes B\neq B\otimes A$。

对于矩阵 $A\in\mathbb{R}^{n\times n}$ 和 $B\in\mathbb{R}^{m\times m}$，定义 A 和 B 的 Kronecker 和定义为

$$A\oplus B\overset{\text{def}}{=\!=}(A\otimes I_m+I_n\otimes B) \tag{7.18}$$

对于矩阵 $A=(a_{ij})\in\mathbb{R}^{m\times n}$，定义列向量

$$\mathrm{Vec}(A)\overset{\text{def}}{=\!=}(a_{11},a_{12},\cdots,a_{1n},a_{21},a_{22},\cdots,a_{2n},\cdots,a_{m1},a_{m2},\cdots,a_{mn})^{\mathrm{T}}$$

为矩阵 A 的拉直。

容易得到，对于矩阵 $A\in\mathbb{R}^{m\times n}$，$X\in\mathbb{R}^{n\times p}$，$B\in\mathbb{R}^{p\times q}$，有下式成立：

$$\mathrm{Vec}(AXB)=(A\otimes B^{\mathrm{T}})\mathrm{Vec}(X)$$

如果取 $m=n$，$p=q$，则有 $\mathrm{Vec}(AX+XB)=(A\otimes I_p+I_n\otimes B^{\mathrm{T}})\mathrm{Vec}(\mathrm{X})$。

在控制理论中，我们经常需要求解形如 $AX+XB=C$ 的矩阵方程，其中，$A\in\mathbb{R}^{n\times n}$，$B\in\mathbb{R}^{n\times n}$，$C\in\mathbb{R}^{n\times n}$。这时，可以通过 Kronecker 积写成

$$(A\otimes I_n+I_n\otimes B^{\mathrm{T}})\mathrm{Vec}(X)=\mathrm{Vec}(C)$$

注意该方程具有唯一解，当且仅当 $A\otimes I_n+I_n\otimes B^{\mathrm{T}}$ 是非奇异的。

7.2 Lyapunov 定理及其基本概念

稳定性问题是控制理论和控制系统设计的基本问题，本节以 Lyapunov 函数为工具，讨论系统在平衡点附近的稳定性问题，给出 Lyapunov 理论判断系统稳定性的基本方法。

7.2.1 Lyapunov 稳定性

考虑如下的状态方程：

$$\begin{cases} \dot{x} = f(x,t) \\ x(t_0) = x_0 \end{cases} \tag{7.19}$$

其中，$x \in \mathbb{R}^n$ 为状态向量；x_0 为 t_0 时刻的初始状态；t 为连续时间变量；f 为光滑函数，同时假设对每个 t_0 和 x_0，系统 (7.19) 有唯一解 $x(t,x_0,t_0)$。当 f 不是 t 的显函数时，系统 (7.19) 称为时不变系统，否则称为时变系统。如果 $f(x,t) = A(t)x(t)$，则系统 (7.19) 称为线性系统，否则称为非线性系统。如果 $f(x,t) = Ax(t)$，则系统 (7.19) 称为定常线性系统。

定义 7.3 $x_e = 0$ 是系统 (7.19) 的平衡点，如果

$$f(x_e,t) = 0, \qquad \forall t \in \mathbb{R}^+ \tag{7.20}$$

对于非线性系统，可能有一个或多个平衡点，它们分别对应于方程 (7.20) 的一个或多个常数解。对于线性定常系统，其平衡点 x_e 满足：

$$Ax_e = 0, \qquad \forall t \in \mathbb{R}^+ \tag{7.21}$$

当矩阵 A 非奇异时，系统只有唯一的平衡点 $x_e = 0$；当 A 奇异时，存在无限多个平衡点。如果平衡点是孤立的，则称为孤立平衡点。

如果系统 (7.19) 的平衡点 $x_e \neq 0$，可以定义一个新的状态向量 $e = x - x_e$。因为

$$\dot{e} = \dot{x} - \dot{x}_e = f(x_e + e, t) - f(x_e, t) = g(e,t)$$

可以通过研究系统 $\dot{e} = g(e,t)$ 在零点的稳定性来研究 $\dot{x} = f(x,t)$ 在 x_e 的稳定性。因此，不失一般性，总是假设系统 (7.19) 的平衡点为 $x_e = 0$。

如果系统初始状态处于平衡状态且没有外力作用在系统上，系统将永远处于平衡状态，但是，如果系统受到干扰，系统轨迹可能依然处于平衡状态或者距离平衡状态越来越远。因此，所谓系统运动的稳定性，就是研究平衡状态的稳定性，即偏离平衡状态的受扰运动能否只依靠系统内部的结构因素而返回平衡状态，或者限制在它的一个有限邻域内。

定义 7.4 系统 (7.19) 的平衡点 $x_e = 0$ 是稳定的，如果对于任意给定的实数 ε，存在一个与 ε 和 t_0 有关的实数 $\delta(\varepsilon,t_0)$，只要 x_0 满足：

$$\|x_0\| \leqslant \delta(\varepsilon,t_0)$$

就有

$$\|x(t,x_0,t_0)\| \leqslant \varepsilon, \qquad \forall t > t_0$$

否则称为系统在平衡点是不稳定的。

定义 7.4 给出了 Lyapunov 意义上的系统稳定性，但许多场合仅仅讨论 $x(t,x_0,t_0)$ 的有界性远远不够，更需要考虑给定初始扰动下 $x(t,x_0,t_0)$ 能否返回平衡点。

定义 7.5　系统 (7.19) 的平衡点 $x_e = 0$ 是渐近稳定的，如果平衡状态 $x_e = 0$ 不仅是 Lyapunov 稳定的，还存在一个实数 $\delta(t_0) > 0$ 使得

$$\|x_0\| \leqslant \delta(t_0) \Rightarrow \lim_{t\to\infty} \|x(t, x_0, t_0)\| = 0$$

则称系统是渐近稳定的。也就是说，以足够靠近平衡状态 x_e 出发的点，当 $t \to \infty$ 时收敛于 x_e。

可以看出，稳定性和渐近稳定性都具有局部性。在这个意义上，如果初始扰动 $\delta(\varepsilon, t_0)$ 很大，则状态 $x(t, x_0, t_0)$ 可能偏离 $x_e = 0$ 越来越远。因此存在一个区域 $D_\delta = \{x_0 : \|x_0\| \leqslant \delta\}$，任意初始于该邻域的初始状态都能确保稳定和渐近稳定，该区域称为吸引域。如果 $D_\delta = \mathbb{R}^n$，称系统在 $x_e = 0$ 是全局渐近稳定的，即如下定义。

定义 7.6　系统 (7.19) 的平衡点 $x_e = 0$ 是全局渐近稳定的，如果 $x_e = 0$ 对所有 $x_0 \in \mathbb{R}^n$ 都是稳定的，同时还满足 $\lim\limits_{t\to\infty} \|x(t, x_0, t_0)\| = 0$。

在许多控制系统中，不仅需要考虑轨迹的稳定性，更关心轨迹收敛的性能。例如，我们希望系统 (7.19) 的轨迹以指数方式收敛到 $x_e = 0$，这时就有指数稳定的概念。

定义 7.7　系统 (7.19) 的平衡点 $x_e = 0$ 是指数稳定的，如果存在两个正数 α 和 λ，在 $\|x_0\| \leqslant \varepsilon$ 时系统轨迹满足：

$$\|x(t, x_0, t_0)\| \leqslant \alpha \|x_0\| \mathrm{e}^{-\lambda t}, \qquad \forall t > t_0$$

7.2.2　Lyapunov 稳定性定理

1894 年，俄国学者 Lyapunov 在《运动稳定性的一般问题》论文中，首次建立了运动稳定性的一般理论，给出了判断形如系统 (7.19) 的非线性系统稳定性的一般方法。Lyapunov 构造了一个类似于“能量”的 Lyapunov 函数，通过分析它及其一阶导数的定号性来获得系统稳定性的有关信息。该方法具有概念直观、方法具有一般性、物理意义清晰等优点，当 1960 年前后被引入到系统与控制论中，立刻得到了广泛应用，无论在理论还是在应用上都显示了强大的优越性。本节分别针对连续系统和离散系统，给出相应的 Lyapunov 稳定性判据。

定理 7.3　对于系统 (7.19)，如果存在正定函数 $V(x,t)$ 满足 $\dot{V}(x,t) = \dfrac{\mathrm{d}}{\mathrm{d}t}V(x,t)$ 是半负定的，则平衡状态 $x_e = 0$ 是稳定的。如果 $\dot{V}(x,t)$ 是负定函数，同时对于所有的系统非零解，$\dot{V}(x,t) \neq 0$ 则平衡状态 $x_e = 0$ 是渐近稳定的。如果 $x_e = 0$ 是渐近稳定的，且当 $\|x\| \to \infty$ 时，有 $V(x,t) \to \infty$，则 $x_e = 0$ 是全局渐近稳定的。

对于离散系统，我们有如下的类似定理。

定理 7.4　对于系统

$$\begin{cases} x(k+1) = f(x(k), k) \\ f(0,t) = 0, \qquad \forall k > 0 \end{cases} \tag{7.22}$$

如果存在正定函数 $V(x,k)$ 满足 $\Delta V(x,k) \xlongequal{\text{def}} V(x(k+1),k) - V(x(k),k) < 0$，$\forall k$、$\forall x \neq 0$，则平衡状态 $x_e = 0$ 是渐近稳定的。如果 $x_e = 0$ 是渐近稳定的，且当 $\|x\| \to \infty$ 时，有 $V(x(k),k) \to \infty$，则 $x_e = 0$ 是全局渐近稳定的。

7.3 时滞系统的稳定性定理

时滞现象存在于科学研究与工程技术的众多领域，例如长管道进料或皮带传输，极缓慢的过程或者复杂的在线分析仪等都会产生时滞，对许多大时间常数的系统，也常用适当的小时间常数系统加时滞环节来近似，这些都可以归结为时滞系统模型，一般描述为

$$\begin{cases} \dot{x}(t) = f(x, x_t) \\ x(t) = \varphi(t), \qquad t \in [t_0 - \tau, t_0] \end{cases} \tag{7.23}$$

其中，$x(t) \in \mathbb{R}^n$ 为状态向量；$f : \mathbb{R} \times \mathbb{C} \to \mathbb{R}^n$ 为光滑函数；$x_t = x(t+\theta)$，$\theta \in [-\tau, 0]$；$\varphi(t)$ 为初始状态。可以看出，要确定状态向量在 t 时刻的值，必须知道时间 t 和 $x(\xi)$，$\xi \in [t-\tau, t]$。因此，从本质上说，时滞系统是无穷维系统。

如果存在时间 $\eta > 0$，$x(t, t_0, \varphi)$ 在区间 $[t_0 - \tau, t_0 + \eta]$ 上连续且满足方程 (7.23)，则称函数 $x(t, t_0, \varphi)$ 是方程 (7.23) 在区间 $[t_0 - \tau, t_0 + \eta]$ 的一个解。显然，$x = \varphi(t)$，$t \in [t_0 - \tau, t_0]$。以下定理给出了方程 (7.23) 解存在且唯一的条件。

定理 7.5 假定 $\Omega \subseteq \mathbb{R} \times \mathbb{C}$ 为开集，函数 $f : \Omega \to \mathbb{R}^n$ 为连续函数，且 $f(t, \varphi)$ 在 Ω 的每一个紧子集上对 φ 都满足 Lipschizt 条件，即对一给定的紧子集 $\Omega_0 \subset \Omega$，存在一个常数 L 使得

$$\|f(t, \varphi_1) - f(t, \varphi_2)\| \leqslant L \|\varphi_1 - \varphi_2\|$$

对于任意的 $(t, \varphi_1) \in \Omega_0$ 和 $(t, \varphi_2) \in \Omega_0$ 都成立。如果 $(t_0, \varphi) \in \Omega$，则方程的解是唯一的。

对于函数 $\varphi : [a, b] \to \mathbb{R}^n$，定义 $\|\varphi\|_c$ 为

$$\|\varphi\|_c = \max_{a \leqslant \theta \leqslant b} \|\varphi(\theta)\| \tag{7.24}$$

其中，$\|\cdot\|$ 取 2-范数，在此基础上给出时滞系统稳定性定义如下。

定义 7.8 如果对于任意给定的 $t_0 \in \mathbb{R}$ 和任意的 $\varepsilon > 0$，存在 $\delta = \delta(t_0, \varepsilon) > 0$，使得当 $\|x_{t_0}\|_c < \delta$ 时，有 $\|x(t)\| < \varepsilon$ 对 $t \geqslant t_0$ 成立，则称系统 (7.23) 的零解是稳定的。如果系统 (7.23) 的零解是稳定的，且对于任意的 $t_0 \in \mathbb{R}$ 和任意的 $\varepsilon > 0$，存在 $\delta_a = \delta_a(t_0, \varepsilon) > 0$ 使得 $\|x_{t_0}\|_c < \delta_a$ 时有 $\lim\limits_{t \to \infty} x(t) = 0$ 和 $\|x(t)\| < \varepsilon$ 对 $t \geqslant t_0$ 成立，则称系统 (7.23) 的零解是渐近稳定的。如果系统 (7.23) 的零解是稳定的，且 $\delta(t_0, \varepsilon)$ 的选取不依赖于 t_0，则称系统 (7.23) 的零解是一致稳定的。如果系统 (7.23) 的零解是一致稳定的，且存在 $\delta_a > 0$ 使得对于任意的 $\eta > 0$，存在 $T = T(\delta_a, \eta)$ 使得 $\|x_{t_0}\|_c < \delta$ 时，有 $\|x(t)\| < \eta$ 对任意的 $t \geqslant t_0 + T$，$t_0 \in \mathbb{R}$ 成立，则系统 (7.23) 的零解是一致渐近稳定的。如果系统 (7.23) 的零解是（一致）渐近稳定的，且 δ_a 可以是任意大的有限数，则称系统 (7.23) 的零解是（一致）全局渐近稳定的。

同无时滞系统一样，判定时滞系统稳定性的有效办法是应用 Lyapunov 定理。由于时滞系统 (7.23) 在 t 时刻的状态由区间 $[t-\tau, t]$ 的 $x(t)$ 值来描述，因此对应的 Lyapunov 函数也应该是依赖于 x_t 的泛函 $V(t, x_t)$。该函数称为 Lyapunov-Krasovskii 泛函，其中 x_t 为系统 (7.23) 的解。定义泛函的右导数为

$$\dot{V}(t, \varphi) = \lim_{h \to 0^+} \frac{V(t+h, x_{t+h}(t, \varphi)) - V(t, \varphi)}{h}$$

定理 7.6　设系统 (7.23) 中的 $f:\mathbb{R}\times\mathbb{C}\to\mathbb{R}^n$ 为 $\mathbb{R}\times(\mathbb{C}$的有界子集) 到 $\mathbb{R}^n$ 的有界子集的映射，u、v、$w:\bar{R}_+\to\bar{R}_+$ 为连续的非减函数，当 $s>0$ 时 $u(s)$ 和 $v(s)$ 为正，且 $u(0)=v(0)=0$。若存在连续可微泛函 $V:\mathbb{R}\times\mathbb{C}\to\mathbb{R}$ 使得

$$u(\|\varphi(0)\|)\leqslant V(t,\varphi)\leqslant v(\|\varphi(0)\|)$$

并且

$$\dot{V}(t,\varphi)\leqslant -w(\|\varphi(0)\|)$$

则系统 (7.23) 的零解是一致稳定的；如果 $s>0$ 时 $w(s)>0$，则系统 (7.23) 的零解是一致渐近稳定的；如果 $\lim\limits_{s\to\infty}u(s)=\infty$，则系统 (7.23) 的零解是全局一致渐近稳定的。

由于 Lyapunov-Krasovskii 泛函要用到区间 $[t-\tau,t]$ 上的状态 $x(t)$，造成了 Lyapunov-Krasovskii 定理实际应用的困难，而以下的 Razumikhin 定理只用到了函数而非泛函，在许多场合可以代替 Krasovskii 定理。

定理 7.7　设系统 (7.23) 中的 $f:\mathbb{R}\times\mathbb{C}\to\mathbb{R}^n$ 为 $\mathbb{R}\times(\mathbb{C}$的有界子集) 到 $\mathbb{R}^n$ 的有界子集的映射，u、v、$w:\bar{R}_+\to\bar{R}_+$ 为连续的非减函数，当 $s>0$ 时 $u(s)$ 和 $v(s)$ 为正，且 $u(0)=v(0)=0$，v 严格递增。若存在连续可微泛函 $V:\mathbb{R}\times\mathbb{R}^n\to\mathbb{R}$，使得

$$u(\|x\|)\leqslant V(t,x)\leqslant v(\|x\|),\qquad t\in\mathbb{R},\qquad x\in\mathbb{R}^n$$

并且 V 沿系统 (7.23) 的解 $x(t)$ 的导数满足当 $V(t+\theta,x(t+\theta))\leqslant V(t,x(t))$ 时有

$$\dot{V}(t,x)\leqslant -w(\|x\|),\qquad \theta\in[-\tau,0]$$

则系统 (7.23) 一致稳定。

如果当 $s>0$ 时 $w(s)>0$，并存在一个连续非减函数 $p(s)>0(s>0)$，使得若 $V(t+\theta,x(t+\theta))\leqslant p(V(t,x(t)))$ 时有

$$\dot{V}(t,x)\leqslant -w(\|x\|),\qquad \theta\in[-\tau,0]$$

成立，则系统 (7.23) 一致渐近稳定。如果还有 $\lim\limits_{s\to\infty}u(s)=\infty$，则系统 (7.23) 全局一致渐近稳定。

7.4　Riccati 方程

代数 Riccati 方程是指具有如下形式的矩阵方程：

$$A^{\mathrm{T}}P+PA+PRP-Q=0 \tag{7.25}$$

其中，$P,A,R,Q\in\mathbb{R}^{n\times n}$，且 Q 为对称矩阵，R 为半正定或半负定矩阵。如存在 P 满足式(7.25)，则称该 Riccati 方程有解。显然，当 $R=0$ 时，Riccati 方程退化为 Lyapunov 方程。大量的控制问题都可以归结为 Riccati 方程的求解问题。例如 LQ 问题中经常碰到如下的二次矩阵方程：

$$A^{\mathrm{T}}P+PA-PBR^{-1}B^{\mathrm{T}}P+Q=0$$

其中，A、B 为适当维数的定常矩阵；Q 为给定的适当维数的对称矩阵；P 为对称矩阵变量。

对于 Riccati 方程 (7.25)，定义 $2n\times 2n$ 矩阵 H 如下：

$$H=\begin{bmatrix} A & R \\ Q & -A^{\mathrm{T}} \end{bmatrix} \tag{7.26}$$

该矩阵通常称为 Riccati 方程 (7.25) 的 Hamiltonian 矩阵，它与 Riccati 方程有如下关系：

$$\begin{bmatrix} P & -I_n \end{bmatrix} H \begin{bmatrix} I_n \\ P \end{bmatrix}=0 \tag{7.27}$$

定理 7.8　Hamiltonian 矩阵 H 的特征值是关于原点对称分布的，即若 λ 是 H 的一个特征值，则 $-\lambda$、λ^*、$-\lambda^*$ 也是 H 的特征值。

设定 $\lambda_i\ (i=1,2,3,\cdots,n)$ 为 H 的 n 个特征值，且 v_i 是对应的特征向量（如 λ_i 中有重复的特征值，则 v_i 为对应的广义特征向量），记 H 的 Jordan 标准型为 J，并定义 $2n\times n$ 维矩阵 T 为

$$T=\begin{bmatrix} v_1 & v_2 & \cdots & v_n \end{bmatrix}$$

则有

$$HT=TJ$$

令 $n\times n$ 维矩阵 T_1 和 T_2 为

$$T=\begin{bmatrix} T_1 \\ T_2 \end{bmatrix}$$

则有

$$P=T_2T_1^{-1} \tag{7.28}$$

例如，假设 Riccati 方程 (7.25) 中矩阵取为

$$A=\begin{bmatrix} -1 & 0 \\ 0 & -2 \end{bmatrix},\qquad R=\begin{bmatrix} 0 & 0 \\ 0 & 1 \end{bmatrix},\qquad Q=\begin{bmatrix} -1 & 0 \\ 0 & 0 \end{bmatrix}$$

其 Hamiltonian 矩阵为

$$H=\begin{bmatrix} -1 & 0 & 0 & 0 \\ 0 & -2 & 0 & 1 \\ -1 & 0 & 1 & 0 \\ 0 & 0 & 0 & 2 \end{bmatrix}$$

计算得矩阵 H 的特征值为 $\lambda_1=1$，$\lambda_2=-1$，$\lambda_3=2$，$\lambda_4=-2$，与之对应的特征向量为

$$v_1=\begin{bmatrix} 0 \\ 0 \\ 1 \\ 0 \end{bmatrix},\qquad v_2=\begin{bmatrix} 2 \\ 0 \\ 1 \\ 0 \end{bmatrix},\qquad v_3=\begin{bmatrix} 0 \\ 1 \\ 0 \\ 4 \end{bmatrix},\qquad v_4=\begin{bmatrix} 0 \\ 1 \\ 0 \\ 0 \end{bmatrix}$$

所以选取 $\lambda_2 = -1$，$\lambda_4 = -2$ 对应的特征向量 v_2 和 v_4，则 T 及 T_1、T_2 分别为

$$T = \begin{bmatrix} v_2 & v_4 \end{bmatrix} = \begin{bmatrix} T_1 \\ T_2 \end{bmatrix} = \begin{bmatrix} 2 & 0 \\ 0 & 1 \\ 1 & 0 \\ 0 & 0 \end{bmatrix}$$

从而

$$P = T_2 T_1^{-1} = \begin{bmatrix} 1 & 0 \\ 0 & 0 \end{bmatrix} \begin{bmatrix} 2 & 0 \\ 0 & 1 \end{bmatrix}^{-1} = \begin{bmatrix} 0.5 & 0 \\ 0 & 0 \end{bmatrix}$$

7.5　LMI 方法

近十多年来，线性矩阵不等式 (LMI) 越来越广泛应用于解决系统与控制论的一些问题，特别是随着求解 LMI 的内点法的提出和 MATLAB LMI 工具箱的推出，LMI 越来越受到人们的重视，并逐渐成为这一研究领域的热点。

7.5.1　LMI 的一般表示

LMI 具有以下形式

$$F(x) = F_0 + \sum_{i=1}^{n} x_i F_i < 0 \tag{7.29}$$

其中，$x_1, x_2, \cdots, x_n$ 为 n 个实数变量，称为 LMI (7.29) 的决策变量；$x = [x_1, x_2, \cdots, x_n]^{\mathrm{T}} \in \mathbb{R}^n$ 为决策向量；$F_i = F_i^{\mathrm{T}} \in \mathbb{R}^{n\times n}, (i = 0, 1, \cdots, m)$ 为给定的对称矩阵。$F(x) < 0$ 表示矩阵 $F(x)$ 是负定的，即对于任意非零向量 $\xi \in \mathbb{R}^n$ 有不等式 $\xi^{\mathrm{T}} F(x) \xi < 0$ 成立。LMI 的求解问题就是要找到一组决策变量 $x_1, x_2, \cdots, x_n$ 使得式 (7.29) 成立。

若不等式

$$F(x) = F_0 + \sum_{i=1}^{n} x_i F_i \leqslant 0 \tag{7.30}$$

成立，则称之为非严格 LMI。

在许多控制系统中，问题的变量以矩阵形式给出，如矩阵不等式

$$F(X) = A^{\mathrm{T}} X + XA + Q < 0 \tag{7.31}$$

其中，$A \in \mathbb{R}^{n\times n}$、$Q \in \mathbb{R}^{n\times n}$ 为给定的常数矩阵，且 Q 对称正定；$X \in \mathbb{R}^{n\times n}$ 为未知矩阵变量。假设 $E_1, E_2, \cdots, E_m$ 为对称矩阵空间 $\mathbb{R}^n$ 的一组基，$m = \dfrac{n(n+1)}{2}$，则对任意对称矩阵 $X \in \mathbb{R}^{n\times n}$，存在标量 $x_1, x_2, \cdots, x_m$ 使得 $X = \sum\limits_{i=1}^{m} x_i E_i$。因此

$$\begin{aligned} F(X) &= F\left(\sum_{i=1}^{m} x_i E_i\right) = A^{\mathrm{T}}\left(\sum_{i=1}^{m} x_i E_i\right) + \left(\sum_{i=1}^{m} x_i E_i\right) A + Q \\ &= x_1 (A^{\mathrm{T}} E_1 + E_1 A) + \cdots + x_m (A^{\mathrm{T}} E_m + E_m A) + Q < 0 \end{aligned}$$

即可以写成 LMI 的一般形式。

定理 7.9 集合 $\Phi=\{x:F(x)<0\}$ 是一个凸集。

该定理说明了约束条件 (7.29) 定义了自变量空间的一个凸集，因此是自变量的一个凸约束。正是 LMI 的这个性质使得可以应用解决凸优化问题的方法来求解相关的 LMI 问题。

在控制论中经常遇到的二次矩阵不等式，可以通过下面的 Schur 补引理转化为 LMI，这也是 LMI 在系统与控制论中得以广泛应用的重要原因。

定理 7.10 (Schur 补引理) 给定对称矩阵

$$S=\begin{bmatrix} S_{11} & S_{12} \\ S_{12}^{\mathrm{T}} & S_{22} \end{bmatrix}$$

其中，$S_{11}\in\mathbb{R}^{r\times r}$，$S_{22}\in\mathbb{R}^{m\times m}$，则以下三个条件是等价的：

(1) $S<0$;

(2) $S_{11}<0$，$S_{22}-S_{12}^{\mathrm{T}}S_{11}^{-1}S_{12}<0$;

(3) $S_{22}<0$，$S_{11}-S_{12}S_{22}^{-1}S_{12}^{\mathrm{T}}<0$。

证明 (1) $\Leftrightarrow$ (2) 由于 S 是对称的，故有 $S_{11}=S_{11}^{\mathrm{T}}$，$S_{22}=S_{22}^{\mathrm{T}}$，$S_{21}=S_{12}^{\mathrm{T}}$。应用矩阵的块运算，可以得到

$$\begin{bmatrix} I & 0 \\ -S_{21}S_{11}^{-1} & I \end{bmatrix}\begin{bmatrix} S_{11} & S_{12} \\ S_{21} & S_{22} \end{bmatrix}\begin{bmatrix} I & 0 \\ -S_{21}S_{11}^{-1} & I \end{bmatrix}^{\mathrm{T}}=\begin{bmatrix} S_{11} & 0 \\ 0 & S_{22}-S_{21}S_{11}^{-1}S_{12} \end{bmatrix}$$

因此有

$$\begin{aligned} S<0 &\Leftrightarrow \begin{bmatrix} I & 0 \\ -S_{21}S_{11}^{-1} & I \end{bmatrix}\begin{bmatrix} S_{11} & S_{12} \\ S_{21} & S_{22} \end{bmatrix}\begin{bmatrix} I & 0 \\ -S_{21}S_{11}^{-1} & I \end{bmatrix}^{\mathrm{T}}<0 \\ &\Leftrightarrow \begin{bmatrix} S_{11} & 0 \\ 0 & S_{22}-S_{21}S_{11}^{-1}S_{12} \end{bmatrix}<0 \\ &\Leftrightarrow (2) \end{aligned}$$

(1) $\Leftrightarrow$ (3)，注意到

$$\begin{bmatrix} I & -S_{12}S_{22}^{-1} \\ 0 & I \end{bmatrix}\begin{bmatrix} S_{11} & S_{12} \\ S_{21} & S_{22} \end{bmatrix}\begin{bmatrix} I & -S_{12}S_{22}^{-1} \\ 0 & I \end{bmatrix}^{\mathrm{T}}=\begin{bmatrix} S_{11}-S_{12}S_{22}^{-1}S_{12}^{\mathrm{T}} & 0 \\ 0 & S_{22} \end{bmatrix}$$

因此有

$$\begin{aligned} S<0 &\Leftrightarrow \begin{bmatrix} I & -S_{12}S_{22}^{-1} \\ 0 & I \end{bmatrix}\begin{bmatrix} S_{11} & S_{12} \\ S_{21} & S_{22} \end{bmatrix}\begin{bmatrix} I & -S_{12}S_{22}^{-1} \\ 0 & I \end{bmatrix}^{\mathrm{T}}<0 \\ &\Leftrightarrow \begin{bmatrix} S_{11}-S_{12}S_{22}^{-1}S_{12}^{\mathrm{T}} & 0 \\ 0 & S_{22} \end{bmatrix}<0 \\ &\Leftrightarrow (3) \end{aligned}$$

□

通过 Schur 补引理，可以将非线性矩阵不等式，特别是 Riccati 不等式转换成 LMI，例如不等式

$$A^{\mathrm{T}}P + PA + PBR^{-1}B^{\mathrm{T}}P + Q < 0$$

其中，A、B 为适当维数的定常矩阵；Q 为适当维数的对称矩阵；P 为对称矩阵变量；R 为对称正定矩阵，应用 Schur 补引理可以将之转化为如下的线性矩阵不等式：

$$\begin{bmatrix} A^{\mathrm{T}}P + PA + Q & PB \\ B^{\mathrm{T}}P & -R \end{bmatrix} < 0$$

在许多问题中，经常会遇到非严格 LMI，或既包含严格 LMI 又包含非严格 LMI 的混合 LMI。对于矩阵

$$F = \begin{bmatrix} A & B^{\mathrm{T}} \\ B & C \end{bmatrix} \tag{7.32}$$

其中，$A \in \mathbb{R}^{n\times n}$，$B \in \mathbb{R}^{m\times n}$，$C \in \mathbb{R}^{m\times m}$，$F \geqslant 0$ 等价于

$$C \geqslant 0, \qquad A - B^{\mathrm{T}}C^{-1}B \geqslant 0, \qquad B^{\mathrm{T}}(I_m - CC^{-1}) = 0 \tag{7.33}$$

其中，C^{-1} 为矩阵 C 的 Moore-Penrose 逆。

7.5.2 LMI 标准问题

本节介绍三类标准的 LMI 问题。MATLAB 的 LMI TOOLBOX 提供了这三类标准问题的求解器。假定 F、G、H 是对称的矩阵仿射函数，c 是一个给定的常数向量。

(1) 可行性问题 (LMIP)。给定 LMI $F(x) < 0$，检验是否存在 x 使得 $F(x) < 0$ 成立。如果存在这样的 x，则称该 LMI 可行，否则该 LMI 不可行。

很多的系统稳定性分析与控制器设计问题都可以归结为 LMI 的可行性问题。例如，定常线性系统 $\dot{x}(t) = Ax(t)$ 的渐近稳定性问题等价于使得 $PA + A^{\mathrm{T}}P < 0$ 的对称正定矩阵 P 的存在性问题，x 是标准的 LMI 可行性问题。

有些问题看起来不是 LMI 可行性问题，但是可以通过适当的矩阵变换转换成 LMI 可行性问题。例如在 μ 分析中，经常要求取一个对角矩阵 D 使得 $\|DED^{-1}\| < 1$，其中，E 是给定的常数矩阵，由于

$$\begin{aligned} \|DED^{-1}\| < 1 &\Leftrightarrow D^{-\mathrm{T}}E^{\mathrm{T}}D^{\mathrm{T}}DED^{-1} < I \\ &\Leftrightarrow E^{\mathrm{T}}D^{\mathrm{T}}DE < D^{\mathrm{T}}D \\ &\Leftrightarrow E^{\mathrm{T}}XE - X < 0 \end{aligned}$$

其中，$X = D^{\mathrm{T}}D > 0$。因此，使得 $\|DED^{-1}\| < 1$ 的对角矩阵 D 的存在性问题等价于 LMI $E^{\mathrm{T}}XE - X < 0$ 的可行性问题。

(2) 特征值问题 (EVP)。在一个 LMI 约束下，求解矩阵 $G(x)$ 最大特征值的最小化问题或确定问题是否有解。它的一般形式为

$$\begin{aligned} \min \quad & \lambda \\ \text{s.t.} \quad & G(x) < \lambda I \\ & H(x) < 0 \end{aligned}$$

这个问题也可以转化为如下的等价问题：

$$\begin{aligned} \min \quad & c^{\mathrm{T}}x \\ \text{s.t.} \quad & F(x) < 0 \end{aligned}$$

这是 LMI TOOLBOX 特征值问题求解器所处理问题的标准形式。

在 H_∞ 控制中，经常要计算矩阵最大奇异值的最小化问题，即 $\min f(x) = \sigma_{\max}F(x)$，其中，$F(x) : \mathbb{R}^m \mapsto \mathbb{C}^n$ 是仿射的矩阵值函数。由于

$$\sigma_{\max}(F(x)) < \gamma \Leftrightarrow F^{\mathrm{T}}(x)F(x) - \gamma^2 I < 0$$

再根据 Schur 补引理，可知该问题可以转化成具有 LMI 约束的线性目标函数最小化问题：

$$\begin{aligned} \min_x \quad & \gamma \\ \text{s.t.} \quad & \begin{bmatrix} -\gamma I & F^{\mathrm{T}}(x) \\ F(x) & -\gamma I \end{bmatrix} < 0 \end{aligned}$$

这是标准的 EVP 问题，可以使用 LMI TOOLBOX 求解。

(3) 广义特征值问题 (GEVP)。在一个 LMI 约束下，求两个仿射矩阵函数的最大广义特征值的最小化问题。

给定对称矩阵 G 和 F，对标量 λ，如果存在非零向量 y，使得 $Gy = \lambda Fy$，则 λ 称为矩阵 G 和 F 的广义特征值。很显然，当 $F = I$ 时候，广义特征值问题退化为普通的矩阵特征值问题。

如果矩阵 F 是正定的，对充分大的标量 λ 一定有 $G - \lambda F < 0$。随着 λ 的减小，在某个适当的值，$G - \lambda F$ 将变得奇异。因此存在非零向量 y 使得 $Gy = \lambda Fy$。这样的一个 λ 就是矩阵 G 和 F 的广义特征值。因此，矩阵 G 和 F 的最大广义特征值可以通过求解以下的优化问题得到：

$$\begin{aligned} \min \quad & \lambda \\ \text{s.t.} \quad & G - \lambda F < 0 \end{aligned}$$

当矩阵 G 和 F 是 x 的仿射函数时，在 LMI 约束下，求矩阵函数 $G(x)$ 和 $F(x)$ 的最大广义特征值的最小化问题的一般形式为

$$\begin{aligned} \min \quad & \lambda \\ \text{s.t.} \quad & G < \lambda F(x) \\ & F(x) > 0 \\ & H(x) < 0 \end{aligned}$$

考虑线性系统 $\dot{x}(t) = Ax(t)$ 的最大衰减率问题，即考虑使 $\lim\limits_{t\to\infty} \mathrm{e}^{\alpha t}\|x(t)\| = 0$ 对所有的状态轨迹 $x(t)$ 都成立的 α 的最大化问题。设计二次 Lyapunov 泛函 $V(x(t)) = x^{\mathrm{T}}(t)Px(t)$，其中，$P$ 为对称正定矩阵，如果 $\mathrm{d}V(x(t))/\mathrm{d}t \leqslant -2\alpha V(x(t))$ 对所有的状态轨迹都成立，则 $V(x(t)) \leqslant V(x(0))\mathrm{e}^{-2\alpha t}$，进而有 $\|x(t)\| \leqslant \mathrm{e}^{-\alpha t}\left(\dfrac{\lambda_{\max}(P)}{\lambda_{\min}(P)}\right)^{1/2}\|x(0)\|$ 对所有状态轨迹都

成立，从而该系统至少具有衰减率 α。由 $\mathrm{d}V(x(t))/\mathrm{d}t \leqslant -2\alpha V(x(t))$ 得

$$A^{\mathrm{T}}P + PA + 2\alpha P \leqslant 0$$

因此，最大衰减率问题归结为如下的优化问题：

$$\begin{array}{ll} \max_P & \alpha \\ \text{s.t.} & A^{\mathrm{T}}P + PA + 2\alpha P \leqslant 0 \\ & P > 0 \end{array}$$

这是标准的 GEVP 问题。

7.5.3　LMI 的基础结论

本节给出一些鲁棒控制常用的 LMI 基本结论。

定理 7.11　设 P、Q、H 是给定的适当维数的矩阵，且 H 是对称的，N_P 和 N_Q 分别是由核空间 $\ker(P)$ 和 $\ker(Q)$ 的任意一组基向量作为列向量构成的矩阵，则存在矩阵 X 使得

$$H + P^{\mathrm{T}}X^{\mathrm{T}}Q + Q^{\mathrm{T}}XP < 0$$

当且仅当

$$N_P^{\mathrm{T}}HN_P < 0, \qquad N_Q^{\mathrm{T}}HN_Q < 0$$

通过引入核空间，定理 7.11 消去了变量 X，但并未引入额外的保守性。

在鲁棒控制中，经常用到如下的 S-procedure 来将非凸约束问题转化成 LMI 约束。

定理 7.12　对 $k = 1, 2, \cdots, N$，设 $\sigma_k : V \to R$ 是定义在线性向量空间 V 上的实值泛函。以下两条件等价：

(1) 对使得 $\sigma_k(y) \geqslant 0\ (k = 1, 2, \cdots, N)$ 的所有 $y \in V$，有 $\sigma_0(y) \geqslant 0$；

(2) 存在标量 $\tau_k \geqslant 0 (k = 1, 2, \cdots, N)$ 使得对任意的 $y \in V$，有

$$\sigma_0(y) - \sum_{k=1}^{N} \tau_k \sigma_k(y) \geqslant 0$$

例如，存在 $P > 0$ 对满足 $\eta^{\mathrm{T}}\eta \leqslant \xi^{\mathrm{T}}C^{\mathrm{T}}C\xi$ 的所有 ξ 和 η，

$$\begin{bmatrix} \xi \\ \eta \end{bmatrix}^{\mathrm{T}} \begin{bmatrix} A^{\mathrm{T}}P + PA & PB \\ B^{\mathrm{T}}P & 0 \end{bmatrix} \begin{bmatrix} \xi \\ \eta \end{bmatrix} < 0$$

成立的充分必要条件是存在标量 $\tau > 0$ 和矩阵 $P > 0$，使得

$$\begin{bmatrix} A^{\mathrm{T}}P + PA + \tau C^{\mathrm{T}}C & PB \\ B^{\mathrm{T}}P & -\tau I \end{bmatrix} < 0$$

显然，这是一个关于矩阵 P 和标量 τ 的 LMI。

定理 7.13 设 $x \in \mathbb{R}^p$，$y \in \mathbb{R}^q$，D 和 E 是适当维数的常数矩阵，则对任意满足 $F^{\mathrm{T}}F \leqslant I$ 的适当维数矩阵 F，有

$$2x^{\mathrm{T}}DFEy \leqslant \varepsilon x^{\mathrm{T}}DD^{\mathrm{T}}x + \frac{1}{\varepsilon}y^{\mathrm{T}}E^{\mathrm{T}}Ey$$

对任意的 $\varepsilon > 0$ 都成立。

证明

$$\begin{aligned} 0 &\leqslant \left(\sqrt{\varepsilon}D^{\mathrm{T}}x - \frac{1}{\sqrt{\varepsilon}}FEy\right)^{\mathrm{T}}\left(\sqrt{\varepsilon}D^{\mathrm{T}}x - \frac{1}{\sqrt{\varepsilon}}FEy\right) \\ &= \varepsilon x^{\mathrm{T}}DD^{\mathrm{T}}x - 2x^{\mathrm{T}}DFEy + \frac{1}{\varepsilon}y^{\mathrm{T}}E^{\mathrm{T}}F^{\mathrm{T}}FEy \\ &\leqslant \varepsilon xDD^{\mathrm{T}}x - 2x^{\mathrm{T}}DFEy + \frac{1}{\varepsilon}y^{\mathrm{T}}E^{\mathrm{T}}Ey \end{aligned}$$

由 $F^{\mathrm{T}}F \leqslant I$，整理可得定理。 □

定理 7.14 对任意给定向量 $x \in \mathbb{R}^p$，$y \in \mathbb{R}^q$，

$$\max\left\{(x^{\mathrm{T}}Fy)^2 : F \in \mathbb{R}^{p\times q}, F^{\mathrm{T}}F \leqslant I_q\right\} = (x^{\mathrm{T}}x)(y^{\mathrm{T}}y)$$

证明 根据 Schwarz 不等式可知

$$\left|x^{\mathrm{T}}Fy\right| \leqslant \sqrt{(x^{\mathrm{T}}x)(y^{\mathrm{T}}F^{\mathrm{T}}Fy)}$$

因此有

$$(x^{\mathrm{T}}Fy)^2 \leqslant (x^{\mathrm{T}}x)(y^{\mathrm{T}}F^{\mathrm{T}}Fy) \leqslant (x^{\mathrm{T}}x)(y^{\mathrm{T}}y)$$

如果取

$$\tilde{F} = \frac{xy^{\mathrm{T}}}{\sqrt{x^{\mathrm{T}}x}\sqrt{y^{\mathrm{T}}y}}$$

则得

$$x^{\mathrm{T}}\tilde{F}y = \frac{x^{\mathrm{T}}xy^{\mathrm{T}}y}{\sqrt{x^{\mathrm{T}}x}\sqrt{y^{\mathrm{T}}y}} = \sqrt{x^{\mathrm{T}}x}\sqrt{y^{\mathrm{T}}y}$$

即 $(x^{\mathrm{T}}Fy)^2$ 在 $\tilde{F}$ 处得到上界值 $(x^{\mathrm{T}}x)(y^{\mathrm{T}}y)$。定理得证。 □

从证明过程可以看出，所构造的 $\tilde{F}$ 满足 $\tilde{F}^{\mathrm{T}}\tilde{F} = I_q$，因此定理 7.14 可进一步简化为

$$\max\left\{(x^{\mathrm{T}}Fy)^2 : F \in \mathbb{R}^{p\times q}, F^{\mathrm{T}}F = I_q\right\} = (x^{\mathrm{T}}x)(y^{\mathrm{T}}y)$$

定理 7.15 设 X、Y 和 Z 是任意给定的对称矩阵，满足 $X \geqslant 0$，且对使得 $x^{\mathrm{T}}Zx \geqslant 0$ 的所有非零向量 x：

(1) $x^{\mathrm{T}}Yx < 0$;

(2) $\delta(x) = (x^{\mathrm{T}}Yx)^2 - 4(x^{\mathrm{T}}Xx)(x^{\mathrm{T}}Zx) > 0$。

则存在常数 $\lambda > 0$ 使得

$$M(\lambda) = \lambda^2 X + \lambda Y + Z < 0$$

定理 7.16　设 X、Y 和 Z 是任意给定的对称矩阵，满足 $X>0$，且

(1) 对任意使得 $x^{\mathrm{T}}Zx\geqslant 0$ 的非零向量 x，$x^{\mathrm{T}}Yx<0$；

(2) 对任意非零向量 x，$\delta(x)=(x^{\mathrm{T}}Yx)^2-4(x^{\mathrm{T}}Xx)(x^{\mathrm{T}}Zx)>0$。

则存在常数 $\lambda>0$ 使得

$$M(\lambda)=\lambda^2X+\lambda Y+Z\leqslant 0$$

在时滞系统研究中，经常用到以下的不等式对交叉项放大来获取交叉项的上界：

$$-2a^{\mathrm{T}}b\leqslant a^{\mathrm{T}}Xa+b^{\mathrm{T}}X^{-1}b$$

其中，X 为对称正定矩阵。如果 $X=I$，有 $-2a^{\mathrm{T}}b\leqslant a^{\mathrm{T}}a+b^{\mathrm{T}}b$ 成立。

对于适当维数的矩阵 M 和对称正定矩阵 X，有

$$-2(a+Mb)^{\mathrm{T}}b\leqslant(a+Mb)^{\mathrm{T}}X(a+Mb)+b^{\mathrm{T}}X^{-1}b$$

整理得到如下定理。

定理 7.17　对任意适当维数的向量 a、b，对称正定矩阵 X 和矩阵 M，以下不等式成立：

$$-2a^{\mathrm{T}}b\leqslant\begin{bmatrix}a\\b\end{bmatrix}^{\mathrm{T}}\begin{bmatrix}X & XM\\M^{\mathrm{T}}X & (M^{\mathrm{T}}X+I)X^{-1}(XM+I)\end{bmatrix}\begin{bmatrix}a\\b\end{bmatrix}$$

该不等式一般称为 Park 不等式。

定理 7.18　对任意适当维数的向量 a、b 和矩阵 N、X、Y、Z，若 $\begin{bmatrix}X & Y\\Y^{\mathrm{T}} & Z\end{bmatrix}\geqslant 0$，则以下不等式成立：

$$-2a^{\mathrm{T}}Nb\leqslant\begin{bmatrix}a\\b\end{bmatrix}^{\mathrm{T}}\begin{bmatrix}X & Y-N\\Y^{\mathrm{T}}-N^{\mathrm{T}} & Z\end{bmatrix}\begin{bmatrix}a\\b\end{bmatrix}$$

证明　由定理条件可得

$$\begin{aligned}-2a^{\mathrm{T}}Nb&=\begin{bmatrix}a\\b\end{bmatrix}^{\mathrm{T}}\begin{bmatrix}0 & -N\\-N^{\mathrm{T}} & 0\end{bmatrix}\begin{bmatrix}a\\b\end{bmatrix}\\&\leqslant\begin{bmatrix}a\\b\end{bmatrix}^{\mathrm{T}}\begin{bmatrix}0 & -N\\-N^{\mathrm{T}} & 0\end{bmatrix}\begin{bmatrix}a\\b\end{bmatrix}+\begin{bmatrix}a\\b\end{bmatrix}^{\mathrm{T}}\begin{bmatrix}X & Y\\Y^{\mathrm{T}} & Z\end{bmatrix}\begin{bmatrix}a\\b\end{bmatrix}\\&=\begin{bmatrix}a\\b\end{bmatrix}^{\mathrm{T}}\begin{bmatrix}X & Y-N\\Y^{\mathrm{T}}-N^{\mathrm{T}} & Z\end{bmatrix}\begin{bmatrix}a\\b\end{bmatrix}\end{aligned}$$

□

该不等式一般称为 Moon 不等式。可以看出，如果 $N=Y=I$，$Z=X^{-1}$，则有 $-2a^{\mathrm{T}}b\leqslant a^{\mathrm{T}}Xa+b^{\mathrm{T}}X^{-1}b$。当取 $N=I$、$Y=I+XM$、$Z=(M^{\mathrm{T}}X+I)X^{-1}(XM+I)$ 时，可得 Park 不等式。由此可知，Moon 不等式具有更小的保守性。

7.6 不确定系统模型

在鲁棒控制理论中，不确定动态系统的概念非常重要。为了有效地设计控制系统，一个复杂的动态系统必须用相对简单的模型来表述，而简化模型与实际对象模型之间的差距称为模型不确定性。本节介绍常用的不确定模型。

对于如下的不确定系统：

$$\dot{x}(t) = (A + \Delta A(t))x(t) \tag{7.34}$$

其中，$x(t)$ 为状态向量；A 为已知矩阵；$\Delta A(t)$ 为未知矩阵，表示系统的不确定性，一般有以下几种形式。

(1) 秩 1 分解型。

$$\Delta A(t) = \alpha_1(t)h_1^{\mathrm{T}}g_1 + \alpha_2(t)h_2^{\mathrm{T}}g_2 + \cdots + \alpha_m(t)h_m^{\mathrm{T}}g_m$$

其中，h_i、g_i $(i = 1, 2, \cdots, m)$ 是确定的且具有适当维数的实向量；$\alpha_i(t)$ 是具有 Lebesgue 可测元的有界实标量函数，且满足：

$$|\alpha_i(t)| \leqslant \sigma_i, \qquad \sigma_i \geqslant 0, \qquad i = 1, 2, \cdots, m$$

其中，σ_i $(i = 1, 2, \cdots, m)$ 为确定标量。

(2) 线性不确定模型。

$$\Delta A(t) = \alpha_1(t)A_1 + \alpha_2(t)A_2 + \cdots + \alpha_m(t)A_m$$

其中，A_i $(i = 1, 2, \cdots, m)$ 是已知的实矩阵；$\alpha_i(t)$ 为有界的 Lebesgue 可测的实标量函数，且满足：

$$|\alpha_i(t)| \leqslant \sigma_i, \qquad \sigma_i \geqslant 0, \qquad i = 1, 2, \cdots, m$$

其中，σ_i $(i = 1, 2, \cdots, m)$ 为已知的标量。为了研究方便，有些文献不仅对 σ_i 的幅值加以约束，还对其变化率做出限制，即

$$|\dot{\alpha}_i(t)| \leqslant \theta_i < 1, \qquad \theta_i \geqslant 0, \qquad i = 1, 2, \cdots, m$$

其中，θ_i $(i = 1, 2, \cdots, m)$ 为确定的标量。

(3) 范数有界不确定模型。

$$\|\Delta A(t)\| \leqslant \alpha$$

其中，α 为给定标量。目前，经常使用如下更广泛的形式：

$$\Delta A(t) = DF(t)E$$

其中，D 和 E 为适当维数的实常数矩阵，描述不确定性进入标称系统的方式；$F(t)$ 为有界的实矩阵函数，其元素是 Lebesgue 可测的，且满足：

$$F^{\mathrm{T}}(t)F(t) \leqslant I$$

不同的不确定性表达形式之间可以互相转化，但一般来说，这种转换并不是充分必要的。例如，线性不确定模型可以转化为范数有界不确定模型，其中

$$D = \begin{bmatrix} \alpha_1 A_1 & \alpha_2 A_2 & \cdots & \alpha_m A_m \end{bmatrix}$$
$$F(t) = \operatorname{diag}\left\{ \frac{\alpha_1(t)}{\sigma_1} I, \frac{\alpha_2(t)}{\sigma_2} I, \cdots, \frac{\alpha_m(t)}{\sigma_m} I \right\}$$
$$E = \begin{bmatrix} I & I & \cdots & I \end{bmatrix}$$

很显然 $F(t)$ 满足 $F^{\mathrm{T}}(t)F(t) \leqslant I$，但前者仅仅是后者的一个子集，这种转换带来一定的保守性。

要特别指出的是，对于范数有界不确定性，如果 $F_1(t)$ 满足 $F_1^{\mathrm{T}}(t)F_1(t) \leqslant I$，$F_2(t)$ 满足 $F_2^{\mathrm{T}}(t)F_2(t) \leqslant I$，则对任意的 $F(t) = \alpha_1 F_1(t) + \alpha_2 F_2(t)$，$\alpha_1 \geqslant 0$，$\alpha_2 \geqslant 0$，$\alpha_1 + \alpha_2 = 1$，有

$$\begin{aligned} F^{\mathrm{T}}(t)F(t) &= (\alpha_1 F_1(t) + \alpha_2 F_2(t))^{\mathrm{T}}(\alpha_1 F_1(t) + \alpha_2 F_2(t)) \\ &= \alpha_1^2 F_1^{\mathrm{T}}(t)F_1(t) + \alpha_2^2 F_2^{\mathrm{T}}(t)F_2(t) + \alpha_1\alpha_2(F_1^{\mathrm{T}}(t)F_2(t) + F_2^{\mathrm{T}}(t)F_1(t)) \\ &\leqslant \alpha_1^2 F_1^{\mathrm{T}}(t)F_1(t) + \alpha_2^2 F_2^{\mathrm{T}}(t)F_2(t) + \alpha_1\alpha_2(F_1^{\mathrm{T}}(t)F_1(t) + F_2^{\mathrm{T}}(t)F_2(t)) \\ &= \alpha_1(\alpha_1 + \alpha_2)F_1^{\mathrm{T}}(t)F_1(t) + \alpha_2(\alpha_1 + \alpha_2)F_2^{\mathrm{T}}(t)F_2(t) \\ &= \alpha_1 F_1^{\mathrm{T}}(t)F_1(t) + \alpha_2 F_2^{\mathrm{T}}(t)F_2(t) \\ &\leqslant (\alpha_1 + \alpha_2)I = I \end{aligned}$$

因此，由 $F^{\mathrm{T}}(t)F(t) \leqslant I$ 描述的不确定参数集合是一个凸集。同时，由 $(-F^{\mathrm{T}}(t))^{\mathrm{T}}(-F^{\mathrm{T}}(t)) \leqslant I$ 可知，该集合对于原点是对称的。但对很多系统来说，不确定参数并不一定刚好满足以上 2 个特征，这时把不确定参数强行嵌入到 $F^{\mathrm{T}}(t)F(t) \leqslant I$ 这样一个集合中必然会带来保守性。

范数有界不确定模型有时采用以下的线性分式形式：

$$\begin{aligned} \dot{x}(t) &= Ax(t) + Bw(t) \\ q(t) &= Cx(t) + Dw(t) \\ w(t) &= \Delta(t)q(t) \end{aligned}$$

其中，A、B、C、D 为已知的定常矩阵；$\Delta(t)$ 为未知矩阵且满足范数有界条件 $\Delta^{\mathrm{T}}(t)\Delta(t) \leqslant I$。该模型可以进一步写成如下形式：

$$\dot{x}(t) = (A + B\Delta(I - D\Delta)^{-1}C)x(t)$$

显然，如果 $D = 0$，线性分式模型退化为一般的范数有界不确定性模型。

时域鲁棒控制有时直接考虑以下的不确定系统：

$$\dot{x}(t) = A(t)x(t)$$

其中，$A(t)$ 为时变未知不确定参数，通常假定 $A(t)$ 具有以下 2 种形式。

(1) 凸多面体型。

$$A(t)=\sum_{i=1}^{m}\alpha_i(t)A_i$$

其中，A_i $(i=1,2,\cdots,m)$ 为已知的实矩阵，确定了凸多面体的各个顶点；$\alpha_i(t)$ $(i=1,2,\cdots,m)$ 为有界的实标量函数，且满足：

$$\sum_{i=1}^{m}\alpha_i(t)=1,\qquad \alpha_i(t)\geqslant 0$$

(2) 仿射参数依赖型。

$$A(t)=A_0+p_1A_1+p_2A_2+\cdots+p_mA_m$$

其中，A_i $(i=0,1,\cdots,m)$ 为已知的常数矩阵；$p_i(i=1,2,\cdots,m)$ 为未知变量。

注记 本章内容由文献 (俞立, 2002) 第 1 章、文献 (嵇小辅, 2006) 第 2 章、文献 (周武能 等, 2009) 第 1 章、文献 (鲁仁全 等, 2008) 第 2 章、文献 (梅生伟 等, 2008) 第 2 章及文献 (吴敏 等, 2008) 第 1 章等内容改写。

习 题

7-1 证明对于矩阵 $A\in\mathbb{R}^{m\times n}$ 和向量 $x\in\mathbb{R}^n$ 有下式成立：

$$\sup_{\|x\|_2=1}\|Ax\|_2=\sup_{x\neq 0}\frac{\|Ax\|_2}{\|x\|_2}=\sigma_{\max}(A)$$

$$\inf_{\|x\|_2=1}\|Ax\|_2=\inf_{x\neq 0}\frac{\|Ax\|_2}{\|x\|_2}=\sigma_{\min}(A)$$

其中，$\sigma_{\max}(\cdot)$ 和 $\sigma_{\max}(\cdot)$ 分别为矩阵的最大奇异值和最小奇异值。

7-2 在 μ 分析中经常要确定一个对角矩阵 D 使得 $\left\|DED^{-1}\right\|<1$，其中，$E$ 为给定的常数矩阵。试将矩阵 D 的存在性问题等价转换为 LMI 的可行性问题。

7-3 利用 Kronecker 积的性质证明：Lyapunov 方程

$$PA+A^{\mathrm{T}}P=-Q$$

有唯一解的充分必要条件是

$$\lambda_i+\lambda_j\neq 0$$

其中，λ_i $(i=1,2,\cdots,n)$ 为矩阵 A 的特征值；Q 为对称正定矩阵。

7-4 用求解 Hamiltonian 矩阵的方法求解 Riccati 方程 (7.25) 的解，其中

$$A=\begin{bmatrix}-1&0\\0&-3\end{bmatrix},\qquad R=\begin{bmatrix}0&0\\0&1\end{bmatrix},\qquad Q=\begin{bmatrix}-1&0\\0&0\end{bmatrix}$$

7-5 在鲁棒控制中，常讨论如下的区间系统：

$$\dot{x}(t)=Ax(t)$$

其中，$A=(a_{ij})_{n\times n}$，且存在矩阵 $A_m=(a_{ij}^m)_{n\times n}$ 和 $A_M=(a_{ij}^M)_{n\times n}$，对于 $1\leqslant i$、$j\leqslant n$ 满足 $a_{ij}^m\leqslant a_{ij}^M$ 使得

$$a_{ij}^m\leqslant a_{ij}\leqslant a_{ij}^M,\qquad 1\leqslant i、j\leqslant n$$

试将该区间矩阵变换成范数有界不确定型和凸多面体型，并讨论转换前后是否等价。

参考文献

嵇小辅，2006. 不确定线性系统鲁棒控制若干问题研究 [D]. 杭州: 浙江大学.
鲁仁全，苏宏业，薛安克，等，2008. 奇异系统的鲁棒控制理论 [M]. 北京：科学出版社.
梅生伟，申铁龙，刘康志，2008. 现代鲁棒控制理论与应用 [M]. 2 版. 北京：清华大学出版社.
吴敏，何勇, 2008. 时滞系统鲁棒控制——自由权矩阵方法 [M]. 北京：科学出版社.
俞立，2002. 鲁棒控制——线性矩阵不等式处理方法 [M]. 北京：清华大学出版社.
周武能，苏宏业，2009. 区域稳定性约束鲁棒控制理论及应用 [M]. 北京：科学出版社.

第 8 章 线性系统的性能分析

给定一个系统，如何评价其性能是好还是坏？经典控制理论提到，典型二阶线性系统主要有最大超调、上升时间、调节时间等时域指标，但这些指标对多输入多输出系统难以适用，特别是难以评价系统的抗扰动性能。本章介绍线性系统的一些性能指标，如系统对不同扰动的抑制性能，系统极点区域等。

8.1 线性系统的稳定性

考虑线性系统

$$\dot{x}(t) = Ax(t) \tag{8.1}$$

其中，$x(t) \in \mathbb{R}^n$ 为状态向量；$A \in \mathbb{R}^{n\times n}$ 为已知的定常矩阵。设定 Lyapunov 函数为

$$V(x(t)) = x^{\mathrm{T}}(t)Px(t) \tag{8.2}$$

其中，$P \in \mathbb{R}^{n\times n}$ 为对称正定矩阵，因此 $V(x(t))$ 正定。把函数 $V(x(t))$ 沿着系统 (8.1) 状态轨迹对时间 t 求导，得到

$$\begin{aligned}\dot{V}(x(t)) &= \dot{x}^{\mathrm{T}}(t)Px(t) + x^{\mathrm{T}}(t)P\dot{x}(t)\\ &= x^{\mathrm{T}}(t)A^{\mathrm{T}}Px(t) + x^{\mathrm{T}}(t)PAx(t)\\ &= x^{\mathrm{T}}(t)(A^{\mathrm{T}}P + PA)x(t)\end{aligned}$$

如果存在对称正定矩阵 P 使得

$$A^{\mathrm{T}}P + PA < 0 \tag{8.3}$$

则 $\dot{V}(x(t))$ 负定，从而保证了线性系统 (8.1) 的稳定性，即线性系统 (8.1) 是稳定的，如果存在对称正定矩阵 P 满足 LMI (8.3)。

对于离散系统

$$x(k+1) = Ax(k) \tag{8.4}$$

类似地，可以设定 Lyapunov 函数为

$$V(x(k)) = x^{\mathrm{T}}(k)Px(k) \tag{8.5}$$

其中，$P \in \mathbb{R}^{n\times n}$ 为对称正定矩阵，因此 $V(x(k))$ 正定。对该函数求前向差分得

$$\begin{aligned}\Delta V(x(k)) &= V(x(k+1)) - V(x(k))\\ &= x^{\mathrm{T}}(k+1)Px(k+1) - x^{\mathrm{T}}(k)Px(k)\\ &= x^{\mathrm{T}}(k)(A^{\mathrm{T}}PA - P)x(k)\end{aligned}$$

如果存在对称正定矩阵 P 使得

$$A^{\mathrm{T}}PA - P < 0 \tag{8.6}$$

则 $\Delta V(x(k))$ 负定，从而保证了线性系统 (8.4) 的稳定性，即线性系统 (8.4) 是稳定的，如果存在对称正定矩阵 P 满足 LMI (8.6)。

8.2　连续线性系统的增益指标

实际的工程系统不可避免地要受到外部干扰的影响。带扰动输入的线性系统可以描述为

$$\begin{cases} \dot{x}(t) = Ax(t) + Bw(t) \\ z(t) = Cx(t) + Dw(t) \end{cases} \tag{8.7}$$

其中，$x(t) \in \mathbb{R}^n$ 为系统状态向量；$w(t) \in \mathbb{R}^p$ 为外部扰动输入；$z(t) \in \mathbb{R}^q$ 为感兴趣的系统被调输出；A、B、C、D 为已知的定常矩阵。

预先定义信号大小的某种度量 size(·)，对于某一类外部干扰信号 $w(t)$，如果系统的增益 $\varGamma$

$$\varGamma = \frac{\mathrm{size}(z)}{\mathrm{size}(w)}$$

或等价地

$$\varGamma = \sup_{w}\{\mathrm{size}(z) : \mathrm{size}(w) \leqslant 1\}$$

很小，则认为系统抑制外部干扰能力强，系统的性能好。很显然，不同的信号度量对应着不同的系统增益，也对应着不同的系统性能。下面给出常用的几种描述信号大小的方法。

对平方可积的信号 $f(t)$，定义 $\|f(t)\|_2 \stackrel{\mathrm{def}}{=\!=} \left(\int_0^\infty \|f(t)\|^2\,\mathrm{d}t\right)^{1/2}$，其中，$\|f(t)\| = \sqrt{f^{\mathrm{T}}(t)f(t)}$ 是向量的 Euclidean 范数。这样定义的 $\|f(t)\|$ 表示信号的 $f(t)$ 的总能量。记能量有限信号的全体为 $\mathcal{L}_2$，即

$$\mathcal{L}_2 = \left\{ f(t) : \int_0^\infty \|f(t)\|^2\,\mathrm{d}t < \infty \right\}$$

$\|f(t)\|_2$ 也称为信号 $f(t)$ 的 L_2 范数。

对于幅值有限的信号 $f(t)$，定义 $\|f(t)\|_\infty \stackrel{\mathrm{def}}{=\!=} \sup_{t\geqslant 0}\|f(t)\|$，其中，$\|f(t)\|$ 为信号 $f(t)$ 的 Euclidean 范数。当 $f(t)$ 是标量信号时，$\|f(t)\|_\infty$ 等于 $f(t)$ 的峰值。同样可以将所有幅值有限的信号定义为集合 $\mathcal{L}_\infty$，即

$$\mathcal{L}_\infty = \{f(t) : \|f(t)\| < \infty\}$$

$\|f(t)\|_\infty$ 也称为信号 $f(t)$ 的 L_∞ 范数。

利用以上定义的度量信号大小的范数，可以定义系统 (8.7) 的一些性能指标。

(1) IE (Impulse-to-energy) 增益。

$$\Gamma_{\mathrm{ie}} \xlongequal{\text{def}} \sup_{\substack{w(t)=w_0\delta(t)\\ \|w_0\|\leqslant 1}} \|z\|_2$$

(2) EP (Energy-to-peak) 增益。

$$\Gamma_{\mathrm{ep}} \xlongequal{\text{def}} \sup_{\|w\|_2\leqslant 1} \|z\|_\infty$$

(3) EE (Energy-to-energy) 增益。

$$\Gamma_{\mathrm{ee}} \xlongequal{\text{def}} \sup_{\|w\|_2\leqslant 1} \|z\|_2$$

(4) PP (Peak-to-peak) 增益。

$$\Gamma_{\mathrm{pp}} \xlongequal{\text{def}} \sup_{\|w\|_\infty\leqslant 1} \|z\|_\infty$$

8.2.1 线性系统的 Γ_{ie} 性能

如果考虑系统 (8.7) 对脉冲干扰输入的抑制性能，我们有如下定理。

定理 8.1 如果系统 (8.7) 是严格真 (即 $D=0$) 和渐近稳定的，则 $\Gamma_{\mathrm{ie}} = \left\|B^{\mathrm{T}}YB\right\|_2^{1/2}$，其中，$Y$ 为 Lyapunov 方程

$$YA + A^{\mathrm{T}}Y + C^{\mathrm{T}}C = 0 \tag{8.8}$$

的解。等价地，Γ_{ie} 也可以由下式得到:

$$\Gamma_{\mathrm{ie}} = \inf_{P>0}\left\{\left\|B^{\mathrm{T}}PB\right\|^{1/2} : PA + A^{\mathrm{T}}P + C^{\mathrm{T}}C < 0\right\} \tag{8.9}$$

证明 在零初始条件时，系统 (8.7) 在脉冲输入 $w(t)=w_0\delta(t)$ 下的状态轨迹为

$$x(t) = \int_0^t \mathrm{e}^{A(t-\tau)}Bw_0\delta(\tau)\mathrm{d}\tau = \mathrm{e}^{At}Bw_0$$

系统输出为 $z(t) = C\mathrm{e}^{At}Bw_0$，其 L_2 范数为

$$\|z(t)\|_2^2 = \int_0^\infty w_0^{\mathrm{T}}B^{\mathrm{T}}\mathrm{e}^{A^{\mathrm{T}}t}C^{\mathrm{T}}C\mathrm{e}^{At}Bw_0\mathrm{d}t = w_0^{\mathrm{T}}B^{\mathrm{T}}YBw_0$$

其中，$Y=\int_0^\infty \mathrm{e}^{A^{\mathrm{T}}t}C^{\mathrm{T}}C\mathrm{e}^{At}\mathrm{d}t$ 为系统的能观 Gramian 矩阵。由于系统是渐近稳定的，故矩阵 Y 存在，且满足 Lyapunov 方程 (8.8)。进一步，由矩阵范数的性质可知，对任意满足 $\|w_0\|\leqslant 1$ 的 w_0，

$$\|z(t)\|_2^2 \leqslant \left\|B^{\mathrm{T}}YB\right\| w_0^{\mathrm{T}}w_0 \leqslant \left\|B^{\mathrm{T}}YB\right\|$$

因此 $\Gamma_{\mathrm{ie}} \leqslant \left\|B^{\mathrm{T}}YB\right\|^{1/2}$。

另外，如果取 w_0 为矩阵 $B^{\mathrm{T}}YB$ 最大特征值所对应的单位特征向量，则

$$\Gamma_{\mathrm{ie}}^2 \geqslant w_0^{\mathrm{T}} B^{\mathrm{T}} Y B w_0 = \left\| B^{\mathrm{T}} Y B \right\|$$

综合以上结果，可得 $\Gamma_{\mathrm{ie}} = \left\| B^{\mathrm{T}} Y B \right\|^{1/2}$。

将式 (8.9) 中的 Lyapunov 不等式和 Lyapunov 方程 (8.8) 相减，并记 $R = P - Y$，得

$$RA + A^{\mathrm{T}} R < 0 \tag{8.10}$$

由系统的渐近稳定性可知 $R > 0$，故而 $P > Y \geqslant 0$。因此对式 (8.9) 中的 Lyapunov 不等式的解 P，$\Gamma_{\mathrm{ie}} \leqslant \left\| B^{\mathrm{T}} P B \right\|^{1/2}$。

进而，由 LMI (8.10) 可知，对任意给定的 $\varepsilon > 0$ 和 Lyapunov 方程 (8.8) 的解 Y，存在一个满足式 (8.9) 中矩阵不等式的矩阵 P 使得 $\|P - Y\| \leqslant \varepsilon$。 □

根据定理 8.1，如果以下的优化问题

$$\begin{aligned} & \min_{P>0} \ \gamma \\ & \text{s.t.} \ PA + A^{\mathrm{T}} P + C^{\mathrm{T}} C < 0 \\ & \qquad B^{\mathrm{T}} P B \leqslant \gamma I_p \end{aligned}$$

存在最优解 γ^*，则 $\Gamma_{\mathrm{ie}} = \sqrt{\gamma^*}$。这是带 LMI 约束和线性目标函数的凸优化问题，可以使用 LMI 工具箱中的 mincx 求解器来求取全局最优解。

如果系统 (8.7) 含有控制输入，可以描述为

$$\begin{cases} \dot{x}(t) = Ax(t) + Bw(t) + B_u u(t) \\ z(t) = Cx(t) + Dw(t) + D_u u(t) \end{cases} \tag{8.11}$$

其中，$u(t) \in \mathbb{R}^m$ 为控制输入；B_u、D_u 为已知的输入矩阵。对于给定的 $\gamma > 0$，可以设计状态反馈控制器 $u(t) = Kx(t)$ 使闭环系统

$$\begin{cases} \dot{x}(t) = (A + B_u K)x(t) + Bw(t) \\ z(t) = (C + D_u K)x(t) + Dw(t) \end{cases} \tag{8.12}$$

是渐近稳定的，且 Γ_{ie} 小于一个给定值。在 Lyapunov 不等式 (8.9) 的两边分别都乘以 P^{-1}，定义 $Q = P^{-1}$ 和 $Y = KQ$，则闭环 Γ_{ie} 优化问题可以归结为以下的优化问题：

$$\begin{aligned} & \min_{P>0, Y} \ \gamma \\ & \text{s.t.} \ \begin{bmatrix} AQ + QA^{\mathrm{T}} + B_u Y + Y^{\mathrm{T}} B_u^{\mathrm{T}} & Q^{\mathrm{T}} C^{\mathrm{T}} + Y^{\mathrm{T}} D_u^{\mathrm{T}} \\ CQ + D_u Y & -I_q \end{bmatrix} < 0 \\ & \qquad \begin{bmatrix} -\gamma I_p & B^{\mathrm{T}} \\ B & -Q \end{bmatrix} \leqslant 0 \end{aligned}$$

如果该最优解 γ^* 存在，则 $\Gamma_{\mathrm{ie}} = \sqrt{\gamma^*}$，状态反馈控制器为 $u(t) = YQ^{-1}x(t)$。

8.2.2 线性系统的 H_2 性能

传递函数矩阵 $G(s)=C(sI-A)^{-1}B+D$ 的 H_2 范数定义为

$$\|G(s)\|_2 \xlongequal{\text{def}} \text{trace}\left(\frac{1}{2\pi}\int_{-\infty}^{\infty} G(\mathrm{j}\omega)G^{\mathrm{H}}(\mathrm{j}\omega)\mathrm{d}\omega\right)^{1/2} \tag{8.13}$$

或者等价地

$$\|G(s)\|_2 \xlongequal{\text{def}} \text{trace}\left(\frac{1}{2\pi}\int_{-\infty}^{\infty} G^{\mathrm{H}}(\mathrm{j}\omega)G(\mathrm{j}\omega)\mathrm{d}\omega\right)^{1/2}$$

其中，$G^{\mathrm{H}}(\mathrm{j}\omega)$ 为 $G(\mathrm{j}\omega)$ 的共轭转置。trace$(\cdot)$ 为矩阵的迹。

如果系统的干扰输入为

$$w(t)=\delta(t)e_i$$

其中，e_i 为空间 $\mathbb{R}^p$ 中标准基的第 i 个基向量，$i=1,2,\cdots,p$，则对应于输入 w 和初始条件 $x(0)=0$ 的系统输出 z^i 为

$$z^i(t)=\begin{cases} C\mathrm{e}^{At}Be_i, & t>0 \\ De_i\delta(t), & t=0 \\ 0, & t<0 \end{cases}$$

由于系统是稳定的，因此当 $D=0$ 时，对于所有的 i，输出 z^i 都是平方可积的，且

$$\begin{aligned}\sum_{i=1}^{p}\|z^i\|_2^2 &= \text{trace}\int_0^{\infty} B^{\mathrm{T}}\mathrm{e}^{A^{\mathrm{T}}t}C^{\mathrm{T}}C\mathrm{e}^{At}B\mathrm{d}t \\ &= \text{trace}\int_0^{\infty} C\mathrm{e}^{At}BB^{\mathrm{T}}\mathrm{e}^{A^{\mathrm{T}}t}C^{\mathrm{T}}\mathrm{d}t \\ &= \frac{1}{2\pi}\text{trace}\int_0^{\infty} G(\mathrm{j}\omega)G^{\mathrm{H}}(\mathrm{j}\omega)\mathrm{d}\omega\end{aligned}$$

在该等式中，我们运用了 Parseval 引理。可以看出 $G(s)$ 的 H_2 范数的平方等于系统脉冲响应的总输出能量，这也提供了系统 H_2 范数的一种求解方法。定义矩阵

$$X=\int_0^{\infty}\mathrm{e}^{At}BB^{\mathrm{T}}\mathrm{e}^{A^{\mathrm{T}}t}\mathrm{d}t$$
$$Y=\int_0^{\infty}\mathrm{e}^{A^{\mathrm{T}}t}C^{\mathrm{T}}C\mathrm{e}^{At}\mathrm{d}t$$

可以看出，矩阵 X 是系统的能控 Gramian 矩阵，Y 是系统的能观 Gramian 矩阵，分别满足如下的 Lyapunov 方程：

$$AX+XA^{\mathrm{T}}+BB^{\mathrm{T}}=0$$
$$YA+A^{\mathrm{T}}Y+C^{\mathrm{T}}C=0$$

可得

$$\|G(s)\|_2^2 = \mathrm{trace}(CXC^{\mathrm{T}}) = \mathrm{trace}(B^{\mathrm{T}}YB)$$

因此，对于系统的 H_2 范数，我们有如下定理。

定理 8.2　假定系统 (8.7) 是渐近稳定的，则

(1) $\|G(s)\|_2 < \infty$ 当且仅当 $D = 0$；

(2) 如果 $D = 0$，则以下结论是等价的：

① $\|G(s)\|_2 < \gamma$；

② 存在对称正定矩阵 X 使得

$$AX + XA^{\mathrm{T}} + BB^{\mathrm{T}} < 0, \qquad \mathrm{trace}(CXC^{\mathrm{T}}) < \gamma^2$$

③ 存在对称正定矩阵 Y 使得

$$A^{\mathrm{T}}Y + YA + C^{\mathrm{T}}C < 0, \qquad \mathrm{trace}(B^{\mathrm{T}}YB) < \gamma^2$$

由此可知，可以使用 LMI 工具箱中的 feasp 函数来检验系统是否满足给定的 H_2 范数约束，进一步，可以使用 mincx 求解器来计算系统传递函数的 H_2 范数最小上界。

同样，如果系统含有控制输入，如式 (8.11)，则可以设计状态反馈控制器 $u(t) = Kx(t)$。不失一般性，假设 $D = 0$，$D_u = 0$。如果存在对称正定矩阵 X 和矩阵 Y 满足：

$$AX + B_uY + XA^{\mathrm{T}} + Y^{\mathrm{T}}B_u^{\mathrm{T}} + BB^{\mathrm{T}} < 0, \qquad \mathrm{trace}(CXC^{\mathrm{T}}) < \gamma^2 \tag{8.14}$$

则可以构造状态反馈控制器 $u(t) = YX^{-1}x(t)$ 使得闭环系统的 H_2 范数小于 γ。

8.2.3　线性系统的 $\varGamma_{\mathrm{ee}}$ 性能

对于线性系统的 $\varGamma_{\mathrm{ee}}$ 增益，有如下定理。

定理 8.3　考虑线性系统 (8.7)。对于给定常数 $\gamma > 0$，系统渐近稳定且 $\varGamma_{\mathrm{ee}} < \gamma$，如果存在对称正定矩阵 P 满足：

$$\begin{bmatrix} A^{\mathrm{T}}P + PA & PB & C^{\mathrm{T}} \\ B^{\mathrm{T}}P & -\gamma I_p & D^{\mathrm{T}} \\ C & D & -\gamma I_q \end{bmatrix} < 0 \tag{8.15}$$

证明　由式 (8.15) 可知 $A^{\mathrm{T}}P + PA < 0$，从而系统是渐近稳定的，且 $V(x(t)) = x^{\mathrm{T}}(t)Px(t)$ 是系统的一个 Lyapunov 函数。

进一步，上式等价于

$$\begin{bmatrix} A^{\mathrm{T}}P + PA & PB \\ B^{\mathrm{T}}P & -\gamma I_p \end{bmatrix} + \frac{1}{\gamma}\begin{bmatrix} C^{\mathrm{T}} \\ D^{\mathrm{T}} \end{bmatrix}\begin{bmatrix} C & D \end{bmatrix} < 0$$

考虑性能指标

$$J(w) = \int_0^{\infty} \left(\frac{1}{\gamma}\|z(t)\|^2 - \gamma\|w(t)\|^2 \right) \mathrm{d}t \tag{8.16}$$

考虑到系统的零初始条件和渐近稳定性，有

$$
\begin{aligned}
J(w) &= \int_0^{\infty} \left(\frac{1}{\gamma} z^{\mathrm{T}}(t) z(t) - \gamma w^{\mathrm{T}}(t) w(t) \right) \mathrm{d}t \\
&< \int_0^{\infty} \left(\frac{1}{\gamma} z^{\mathrm{T}}(t) z(t) - \gamma w^{\mathrm{T}}(t) w(t) \right) \mathrm{d}t + V(x(\infty)) - V(x(0)) \\
&= \int_0^{\infty} \left(\frac{1}{\gamma} z^{\mathrm{T}}(t) z(t) - \gamma w^{\mathrm{T}}(t) w(t) + \dot{V}(x(t)) \right) \mathrm{d}t \\
&= \int_0^{\infty} \begin{bmatrix} x(t) \\ w(t) \end{bmatrix}^{\mathrm{T}} \left(\frac{1}{\gamma} \begin{bmatrix} C^{\mathrm{T}} \\ D^{\mathrm{T}} \end{bmatrix} \begin{bmatrix} C & D \end{bmatrix} + \begin{bmatrix} A^{\mathrm{T}}P + PA & PB \\ B^{\mathrm{T}}P & -\gamma I_p \end{bmatrix} \right) \begin{bmatrix} x(t) \\ w(t) \end{bmatrix} \mathrm{d}t \\
&< 0
\end{aligned}
$$

由此可知 $J(w) < 0$，即

$$
\|z\|_2^2 < \gamma^2 \|w\|_2^2 \tag{8.17}
$$

因此 $\Gamma_{\mathrm{ee}} < \gamma$。 □

考虑系统 (8.7)，传递函数 $G(s) = C(sI_n - A)^{-1}B + D$ 的 H_∞ 范数定义为

$$
\|G(s)\|_\infty = \sup_{\omega} \sigma_{\max}(G(\mathrm{j}\omega))
$$

即系统频率响应矩阵的最大奇异值的峰值。可以证明，时域增益 Γ_{ee} 正好等于传递函数 $G(s)$ 的 H_∞ 范数，即

$$
\Gamma_{\mathrm{ee}} = \|G(s)\|_\infty \tag{8.18}
$$

如果系统含有控制输入，如式 (8.11)所示，同样可以设计状态反馈控制器 $u(t) = Kx(t)$ 形成闭环系统 (8.12)。在式 (8.15) 的左右均乘以 $\mathrm{diag}\{P^{-1}, I_{p+q}\}$，代入 $u(t) = Kx(t)$ 并定义 $P^{-1} = X$，$KX = Y$，这时，我们有如下的控制器设计算法：如果存在对称正定矩阵 X 和矩阵 Y 满足：

$$
\begin{bmatrix} AX + B_uY + XA^{\mathrm{T}} + Y^{\mathrm{T}}B_u^{\mathrm{T}} & B & (CX + D_uY)^{\mathrm{T}} \\ B^{\mathrm{T}} & -\gamma I_p & D^{\mathrm{T}} \\ CX + D_uY & D & -\gamma I_q \end{bmatrix} < 0
$$

则可以构造状态反馈控制器 $u(t) = YX^{-1}x(t)$ 使得闭环系统渐近稳定且 $\Gamma_{\mathrm{ee}} < \gamma$。

8.3 离散线性系统的增益指标

考虑离散时间线性系统

$$
\begin{cases} x(k+1) = Ax(k) + Bw(k) \\ z(k) = Cx(k) + Dw(k) \end{cases} \tag{8.19}
$$

其中，$x(k) \in \mathbb{R}^n$ 为系统的状态向量；$w(k) \in \mathbb{R}^p$ 为系统的外部扰动输入；$z(k) \in \mathbb{R}^q$ 为系统被调输出；A、B、C、D 为已知的定常矩阵。

类似于连续线性系统，平方和有限信号 $f(k)$ 的大小可以用 L_2 范数来度量

$$\|f(k)\|_2 = \left(\sum_{k=0}^{\infty} \|f(k)\|^2\right)^{1/2}$$

幅值有限信号 $f(k)$ 的大小可以用 L_∞ 范数来度量

$$\|f(k)\|_\infty = \sup_{k \geqslant 0} \|f(k)\|$$

用以上范数定义来衡量信号大小，可以定义离散时间系统的性能指标如下。

(1) IE (Impulse-to-energy) 增益。

$$\varLambda_{\text{ie}} \xlongequal{\text{def}} \sup_{\substack{w(k)=w_0\delta(k) \\ \|w_0\| \leqslant 1}} \|z\|_2$$

(2) EP (Energy-to-peak) 增益。

$$\varLambda_{\text{ep}} \xlongequal{\text{def}} \sup_{\|w\|_2 \leqslant 1} \|z\|_\infty$$

(3) EE (Energy-to-energy) 增益。

$$\varLambda_{\text{ee}} \xlongequal{\text{def}} \sup_{\|w\|_2 \leqslant 1} \|z\|_2$$

(4) PP (Peak-to-peak) 增益。

$$\varLambda_{\text{pp}} \xlongequal{\text{def}} \sup_{\|w\|_\infty \leqslant 1} \|z\|_\infty$$

8.3.1　离散系统的 $\varLambda_{\text{ie}}$ 性能

定理 8.4　若系统 (8.19) 是渐近稳定的，则系统的 IE 增益 $\varLambda_{\text{ie}} = \left\|B^{\mathrm{T}}PB + D^{\mathrm{T}}D\right\|^{1/2}$，其中 P 为矩阵方程

$$A^{\mathrm{T}}PA - P = -C^{\mathrm{T}}C \tag{8.20}$$

的解。$\varLambda_{\text{ie}}$ 也可以由式 (8.21) 得到

$$\varLambda_{\text{ie}} = \inf_{Q>0} \left\{\left\|B^{\mathrm{T}}QB + D^{\mathrm{T}}D\right\|^{1/2} : A^{\mathrm{T}}QA - Q < -C^{\mathrm{T}}C\right\} \tag{8.21}$$

证明　由线性系统理论可知，系统 (8.19) 的状态 $x(k)$ 为

$$x(k) = A^k x(0) + \sum_{i=0}^{k-1} A^{k-i-1}Bw(i)$$

在零初始条件时，脉冲扰动 $w(k) = w_0\delta(k)$ 作用下的系统输出是

$$z(k) = \begin{cases} Dw_0, & k = 0 \\ CA^{k-1}Bw_0, & k \geqslant 1 \end{cases}$$

该输出信号的 L_2 范数为

$$\begin{aligned} \|z\|_2^2 &= w_0^{\mathrm{T}}D^{\mathrm{T}}Dw_0 + \sum_{k=1}^{\infty} w_0^{\mathrm{T}}B^{\mathrm{T}}(A^{\mathrm{T}})^{k-1}C^{\mathrm{T}}CA^{k-1}Bw_0 \\ &= w_0^{\mathrm{T}}(B^{\mathrm{T}}PB + D^{\mathrm{T}}D)w_0 \end{aligned}$$

其中，$P = \sum\limits_{k=0}^{\infty}(A^{\mathrm{T}})^kC^{\mathrm{T}}CA^k$，由于系统(8.19) 是渐近稳定的，故 P 存在，且满足 Lyapunov 方程 (8.20)。

进一步，由矩阵范数和性质可知，对任意满足 $\|w_0\| \leqslant 1$ 的 w_0

$$\|z(t)\|_2^2 \leqslant \left\|B^{\mathrm{T}}PB + D^{\mathrm{T}}D\right\| w_0^{\mathrm{T}}w_0 \leqslant \left\|B^{\mathrm{T}}PB + D^{\mathrm{T}}D\right\|$$

因此 $\varLambda_{\mathrm{ie}} \leqslant \left\|B^{\mathrm{T}}PB + D^{\mathrm{T}}D\right\|^{1/2}$

另一方面，如果取 ω_0 为矩阵 $B^{\mathrm{T}}PB + D^{\mathrm{T}}D$ 最大特征值所对应的单位特征向量，则

$$\varLambda_{\mathrm{ie}}^2 \geqslant w_0^{\mathrm{T}}(B^{\mathrm{T}}PB + D^{\mathrm{T}}D)w_0 = \left\|B^{\mathrm{T}}PB + D^{\mathrm{T}}D\right\|$$

综合以上结果，可得 $\varGamma_{\mathrm{ie}} = \left\|B^{\mathrm{T}}YB\right\|^{1/2}$。类似，可以证明式 (8.21)。 □

由此，可以建立如下的优化问题：

$$\begin{aligned} &\min_{P>0}\ \gamma \\ &\text{s.t. } A^{\mathrm{T}}PA - P + C^{\mathrm{T}}C < 0 \\ &\qquad B^{\mathrm{T}}PB + D^{\mathrm{T}}D \leqslant \gamma I_p \end{aligned}$$

如果该优化问题存在最优解 γ^*，则 $\varLambda_{\mathrm{ep}} = \sqrt{\gamma^*}$。这是带 LMI 约束和线性目标函数的凸优化问题，可以使用 LMI 工具箱中 mincx 来求解。

8.3.2 离散系统的 $\varLambda_{\mathrm{ee}}$ 性能

定理 8.5 系统 (8.19) 是渐近稳定的，且满足 $\varLambda_{\mathrm{ee}} < \gamma$，如果存在对称正定矩阵 P 满足：

$$\begin{bmatrix} -P & 0 & A^{\mathrm{T}}P & C^{\mathrm{T}} \\ 0 & -\gamma I_p & B^{\mathrm{T}}P & D^{\mathrm{T}} \\ PA & PB & -P & 0 \\ C & D & 0 & -\gamma I_q \end{bmatrix} < 0 \tag{8.22}$$

证明　由 LMI (8.22) 可知 $-P+A^{\mathrm{T}}PA<0$，从而系统 (8.19) 是渐近稳定的，且

$$V(x(k))=x^{\mathrm{T}}(k)Px(k) \tag{8.23}$$

是其 Lyapunov 函数。考虑性能指标

$$J(w)=\sum_{k=0}^{\infty}\left(\frac{1}{\gamma}\|z(k)\|^2-\gamma\|w(k)\|^2\right) \tag{8.24}$$

利用零初始条件的性质可知

$$\begin{aligned} J(w)=&\sum_{k=0}^{\infty}\left(\frac{1}{\gamma}\|z(k)\|^2-\gamma\|w(k)\|^2\right)\\ =&\sum_{k=0}^{\infty}\left(\frac{1}{\gamma}\|z(k)\|^2-\gamma\|w(k)\|^2+\Delta V(x(k))\right)-V(x(\infty))\\ \leqslant&\sum_{k=0}^{\infty}\begin{bmatrix}x(k)\\w(k)\end{bmatrix}^{\mathrm{T}}\left(-\begin{bmatrix}P&0\\0&\gamma I_p\end{bmatrix}+\frac{1}{\gamma}\begin{bmatrix}C&D\end{bmatrix}^{\mathrm{T}}\begin{bmatrix}C&D\end{bmatrix}\right.\\ &\left.+\begin{bmatrix}A&B\end{bmatrix}^{\mathrm{T}}P\begin{bmatrix}A&B\end{bmatrix}\right)\begin{bmatrix}x(k)\\w(k)\end{bmatrix} \end{aligned} \tag{8.25}$$

由 Schur 补引理可知，式 (8.22) 等价于

$$-\begin{bmatrix}P&0\\0&\gamma I_p\end{bmatrix}+\frac{1}{\gamma}\begin{bmatrix}C&D\end{bmatrix}^{\mathrm{T}}\begin{bmatrix}C&D\end{bmatrix}+\begin{bmatrix}A&B\end{bmatrix}^{\mathrm{T}}P\begin{bmatrix}A&B\end{bmatrix}<0 \tag{8.26}$$

从而 $J(w)<0$。□

由此可以建立如下优化问题：

$$\begin{aligned}&\min_{P>0}\quad \gamma\\ &\text{s.t.}\quad 式(8.22)\end{aligned} \tag{8.27}$$

如果该优化问题有最优解 γ^*，则 $\Lambda_{\mathrm{ee}}=\gamma^*$。

8.3.3　离散系统的 Λ_{pp} 性能

定义 S_r 为系统 (8.19) 的状态向量在单位峰值干扰下从原点出发在有限时间内能到达状态的集合，则 $\Lambda_{\mathrm{pp}}=\operatorname{ess\,sup}_{x(k)\in S_r}\|Cx(k)+Dw(k)\|$。集合 S_i 称为非逃逸集，如果：① S_i 包含原点；② $x(0)\in S_i$，则对任意的 $k>0$，都有 $x(k)\in S_i$。很显然，可达集可看作非逃逸集的一个子集，任意的非逃逸集都包含一个可达集，因此给出了 Λ_{pp} 的一个上界。这种用非逃逸集来逼近可达集而得到的最紧上界，称为 $*$ 范数。即由于非逃逸集 S_i 包含系统 (8.19) 的可达集 S_r 从而给出了该系统 L_∞ 增益的上界：

$$\Lambda_{\mathrm{pp}}=\sup_{x(k)\in S_r}\|Cx(k)+Dw(k)\|\leqslant\max_{x(k)\in S_i}\|Cx(k)+Dw(k)\|$$

而进一步优化的 $\Lambda_{\rm pp}$ 是优化其上界得到的最紧上界，记为

$$\|H\|_* = \inf \max_{x(k)\in S_i} \|Cx(k)+Dw(k)\|$$

定理 8.6　考虑离散线性系统 (8.19)。椭圆 $S_i=\{x(k)\in\mathbb{R}^n : x^{\rm T}(k)Px(k)\leqslant 1\}$ 为该系统的一个非逃逸集，当且仅当存在对称正定矩阵 P 和标量 $\alpha\geqslant 0$ 满足如下的矩阵不等式，

$$\begin{bmatrix} -P+\alpha P & 0 & A^{\rm T}P \\ 0 & -\alpha I_p & B^{\rm T}P \\ PA & PB & -P \end{bmatrix} \leqslant 0 \tag{8.28}$$

证明　(1) 充分性证明。

假定存在标量 $\alpha\geqslant 0$ 满足式 (8.28)。首先，我们定义泛函 $V(x(k))=x^{\rm T}(k)Px(k)$ 并证明对于任意满足 $\|w(k)\|_\infty\leqslant 1$ 的干扰输入 $w(k)$ 和状态 $x^{\rm T}(k)Px(k)\geqslant 1$，$V(x(k))$ 的前向差分满足 $\Delta V(x(k))\leqslant 0$。由 Schur 补引理和式 (8.28) 可知

$$\begin{aligned}\psi(x(k),w(k)) &= x^{\rm T}(k)(A^{\rm T}PA-P)x(k)+2x^{\rm T}(k)A^{\rm T}PBw(k)\\ &\quad + w^{\rm T}(k)B^{\rm T}PBw(k)\\ &\leqslant \alpha\big(w^{\rm T}(k)w(k)-x^{\rm T}(k)Px(k)\big)\end{aligned}$$

因而 $V(x(k))$ 的前向差分满足：

$$\begin{aligned}\Delta V(x(k)) &= x^{\rm T}(k+1)Px(k+1)-x^{\rm T}(k)Px(k)\\ &\leqslant \alpha\big(w^{\rm T}(k)w(k)-x^{\rm T}(k)Px(k)\big)\\ &\leqslant 0\end{aligned}$$

现在证明，任意进入椭圆 S_i 的状态 $x(k)\in S_i$ 将停留在 S_i 中。采用反证法，假设存在状态 $x(k)\in S_i$，但 $x(k+1)\notin S_i$，则由式 (8.28) 可知

$$\begin{aligned}x^{\rm T}(k+1)Px(k+1) &= \begin{bmatrix} x(k) \\ w(k)\end{bmatrix}^{\rm T}\begin{bmatrix} A^{\rm T}PA & A^{\rm T}PB \\ B^{\rm T}PA & B^{\rm T}PB\end{bmatrix}\begin{bmatrix} x(k) \\ w(k)\end{bmatrix}\\ &\leqslant \begin{bmatrix} x(k) \\ w(k)\end{bmatrix}^{\rm T}\begin{bmatrix} P-\alpha P & 0 \\ 0 & \alpha I_p\end{bmatrix}\begin{bmatrix} x(k) \\ w(k)\end{bmatrix}\end{aligned}$$

进一步有

$$(1-\alpha)x^{\rm T}(k)Px(k)+\alpha w^{\rm T}(k)w(k) > 1$$

因而

$$x^{\rm T}(k)Px(k) > \frac{1-\alpha w^{\rm T}(k)w(k)}{1-\alpha} \geqslant 1$$

这与题设相矛盾。所以任意的进入椭圆 S_i 的状态向量将停留在该椭圆内。

(2) 必要性证明。

容易验证 $S_i=\{x(k)\in\mathbb{R}^n: x^{\mathrm{T}}(k)Px(k)\leqslant 1\}$ 为非逃逸集，则对任意满足 $w^{\mathrm{T}}(k)w(k)\leqslant x^{\mathrm{T}}(k)Px(k)$ 的 $x(k)$、$w(k)$ 都有不等式 $\psi(x(k),w(k))\leqslant 0$ 成立。采用反证法，假设该条件不成立，则一定存在 x_0 和 w_0 使得 $w_0^{\mathrm{T}}w_0\leqslant x_0^{\mathrm{T}}Px_0$ 但 $\psi(x_0,w_0)>0$。由此可以推断 $x_0\neq 0$，否则有 $x_0^{\mathrm{T}}Px_0=0$，进而 $w_0=0$，进而 $\psi(x_0,w_0)=0$。而由 $x_0\neq 0$ 可以推断 $x_0^{\mathrm{T}}Px_0>0$ 并可以定义如下向量

$$x_1\xlongequal{\text{def}}\frac{x_0}{\sqrt{x_0^{\mathrm{T}}Px_0}},\qquad w_1\xlongequal{\text{def}}\frac{w_0}{\sqrt{x_0^{\mathrm{T}}Px_0}}$$

容易验证 x_1 和 w_1 满足 $x_1\in S_i$，$\psi(x_1,w_1)>0$ 和 $w_1^{\mathrm{T}}w_1\leqslant x_1^{\mathrm{T}}Px_1$。考虑如下系统：

$$x(k+1)=Ax(k)+Bw_1,\qquad x(0)=x_1$$

则容易得 $V(x(0))=1$，$\Delta V(x(0))>0$，因此可以推出 $V(x(1))>1$，所以 $x(1)\notin S_i$，即 S_i 是可逃逸的，这与题设相矛盾。

很显然，该定理对于 $P=0$ 也成立。如果 $P\neq 0$，必定存在 x_2 和 w_2 满足 $w_2^{\mathrm{T}}w_2<x_2^{\mathrm{T}}Px_2$，运用 S-procedure，存在 $\alpha\geqslant 0$，使得 $\psi(x(k),w(k))\leqslant\alpha(w^{\mathrm{T}}(k)w(k)-x^{\mathrm{T}}(k)Px(k))$，这与式 (8.28) 等价。 □

定理 8.7　给定标量 $\gamma>0$，离散线性系统 (8.19) 是稳定的，且 $\Gamma_{\mathrm{pp}}<\gamma$，当且仅当存在对称正定矩阵 P，标量 $\alpha\geqslant 0$ 和 $\sigma>0$ 满足矩阵不等式 (8.28) 和式 (8.29)

$$\begin{bmatrix}-\sigma P & 0 & C^{\mathrm{T}}\\ 0 & -(\gamma^2-\sigma)I_p & D^{\mathrm{T}}\\ C & D & -I_q\end{bmatrix}<0 \tag{8.29}$$

证明　如果存在对称正定矩阵 P 和标量 $\alpha\geqslant 0$ 满足式 (8.28)，则椭圆 $S_i=\{x(k)\in\mathbb{R}^n: x^{\mathrm{T}}(k)Px(k)\leqslant 1\}$ 是非逃逸集。同时，由 Schur 补引理和式 (8.28)可得 $A^{\mathrm{T}}PA-P<0$，所以系统 (8.19) 在 $w(k)=0$ 时是渐近稳定的。

为了符号描述方便，引入变量

$$u=\max_{\substack{x(k)\in S_i\\ \|w(k)\|_\infty\leqslant 1}}\|Cx(k)+Dw(k)\|$$

和

$$U=\left\{\gamma:\exists\sigma\in\mathbb{R}\text{满足式(8.28)}\right\}$$

我们只要证明 $u=\inf U$。

注意到 $x^{\mathrm{T}}(k)Px(k)\leqslant 1$ 和 $w^{\mathrm{T}}(k)w(k)\leqslant 1$，则由 Schur 补引理得

$$\begin{aligned}\|z(k)\|^2&=\|Cx(k)+Dw(k)\|^2\\&=\begin{bmatrix}x(k)\\ w(k)\end{bmatrix}^{\mathrm{T}}\begin{bmatrix}C^{\mathrm{T}}C & C^{\mathrm{T}}D\\ D^{\mathrm{T}}C & D^{\mathrm{T}}D\end{bmatrix}\begin{bmatrix}x(k)\\ w(k)\end{bmatrix}\end{aligned}$$

$$
\begin{aligned}
&< \begin{bmatrix} x(k) \\ w(k) \end{bmatrix}^{\mathrm{T}} \begin{bmatrix} \sigma P & 0 \\ 0 & (\gamma^2-\sigma)I_p \end{bmatrix} \begin{bmatrix} x(k) \\ w(k) \end{bmatrix} \\
&= \sigma x^{\mathrm{T}}(k)Px(k) + (\gamma^2-\sigma)\omega^{\mathrm{T}}(k)w(k) \\
&\leqslant \sigma + (\gamma^2-\sigma) \\
&= \gamma^2
\end{aligned}
$$

因而 $\|z(k)\| < \gamma$ 或 $u < \gamma$。可以证明，u 也是 U 的最紧上界。 □

8.4 线性系统的区域极点配置

极点配置是控制系统分析与综合的基本问题。最初的极点配置问题考虑的是精确极点配置，即将闭环系统的极点配置在复平面事先给定的位置上。但是，由于模型的不确定性和各种扰动的存在，使得精确极点配置难以真正实现。一种折中的办法是将闭环系统的极点配置在复平面上的适当区域内，从而保证系统给定的动、静态性能。对于控制系统而言，感兴趣的区域有：保证连续系统的状态响应有衰减度 α 的半平面 $D_\lambda = \{s \in \mathbb{C} : \mathrm{Re}(s) \leqslant -\alpha\}$、保证离散系统性能指标的圆盘区域、条状区域、扇形区域等。本节介绍一类可以用 LMI 刻画的区域，称为 LMI 区域。可以证明，矩阵的特征值位于这样一个 LMI 区域的充分必要条件可以用一系列 LMI 的可行性问题来表达，从而通过求解 LMI 的可行性问题就可以求解极点分析与区域极点配置问题。

8.4.1 复平面区域的 LMI 描述

定义 8.1　对复平面上的区域 D，如果存在对称矩阵 L 和矩阵 M 使得

$$
D = \{s \in \mathbb{C} : L + sM + \bar{s}M^{\mathrm{T}} < 0\} \tag{8.30}
$$

则称 D 为 LMI 区域。矩阵值函数

$$
f_D = L + sM + \bar{s}M^{\mathrm{T}}
$$

称为 LMI 区域 D 的特征函数。

由定义可知，复平面上的 LMI 区域就是某个以 s 和 $\bar{s}$ 为变量的 LMI 的可行域。进而，对于任意的 $s \in D$，$f_D(\bar{s}) = \overline{f_D(s)} < 0$，故而 $\bar{s} \in D$。因此，LMI 区域关于复平面上的实轴是对称的。

现针对上述 4 种典型区域，讨论复平面区域的 LMI 描述方法。

连续系统具有指定衰减度的区域 $D_\lambda = \{s \in \mathbb{C} : \mathrm{Re}(s) \leqslant -\alpha\}$ 是一个 LMI 区域，如图 8.1 所示，特征函数为

$$
f_{D_\alpha} = 2\alpha + s + \bar{s}
$$

如图 8.2 所示的复平面上半径为 r，中心在 $(-q, 0)$ 的圆盘 $D(r, q)$ 也是 LMI 区域。该区域可表示为

$$
D(r,q) = \{s \in \mathbb{C} : (s+q)(\bar{s}+q) - r^2 < 0\}
$$

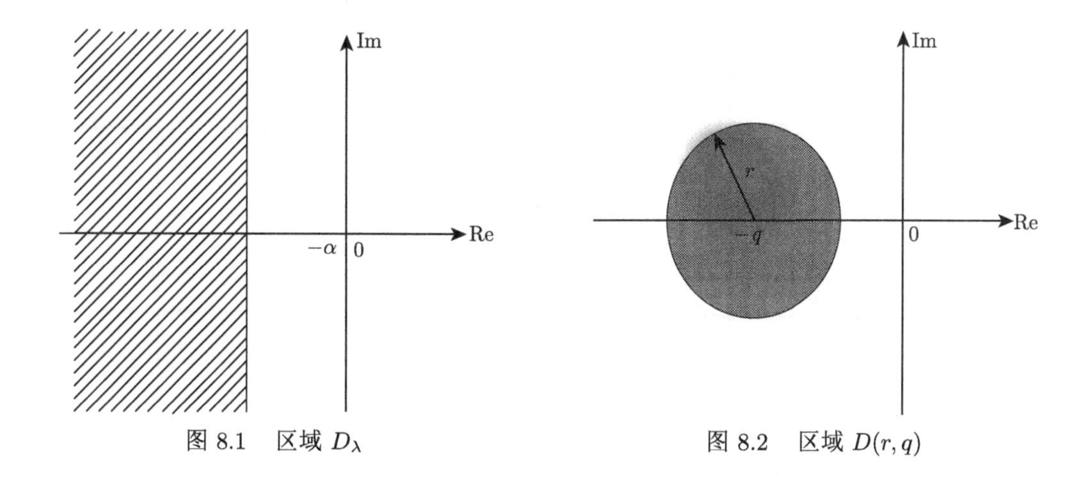

图 8.1　区域 D_λ　　图 8.2　区域 $D(r,q)$

由 $r>0$ 可以推出 $(s+q)(\bar{s}+q)-r^2<0$ 等价于

$$\begin{bmatrix} -r & q+s \\ q+\bar{s} & -r \end{bmatrix} < 0$$

从而矩阵值函数为

$$f_{D(r,q)} = \begin{bmatrix} -r & q+s \\ q+\bar{s} & -r \end{bmatrix} = \begin{bmatrix} -r & q \\ q & -r \end{bmatrix} + s\begin{bmatrix} 0 & 1 \\ 0 & 0 \end{bmatrix} + \bar{s}\begin{bmatrix} 0 & 1 \\ 0 & 0 \end{bmatrix}^{\mathrm{T}}$$

特别地，当 $q=0$，$r=1$ 时可得中心在原点的单位圆盘也是一个 LMI 区域，其特征函数为

$$f_{D(0,1)} = \begin{bmatrix} -1 & 0 \\ 0 & -1 \end{bmatrix} + s\begin{bmatrix} 0 & 1 \\ 0 & 0 \end{bmatrix} + \bar{s}\begin{bmatrix} 0 & 1 \\ 0 & 0 \end{bmatrix}^{\mathrm{T}}$$

如图 8.3 所示的扇形区域 D_{cs} 的约束条件为

$$D_{cs} = \left\{ s = x + \mathrm{j}y : x, y \in \mathbb{R}, \tan\theta < -\frac{|y|}{x} \right\}$$

容易验证 D_{cs} 是一个 LMI 区域，特征函数为

$$f_{D_{cs}} = \begin{bmatrix} (s+\bar{s})\sin\theta & (s-\bar{s})\cos\theta \\ (s-\bar{s})\cos\theta & (s+\bar{s})\sin\theta \end{bmatrix}$$

如图 8.4 所示的条形区域 $D_{vs} = \{s \in \mathbb{C} : h_1 < \mathrm{Re}(s) < h_2\}$ 是一个 LMI 区域，特征函数为

$$f_{D_{vs}} = \begin{bmatrix} 2h_1 & 0 \\ 0 & -2h_2 \end{bmatrix} + s\begin{bmatrix} -1 & 0 \\ 0 & 1 \end{bmatrix} + \bar{s}\begin{bmatrix} -1 & 0 \\ 0 & 1 \end{bmatrix}^{\mathrm{T}}$$

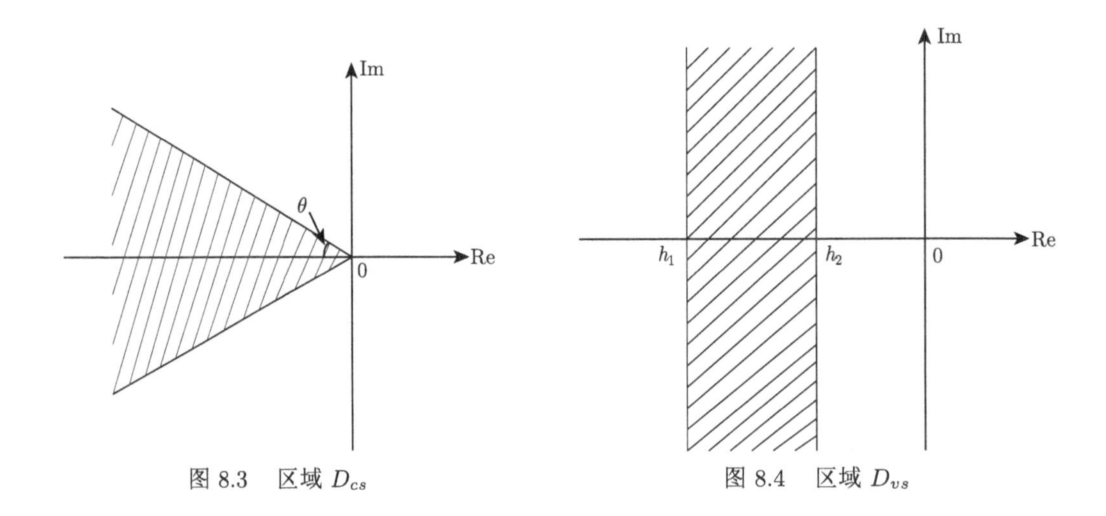

图 8.3　区域 D_{cs}　　　　图 8.4　区域 D_{vs}

对给定的两个 LMI 区域 D_1 和 D_2，如果它们的特征函数分别是 f_{D1} 和 f_{D2}，利用集合运算的性质可知，这两个区域的交集 $D = D_1 \cap D_2$ 也是一个 LMI 区域，且特征函数为

$$f_D = \text{diag}\{f_{D_1}, f_{D_2}\}$$

进一步，任意多个 LMI 区域的交集也是一个 LMI 区域，由这一性质可以得到一些更为复杂的 LMI 区域。由于任意一个凸区域都可以用一个凸多边形来近似，而且这样的近似可以达到任意精度。因此，对于控制系统感兴趣的区域（实系统的极点总是以共轭的形式出现，因此控制系统出现的凸区域都是关于实轴对称），总可以找到一个 LMI 区域来近似，而且这种近似可以达到任意精度。

8.4.2　区域极点分布的 LMI 描述

定义 8.2　对复平面上给定的 LMI 区域 D 和矩阵 A，如果矩阵 A 所有的特征值都位于区域 D 内，即 $\sigma(A) \subset D$，其中，$\sigma(A) = \{\lambda \in \mathbb{C} : \det(\lambda I - A) = 0\}$，则矩阵 A 称为 D 稳定的。

本节讨论矩阵 A 是否 D 稳定的判别准则。

首先给出如下引理：

引理 8.1　埃尔米特矩阵 X 的实部 $\text{Re}(X)$ 是对称正定矩阵。

证明　由 $X = \text{Re}(X) + \text{jIm}(X)$ 和 $X = X^{\text{T}}$ 可得

$$\text{Re}(X) + \text{jIm}(X) = (\text{Re}(X))^{\text{T}} - \text{j}(\text{Im}(X))^{\text{T}}$$

因此，$\text{Re}(X) = (\text{Re}(X))^{\text{T}}$，$\text{Im}(X) = -(\text{Im}(X))^{\text{T}}$，即 $\text{Re}(X)$ 是对称的，$\text{Im}(X)$ 是反对称的。

对任意适当维数的非零向量 v，由 $\text{Im}(X)$ 的反对称性可知 $v^{\text{T}}\text{Im}(X)v = 0$，由此可知 $v^{\text{T}}Xv = v^{\text{T}}\text{Re}(X)v$，由矩阵的正定性可知 $v^{\text{T}}\text{Re}(X)v > 0$，故而 $\text{Re}(X)$ 对称正定。　□

定理 8.8　给定由式 (8.30) 描述的 LMI 区域 D，矩阵 $A \in \mathbb{R}^{n \times n}$ 是 D 稳定的充分必要条件是存在对称正定矩阵 X 使得

$$M_D(A,X) = L \otimes X + M \otimes (AX) + M^{\mathrm{T}} \otimes (AX)^{\mathrm{T}} < 0 \tag{8.31}$$

证明　在此仅证明充分性。

假设存在矩阵 X 满足式 (8.31)。设 λ 是 A 的特征值，$v \in \mathbb{C}^n$ 是使得 $v^*A = \lambda v^*$ 的非零向量。应用矩阵 Kronecker 乘积的性质可知

$$\begin{aligned}
&(I_n \otimes v)^* M_D(A,X)(I_n \otimes v) \\
=&(I_n \otimes v)^*(L \otimes X + M \otimes (AX) + M^{\mathrm{T}} \otimes (AX)^{\mathrm{T}})(I_n \otimes v) \\
=&L \otimes (v^*Xv) + M \otimes (v^*AXv) + M^{\mathrm{T}} \otimes (v^*(AX)^{\mathrm{T}}v) \\
=&v^*Xv(L + \lambda M + \bar{\lambda} M^{\mathrm{T}}) \\
=&v^*Xvf_D(\lambda)
\end{aligned}$$

由 $M_D(A,X) < 0$ 和 $X > 0$ 可以推出 $f_D(\lambda) < 0$，即 $\lambda \in D$。由 $\lambda \in \sigma(A)$ 的任意性可知，矩阵 A 是 D 稳定的。□

对于左半开复平面，特征函数是 $f_D = s + \bar{s}$，这时 $M_D(A,X) = 1 \otimes (XA) + 1 \otimes (A^{\mathrm{T}}X) = XA + A^{\mathrm{T}}X$，根据定理 8.8，矩阵 A 的所有特征值均在左半开复平面的充分必要条件是存在对称正定矩阵 X 使得

$$AX + XA^{\mathrm{T}} < 0$$

这正是连续系统的 Lyapunov 不等式。

对于矩阵 A 的所有特征值均在半径为 r，原点为 $(-q, 0)$ 的圆盘中的充分必要条件是存在对称正定矩阵 X，使得

$$\begin{bmatrix} -rX & qX + AX \\ qX + XA^{\mathrm{T}} & -rX \end{bmatrix} < 0$$

特别的，矩阵 A 的特征值均在以原点为中心的单位圆中的充分必要条件是存在对称正定矩阵 X 使得

$$\begin{bmatrix} -X & AX \\ XA^{\mathrm{T}} & -X \end{bmatrix} < 0$$

该式进一步等价于

$$\begin{cases} AXA^{\mathrm{T}} - X < 0 \\ X > 0 \end{cases}$$

这正是离散系统的 Lyapunov 不等式。

推论 8.1　如果给定两个 LMI 区域 D_1 和 D_2，矩阵 A 同时是 D_1 稳定和 D_2 稳定的充分必要条件是存在对称正定矩阵 X 满足：

$$M_{D_1}(A,X) < 0, \qquad M_{D_2}(A,X) < 0$$

例如，在连续二阶系统中，具有极点 $\lambda = \zeta\omega_n \pm \mathrm{j}\omega_d$ 的阶跃响应可以由自然振荡频率 $\omega_n = |\lambda|$，阻尼比 ζ 和阻尼振荡频率 ω_d 确定，因此可以通过将 λ 确定在复平面适当的区域内来保证二阶系统所期望的过渡过程特性。考虑如图 8.5 所示的 $D(\alpha, r, \theta)$，这样的一个区域可以用

$$D(\alpha, r, \theta) = \{x + \mathrm{j}y \in \mathbb{C} : x < -\alpha, |x + \mathrm{j}y| < r, x\tan\theta < -|y|\}$$

来刻画。其中，$\alpha > 0$；r、θ 为给定的参数。将系统极点配置在 $D(\alpha, r, \theta)$ 内，就可以保证系统具有最小衰减度 α、最小阻尼比 ζ 和最大自然频率 ω_n，这将进一步保证系统的一些指标，如最大超调、衰减时间、调节时间、上升时间等过渡过程指标不超过由 ζ 和 ω_n 决定的上界。由推论 8.1 可知，矩阵 A 的特征值均位于区域 $D(\alpha, r, \theta)$ 的充分必要条件是存在对称正定矩阵 X 使得

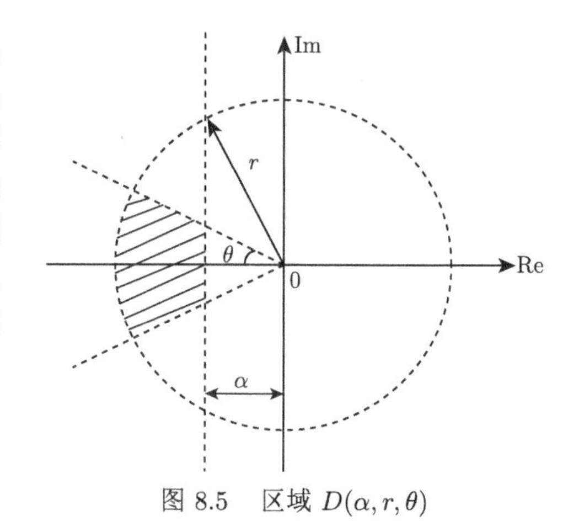

图 8.5 区域 $D(\alpha, r, \theta)$

$$AX + XA^{\mathrm{T}} + 2\alpha X < 0$$

$$\begin{bmatrix} -rX & AX \\ XA^{\mathrm{T}} & -rX \end{bmatrix} < 0$$

$$\begin{bmatrix} (AX + XA^{\mathrm{T}})\sin\theta & (AX - XA^{\mathrm{T}})\cos\theta \\ (XA^{\mathrm{T}} - AX)\cos\theta & (AX + XA^{\mathrm{T}})\sin\theta \end{bmatrix} < 0$$

以下定理给出了状态反馈控制器设计算法。

定理 8.9 给定由式 (8.30) 描述的 LMI 区域 D，矩阵 $A + BK$ 是 D 稳定的充分必要条件是存在对称正定矩阵 X，矩阵 Y 满足以下 LMI：

$$M_D(A, X) = L \otimes X + M \otimes (AX + BY) + M^{\mathrm{T}} \otimes (AX + BY)^{\mathrm{T}} < 0 \tag{8.32}$$

如果该 LMI 有可行解，则可以构造状态反馈控制器为

$$u(t) = YX^{-1}x(t)$$

证明 在式 (8.31) 中用 $A + BF$ 代替 A，并引入 $Y = KX$ 即可得式 (8.32)。 □

8.4.3 复平面区域的 QMI 描述

QMI 区域是比 LMI 区域更一般的复平面区域，本节介绍 QMI 区域的基本概念与性质。

定义 8.3 复平面上满足：

$$f_{DQ}(s) = R_{11} + R_{12}s + R_{12}^{\mathrm{T}}\bar{s} + R_{22}s\bar{s} < 0$$

的点 s 的集合称为 QMI 区域，即

$$D_{\text{QMI}} = \{s \in \mathbb{C} : R_{11} + R_{12}s + R_{12}^{\text{T}}\bar{s} + R_{22}s\bar{s} < 0\} \tag{8.33}$$

其中，$R_{11} \in \mathbb{R}^{d\times d}$，$R_{12} \in \mathbb{R}^{d\times d}$，$R_{22} \in \mathbb{R}^{d\times d}$，$R_{11}$、$R_{22}$ 为对称矩阵，$R_{22} = LL^{\text{T}}$ 为半正定矩阵；d 为 D_{QMI} 的秩；$\begin{bmatrix} R_{11} & R_{12} \\ R_{12}^{\text{T}} & R_{22} \end{bmatrix}$ 为 R_{QMI} 的特征矩阵。

可以看出，D_{QMI} 是关于实轴对称的凸区域。如果取 $R_{22} = 0$，则 QMI 区域退化为普通的 LMI 区域，因此，LMI 区域是 QMI 区域的特例，QMI 区域是 LMI 区域的推广。

定理 8.10　给定由式 (8.33) 描述的 QMI 区域 D，矩阵 $A \in \mathbb{R}^{n\times n}$ 是 D 稳定的充分必要条件是存在对称正定矩阵 X 使得

$$M_{DQ}(A, X) = R_{11} \otimes X + R_{12} \otimes (XA) + R_{12}^{\text{T}} \otimes (A^{\text{T}}X) + R_{22} \otimes (A^{\text{T}}XA) < 0 \tag{8.34}$$

证明　在此仅证明充分性。

假设存在矩阵 X 满足式 (8.34)。设 λ 是 A 的特征值，$v \in \mathbb{C}^n$ 是 $Av = \lambda v$ 的非零特征向量。应用矩阵 Kronecker 乘积的性质可知

$$\begin{aligned}
&(I_n \otimes v)^* M_{DQ}(A, X)(I_n \otimes v) \\
=&(I_n \otimes v)^*(R_{11} \otimes X + R_{12} \otimes (XA) + R_{12}^{\text{T}} \otimes (A^{\text{T}}X) + R_{22} \otimes (A^{\text{T}}XA))(I_n \otimes v) \\
=&R_{11} \otimes (v^*Xv) + R_{12} \otimes v^*XAv + R_{12}^{\text{T}} \otimes v^*A^{\text{T}}Xv + R_{22} \otimes v^*A^{\text{T}}XAv \\
=&v^*Xv(R_{11} + \lambda R_{12} + \lambda^* R_{12}^{\text{T}} + \lambda\lambda^* R_{22}) \\
=&v^*Xvf_{DQ}(\lambda)
\end{aligned}$$

由 $M_{DQ}(A, X) < 0$ 和 $X > 0$ 可以推出 $f_{DQ}(\lambda) < 0$，即 $\lambda \in D$。由 $\lambda \in \sigma(A)$ 的任意性可知，矩阵 A 是 D 稳定的。　□

注记　本章内容由文献 (俞立，2002) 第 3、4、6 章，文献 (嵇小辅，2006) 第 3 章，文献 (周武能 等，2009) 第 1、5 章等内容改写。

习　题

8-1　考虑二阶系统

$$G(s) = \frac{k}{s^2 + 2\zeta\omega s + \omega^2}$$

其中，$\omega = 1$，$\zeta = 0.1$，$k = 10$。将该传递函数转换成状态空间形式，并求解 Γ_{ie} 和 Γ_{ee}。

8-2　二阶系统 (8.19)中

$$A = \begin{bmatrix} 0.9 & 0 \\ 0.1 & 0.8 \end{bmatrix}, \quad B = \begin{bmatrix} 0.1 & 0 \\ 0 & 0.2 \end{bmatrix}$$

试求解 Λ_{ie} 和 Λ_{ee}。

8-3　定理 8.7 给出了无控制输入情况下的 Λ_{pp} 求解算法，如果系统包含控制输入，即

$$\begin{aligned}
x(k+1) &= Ax(k) + Bw(k) + B_u u(k) \\
z(k) &= Cx(k) + Dw(k) + D_u u(k)
\end{aligned}$$

其中，$u(k) \in \mathbb{R}^m$ 为控制输入；B_u、D_u 为适当维数的矩阵，试根据定理 8.7 推导相应的状态反馈控制器求解算法。如果

$$A=\begin{bmatrix}2 & 1 & -1\\ -1 & 2 & 2\\ 1 & 3 & 1\end{bmatrix},\quad B=\begin{bmatrix}1\\1\\1\end{bmatrix},\quad B_u=\begin{bmatrix}1 & 0\\0 & 1\\1 & 1\end{bmatrix},\quad C=\begin{bmatrix}0.5 & 0.5 & 1\end{bmatrix}$$

$$D=0.5,\quad D_u=\begin{bmatrix}0.5 & 1\end{bmatrix}$$

求解状态反馈控制器，使得 Λ_{pp} 最小。

8-4 考虑线性系统

$$\dot{x}(t)=Ax(t)+Bu(t)$$

其中

$$A=\begin{bmatrix}-0.0366 & 0.0271 & 0.0188 & -0.4555\\ 0.0482 & -1.0100 & 0.0024 & -4.0208\\ 0.1002 & 0.2855 & -0.7070 & 1.3229\\ 0 & 0 & 1 & -1.0880\end{bmatrix},\quad B=\begin{bmatrix}0.4422 & 0.1711\\ 3.0447 & -7.5922\\ -5.5200 & 4.9900\\ 0 & 0\end{bmatrix}$$

考虑如下的区域

$$D_{\mathrm{LMI}}=\{s\in\mathbb{C}:\mathrm{Re}(s)<-0.9,|s+1|<1.1\}$$

试求该 LMI 区域的区域矩阵。同时设计状态反馈控制器使得该系统的极点位于此 LMI 内。

参 考 文 献

嵇小辅，2006. 不确定线性系统鲁棒控制若干问题研究 [D]. 杭州: 浙江大学.

俞立，2002. 鲁棒控制——线性矩阵不等式处理方法 [M]. 北京：清华大学出版社.

周武能，苏宏业，2009. 区域稳定性约束鲁棒控制理论及应用 [M]. 北京：科学出版社.

ABEDOR J，NAGPAL K，POOLLA K，1996. A linear matrix inequality approach to peak-to-peak gain minimization[J]. International Journal of Robust and Nonlinear Control，6（9）：899-927.

JI X F，SU H Y，CHU J，2007. Peak-to-peak gain minimization for uncertain linear discrete systems:a matrix inequality approach[J]. Acta Automatica Sinica，33(7):753-765.

第 9 章　不确定线性系统的鲁棒控制

为了系统分析与综合的方便，复杂的动态系统常用简单的模型加不确定环节来表示。本章介绍一类典型的不确定系统，其标称模型为线性定常系统。针对这类不确定线性系统及典型干扰，讨论相关的鲁棒控制方法。

9.1　二次稳定性

考虑不确定线性系统

$$\dot{x}(t) = A(\delta)x(t) \tag{9.1}$$

其中，$x(t) \in \mathbb{R}^n$ 为系统的状态向量；$A(\delta)$ 是未知参数 $\delta \in \Delta$ 的函数。如果 δ 是定常未知参数，这时系统 (9.1) 是一个线性定常系统，可以通过判断矩阵 $A(\delta)$ 的特征值是否位于左半平面的方法来判断系统 (9.1) 的鲁棒稳定性。如果 $A(\delta)$ 是未知的，且是时间 t 的函数，即 $\delta = \delta(t)$，这时系统 (9.1) 就是线性时变系统，需要采用 Lyapunov 定理来判断该系统是否鲁棒稳定。

定义 9.1　如果存在对称正定矩阵 P，使得对所有的 $\delta \in \Delta$，矩阵不等式

$$A^{\mathrm{T}}(\delta)P + PA(\delta) < 0 \tag{9.2}$$

成立，则称系统 (9.1) 是二次稳定的。

很显然，如果系统是二次稳定的，则 $V(x(t)) = x^{\mathrm{T}}(t)Px(t)$ 是系统 (9.1) 的一个二次型 Lyapunov 函数，且满足：

$$\dot{V}(x(t)) = \frac{\mathrm{d}V(x(t))}{\mathrm{d}t} = x^{\mathrm{T}}(t)(A^{\mathrm{T}}(\delta)P + PA(\delta))x(t) < 0$$

根据 Lyapunov 稳定性定理，系统 (9.1) 对所有的 $\delta \in \Delta$ 是渐近稳定的。即由二次稳定性可以推出鲁棒稳定性，但反之不一定成立。因为二次稳定性要求对于所有的不确定参数 $\delta \in \Delta$，存在公共的 Lyapunov 函数 $V(x(t)) = x^{\mathrm{T}}(t)Px(t)$，这个要求是相当保守的。

一般而言 Δ 是一个无穷集，根据定义 9.1，验证系统 (9.1) 的鲁棒稳定性需要验证无穷多个矩阵不等式的可行性，这在具体控制系统分析与设计时显然是不可能的。下面针对典型的不确定性描述，给出判断系统鲁棒稳定性的数值方法。

如果矩阵 $A(\delta)$ 形式为

$$A(\delta) = A + DF(t)E$$

其中，A、D、E 为已知的定常矩阵；$F(t) \in \mathbb{R}^{i\times j}$ 为满足 $F^{\mathrm{T}}(t)F(t) \leqslant I_j$ 的未知矩阵。这时代入系统的不确定描述，系统二次稳定的充要条件是

$$(A+DF(t)E)^{\mathrm{T}}P+P(A+DF(t)E)<0$$

该不等式对所有满足 $F^{\mathrm{T}}(t)F(t)\leqslant I_j$ 的 $F(t)$ 都成立，当且仅当存在标量 $\varepsilon>0$ 使得

$$A^{\mathrm{T}}P+PA+\varepsilon PDD^{\mathrm{T}}P+\varepsilon^{-1}E^{\mathrm{T}}E<0$$

在该不等式两边均乘以 ε，将 εP 用 P 代替，并应用 Schur 补引理，得如下定理。

定理 9.1 系统 (9.1) 是二次稳定的，当且仅当存在对称正定矩阵 P 满足

$$\begin{bmatrix} A^{\mathrm{T}}P+PA & PD & E^{\mathrm{T}} \\ D^{\mathrm{T}}P & -I_i & 0 \\ E & 0 & -I_j \end{bmatrix}<0 \tag{9.3}$$

可以看出，LMI (9.3) 是系统

$$\begin{cases} \dot{x}(t)=Ax(t)+Dw(t) \\ z(t)=Ex(t) \end{cases} \tag{9.4}$$

的 H_∞ 范数小于 1 的充分必要条件。这一结果也可以由小增益定理得到。

如果矩阵 $A(\delta)$ 形式为

$$A(\delta)=\delta_1(t)A_1+\delta_2(t)A_2+\cdots+\delta_k(t)A_k$$

其中，$\sum\limits_{i=1}^{k}\delta_i(t)=1$，$\delta_i(t)\geqslant 0$，$A_i(i=1,2,\cdots,k)$ 为已知矩阵，这时有以下定理。

定理 9.2 系统 (9.1) 是二次稳定的，当且仅当存在对称正定矩阵 P 满足：

$$A_i^{\mathrm{T}}P+PA_i<0,\qquad i=1,2,\cdots,k \tag{9.5}$$

证明 代入不确定性描述，得到系统二次稳定的充分必要条件是

$$\left(\sum_{i=1}^{k}\delta_i(t)A_i\right)^{\mathrm{T}}P+P\left(\sum_{i=1}^{k}\delta_i(t)A_i\right)<0\Leftrightarrow\sum_{i=1}^{k}\delta_i(t)(A_i^{\mathrm{T}}P+PA_i)<0$$

显然，该条件成立的充分必要条件是式 (9.5) 成立。 □

9.2 参数依赖 Lyapunov 稳定性

二次稳定性要求对于所有的不确定参数，存在一个公共的 Lyapunov 函数，这对于大部分情况都是相当保守的，特别是对于慢时变的不确定系统。本节采用参数依赖 Lyapunov 函数代替二次稳定性中的公共 Lyapunov 函数来讨论系统的鲁棒稳定性条件，有望降低结论的保守性。

考虑系统 (9.1)，其中

$$A(\delta)=A_0+\sum_{i=1}^{k}\delta_iA_i \tag{9.6}$$

其中，$\delta \in \Delta$ 为系统的不确定参数。Δ 为超长方体，Δ_0 为集合 Δ 的顶点所组成的集合。

针对该不确定性，考虑参数依赖 Lyapunov 函数

$$V(x(t),\delta) = x^{\mathrm{T}}(t)P(\delta)x(t) \tag{9.7}$$

其中，$P(\delta)$ 为 δ 的一个矩阵值函数。为了讨论方便，假定矩阵 $P(\delta)$ 与 $A(\delta)$ 形式相同

$$P(\delta) = P_0 + \sum_{i=1}^{k} \delta_i P_i \tag{9.8}$$

其中，$P_0, P_1, \cdots, P_k$ 为对称正定矩阵。很显然，如果

$$A^{\mathrm{T}}(\delta)P(\delta) + P(\delta)A(\delta) < 0 \tag{9.9}$$

系统是鲁棒稳定的。

进一步分析可得

$$\begin{aligned}\frac{\mathrm{d}V(x(t),\delta)}{\mathrm{d}t} &= x^{\mathrm{T}}(t)(A^{\mathrm{T}}(\delta)P(\delta) + P(\delta)A(\delta))x(t)\\ &= x^{\mathrm{T}}(t)L(\delta)x(t)\end{aligned}$$

其中

$$\begin{aligned}L(\delta) &= A^{\mathrm{T}}(\delta)P(\delta) + P(\delta)A(\delta)\\ &= \left(A_0 + \sum_{i=1}^{k}\delta_i A_i\right)^{\mathrm{T}}\left(P_0 + \sum_{i=1}^{k}\delta_i P_i\right) + \left(P_0 + \sum_{i=1}^{k}\delta_i P_i\right)\left(A_0 + \sum_{i=1}^{k}\delta_i A_i\right)\\ &= A_0^{\mathrm{T}}P_0 + P_0A_0 + \sum_{i=1}^{k}\delta_i(A_i^{\mathrm{T}}P_0 + P_0A_i + A_0^{\mathrm{T}}P_i + P_iA_0)\\ &\quad + \sum_{i=1}^{k}\sum_{j=1}^{i-1}\delta_i\delta_j(A_j^{\mathrm{T}}P_i + P_iA_j + A_i^{\mathrm{T}}P_j + P_jA_i) + \sum_{i=1}^{k}\delta_i^2(A_i^{\mathrm{T}}P_i + P_iA_i)\end{aligned} \tag{9.10}$$

由于命题“对于所有的 $\delta \in \Delta_0$，$\dfrac{\mathrm{d}V(x(t),\delta)}{\mathrm{d}t} < 0 \Rightarrow$ 对所有的 $\delta \in \Delta$，$\dfrac{\mathrm{d}V(x(t),\delta)}{\mathrm{d}t} < 0$”成立的一个充分必要条件是 $\dfrac{\mathrm{d}V(x(t),\delta)}{\mathrm{d}t}\Big|_{\delta=\delta_0} < 0$，且 $\dfrac{\mathrm{d}V(x(t),\delta)}{\mathrm{d}t}$ 关于 δ_i 是凸的，这等价于

$$\frac{\partial^2\left(\mathrm{d}V(x(t),\delta)/\mathrm{d}t\right)}{\partial\delta_i^2} = x^{\mathrm{T}}(t)(A_i^{\mathrm{T}}P_i + P_iA_i)x(t) \geqslant 0, \qquad i = 1,2,\cdots,k \tag{9.11}$$

由此可知，$\dfrac{\mathrm{d}V(x(t),\delta)}{\mathrm{d}t}$ 凸的充分条件是

$$A_i^{\mathrm{T}}P_i + P_iA_i \geqslant 0, \qquad i = 1,2,\cdots,k \tag{9.12}$$

总结以上讨论，有如下定理。

定理 9.3 考虑系统 (9.1)，其中，$A(\delta)$ 如式 (9.6) 所示。系统是仿射二次稳定的，如果存在对称正定矩阵 $P_1, P_2, \cdots, P_k$ 使得对所有的 $\delta \in \Delta_0$

$$A^{\mathrm{T}}(\delta)P(\delta) + P(\delta)A(\delta) < 0 \tag{9.13a}$$

$$P(\delta) > 0 \tag{9.13b}$$

$$A_i^{\mathrm{T}}P_i + A_iA_i \geqslant 0, \qquad i = 1, 2, \cdots, k \tag{9.13c}$$

9.3 保性能控制

考虑如下的不确定离散线性系统：

$$x(k+1) = (A + \Delta A)x(k) + (B + \Delta B)u(k) \tag{9.14}$$

其中，$x(k) \in \mathbb{R}^n$ 为状态向量；$u(k) \in \mathbb{R}^m$ 为控制输入向量；$x_0 = x(0)$ 为初始状态；A 和 B 为适当维数的常数矩阵；ΔA 和 ΔB 为适当维数的未知矩阵，表示系统的不确定参数，具有如下形式：

$$\begin{bmatrix} \Delta A & \Delta B \end{bmatrix} = DF(k)\begin{bmatrix} E_a & E_b \end{bmatrix}$$

其中，D、E_a、E_b 为已知的具有适当维数的常数矩阵，表示不确定参数的结构信息；$F(k) \in \mathbb{R}^{i \times j}$ 为时变的未知矩阵，满足范数有界条件 $F^{\mathrm{T}}(k)F(k) \leqslant I_j$。

对于不确定离散线性系统 (9.14)，定义性能指标

$$J = \sum_{k=0}^{\infty}(x^{\mathrm{T}}(k)Qx(k) + u^{\mathrm{T}}(k)Ru(k)) \tag{9.15}$$

其中，$Q \in \mathbb{R}^{n \times n}$、$R \in \mathbb{R}^{m \times m}$ 为给定的对称正定矩阵。

我们引入如下定义。

定义 9.2 对不确定离散线性系统 (9.14) 和性能指标 (9.15)，如果存在状态反馈控制律 $u^*(k)$ 和一个正数 J^*，使得对所有容许的不确定性，闭环系统是渐近稳定的，且闭环性能指标满足 $J \leqslant J^*$，则称 J^* 是不确定离散线性系统 (9.14) 的一个性能上界，$u^*(k)$ 称为不确定离散线性系统(9.6) 的一个状态反馈保性能控制律。

可以看出，保性能控制律不仅保证了闭环系统的鲁棒稳定性，而且保证了闭环系统满足一定的鲁棒性能。

定理 9.4 不确定离散线性系统 (9.14) 是鲁棒稳定的，且满足 $J \leqslant J^*$，如果存在对称正定矩阵 P，矩阵 K 和标量 $\varepsilon > 0$ 使得

$$\begin{bmatrix} -P + \varepsilon DD^{\mathrm{T}} & (A+BK)P & 0 \\ P(A+BK)^{\mathrm{T}} & -P + P(Q + K^{\mathrm{T}}RK)P & P(E_a + E_bK)^{\mathrm{T}} \\ 0 & (E_a + E_bK)P & -\varepsilon I_j \end{bmatrix} < 0 \tag{9.16}$$

其中，$J^* = x_0^{\mathrm{T}}P^{-1}x_0$。

证明　将状态反馈控制律 $u(k) = Kx(k)$ 代入系统 (9.14) 得如下的闭环系统:

$$x(k+1) = (A + BK + DF(k)(E_a + E_bK))x(k) \tag{9.17}$$

定义 Lyapunov 函数为

$$V(x(k)) = x^{\mathrm{T}}(k)P^{-1}x(k) \tag{9.18}$$

其中，P 为对称正定矩阵。

沿着系统 (9.14) 的任意状态轨迹，对 Lyapunov 函数取前向差分，如果

$$\begin{aligned}\Delta V(x(k)) &\stackrel{\text{def}}{=\!=} V(x(k+1)) - V(x(k))\\ &= x^{\mathrm{T}}(k)(A + BK + DF(k)(E_a + E_bK))^{\mathrm{T}}P^{-1}(A + BK + DF(k)\\ &\quad \cdot (E_a + E_bK))x(k) - x^{\mathrm{T}}(k)P^{-1}x(k)\\ &< -x^{\mathrm{T}}(k)(Q + K^{\mathrm{T}}RK)x(k)\\ &< 0\end{aligned} \tag{9.19}$$

则闭环系统是鲁棒稳定的，且有

$$x^{\mathrm{T}}(k)Qx(k) + u^{\mathrm{T}}(k)Ru(k) < -\Delta V(x(k))$$

对该式从 $k = 0$ 到 $k = \infty$ 求和，并利用闭环系统的渐近稳定性，可得

$$\sum_{k=0}^{\infty}(x^{\mathrm{T}}(k)Qx(k) + u^{\mathrm{T}}(k)Ru(k)) \leqslant x_0^{\mathrm{T}}P^{-1}x_0$$

可以看出，式 (9.19) 对任意 $x(k)$ 都成立等价于

$$(A+BK+DF(k)(E_a+E_bK))^{\mathrm{T}}P^{-1}(A+BK+DF(k)(E_a+E_bK))-P^{-1}+Q+K^{\mathrm{T}}RK < 0$$

在该不等式两边左右均乘以 P，并应用 Schur 补引理，进一步等价为

$$\begin{bmatrix} -P & (A + BK + DF(k)(E_a + E_bK))P \\ P(A + BK + DF(k)(E_a + E_bK))^{\mathrm{T}} & -P + P(Q + K^{\mathrm{T}}RK)P \end{bmatrix} < 0 \tag{9.20}$$

定义

$$X = \begin{bmatrix} -P & (A + BK)P \\ P(A + BK)^{\mathrm{T}} & -P + P(Q + K^{\mathrm{T}}RK)P \end{bmatrix}$$

则式 (9.20) 可以重新写成

$$X + \begin{bmatrix} D \\ 0 \end{bmatrix} F(k) \begin{bmatrix} 0 & (E_a + E_bK)P \end{bmatrix} + \begin{bmatrix} 0 & (E_a + E_bK)P \end{bmatrix}^{\mathrm{T}} F^{\mathrm{T}}(k) \begin{bmatrix} D^{\mathrm{T}} & 0 \end{bmatrix} < 0$$

上式对任意满足 $F^{\mathrm{T}}(k)F(k) \leqslant I_j$ 的 $F(k)$ 都成立的充分必要条件是存在标量 $\varepsilon > 0$ 满足：

$$X + \varepsilon \begin{bmatrix} D \\ 0 \end{bmatrix} \begin{bmatrix} D^{\mathrm{T}} & 0 \end{bmatrix} + \varepsilon^{-1} \begin{bmatrix} 0 \\ P(E_a + E_bK)^{\mathrm{T}} \end{bmatrix} \begin{bmatrix} 0 & (E_a + E_bK)P \end{bmatrix} < 0$$

应用 Schur 补引理，上式等价于式 (9.16)。 □

定理 9.4 的系统性能指标上界依赖于初始状态 x_0，如 x_0 是一个满足 $E\{x_0x_0^{\mathrm{T}}\} = I_n$ 的零均值随机向量，则性能指标的期望值满足：

$$J^* = E\{J\} \leqslant E\left\{x_0^{\mathrm{T}}P^{-1}x_0\right\} = \mathrm{trace}(P^{-1}) \tag{9.21}$$

以下定理给出了状态反馈控制律设计方法。

定理 9.5 系统 (9.14) 存在保性能控制律，如果存在对称正定矩阵 P、矩阵 Y、常数 $\varepsilon > 0$ 满足如下的 LMI：

$$\begin{bmatrix} -P + \varepsilon DD^{\mathrm{T}} & AP + BY & 0 & 0 & 0 \\ (AP + BY)^{\mathrm{T}} & -P & (E_aP + E_bY)^{\mathrm{T}} & P & Y^{\mathrm{T}} \\ 0 & E_aP + E_bY & -\varepsilon I_j & 0 & 0 \\ 0 & P & 0 & -Q^{-1} & 0 \\ 0 & Y & 0 & 0 & -R^{-1} \end{bmatrix} < 0 \tag{9.22}$$

则状态反馈控制律为 $u^*(k) = YP^{-1}x(k)$，相应的系统性能指标的上界为 $J^* \leqslant \mathrm{trace}(P^{-1})$。

证明 由 Schur 补引理，式 (9.16) 等价于

$$\begin{bmatrix} -P + \varepsilon DD^{\mathrm{T}} & (A + BK)P & 0 & 0 & 0 \\ P(A + BK)^{\mathrm{T}} & -P & P(E_a + E_bK)^{\mathrm{T}} & P & (KP)^{\mathrm{T}} \\ 0 & (E_a + E_bK)P & -\varepsilon I_j & 0 & 0 \\ 0 & P & 0 & -Q^{-1} & 0 \\ 0 & KP & 0 & 0 & -R^{-1} \end{bmatrix} < 0$$

引入 $KP = Y$ 即可。 □

9.4 鲁棒方差控制

系统设计、参数估计、模型降阶等方面的许多理论和方法都采用状态或输出具有一定的协方差来保证系统满足一定的性能指标，这种通过配置系统状态和输出协方差矩阵的控制方法，称为协方差控制。

考虑系统

$$\dot{x}(t) = (A + \Delta A)x(t) + (B + \Delta B)u(t) + B_ww(t) \tag{9.23}$$

其中，$x(t) \in \mathbb{R}^n$ 为系统的状态向量；$u(t) \in \mathbb{R}^m$ 为系统的控制输入向量；$w(t) \in \mathbb{R}^p$ 为具有单位协方差的零均值白噪声过程，且 $w(t)$ 与系统初始状态 $x(0)$ 不相关；A、B、B_w 为适当维数的定常矩阵；ΔA、ΔB 为未知的不确定矩阵，具有以下形式：

$$\begin{bmatrix} \Delta A & \Delta B \end{bmatrix} = MF(t) \begin{bmatrix} N_a & N_b \end{bmatrix}$$

其中，M、N_a、N_b 为已知的定常矩阵，描述不确定参数的结构信息；$F(t) \in \mathbb{R}^{i\times j}$ 为未知的不确定矩阵，满足范数有界条件 $F^{\mathrm{T}}(t)F(t) \leqslant I_j$。

本节的鲁棒方差控制讨论如何设计状态反馈控制律，使得闭环系统对于所有容许的不确定参数都满足：

(1) 所有的系统极点都位于 $D(q,r)$，其中，$D(q,r)$ 为左半开复平面上中心在 $-q+\mathrm{j}0$ $(q>0)$、半径为 $r(r<q)$ 的圆盘；

(2) $[X]_{ii} < \sigma_i^2 (i=1,2,\cdots,n)$，其中，$\sigma_i$ 为给定的一组常数，$[X]_{ii}$ 为稳态状态方差矩阵 $X = \lim\limits_{t\to\infty} E(x(t)x^{\mathrm{T}}(t))$ 对角线上的第 i 个元素，$E(\cdot)$ 为数学期望。

为了描述方便，首先考虑如下的无输入标称系统：

$$\dot{x}(t) = Ax(t) + B_w w(t) \tag{9.24}$$

对于该系统，我们有如下定理。

定理 9.6　对于给定的圆盘 $D(q,r)$ 和一组常数 $\sigma_i (i=1,2,\cdots,n)$，若存在对称正定矩阵 P 满足如下的 LMI，则系统 (9.24) 满足性能指标 (1) 和 (2)：

$$\begin{bmatrix} -rP & PA^{\mathrm{T}} + qP \\ AP + qP & -rP + qr^{-1} B_w B_w^{\mathrm{T}} \end{bmatrix} < 0 \tag{9.25a}$$

$$[P]_{ii} < \sigma_i^2, \qquad i = 1,2,\cdots,n \tag{9.25b}$$

证明　可以看出 (9.25a) 等价于

$$\left(\frac{A+qI_n}{r}\right) P \left(\frac{A+qI_n}{r}\right)^{\mathrm{T}} - P + \frac{q}{r^2} B_\omega B_\omega^{\mathrm{T}} < 0 \tag{9.26}$$

从而得到

$$\left(\frac{A+qI_n}{r}\right) P \left(\frac{A+qI_n}{r}\right)^{\mathrm{T}} - P < 0$$

矩阵 $(A+qI_n)/r$ 的所有特征值都位于单位圆内，因此 A 的极点都位于圆盘 $D(q,r)$ 内。

同时，将式 (9.26) 整理可得

$$AP + PA^{\mathrm{T}} + q^{-1}(APA^{\mathrm{T}} + (q^2 - r^2)P) + B_w B_w^{\mathrm{T}} < 0 \tag{9.27}$$

进而得到

$$AP + PA^{\mathrm{T}} < 0$$

因此系统 (9.24) 是渐近稳定的，从而系统的稳态状态方差矩阵 X 存在，且满足以下的 Lyapunov 方程：

$$AX + XA^{\mathrm{T}} + B_w B_w^{\mathrm{T}} = 0 \tag{9.28}$$

从式 (9.27) 中减去式 (9.28) 可得

$$A(P - X) + (P - X)A^{\mathrm{T}} + q^{-1}(APA^{\mathrm{T}} + (q^2 - r^2)P) < 0$$

由于 $APA^{\mathrm{T}} + (q^2 - r^2)P > 0$，故而 $X < P$，因此由 $[P]_{ii} < \sigma_i^2$ 可得 $[X]_{ii} < \sigma_i^2$。 □

在定理 9.6 的基础上，进一步考虑系统 (9.23) 的鲁棒方差控制问题。将状态反馈控制律 $u(t) = Kx(t)$ 代入式 (9.23) 可得闭环系统为

$$\dot{x}(t) = (A + BK + MFN_a + MFN_bK)x(t) + B_w w(t) \tag{9.29}$$

将式 (9.25) 中的 A 用 $(A + BK + MFN_a + MFN_bK)$ 代替，界定不确定项并令 $Y = KP$，得如下定理。

定理 9.7 对于给定的圆盘 $D(q, r)$ 和一组常数 $\sigma_i(i = 1, 2, \cdots, n)$，若存在对称正定矩阵 P，矩阵 Y 和标量 $\varepsilon > 0$ 满足如下的 LMI，则系统 (9.23) 满足性能指标 (1) 和 (2)：

$$\begin{bmatrix} -rP & (AP + BY + qP)^{\mathrm{T}} & (N_aP + N_bY)^{\mathrm{T}} \\ AP + BY + qP & -rP + qr^{-1}B_wB_w^{\mathrm{T}} + \varepsilon MM^{\mathrm{T}} & 0 \\ N_aP + N_bY & 0 & -\varepsilon I_j \end{bmatrix} < 0 \tag{9.30a}$$

$$[P]_{ii} < \sigma_i^2, \qquad i = 1, 2, \cdots, n \tag{9.30b}$$

则 $u(t) = YP^{-1}x(t)$ 是一个鲁棒方差控制律。

在实际工程应用中，具有最小能量的方差控制律更有意义，即使得性能指标

$$J(u) = \sup_K \left\{ \lim_{t \to \infty} \mathrm{E}(u^{\mathrm{T}}(t)Ru(t))^{1/2} \right\}$$

最小化的鲁棒方差控制律，其中，R 为给定的正定矩阵。这时，考虑状态反馈控制律 $u(t) = YP^{-1}x(t)$ 的形式，并考虑 $X < P$，有

$$\begin{aligned} J^2(u) &= \sup \left\{ \lim E(x^{\mathrm{T}}(t)P^{-1}Y^{\mathrm{T}}RYP^{-1}x(t)) \right\} \\ &= \sup \left\{ \mathrm{trace}(YP^{-1}XP^{-1}Y^{\mathrm{T}}R) \right\} \\ &\leqslant \mathrm{trace}(SYP^{-1}Y^{\mathrm{T}}S^{\mathrm{T}}) \end{aligned}$$

其中，$R = S^{\mathrm{T}}S$。因此可以通过使得 $J^2(u)$ 的上界 $\mathrm{trace}(SYP^{-1}Y^{\mathrm{T}}S^{\mathrm{T}})$ 最小化的方法来求取最小能量的状态控制律。

9.5　鲁棒 H_2 控制

考虑如下的不确定线性系统：

$$\begin{cases} \dot{x}(t) = Ax(t) + B_p p(t) + B_u u(t) + B_w w(t) \\ q(t) = Cx(t) + Dp(t) \\ z(t) = Mx(t) + Np(t) \\ p(t) = \Delta(t)q(t) \end{cases} \tag{9.31}$$

其中，$x(t) \in \mathbb{R}^n$ 为状态向量；$u(t) \in \mathbb{R}^m$ 为控制输入变量；$w(t) \in \mathbb{R}^p$ 为外部扰动向量；$z(t) \in \mathbb{R}^q$ 为系统被调输出；$p(t) \in \mathbb{R}^i$ 和 $q(t) \in \mathbb{R}^j$ 为描述系统不确定性的外部信号；$\Delta(t) \in \mathbb{R}^{i\times j}$ 为时变的模型不确定性，且满足范数有界条件 $\Delta^{\mathrm{T}}(t)\Delta(t) \leqslant I_j$；$A$、$B_p$、$B_u$、$B_w$、$C$、$D$、$M$、$N$ 为已知的定常矩阵。

由于系统含有时变不确定参数，系统为时变系统，不能再用传递函数的形式定义系统的 H_2 范数，为此，引入如下定义。

定义 9.3　定义线性二次型指标

$$\hat{J}_2(\Delta, w_0) \xlongequal{\text{def}} \|z(t)\|_2^2 = \int_0^\infty z^{\mathrm{T}}(t)z(t)\mathrm{d}t \tag{9.32}$$

其中，$z(t)$ 是系统在零初始条件时，脉冲信号 $w(t) = w_0\delta(t)$ 激励下的被调输出。该指标反映了信号 $z(t)$ 的能量。系统的鲁棒 H_2 性能指标定义为

$$J_2 = \sup_{\Delta, w_0} \left\{ \hat{J}_2(\Delta, w_0) : \|w_0\| \leqslant 1, \Delta^{\mathrm{T}}(t)\Delta(t) \leqslant I \right\} \tag{9.33}$$

即最坏情况下的二次型性能指标值。

定理 9.8　在 $u(t) = 0$ 时，系统 (9.31) 的鲁棒 H_2 性能指标 J_2 是有限的，且 $J_2 \leqslant \left\|B_w^{\mathrm{T}} P B_w\right\|$，如果存在对称正定矩阵 P 满足如下 LMI：

$$\begin{bmatrix} PA + A^{\mathrm{T}}P & PB_p & C^{\mathrm{T}} & M^{\mathrm{T}} \\ B_p^{\mathrm{T}}P & -I_i & D^{\mathrm{T}} & N^{\mathrm{T}} \\ C & D & -I_j & 0 \\ M & N & 0 & -I_q \end{bmatrix} < 0 \tag{9.34}$$

证明　应用 Schur 补引理，LMI (9.34) 等价于

$$\varPsi = \begin{bmatrix} PA + A^{\mathrm{T}}P & PB_p \\ B_p^{\mathrm{T}}P & -I_i \end{bmatrix} + \begin{bmatrix} C & D \\ M & N \end{bmatrix}^{\mathrm{T}} \begin{bmatrix} C & D \\ M & N \end{bmatrix} < 0$$

在系统(9.31)中，令 $u(t) = 0$、$w(t) = w_0\delta(t)$、$x_0 = 0$。取 Lyapunov 函数为 $V(x(t)) = x^{\mathrm{T}}(t)Px(t)$，则沿系统 (9.31) 的任意状态轨迹满足：

$$\begin{bmatrix} x(t) \\ p(t) \end{bmatrix}^{\mathrm{T}} \Psi \begin{bmatrix} x(t) \\ p(t) \end{bmatrix} < 0$$

由此可得

$$\dot{V}(x(t)) < p^{\mathrm{T}}(t)p(t) - q^{\mathrm{T}}(t)q(t) - z^{\mathrm{T}}(t)z(t) + 2x^{\mathrm{T}}(t)PB_w w(t)$$

由于 $x(0)=0$ 和 $w(t)=w_0\delta(t)$ 等价于 $x(0)=B_w w_0$ 和 $w(t)=0$，在上式两边对时间 t 从 0 到 ∞ 积分，并利用系统的稳定性可得

$$w_0^{\mathrm{T}} B_w^{\mathrm{T}} P B_w w_0 > \int_0^{\infty} \|z(t)\|_2^2 \,\mathrm{d}t + \int_0^{\infty} (q^{\mathrm{T}}(t)q(t) - p^{\mathrm{T}}(t)p(t))\mathrm{d}t$$

由于 $\Delta^{\mathrm{T}}(t)\Delta(t) \leqslant I$，有 $q^{\mathrm{T}}(t)q(t) - p^{\mathrm{T}}(t)p(t) = q^{\mathrm{T}}(t)(I - \Delta^{\mathrm{T}}\Delta)q(t) \geqslant 0$ 成立。从而当 $\|w_0\| \leqslant 1$ 时

$$\int_0^{\infty} \|z(t)\|_2^2 \,\mathrm{d}t < \left\|B_w^{\mathrm{T}} P B_w\right\| \tag{9.35}$$

定理得证。 □

以下定理给出了鲁棒 H_2 控制器设计算法。

定理 9.9　系统 (9.31) 的鲁棒 H_2 性能指标 J_2 是有限的，且 $J_2 \leqslant \left\|B_w^{\mathrm{T}} Q^{-1} B_w\right\|$，如果存在对称正定矩阵 Q 和矩阵 Y 满足如下 LMI：

$$\begin{bmatrix} AQ + QA^{\mathrm{T}} + B_u Y + Y^{\mathrm{T}} B_u^{\mathrm{T}} & B_p & QC^{\mathrm{T}} & QM^{\mathrm{T}} \\ B_p^{\mathrm{T}} & -I_i & D^{\mathrm{T}} & N^{\mathrm{T}} \\ CQ & D & -I_j & 0 \\ MQ & N & 0 & -I_q \end{bmatrix} < 0 \tag{9.36}$$

这时，鲁棒 H_2 控制器为

$$u(t) = YQ^{-1}x(t)$$

证明　在式 (9.31) 中代入状态反馈控制器 $u(t) = Kx(t)$ 得闭环系统为

$$\dot{x}(t) = (A + B_u K)x(t) + B_p p(t) + B_w w(t)$$

在式 (9.34) 中将 A 用 $A+B_uK$ 代替，并在两边都乘以 $\mathrm{diag}\{P^{-1}, I_{i+j+q}\}$，令 $Q = P^{-1}$、$KQ = Y$ 即得结论。 □

注意到 $B_w^{\mathrm{T}} Q^{-1} B_w < \gamma I_p$ 等价于 LMI

$$\begin{bmatrix} -\gamma I_p & B_w^{\mathrm{T}} \\ B_w & -Q \end{bmatrix} < 0 \tag{9.37}$$

因此，可以建立如下的鲁棒 H_2 性能优化问题：

$$\begin{aligned} \min_{P>0,Y} \quad & \gamma \\ \text{s.t.} \quad & \text{式}(9.37), \text{式}(9.38) \end{aligned} \tag{9.38}$$

如果该优化问题存在最优解 γ^*，则 $J_2 = \gamma^*$。

9.6　鲁棒 H_∞ 控制

考虑如下的不确定线性系统：

$$\begin{cases} \dot{x}(t) = Ax(t) + B_p p(t) + B_u u(t) + B_w w(t) \\ q(t) = Cx(t) + Dp(t) + Lw(t) \\ z(t) = Mx(t) + Np(t) + Hw(t) \\ p(t) = \Delta(t) q(t) \end{cases} \tag{9.39}$$

其中，$x(t) \in \mathbb{R}^n$ 为状态向量；$u(t) \in \mathbb{R}^m$ 为控制输入向量；$w(t) \in \mathbb{R}^p$ 为外部扰动向量；$z(t) \in \mathbb{R}^q$ 为系统被调输出；$p(t) \in \mathbb{R}^i$ 和 $q(t) \in \mathbb{R}^j$ 为描述系统不确定性的外部信号；A、B_p、B_u、B_w、C、D、L、H、M、N 为适当维数的定常矩阵；$\Delta(t) \in \mathbb{R}^{i\times j}$ 为时变的模型不确定性，满足范数有界条件 $\Delta^{\mathrm{T}}(t)\Delta(t) \leqslant I_j$。

由于时变矩阵 $\Delta(t)$ 的存在，系统 (9.39) 是时变系统，这时引入定义 9.4。

定义 9.4　定义

$$\hat{J}_\infty(\Delta, w) = \int_0^\infty z^{\mathrm{T}}(t) z(t) \mathrm{d}t \tag{9.40}$$

其中，$z(t)$ 是系统 (9.39) 在零初始条件时，有限能量扰动 $w(t)$ 激励下的系统被调输出。这时，不确定系统 (9.39) 的鲁棒 H_∞ 性能指标定义为

$$J_\infty \overset{\text{def}}{=\!=} \sup_{w,\Delta} \left\{ \hat{J}_\infty(\Delta, w) : \|w\|_2 \leqslant 1, \Delta^{\mathrm{T}}\Delta \leqslant I_j \right\} \tag{9.41}$$

即在所有允许的参数不确定性和有限能量扰动 w 中 $\hat{J}_\infty(\Delta, w)$ 的最坏可能值。

定理 9.10　不确定系统 (9.39) 是鲁棒稳定的，且 H_∞ 性能指标是有限的，$J_\infty < \gamma$，如果存在对称正定矩阵 P 满足如下的 LMI：

$$\begin{bmatrix} PA + A^{\mathrm{T}}P & PB_p & PB_w & C^{\mathrm{T}} & M^{\mathrm{T}} \\ B_p^{\mathrm{T}}P & -I_i & 0 & D^{\mathrm{T}} & N^{\mathrm{T}} \\ B_w^{\mathrm{T}}P & 0 & -\gamma^2 I_p & L^{\mathrm{T}} & H^{\mathrm{T}} \\ C & D & L & -I_j & 0 \\ M & N & H & 0 & -I_q \end{bmatrix} < 0 \tag{9.42}$$

证明　由 Schur 补引理可知

$$\Psi = \begin{bmatrix} PA + A^{\mathrm{T}}P & PB_p & PB_w \\ B_p^{\mathrm{T}}P & -I_i & 0 \\ B_w^{\mathrm{T}}P & 0 & -\gamma^2 I_p \end{bmatrix} + \begin{bmatrix} C^{\mathrm{T}} & M^{\mathrm{T}} \\ D^{\mathrm{T}} & N^{\mathrm{T}} \\ L^{\mathrm{T}} & N^{\mathrm{T}} \end{bmatrix} \begin{bmatrix} C & D & L \\ M & N & H \end{bmatrix} < 0 \tag{9.43}$$

定义 $\xi(t)=[x^{\mathrm{T}}(t)\quad p^{\mathrm{T}}(t)\quad w^{\mathrm{T}}(t)]^{\mathrm{T}}$，可知 $\xi^{\mathrm{T}}(t)\Psi\xi(t)<0$，展开得

$$2x^{\mathrm{T}}(t)P\dot{x}(t)+z^{\mathrm{T}}(t)z(t)-\gamma^2w^{\mathrm{T}}(t)w(t)<p^{\mathrm{T}}(t)p(t)-q^{\mathrm{T}}(t)q(t)\leqslant 0$$

故而

$$\frac{\mathrm{d}}{\mathrm{d}t}[x^{\mathrm{T}}(t)Px(t)]+z^{\mathrm{T}}(t)z(t)-\gamma^2w^{\mathrm{T}}(t)w(t)<0$$

在上式两边对时间 t 从 0 到 ∞ 积分并利用零初始条件和系统的稳定性，得

$$\int_0^{\infty}z^{\mathrm{T}}(t)z(t)\mathrm{d}t\leqslant\int_0^{\infty}\gamma^2w^{\mathrm{T}}(t)w(t)\mathrm{d}t \tag{9.44}$$

即 H_∞ 性能界为 γ。定理得证。 □

以下定理给出了鲁棒 H_∞ 控制器设计算法。

定理 9.11　系统 (9.39) 的鲁棒 H_∞ 性能指标 J_∞ 是有限的，且 $J_\infty<\gamma$，如果存在对称正定矩阵 Q 和矩阵 Y 满足如下 LMI：

$$\begin{bmatrix} AQ+QA^{\mathrm{T}}+B_uY+Y^{\mathrm{T}}B_u^{\mathrm{T}} & B_p & B_w & QC^{\mathrm{T}} & QM^{\mathrm{T}} \\ B_p^{\mathrm{T}} & -I_i & 0 & D^{\mathrm{T}} & N^{\mathrm{T}} \\ B_w^{\mathrm{T}} & 0 & -\gamma^2I_p & L^{\mathrm{T}} & H^{\mathrm{T}} \\ CQ & D & L & -I_j & 0 \\ MQ & N & H & 0 & -I_q \end{bmatrix}<0 \tag{9.45}$$

这时，鲁棒 H_∞ 控制器为

$$u(t)=YQ^{-1}x(t)$$

证明　在系统(9.39) 中代入状态反馈控制器 $u(t)=Kx(t)$，得到闭环系统

$$\dot{x}(t)=(A+B_uK)x(t)+B_pp(t)+B_ww(t)$$

在式 (9.42) 中将 A 用 $A+B_uK$ 代替，并在不等式两边都乘以 $\mathrm{diag}\{P^{-1},I_{i+j+p+q}\}$，定义 $Q=P^{-1}$，$KQ=Y$，则得结论。 □

注记　本章内容由文献 (俞立，2002) 第 7、8 章，文献 (苏宏业 等，2007) 第 5 章等内容改写。

习　题

9-1　二阶系统

$$\dot{x}(t)=\begin{bmatrix}0 & 1\\ a_{21} & a_{22}\end{bmatrix}x(t)$$

其中，$a_{21}\in[-12,-1]$，$a_{22}\in[-0.7,-0.5]$。对给定的不确定参数允许变化范围，确定系统是否二次稳定。

9-2　不确定线性系统 (9.23)，其中

$$A=\begin{bmatrix}-4 & 0 & 0\\ 0 & -3 & 1\\ 0 & 0 & 1\end{bmatrix},\qquad B=\begin{bmatrix}0 & 0\\ 1 & 1\\ 0 & 1\end{bmatrix}\qquad B_w=\begin{bmatrix}0.2\\ 0\\ 0\end{bmatrix}$$

$$M=0.4I,\qquad N_a=0.4I,\qquad N_b=I$$

设计状态反馈控制器，使得对于所有允许的不确定性，闭环系统的极点都位于圆盘 $D(3,2)$，且稳态状方差满足 $[X]_{11}\leqslant 1$，$[X]_{22}\leqslant 4.5$，$[X]_{22}\leqslant 1$。

参 考 文 献

苏宏业，褚健，鲁仁全，等，2007. 不确定时滞系统的鲁棒控制理论 [M]. 北京：科学出版社.
俞立，2002. 鲁棒控制——线性矩阵不等式处理方法 [M]. 北京：清华大学出版社.

第 10 章　不确定时滞系统的鲁棒控制

工业过程中存在着大量的时滞现象，例如长管道进料、信号测量滞后等。对于许多大时间常数系统，也常用小时间常数系统加纯滞后环节来近似，这些都可以归结为时滞系统。时滞的存在使得系统的分析与设计变得更加困难，时滞系统也一直是控制界研究的热点问题之一。本章基于 Lyapunov 理论，采用 LMI 等工具，讨论不确定时滞系统的鲁棒状态反馈控制器设计问题。

10.1　线性时滞系统的稳定性分析

考虑如下的线性时滞系统：

$$\begin{cases}\dot{x}(t)=Ax(t)+A_dx(t-d)\\ x(t)=\varphi(t), \qquad t\in[-d,0]\end{cases} \tag{10.1}$$

其中，$x(t)\in\mathbb{R}^n$ 为系统的状态向量；$d>0$ 为系统的状态滞后时间；$\varphi(t)\in\mathbb{R}^n$ 为系统的初始条件；A、A_d 为已知的定常矩阵。该系统的稳定性条件由以下定理给出。

定理 10.1　线性时滞系统 (10.1) 是渐近稳定的，如果存在对称正定矩阵 P、R 满足如下 LMI：

$$\begin{bmatrix}A^{\mathrm{T}}P+PA+R & PA_d\\ A_d^{\mathrm{T}}P & -R\end{bmatrix}<0 \tag{10.2}$$

证明　若存在满足式 (10.2) 的对称正定矩阵 P、R，则可以构造如下的 Lyapunov 泛函：

$$V(x_t)=x^{\mathrm{T}}(t)Px(t)+\int_{t-d}^{t}x^{\mathrm{T}}(s)Rx(s)\mathrm{d}s \tag{10.3}$$

则 $V(x_t)$ 是正定的，且满足：

$$\lambda_{\min}(P)\left\|x(t)\right\|_2^2\leqslant V(x_t)\leqslant(\lambda_{\max}(P)+d\lambda_{\max}(R))\left\|x(t)\right\|_c^2$$

其中，$\lambda_{\max}(\cdot)$ 和 $\lambda_{\min}(\cdot)$ 分别为矩阵的最大和最小特征值。

沿系统 (10.1) 的状态轨迹，将 $V(x_t)$ 对时间 t 求导，得

$$\begin{aligned}\dot{V}(x_t)&=2x^{\mathrm{T}}(t)P(Ax(t)+A_dx(t-d))+x^{\mathrm{T}}(t)Rx(t)-x^{\mathrm{T}}(t-d)Rx(t-d)\\&=\begin{bmatrix}x(t)\\ x(t-d)\end{bmatrix}^{\mathrm{T}}\begin{bmatrix}A^{\mathrm{T}}P+PA+R & PA_d\\ A_d^{\mathrm{T}}P & -R\end{bmatrix}\begin{bmatrix}x(t)\\ x(t-d)\end{bmatrix}\end{aligned}$$

由式 (10.2) 可知存在标量 $\varepsilon>0$ 使得 $\dot{V}(x_t)<-\varepsilon\left\|x(t)\right\|^2$，由 Lyapunov-Krasovskii 定理，系统 (10.1) 是渐近稳定的。 □

可以看出，定理 10.1 将判断时滞系统 (10.1) 的稳定性问题转换为 LMI (10.2) 的可行性问题，可以方便地使用 LMI 工具箱中 feasp 求解器来求解。

如果对矩阵 A_d 满秩分解

$$A_d = BD, \qquad B \in \mathbb{R}^{n\times m}, \qquad D \in \mathbb{R}^{m\times n}$$

其中，$m = \mathrm{rank}(A_d)$ 并构造 Lyapunov 泛函为

$$V(x_t) = x^{\mathrm{T}}(t)Px(t) + \int_{t-d}^{t} x^{\mathrm{T}}(s)D^{\mathrm{T}}RDx(s)\mathrm{d}s \tag{10.4}$$

沿着系统 (10.1) 的状态轨迹对 $V(x_t)$ 求导，得如下的稳定性判据。

定理 10.2 线性时滞系统 (10.1) 是渐近稳定的，如果存在对称正定矩阵 $P \in \mathbb{R}^{n\times n}$ 和 $R \in \mathbb{R}^{m\times m}$ 满足如下的 LMI：

$$\begin{bmatrix} A^{\mathrm{T}}P + PA + D^{\mathrm{T}}RD & PB \\ B^{\mathrm{T}}P & -R \end{bmatrix} < 0 \tag{10.5}$$

可以看出，式 (10.2) 的维数为 $2n$，而 LMI (10.5) 的维数为 $m+n$，具有更小的维数，有利于降低存储空间，减少计算时间。当然，如果 $\mathrm{rank}(A_d) = n$，则 $D = I_n$，这时二者等价。

Lyapunov-Razumikhin 定理同样可以解决时滞系统的稳定性问题。为了应用 Lyapunov-Razumikhin 定理，我们构造如下的 Lyapunov 函数：

$$V(x(t)) = x^{\mathrm{T}}(t)Px(t) \tag{10.6}$$

则可以获得如下的稳定性判据。

定理 10.3 线性时滞系统 (10.1) 是渐近稳定的，如果存在标量 $\alpha > 0$ 和对称正定矩阵 P 满足：

$$\begin{bmatrix} P^{\mathrm{T}}A + A^{\mathrm{T}}P + \alpha P & PA_d \\ A_d^{\mathrm{T}}P & -\alpha P \end{bmatrix} < 0 \tag{10.7}$$

证明 容易验证 $V(x(t))$ 满足：

$$\lambda_{\min}(P)\left\|x(t)\right\|^2 \leqslant V(x(t)) \leqslant \lambda_{\max}(P)\left\|x(t)\right\|^2$$

对 $V(x)$ 沿系统 (10.1) 轨迹求导，可得

$$\dot{V}(x(t)) = \frac{\mathrm{d}}{\mathrm{d}t}(V(x(t))) = 2x^{\mathrm{T}}(t)P(Ax(t) + A_dx(t-d))$$

如果对任意的 $-d \leqslant \theta \leqslant 0$，都有 $V(x(t+\theta)) < pV(x(t))$ 成立，则可以得到

$$\dot{V}(x(t)) \leqslant 2x^{\mathrm{T}}(t)P(Ax(t) + A_dx(t-d)) + \alpha(px^{\mathrm{T}}(t)Px(t) - x^{\mathrm{T}}(t-d)Px(t-d))$$

$$= \begin{bmatrix} x(t) \\ x(t-d) \end{bmatrix}^{\mathrm{T}} \begin{bmatrix} PA + A^{\mathrm{T}}P + \alpha pP & PA_d \\ A_d^{\mathrm{T}}P & -\alpha P \end{bmatrix} \begin{bmatrix} x(t) \\ x(t-d) \end{bmatrix}$$

由不等式 (10.7) 可知，对于充分小的 $\delta > 0$ 和 $p = 1 + \delta$

$$\begin{bmatrix} PA + A^{\mathrm{T}}P + \alpha pP & PA_d \\ A_d^{\mathrm{T}}P & -\alpha P \end{bmatrix} < 0$$

成立，从而存在 $\varepsilon = \alpha\delta > 0$ 使得

$$\dot{V}(x(t)) \leqslant -\varepsilon \|x(t)\|^2$$

根据 Lyapunov-Razumikhin 定理，系统 (10.1) 是渐近稳定的。 □

容易看出，如果令 $R = \alpha P$，定理 10.1 与定理 10.3 完全等价。因此，本章主要采用 Lyapunov-Krasovskii 方法来讨论时滞系统的鲁棒控制问题。

针对离散系统，我们讨论如下模型：

$$\begin{cases} x(k+1) = Ax(k) + A_d x(k-d) \\ x(k) = \varphi(k), \qquad -d \leqslant k \leqslant 0 \end{cases} \tag{10.8}$$

其中，$x(k) \in \mathbb{R}^n$ 为系统的状态向量；$d > 0$ 为系统的整数状态滞后时间；$\varphi(k) \in \mathbb{R}^n$ 为系统的初始条件；A、A_d 为已知的定常矩阵。构造 Lyapunov 泛函为

$$V(x_k) = x^{\mathrm{T}}(k)Px(k) + \sum_{i=k-d}^{k-1} x^{\mathrm{T}}(i)Rx(i) \tag{10.9}$$

其中，P、R 为对称正定矩阵。由此可得系统 (10.8) 的稳定性判据如下。

定理 10.4　离散时滞系统 (10.8) 是渐近稳定的，如果存在对称正定矩阵 P、R 满足：

$$\begin{bmatrix} -P + R & 0 & A^{\mathrm{T}}P \\ 0 & -R & A_d^{\mathrm{T}}P \\ PA & PA_d & -P \end{bmatrix} < 0 \tag{10.10}$$

证明　对该 Lyapunov 泛函沿着系统 (10.8) 的状态轨迹求取前向差分，得到

$$\begin{aligned} \Delta V(x_k) &= V(x_{k+1}) - V(x_k) \\ &= x^{\mathrm{T}}(k+1)Px(k+1) - x^{\mathrm{T}}(k)Px(k) + x^{\mathrm{T}}(k)Rx(k) - x^{\mathrm{T}}(k-d)Rx(k-d) \\ &= \begin{bmatrix} x(k) \\ x(k-d) \end{bmatrix}^{\mathrm{T}} \begin{bmatrix} -P + R + A^{\mathrm{T}}PA & A^{\mathrm{T}}PA_d \\ A_d^{\mathrm{T}}PA & -R + A_d^{\mathrm{T}}PA_d \end{bmatrix} \begin{bmatrix} x(k) \\ x(k-d) \end{bmatrix} \end{aligned}$$

由 Schur 补引理可得，LMI (10.10) 成立，则一定存在标量 $\varepsilon > 0$ 使得 $\Delta V(x_k) < -\varepsilon \|x(k)\|^2$，从而系统渐近稳定。 □

不等式 (10.10) 为严格 LMI，可以使用 LMI 工具箱 feasp 求解器求解。

10.2　不确定时滞系统的时滞依赖鲁棒控制

定理 10.1 和定理 10.4 分别给出了连续时滞系统与离散时滞系统的稳定性判据。从定理中可以看出，系统的稳定性与滞后时间 d 无关，即稳定性条件对所有的滞后时间 d 都成立，适用于处理不确定滞后时间或滞后时间未知的时滞系统。如果已知滞后 d 的某些信息，则可以讨论稳定性与滞后时间 d 的关系，即时滞依赖稳定性判据，对于某些 d 值，系统是稳定的，而对某些 d 值，系统则是不稳定的。一般说来，时滞无关稳定性条件相对保守，因为时滞无关稳定性条件对任意大的滞后时间都成立，但也不绝对。在分析与设计中，这两类稳定性条件各有优点，不可替代。

10.2.1　不确定连续时滞系统的鲁棒控制

考虑如下的不确定线性时滞系统：

$$\begin{cases}\dot{x}(t) = (A+\Delta A)x(t) + (A_d+\Delta A_d)x(t-d) + (B+\Delta B)u(t) \\ x(t) = \varphi(t), \qquad t\in[-d,0]\end{cases} \tag{10.11}$$

其中，$x(t)\in\mathbb{R}^n$ 为状态向量；$u(t)\in\mathbb{R}^m$ 为输入向量；$d>0$ 为状态滞后；$\varphi(t)$ 为初始状态；A、A_d、B 为已知定常矩阵；ΔA、ΔA_d、ΔB 为未知的不确定参数矩阵，且满足：

$$\begin{bmatrix}\Delta A & \Delta A_d & \Delta B\end{bmatrix} = MF(t)\begin{bmatrix}N_a & N_d & N_b\end{bmatrix}$$

其中，M、N_a、N_d、N_b 为已知矩阵；$F(t)\in\mathbb{R}^{i\times j}$ 为未知矩阵，且满足 $F^{\mathrm{T}}(t)F(t)\leqslant I_j$。

对于系统 (10.11)，我们讨论如何设计一个状态反馈控制器 $u(t)=Kx(t)$，使得闭环系统对于所有的不确定性都是渐近稳定的，为此引入如下定义。

定义 10.1　不确定线性时滞系统 (10.11) 是鲁棒稳定的，如果该系统在 $u(t)=0$ 时，对任意容许的不确定参数 $F(t)$，系统都是渐近稳定的。

定义 10.2　不确定线性时滞系统 (10.11) 是鲁棒可镇定的，如果存在状态反馈控制器 $u(t)=Kx(t)$ 使得闭环系统对所有容许的不确定参数 $F(t)$ 都是渐近稳定的。这时，$u(t)=Kx(t)$ 称为是鲁棒反馈控制器。

在给出系统鲁棒可镇定判据之前，我们首先讨论无输入标称系统 (10.11)，即系统 (10.1) 的时滞依赖稳定性问题。

定理 10.5　给定标量 $d^*>0$，线性时滞系统 (10.1) 对满足 $0\leqslant d\leqslant d^*$ 的任意时滞 d 是渐近稳定的，如果存在对称正定矩阵 P、Q、Z，对称矩阵 X 与矩阵 Y 满足：

$$\varXi = \begin{bmatrix}\varXi_{11} & PA_d - Y & d^*A^{\mathrm{T}}Z \\ A_d^{\mathrm{T}}P - Y^{\mathrm{T}} & -Q & d^*A_d^{\mathrm{T}}Z \\ d^*ZA & d^*ZA_d & -d^*Z\end{bmatrix} < 0 \tag{10.12a}$$

$$\begin{bmatrix}X & Y \\ Y^{\mathrm{T}} & Z\end{bmatrix} \geqslant 0 \tag{10.12b}$$

其中，$\varXi_{11} = PA + A^{\mathrm{T}}P + Y + Y^{\mathrm{T}} + d^*X + Q$。

证明　由 Newton-Leibuniz 公式可知

$$x(t) - x(t-d) = \int_{t-d}^{t} \dot{x}(\theta)\mathrm{d}\theta \tag{10.13}$$

由此，系统 (10.1) 可以重新写成

$$\dot{x}(t) = (A + A_d)x(t) - A_d \int_{t-d}^{t} \dot{x}(\theta)\mathrm{d}\theta \tag{10.14}$$

构造 Lyapunov 泛函为

$$V(x_t) = V_1(x_t) + V_2(x_t) + V_3(x_t) \tag{10.15}$$

其中

$$\begin{aligned} V_1(x_t) &= x^{\mathrm{T}}(t)Px(t) \\ V_2(x_t) &= \int_{t-d}^{t} x^{\mathrm{T}}(s)Qx(s)\mathrm{d}s \\ V_3(x_t) &= \int_{-d}^{0}\int_{t+s}^{t} \dot{x}^{\mathrm{T}}(\theta)Z\dot{x}(\theta)\mathrm{d}\theta\mathrm{d}s \end{aligned}$$

则 $V_1(x_t)$ 沿系统 (10.1) 的轨迹对时间 t 的导数为

$$\begin{aligned} \dot{V}_1(x_t) &= 2x^{\mathrm{T}}(t)P(A + A_d)x(t) - \int_{t-d}^{t} 2x^{\mathrm{T}}(t)PA_d\dot{x}(s)\mathrm{d}s \\ &\leqslant x^{\mathrm{T}}(t)(PA + A^{\mathrm{T}}P + dX + Y + Y^{\mathrm{T}})x(t) - 2x^{\mathrm{T}}(t)(Y - PA_d)x(t-d) \\ &\quad + \int_{t-d}^{t} \dot{x}^{\mathrm{T}}(s)Z\dot{x}(s)\mathrm{d}s \end{aligned}$$

这里利用了 Moon 不等式来界定交叉项

$$-2x^{\mathrm{T}}(t)PA_d\dot{x}(s) \leqslant \begin{bmatrix} x(t) \\ \dot{x}(s) \end{bmatrix}^{\mathrm{T}} \begin{bmatrix} X & Y - PA_d \\ Y^{\mathrm{T}} - A_d^{\mathrm{T}}P & Z \end{bmatrix} \begin{bmatrix} x(t) \\ \dot{x}(s) \end{bmatrix}$$

其中，X、Y、Z 满足式 (10.12b)。

将 $V_2(x_t)$ 与 $V_3(x_t)$ 对时间 t 求导得

$$\begin{aligned} \dot{V}_2(x_t) &= x^{\mathrm{T}}(t)Qx(t) - x^{\mathrm{T}}(t-d)Qx(t-d) \\ \dot{V}_3(x_t) &= d\dot{x}^{\mathrm{T}}(t)Z\dot{x}(t) - \int_{t-d}^{t} \dot{x}^{\mathrm{T}}(s)Z\dot{x}(s)\mathrm{d}s \end{aligned}$$

综合 $\dot{V}_1(x_t)$、$\dot{V}_2(x_t)$、$\dot{V}_3(x_t)$ 可到

$$\begin{aligned} \dot{V}(x_t) &= \dot{V}_1(x_t) + \dot{V}_2(x_t) + \dot{V}_3(x_t) \\ &\leqslant \begin{bmatrix} x(t) \\ x(t-d) \end{bmatrix}^{\mathrm{T}} \Xi' \begin{bmatrix} x(t) \\ x(t-d) \end{bmatrix} \end{aligned}$$

其中

$$\Xi' = \begin{bmatrix} PA + A^{\mathrm{T}}P + Y + Y^{\mathrm{T}} + dX + Q & PA_d - Y \\ A_d^{\mathrm{T}}P - Y^{\mathrm{T}} & -Q \end{bmatrix} + d\begin{bmatrix} A^{\mathrm{T}} \\ A_d^{\mathrm{T}} \end{bmatrix} Z \begin{bmatrix} A & A_d \end{bmatrix}$$

由 Schur 补引理可知，式 (10.12a) 保证了 $\Xi' < 0$，从而 $\dot{V}(x_t) < 0$，系统 (10.1) 渐近稳定。 □

从定理 10.5 的证明过程可知，讨论时滞系统的时滞依赖稳定判据的基本思路是，首先将时滞系统通过模型转换，变成含有分布时滞的形式，再构造一个合适的 Lyapunov 泛函，对 Lyapunov 泛函沿系统状态轨迹求导，并将含有分布时滞的交叉项当作扰动通过不等式放大界定。因此，不同的交叉项界定与模型转换方法将给出不同的稳定性判据，并具有不同的保守性。

例如，如果构造系统 (10.1) 的 Lyapunov 泛函为

$$V(x_t) = x^{\mathrm{T}}(t)Px(t) + \int_{t-d}^{t} x^{\mathrm{T}}(s)Qx(s)\mathrm{d}s + \int_{-d}^{0}\int_{t+s}^{t} \dot{x}^{\mathrm{T}}(\theta)A_d^{\mathrm{T}}XA_d\dot{x}(\theta)\mathrm{d}\theta\mathrm{d}s \tag{10.16}$$

其中，P、Q、X 为对称正定矩阵。对 $V(x_t)$ 求导并通过 Park 不等式放大交叉项

$$-2x^{\mathrm{T}}(t)PA_d\dot{x}(s) \leqslant \begin{bmatrix} x(t) \\ \dot{x}(s) \end{bmatrix}^{\mathrm{T}} \begin{bmatrix} P(M^{\mathrm{T}}X + I)X^{-1}(XM + I)P & PM^{\mathrm{T}}XA_d \\ A_d^{\mathrm{T}}XMP & A_d^{\mathrm{T}}XA_d \end{bmatrix} \begin{bmatrix} x(t) \\ \dot{x}(s) \end{bmatrix}$$

并引入 $W = XMP, V = dX$，得系统 (10.1) 的另一个时滞稳定性判据为：给定标量 $d^* > 0$，线性时滞系统 (10.1) 对满足 $0 \leqslant d \leqslant d^*$ 的任意滞后时间 d 是渐近稳定的，如果存在对称正定矩阵 P、Q、V 和矩阵 W 满足：

$$\Omega = \begin{bmatrix} \Omega_{11} & -W^{\mathrm{T}}A_d & A^{\mathrm{T}}A_d^{\mathrm{T}}V & d^*(W^{\mathrm{T}} + P) \\ -A_d^{\mathrm{T}}W & -Q & A_d^{\mathrm{T}}A_d^{\mathrm{T}}V & 0 \\ VA_dA & VA_dA_d & -V & 0 \\ d^*(W + P) & 0 & 0 & -V \end{bmatrix} \tag{10.17}$$

其中，$\Omega_{11} = (A + A_d)^{\mathrm{T}}P + P(A + A_d) + W^{\mathrm{T}}A_d + A_d^{\mathrm{T}}W + Q$。

在定理 10.5 基础上，很容易给出时滞依赖鲁棒稳定性条件如下。

定理 10.6　考虑系统 (10.11)，其中，$u(t) = 0$。给定 $d^* > 0$，该系统对满足 $0 \leqslant d \leqslant d^*$ 的任意时滞 d 是鲁棒稳定的，如果存在对称正定矩阵 P、Q、Z，对称矩阵 X 与矩阵 Y 满足式 (10.18) 和式 (10.12b)

$$\begin{bmatrix} \Xi_{11} & PA_d - Y & d^*A^{\mathrm{T}}Z & PM & N_a^{\mathrm{T}} \\ A_d^{\mathrm{T}}P - Y^{\mathrm{T}} & -Q & d^*A_d^{\mathrm{T}}Z & 0 & N_d^{\mathrm{T}} \\ d^*ZA & d^*ZA_d & -d^*Z & d^*ZM & 0 \\ M^{\mathrm{T}}P & 0 & d^*M^{\mathrm{T}}Z & -I_i & 0 \\ N_a & N_d & 0 & 0 & -I_j \end{bmatrix} < 0 \tag{10.18}$$

其中，$\varXi_{11}$ 与式 (10.12) 中定义相同。

证明　由定理 10.5，将式 (10.12) 中 A 与 A_d 分别用 $A+\Delta A$ 与 $A_d+\Delta A_d$ 代替，得系统 (10.11) 是鲁棒稳定的，如果存在对称正定矩阵 P、Q、Z，对称矩阵 X 与矩阵 Y 满足式 (10.19)与式 (10.12b)

$$\bar{\varXi}=\begin{bmatrix}\bar{\varXi}_{11} & P(A_d+\Delta A_d)-Y & d^*(A+\Delta A)^{\mathrm{T}}Z\\ (A_d+\Delta A_d)^{\mathrm{T}}P-Y^{\mathrm{T}} & -Q & d^*(A_d+\Delta A_d)^{\mathrm{T}}Z\\ d^*Z(A+\Delta A) & d^*Z(A_d+\Delta A_d) & -d^*Z\end{bmatrix}<0 \tag{10.19}$$

其中，$\bar{\varXi}_{11}=P(A+\Delta A)+(A+\Delta A)^{\mathrm{T}}P+Y+Y^{\mathrm{T}}+d^*X+Q$。

代入 ΔA 与 ΔA_d 的表达式，可知 $\bar{\varXi}$ 可以分解成标称项与不确定项之和

$$\bar{\varXi}=\varXi+\varPhi F(t)\varPsi+\varPsi^{\mathrm{T}}F^{\mathrm{T}}(t)\varPhi^{\mathrm{T}}<0$$

其中

$$\varPhi=\begin{bmatrix}PM\\0\\d^*ZM\end{bmatrix},\qquad \varPsi=\begin{bmatrix}N_a & N_d & 0\end{bmatrix}$$

由此可知 $\bar{\varXi}<0$ 的充分条件是存在一个标量 $\varepsilon>0$ 使得

$$\varXi+\varepsilon\varPhi\varPhi^{\mathrm{T}}+\varepsilon^{-1}\varPsi^{\mathrm{T}}\varPsi<0$$

在该不等式两边都乘以 ε，将 εP、εQ、εZ、εY 用 P、Q、Z、Y 代替，并运用 Schur 补引理，可得式 (10.18)。 □

进一步，由定理 10.6 容易得出以下的鲁棒控制器设计算法。

定理 10.7　给定标量 $d^*>0$，系统 (10.11) 对满足 $0\leqslant d\leqslant d^*$ 的任意时滞 d 是鲁棒可镇定的，如果存在对称正定矩阵 $\bar{P}$、$\bar{Q}$、$\bar{Z}$，对称矩阵 $\bar{X}$ 与矩阵 L、$\bar{Y}$ 满足：

$$\varTheta=\begin{bmatrix}\varTheta_{11} & A_d\bar{P}-\bar{Y} & d^*(A\bar{P}+BL)^{\mathrm{T}} & M & (N_a\bar{P}+N_bL)^{\mathrm{T}}\\ \bar{P}A_d^{\mathrm{T}}-\bar{Y}^{\mathrm{T}} & -\bar{Q} & d^*\bar{P}A_d^{\mathrm{T}} & 0 & \bar{P}N_d^{\mathrm{T}}\\ d^*(A\bar{P}+BL) & d^*A_d\bar{P} & -d^*\bar{Z} & d^*M & 0\\ M^{\mathrm{T}} & 0 & d^*M^{\mathrm{T}} & -I_i & 0\\ N_a\bar{P}+N_bL & N_d\bar{P} & 0 & 0 & -I_j\end{bmatrix}<0 \tag{10.20a}$$

$$\begin{bmatrix}\bar{X} & \bar{Y}\\ \bar{Y}^T & \bar{P}\bar{Z}^{-1}\bar{P}\end{bmatrix}\geqslant 0 \tag{10.20b}$$

其中，$\varTheta_{11}=A^{\mathrm{T}}\bar{P}+\bar{P}A^{\mathrm{T}}+BL+L^{\mathrm{T}}B^{\mathrm{T}}+\bar{Y}+\bar{Y}^{\mathrm{T}}+d^*\bar{X}+\bar{Q}$。

这时，状态反馈鲁棒控制器为

$$u(t)=L\bar{P}^{-1}x(t)$$

证明　将状态反馈控制器 $u(t)=Kx(t)$ 代入系统 (10.11)，得到如下的闭环系统：

$$\dot{x}(t)=(A+BK+MF(t)(N_a+N_bK))x(t)+(A_d+MF(t)N_d)x(t-d)$$

将式 (10.18) 中 A 与 N_a 分别用 $A+BK$ 与 N_a+N_bK 代替。在式 (10.18) 的两边都乘以 $\mathrm{diag}\{P^{-1},P^{-1},Z^{-1},I_{i+j}\}$，在式 (10.12b) 的两边都乘以 $\mathrm{diag}\{P^{-1},P^{-1}\}$，令 $\bar{P}=P^{-1}$、$\bar{Q}=P^{-1}QP^{-1}$、$\bar{X}=P^{-1}XP^{-1}$、$\bar{Y}=P^{-1}YP^{-1}$、$L=KP^{-1}$，即得式 (10.20)。 □

遗憾的是，式 (10.20b) 并不是 LMI，从而导致了控制器设计的困难。获得 LMI 最简单的方法是直接令 $\bar{Z}=\bar{P}$，但是不可避免地引入了额外的保守性。

引入矩阵 $\bar{S}$ 满足 $\bar{P}\bar{Z}^{-1}\bar{P}\geqslant\bar{S}$，由于 $\bar{P}\bar{Z}^{-1}\bar{P}\geqslant\bar{S}$ 等价于 $\bar{P}^{-1}\bar{Z}\bar{P}^{-1}\leqslant\bar{S}^{-1}$，从而式 (10.20b) 等价于

$$\begin{bmatrix}\bar{X} & \bar{Y}\\ \bar{Y}^{\mathrm{T}} & \bar{S}\end{bmatrix}\geqslant 0,\qquad \begin{bmatrix}\bar{S}^{-1} & \bar{P}^{-1}\\ \bar{P}^{-1} & \bar{Z}^{-1}\end{bmatrix}\geqslant 0$$

令 $\bar{T}=\bar{S}^{-1}$、$\bar{J}=\bar{P}^{-1}$、$\bar{R}=\bar{Z}^{-1}$，则有

$$\begin{bmatrix}\bar{S}^{-1} & \bar{P}^{-1}\\ \bar{P}^{-1} & \bar{Z}^{-1}\end{bmatrix}\geqslant 0\Leftrightarrow\begin{bmatrix}\bar{T} & \bar{J}\\ \bar{J} & \bar{R}\end{bmatrix}\geqslant 0$$

在此，采用一种非线性优化算法，将式 (10.20) 这一非线性矩阵不等式的可行性问题转换成如下的含有 LMI 约束的非线性目标函数最小化问题：

$$\begin{cases}\min\ \ \mathrm{trace}(\bar{T}\bar{S}+\bar{J}\bar{P}+\bar{R}\bar{Z})\\ \text{s.t.}\ \ \text{式 (10.20a)}\\ \qquad\begin{bmatrix}\bar{X} & \bar{Y}\\ \bar{Y}^{T} & \bar{S}\end{bmatrix}\geqslant 0,\begin{bmatrix}\bar{T} & \bar{J}\\ \bar{J} & \bar{R}\end{bmatrix}\geqslant 0\\ \qquad\bar{P}>0,\bar{Q}>0,\bar{Z}>0\\ \qquad\begin{bmatrix}\bar{S} & I_n\\ I_n & \bar{T}\end{bmatrix}\geqslant 0,\begin{bmatrix}\bar{P} & I_n\\ I_n & \bar{J}\end{bmatrix}\geqslant 0,\begin{bmatrix}\bar{Z} & I_n\\ I_n & \bar{R}\end{bmatrix}\geqslant 0\end{cases}\tag{10.21}$$

如果存在对称正定矩阵 $\bar{P}$、$\bar{Q}$、$\bar{Z}$、$\bar{S}$、$\bar{T}$、$\bar{J}$、$\bar{R}$，对称矩阵 $\bar{X}$ 与矩阵 $\bar{Y}$、L 使得上述优化问题的解是 $3n$，即 $\mathrm{trace}(\bar{T}\bar{S}+\bar{J}\bar{P}+\bar{R}\bar{Z})=3n$，则可以认为 $\bar{T}=\bar{S}^{-1}$、$\bar{J}=\bar{P}^{-1}$、$\bar{R}=\bar{Z}^{-1}$。由式 (10.21) 的约束条件和定理 10.7 可知，这时系统 (10.11) 是鲁棒稳定的，且鲁棒反馈控制器为 $u(t)=L\bar{P}^{-1}x(t)$。与式 (10.20) 相比，式 (10.21) 虽然难以获得全局最优解，但是在计算上要比式 (10.20) 简单得多。在式 (10.21) 算法基础上，引入线性化方法，可以给出以下的迭代算法来获得最大时滞的次优值。

算法 10.1　不等式 (10.20b) 的迭代求解算法。

Step 1) 选择一个充分小的 d 满足式 (10.20a) 和式 (10.21)，令 $d_0=d$;

Step 2) 选择一组可行解 $(\bar{P}_0, \bar{Q}_0, \bar{Z}_0, \bar{X}_0, L_0, \bar{Y}_0, \bar{S}_0, \bar{T}_0, \bar{J}_0, \bar{R}_0)$ 满足式 (10.20a) 和式 (10.21)。令 $k=0$;

Step 3) 对变量 $(\bar{P}, \bar{Q}, \bar{Z}, \bar{X}, L, \bar{Y}, \bar{S}, \bar{T}, \bar{J}, \bar{R})$，求解以下优化问题:

$$\begin{aligned}&\min \operatorname{trace}(\bar{S}_k\bar{T}+\bar{T}_k\bar{S}+\bar{P}_k\bar{J}+\bar{J}_k\bar{P}+\bar{R}_k\bar{Z}+\bar{Z}_k\bar{R})\\&\text{s.t. 式(10.20a), 式(10.21)}\end{aligned}$$

Step 4) 令 $\bar{P}_{k+1}=\bar{P}$、$\bar{J}_{k+1}=\bar{J}$、$\bar{S}_{k+1}=\bar{S}$、$\bar{T}_{k+1}=\bar{T}$、$\bar{R}_{k+1}=\bar{R}$、$\bar{Z}_{k+1}=\bar{Z}$;

Step 5) 如果式 (10.20b) 满足，令 $d^*=d$，令 d 增加一定值后返回 Step 2)。如果式 (10.20b) 不满足，则得系统鲁棒可镇定的最大时滞为 d^*，退出迭代。否则令 $k=k+1$，返回 Step 3)。

10.2.2 不确定离散时滞系统的鲁棒控制

目前时滞系统鲁棒镇定问题的研究大部分针对连续时间系统，离散时滞系统方面成果较少，主要原因在于离散定常时滞系统可以等价转化为高维无时滞的离散线性系统，这样可以借助于离散线性系统的控制律设计方法来设计控制律，而后者的研究已经非常成熟。但是当时滞未知时，这一方法不再有效。另外，采用这种方法设计的控制律维数很高。本节针对到这一问题，采用 Lyapunov 理论研究不确定离散时滞系统的时滞依赖鲁棒镇定问题。

考虑以下不确定离散时滞系统:

$$\begin{cases}x(k+1)=(A+\Delta A)x(k)+(A_d+\Delta A_d)x(k-d)+(B+\Delta B)u(k)\\x(k)=\varphi(k), \qquad -d\leqslant k\leqslant 0\end{cases}\tag{10.22}$$

其中，$x(k)\in\mathbb{R}^n$ 为状态向量；$u(k)\in\mathbb{R}^m$ 为控制输入向量；A、A_d、B 为具有适当维数的常数矩阵；$d>0$ 为系统的状态滞后时间；$\varphi(k)\in\mathbb{R}^n$ 为系统的初始条件；ΔA、ΔA_d、ΔB 为适当维数的未知矩阵，表示系统的不确定性，并具有以下形式:

$$\begin{bmatrix}\Delta A & \Delta A_d & \Delta B\end{bmatrix}=MF(k)\begin{bmatrix}N_a & N_d & N_b\end{bmatrix}$$

其中，M、N_a、N_d、N_b 为适当维数矩阵；$F(k)\in\mathbb{R}^{i\times j}$ 为未知矩阵，并满足范数有界条件

$$F^{\mathrm{T}}(k)F(k)\leqslant I_j$$

与连续时滞系统类似，我们首先给出系统 (10.22) 的无输入标称系统，即系统 (10.8) 的渐近稳定性条件。

定理 10.8 给定标量 $d^*>0$，时滞系统 (10.8) 对满足 $0\leqslant d\leqslant d^*$ 的任意时滞 d 是渐近稳定的，如果存在对称正定矩阵 P、Q、Z，对称半正定矩阵 X_{11}、X_{22} 及矩阵 X_{12}、N_1、N_2 满足:

$$\varGamma=\begin{bmatrix}\varGamma_{11} & \varGamma_{12} & (A-I_n)^{\mathrm{T}}P & d^*(A-I_n)^{\mathrm{T}}Z\\ \varGamma_{12}^{\mathrm{T}} & \varGamma_{22} & A_d^{\mathrm{T}}P & d^*A_d^{\mathrm{T}}Z\\ P(A-I_n) & PA_d & -P & 0\\ d^*Z(A-I_n) & d^*ZA_d & 0 & -d^*Z\end{bmatrix}<0\tag{10.23a}$$

$$X = \begin{bmatrix} X_{11} & X_{12} & N_1 \\ X_{12}^{\mathrm{T}} & X_{22} & N_2 \\ N_1^{\mathrm{T}} & N_2^{\mathrm{T}} & Z \end{bmatrix} \geqslant 0 \tag{10.23b}$$

其中

$$\begin{aligned} \Gamma_{11} &= P(A-I_n)+(A-I_n)^{\mathrm{T}}P+N_1+N_1^{\mathrm{T}}+Q+d^*X_{11} \\ \Gamma_{12} &= PA_d+N_2^{\mathrm{T}}-N_1+d^*X_{12} \\ \Gamma_{22} &= -Q-N_2-N_2^{\mathrm{T}}+d^*X_{22} \end{aligned}$$

证明　构造 Lyapunov 泛函为

$$V(x_k) = x^{\mathrm{T}}(k)Px(k)+\sum_{\theta=k-d}^{k-1} x^{\mathrm{T}}(\theta)Qx(\theta)+\sum_{\theta=-d}^{-1}\sum_{s=k+\theta}^{k-1} y^{\mathrm{T}}(s)Zy(s) \tag{10.24}$$

其中，$y(s)=x(s+1)-x(s)$。

很显然，$y(s)$ 满足：

$$x(k)=x(k-d)+\sum_{\theta=k-d}^{k-1} y(\theta)$$

对 $V(x_k)$ 沿系统 (10.8) 的状态轨迹求前向差分可得

$$\begin{aligned} \Delta V(x_k) &= x^{\mathrm{T}}(k+1)Px(k+1)-x^{\mathrm{T}}(k)Px(k)+x^{\mathrm{T}}(k)Qx(k)-x^{\mathrm{T}}(k-d)Qx(k-d) \\ &\quad +dy^{\mathrm{T}}(k)Zy(k)-\sum_{\theta=k-d}^{k-1} y^{\mathrm{T}}(\theta)Zy(\theta) \\ &= 2x^{\mathrm{T}}(k)Py(k)+y^{\mathrm{T}}(k)Py(k)+dy^{\mathrm{T}}(k)Zy(k)+x^{\mathrm{T}}(k)Qx(k) \\ &\quad -x^{\mathrm{T}}(k-d)Qx(k-d)-\sum_{\theta=k-d}^{k-1} y^{\mathrm{T}}(\theta)Zy(\theta) \end{aligned}$$

对于任意适当维数矩阵 N_1、N_2，式 (10.25) 成立

$$2\Big(x^{\mathrm{T}}(k)N_1+x^{\mathrm{T}}(k-d)N_2\Big)\Big(x(k)-x(k-d)-\sum_{\theta=k-d}^{k-1} y(\theta)\Big)=0 \tag{10.25}$$

另一方面，由式 (10.23b) 可知 $X'=\begin{bmatrix} X_{11} & X_{12} \\ X_{12}^{\mathrm{T}} & X_{22} \end{bmatrix} \geqslant 0$ 从而

$$\sum_{\theta=k-d^*}^{k-1} \xi^{\mathrm{T}}(k)X'\xi(k)-\sum_{\theta=k-d}^{k-1} \xi^{\mathrm{T}}(k)X'\xi(k) \geqslant 0$$

即

$$d^*\xi^{\mathrm{T}}(k)X'\xi(k)-\sum_{\theta=k-d}^{k-1}\xi^{\mathrm{T}}(k)X'\xi(k)\geqslant 0 \tag{10.26}$$

其中，$\xi(k)=[x^{\mathrm{T}}(k)\quad x^{\mathrm{T}}(k-d)]^{\mathrm{T}}$。

在 $\Delta V(x_k)$ 的左边考虑式 (10.25) 和式 (10.26)，得

$$\Delta V(x_k)\leqslant \xi^{\mathrm{T}}(k)\Gamma'\xi(k)-\sum_{\theta=k-d}^{k-1}\zeta^{\mathrm{T}}(\theta)X\zeta(\theta)$$

其中

$$\Gamma'=\begin{bmatrix}\Gamma_{11} & \Gamma_{12}\\ \Gamma_{12}^{\mathrm{T}} & \Gamma_{22}\end{bmatrix}+\begin{bmatrix}(A-I_n)^{\mathrm{T}}\\ A_d^{\mathrm{T}}\end{bmatrix}(P+d^*Z)\begin{bmatrix}A-I_n & A_d\end{bmatrix},\qquad \zeta(\theta)=\begin{bmatrix}x(k)\\ x(k-d)\\ y(\theta)\end{bmatrix}$$

由 Schur 补引理可知，式 (10.23) 保证了 $\Gamma'<0$ 和 $X\geqslant 0$，从而 $\Delta V(x_k)<0$，系统渐近稳定。 □

在定理 10.8 的基础上，容易得到系统 (10.22) 的鲁棒稳定性条件如下。

定理 10.9　考虑系统 (10.22)，其中，$u(k)=0$。给定标量 $d^*>0$，该系统对满足 $0\leqslant d\leqslant d^*$ 的任意时滞 d 是鲁棒稳定的，如果存在对称正定矩阵 P、Q、Z，对称半正定矩阵 X_{11}、X_{22} 及矩阵 X_{12}、N_1、N_2 满足式 (10.27) 和式 (10.23b)，

$$\begin{bmatrix}\Gamma_{11} & \Gamma_{12} & (A-I_n)^{\mathrm{T}}P & d^*(A-I_n)^{\mathrm{T}}Z & PM & N_a^{\mathrm{T}}\\ \Gamma_{12}^{\mathrm{T}} & \Gamma_{22} & A_d^{\mathrm{T}}P & d^*A_d^{\mathrm{T}}Z & 0 & N_d^{\mathrm{T}}\\ P(A-I_n) & PA_d & -P & 0 & PM & 0\\ d^*Z(A-I_n) & d^*ZA_d & 0 & -d^*Z & d^*ZM & 0\\ M^{\mathrm{T}}P & 0 & M^{\mathrm{T}}P & d^*M^{\mathrm{T}}Z & -I_i & 0\\ N_a & N_d & 0 & 0 & 0 & -I_j\end{bmatrix}<0 \tag{10.27}$$

其中，Γ_{11}、Γ_{12}、Γ_{22} 与式 (10.23) 相同。

证明　将式 (10.23a) 中的 A 与 A_d 用 $A+\Delta A$ 与 $A_d+\Delta A_d$ 代入，并注意到 ΔA 与 ΔA_d 的表达式，系统鲁棒稳定的充分条件是存在对称正定矩阵 P、Q、Z，对称半正定矩阵 X_{11}、X_{22} 及矩阵 X_{12}、N_1、N_2 满足式 (10.23b) 与

$$\Gamma+\Phi F(k)\Psi+\Psi^{\mathrm{T}}F^{\mathrm{T}}(k)\Phi^{\mathrm{T}}<0 \tag{10.28}$$

其中

$$\Phi=\begin{bmatrix}PM\\ 0\\ PM\\ d^*ZM\end{bmatrix},\qquad \Psi=\begin{bmatrix}N_a & N_d & 0 & 0\end{bmatrix}$$

同时式 (10.28) 对于所有满足 $F^{\mathrm{T}}(k)F(k) \leqslant I_j$ 的 $F(k)$ 都成立的充分必要条件是存在一标量 $\varepsilon > 0$ 使得

$$\Gamma + \varepsilon\Phi\Phi^{\mathrm{T}} + \varepsilon^{-1}\Psi^{\mathrm{T}}\Psi < 0$$

在该不等式的两边都乘以 ε，将 εP、εQ、εZ、εX_{11}、εX_{22}、εX_{12}、εN_1、εN_2 分别用 P、Q、Z、X_{11}、X_{22}、X_{12}、N_1、N_2 代换，并运用 Schur 补引理，可得式 (10.23b) 和式 (10.27)。□

定理 10.10　给定标量 $d^* > 0$，系统 (10.22) 对满足 $0 \leqslant d \leqslant d^*$ 的任意时滞 d 是鲁棒可镇定的，如果存在对称正定矩阵 $\bar{P}$、$\bar{Q}$、$\bar{Z}$，对称半正定矩阵 $\bar{X}_{11}$、$\bar{X}_{22}$ 及矩阵 $\bar{X}_{12}$、$\bar{N}_1$、$\bar{N}_2$、$\bar{Y}$ 满足：

$$\Pi = \begin{bmatrix} \Pi_{11} & \Pi_{12} & \Pi_{13} & d^*\Pi_{13} & M & (N_a\bar{P} + N_b\bar{Y})^{\mathrm{T}} \\ \Pi_{12}^{\mathrm{T}} & \Pi_{22} & \bar{P}A_d^{\mathrm{T}} & d^*\bar{P}A_d^{\mathrm{T}} & 0 & \bar{P}N_d^{\mathrm{T}} \\ \Pi_{13}^{\mathrm{T}} & A_d\bar{P} & -\bar{P} & 0 & M & 0 \\ d^*\Pi_{13}^{\mathrm{T}} & d^*A_d\bar{P} & 0 & -d^*\bar{Z} & d^*M & 0 \\ M^{\mathrm{T}} & 0 & M^{\mathrm{T}} & d^*M^{\mathrm{T}} & -I_i & 0 \\ N_a\bar{P} + N_b\bar{Y} & N_d\bar{P} & 0 & 0 & 0 & -I_j \end{bmatrix} < 0 \tag{10.29a}$$

$$\bar{X} = \begin{bmatrix} \bar{X}_{11} & \bar{X}_{12} & \bar{N}_1 \\ \bar{X}_{12}^{\mathrm{T}} & \bar{X}_{22} & \bar{N}_2 \\ \bar{N}_1^{\mathrm{T}} & \bar{N}_2^{\mathrm{T}} & \bar{P}\bar{Z}^{-1}\bar{P} \end{bmatrix} \geqslant 0 \tag{10.29b}$$

其中

$$\begin{aligned} \Pi_{11} &= (A - I_n)\bar{P} + \bar{P}(A - I_n)^{\mathrm{T}} + B\bar{Y} + \bar{Y}^{\mathrm{T}}B + \bar{N}_1 + \bar{N}_1^{\mathrm{T}} + \bar{Q} + d^*\bar{X}_{11} \\ \Pi_{12} &= A_d\bar{P} + \bar{N}_2^{\mathrm{T}} - \bar{N}_1 + d^*\bar{X}_{12} \\ \Pi_{13} &= (A\bar{P} - \bar{P} + B\bar{Y})^{\mathrm{T}} \\ \Pi_{22} &= -\bar{Q} - \bar{N}_2 - \bar{N}_2^{\mathrm{T}} + d^*\bar{X}_{22} \end{aligned}$$

这时，鲁棒反馈控制器为

$$u(k) = \bar{Y}\bar{P}^{-1}x(k)$$

证明　将 $u(k) = Kx(k)$ 代入式 (10.22) 得如下闭环系统：

$$x(k+1) = (A + BK + MF(k)(N_a + N_bK))x(k) + (A_d + MF(k)N_d)x(k-d)$$

因此，在式 (10.27) 中的 A、N_a 分别用 $A+BK$ 与 N_a+N_bK 代换，在不等式 (10.27) 的两边都乘以 $\mathrm{diag}\{P^{-1}, P^{-1}, P^{-1}, Z^{-1}, I_{i+j}\}$，在式 (10.23b) 的两边都乘以 $\mathrm{diag}\{P^{-1}, P^{-1}, P^{-1}\}$，并令 $\bar{P} = P^{-1}$、$\bar{Q} = P^{-1}QP^{-1}$、$\bar{Z} = Z^{-1}$、$\bar{X}_{11} = P^{-1}X_{11}P^{-1}$、$\bar{X}_{12} = P^{-1}X_{12}P^{-1}$、$\bar{X}_{22} = P^{-1}X_{22}P^{-1}$、$\bar{N}_1 = P^{-1}N_1P^{-1}$、$\bar{N}_2 = P^{-1}N_2P^{-1}$、$K\bar{P} = \bar{Y}$，则得式 (10.29)。□

为了求解式 (10.29b)，一种简单的方法是直接令 $\bar{Z} = \bar{P}$。当然，也可以采用类似于算法 10.1 的迭代求解法来获得保守性更小的控制器设计算法。

10.3 不确定时滞系统的鲁棒 H_∞ 控制

10.3.1 时滞系统的时滞无关 H_∞ 性能分析

考虑如下的线性时滞系统：

$$\begin{cases} \dot{x}(t) = Ax(t) + A_d x(t-d) + B\omega(t) \\ z(t) = Cx(t) + D\omega(t) \\ x(t) = \varphi(t), \qquad -d \leqslant t \leqslant 0 \end{cases} \tag{10.30}$$

其中，$x(t) \in \mathbb{R}^n$ 为系统的状态向量；$\omega(t) \in \mathbb{R}^p$ 为系统的外部扰动输入；$z(t) \in \mathbb{R}^q$ 为系统的被调输出；A、A_d、B、C、D 为已知的实常数矩阵；d 为状态滞后时间。

定义 10.3　系统 (10.30) 具有 H_∞ 性能 γ，如果对于给定常数 $\gamma > 0$，系统 (10.30) 是渐近稳定的，且从扰动输入 $\omega(t)$ 到被调输出 $z(t)$ 传递函数的 H_∞ 范数不超过 γ，即在零初始条件 $x(t) = 0$，$t \in [-d, 0]$ 条件下，$\|z(t)\|_2 \leqslant \gamma \|\omega(t)\|_2$，$\forall \omega(t) \in \mathcal{L}_2[0,\infty]$。

可以看出，系统的 H_∞ 性能反应了系统对外部扰动的抑制能力。H_∞ 范数越小，系统对外部扰动的抑制能力越强，系统的性能越好。

以下定理给出了系统 (10.30) 具有 H_∞ 性能 γ 的条件。

定理 10.11　给定 $\gamma > 0$，系统 (10.30) 具有 H_∞ 性能 γ，如果存在对称正定矩阵 P、Q 满足：

$$\begin{bmatrix} A^{\mathrm{T}}P + PA + Q & PA_d & PB & C^{\mathrm{T}} \\ A_d^{\mathrm{T}}P & -Q & 0 & 0 \\ B^{\mathrm{T}}P & 0 & -\gamma I_p & D^{\mathrm{T}} \\ C & 0 & D & -\gamma I_q \end{bmatrix} < 0 \tag{10.31}$$

证明　针对系统 (10.30)，构造 Lyapunov 泛函

$$V(x_t) = x^{\mathrm{T}}(t)Px(t) + \int_{t-d}^{t} x^{\mathrm{T}}(\theta)Qx(\theta)\mathrm{d}\theta$$

其中，P、Q 为待定的对称正定矩阵。

由式 (10.31) 可知

$$\begin{bmatrix} A^{\mathrm{T}}P + PA + Q & PA_d \\ A_d^{\mathrm{T}}P & -Q \end{bmatrix} < 0$$

根据定理 10.1，系统 (10.31) 在 $\omega(t) = 0$ 时是渐近稳定的。

在零初始条件下，考虑性能指标

$$J(\omega) = \int_0^\infty \left(\gamma^{-1}z^{\mathrm{T}}(t)z(t) - \gamma\omega^{\mathrm{T}}(t)\omega(t)\right)\mathrm{d}t$$

则对于任意的 $\omega(t) \in \mathcal{L}_2[0,\infty]$，根据 Lyapunov 泛函的性质和零初始条件可知

$$\begin{aligned}J(\omega) &= \int_0^{\infty}\Big(\gamma^{-1}z^{\mathrm{T}}(t)z(t) - \gamma\omega^{\mathrm{T}}(t)\omega(t) + \dot{V}(x_t)\Big)\mathrm{d}t - V(x(\infty)) \\ &\leqslant \int_0^{\infty}\Big(\gamma^{-1}z^{\mathrm{T}}(t)z(t) - \gamma\omega^{\mathrm{T}}(t)\omega(t) + \dot{V}(x_t)\Big)\mathrm{d}t \\ &= \int_0^{\infty}\Big(2x^{\mathrm{T}}(t)P\dot{x}(t) + x^{\mathrm{T}}(t)Qx(t) - x^{\mathrm{T}}(t-d)Qx(t-d) \\ &\quad + \gamma^{-1}(Cx(t)+D\omega(t))^{\mathrm{T}}(Cx(t)+D\omega(t)) - \gamma\omega^{\mathrm{T}}(t)\omega(t)\Big)\mathrm{d}t \\ &= \int_0^{\infty}\xi^{\mathrm{T}}(t)\varXi\xi(t)\mathrm{d}t\end{aligned}$$

其中

$$\varXi = \begin{bmatrix} PA + A^{\mathrm{T}}P + Q + \gamma^{-1}C^{\mathrm{T}}C & PA_d & PB + \gamma^{-1}C^{\mathrm{T}}D \\ A_d^{\mathrm{T}}P & -Q & 0 \\ B^{\mathrm{T}}P + \gamma^{-1}D^{\mathrm{T}}C & 0 & -\gamma I_p + \gamma^{-1}D^{\mathrm{T}}D \end{bmatrix}, \quad \xi(t) = \begin{bmatrix} x(t) \\ x(t-d) \\ \omega(t) \end{bmatrix}$$

由 Schur 补引理可知，式 (10.31) 等价于 $\varXi < 0$，从而 $J(\omega) < 0$，即

$$\int_0^{\infty} z^{\mathrm{T}}(t)z(t)\mathrm{d}t < \gamma^2\int_0^{\infty}\omega^{\mathrm{T}}(t)\omega(t)\mathrm{d}t$$

系统具有 H_∞ 性能 γ。 □

10.3.2 时滞系统的 H_∞ 控制器设计

考虑如下的不确定时滞系统：

$$\begin{cases}\dot{x}(t) = (A+\Delta A)x(t) + (A_d + \Delta A_d)x(t-d) + (B+\Delta B)u(t) + B_\omega\omega(t) \\ z(t) = Cx(t)\end{cases} \tag{10.32}$$

其中，$x(t) \in \mathbb{R}^n$ 为状态向量；$u(t) \in \mathbb{R}^m$ 为输入向量；$\omega(t) \in \mathbb{R}^p$ 为扰动输入向量；$z(t) \in \mathbb{R}^q$ 为被调输出；$d > 0$ 为状态滞后时间；A、A_d、B、B_ω、C 为适当维数的常数矩阵；ΔA、ΔA_d、ΔB 为未知矩阵，表示系统的不确定参数，且具有以下形式

$$\begin{bmatrix}\Delta A & \Delta A_d & \Delta B\end{bmatrix} = MF(t)\begin{bmatrix}N_a & N_d & N_b\end{bmatrix}$$

其中，M、N_a、N_b、N_d 为已知的定常矩阵；$F(t) \in \mathbb{R}^{i\times j}$ 为未知矩阵，且满足 $F^{\mathrm{T}}(t)F(t) \leqslant I_j$。

首先给出系统 (10.32) 的无输入标称系统的时滞依赖有界实引理。

定理 10.12　考虑系统 (10.32)，其中，$F(t) = 0$，$u(t) = 0$。给定 $d^* > 0$，$\gamma > 0$，该系统对满足意 $0 \leqslant d \leqslant d^*$ 的任意滞后 d 是渐近稳定的，且具有 H_∞ 性能 γ，如果存在对称正定矩阵 P_1、S、$R = \begin{bmatrix} R_1 & R_2 \\ R_2^T & R_3 \end{bmatrix}$，矩阵 P_2、P_3、$W = \begin{bmatrix} W_1 & W_2 \\ W_3 & W_4 \end{bmatrix}$ 满足：

$$\Xi=\begin{bmatrix}\Xi_{11} & \Xi_{12} & P_2^{\mathrm{T}}B_\omega & d^*(W_1^{\mathrm{T}}+P_1) & d^*(W_3^{\mathrm{T}}+P_2^{\mathrm{T}}) & -W_3^{\mathrm{T}}A_d & C^{\mathrm{T}}\\ * & \Xi_{22} & P_3^{\mathrm{T}}B_\omega & d^*W_2^{\mathrm{T}} & d^*(W_4^{\mathrm{T}}+P_3^{\mathrm{T}}) & -W_4^{\mathrm{T}}A_d & 0\\ * & * & -\gamma^2 I_p & 0 & 0 & 0 & 0\\ * & * & * & -d^*R_1 & -d^*R_2 & 0 & 0\\ * & * & * & * & -d^*R_3 & 0 & 0\\ * & * & * & * & * & -S & 0\\ * & * & * & * & * & * & -I_q\end{bmatrix}<0 \tag{10.33}$$

其中

$$\begin{aligned}\Xi_{11}&=(A+A_d)^{\mathrm{T}}P_2+P_2^{\mathrm{T}}(A+A_d)+(W_3^{\mathrm{T}}A_d+A_d^{\mathrm{T}}W_3)+S\\ \Xi_{12}&=P_1-P_2^{\mathrm{T}}+(A+A_d)^{\mathrm{T}}P_3+A_d^{\mathrm{T}}W_4\\ \Xi_{22}&=-P_3-P_3^{\mathrm{T}}+d^*A_d^{\mathrm{T}}R_3A_d\end{aligned}$$

证明　引入向量 $y(t)=\dot{x}(t)$，系统 (10.32) 的无输入标称系统可以写成

$$\begin{cases}\dot{x}(t)=y(t)\\ y(t)=Ax(t)+A_dx(t-d)+B_\omega\omega(t)\end{cases} \tag{10.34}$$

即

$$\begin{aligned}\dot{x}(t)&=y(t)\\ 0&=-y(t)+(A+A_d)x(t)-A_d\int_{t-d}^{t}y(\tau)\mathrm{d}\tau+B_\omega\omega(t)\end{aligned}$$

或者等价地写成

$$E\begin{bmatrix}\dot{x}(t)\\ \dot{y}(t)\end{bmatrix}=\begin{bmatrix}0 & I_n\\ A+A_d & -I_n\end{bmatrix}\begin{bmatrix}x(t)\\ y(t)\end{bmatrix}-\begin{bmatrix}0\\ A_d\end{bmatrix}\int_{t-d}^{t}y(\tau)\mathrm{d}\tau+\begin{bmatrix}0\\ B_\omega\end{bmatrix}\omega(t) \tag{10.35}$$

其中，$E=\begin{bmatrix}I_n & 0\\ 0 & 0\end{bmatrix}$。

针对系统 (10.35)，构造 Lyapunov 泛函为

$$\begin{aligned}V(x_t)=&\begin{bmatrix}x(t)\\ y(t)\end{bmatrix}^{\mathrm{T}}EP\begin{bmatrix}x(t)\\ y(t)\end{bmatrix}+\int_{t-d}^{t}x^{\mathrm{T}}(\tau)Sx(\tau)\mathrm{d}\tau\\ &+\int_{-d}^{0}\int_{t+\tau}^{t}y^{\mathrm{T}}(s)A_d^{\mathrm{T}}R_3A_dy(s)\mathrm{d}s\mathrm{d}\tau\end{aligned} \tag{10.36}$$

其中

$$P=\begin{bmatrix}P_1 & 0\\ P_2 & P_3\end{bmatrix},\qquad P_1>0,\qquad S>0,\qquad R_3>0$$

注意到

$$\begin{bmatrix} x(t) \\ y(t) \end{bmatrix}^{\mathrm{T}} EP \begin{bmatrix} x(t) \\ y(t) \end{bmatrix} = x^{\mathrm{T}}(t) P_1 x(t)$$

我们有

$$\frac{\mathrm{d}}{\mathrm{d}t}\left(\begin{bmatrix} x(t) \\ y(t) \end{bmatrix}^{\mathrm{T}} EP \begin{bmatrix} x(t) \\ y(t) \end{bmatrix} \right) = 2x^{\mathrm{T}}(t) P_1 \dot{x}(t) = 2 \begin{bmatrix} x(t) \\ y(t) \end{bmatrix}^{\mathrm{T}} P^{\mathrm{T}} \begin{bmatrix} \dot{x}(t) \\ 0 \end{bmatrix}$$

定义系统的 H_∞ 性能指标为

$$J(\omega) = \int_0^\infty \left(z^{\mathrm{T}}(t) z(t) - \gamma^2 \omega^{\mathrm{T}}(t) \omega(t) \right) \mathrm{d}t \tag{10.37}$$

对 $V(x_t)$ 沿着式 (10.32) 的标称系统的轨迹对时间 t 求导得

$$\begin{aligned} & z^{\mathrm{T}}(t) z(t) - \gamma^2 \omega^{\mathrm{T}}(t) \omega(t) + \dot{V}(x_t) \\ = & \xi^{\mathrm{T}}(t) \varXi \xi(t) + z^{\mathrm{T}}(t) z(t) - x^{\mathrm{T}}(t-d) S x(t-d) \\ & - \int_{t-d}^{t} y^{\mathrm{T}}(\tau) A_d^{\mathrm{T}} R_3 A_d y(\tau) \mathrm{d}\tau + \eta(t) \end{aligned}$$

其中

$$\xi(t) = \begin{bmatrix} x(t) \\ y(t) \\ \omega(t) \end{bmatrix}, \qquad \varXi = \begin{bmatrix} \varXi_{11} & P^{\mathrm{T}} \begin{bmatrix} 0 \\ B_\omega \end{bmatrix} \\ \begin{bmatrix} 0 & B_\omega^{\mathrm{T}} \end{bmatrix} P & -\gamma^2 I_p \end{bmatrix}$$

$$\varXi_{11} = P^{\mathrm{T}} \begin{bmatrix} 0 & I_n \\ A + A_d & -I_n \end{bmatrix} + \begin{bmatrix} 0 & I_n \\ A + A_d & -I_n \end{bmatrix}^{\mathrm{T}} P + \begin{bmatrix} S & 0 \\ 0 & dA_d^{\mathrm{T}} R_3 A_d^{\mathrm{T}} \end{bmatrix}$$

$$\eta(t) = -2 \int_{t-d}^{t} \begin{bmatrix} x(t) \\ y(t) \end{bmatrix}^{\mathrm{T}} P^{\mathrm{T}} \begin{bmatrix} 0 \\ A_d \end{bmatrix} y(\tau) \mathrm{d}\tau$$

由 Park 不等式可知

$$\begin{aligned} \eta(t) \leqslant & \int_{t-d}^{t} \begin{bmatrix} x(t) \\ y(t) \end{bmatrix}^{\mathrm{T}} P^{\mathrm{T}} (M^{\mathrm{T}} R + I_{2n}) R^{-1} (RM + I_{2n}) P \begin{bmatrix} x(t) \\ y(t) \end{bmatrix} \mathrm{d}\tau \\ & + 2 \int_{t-d}^{t} y^{\mathrm{T}}(\tau) \mathrm{d}\tau \begin{bmatrix} 0 & A_d^{\mathrm{T}} \end{bmatrix} RMP \begin{bmatrix} x(t) \\ y(t) \end{bmatrix} \\ & + \int_{t-d}^{t} y^{\mathrm{T}}(\tau) \begin{bmatrix} 0 & A_d^{\mathrm{T}} \end{bmatrix} R \begin{bmatrix} 0 \\ A_d \end{bmatrix} y(\tau) \mathrm{d}\tau \end{aligned}$$

定义 $W=RMP=\begin{bmatrix}W_1 & W_2\\ W_3 & W_4\end{bmatrix}$，并分解 R 为 $R=\begin{bmatrix}R_1 & R_2\\ R_2^{\mathrm{T}} & R_3\end{bmatrix}$，运用 Schur 补引理可得式 (10.33)。 □

我们考虑状态反馈控制器 $u(t)=Kx(t)$。将 $u(t)=Kx(t)$ 代入式 (10.32)，并令 $F(t)=0$ 可得标称闭环系统为

$$\begin{aligned}\dot{x}(t)&=(A+BK)x(t)+A_dx(t-d)+B_\omega\omega(t)\\ z(t)&=Cx(t)\end{aligned}$$

因此，把式 (10.33) 中的 A 用 $A+BK$ 代换，就可以利用定理 10.12 的结论来解决状态反馈控制器设计问题。

令

$$P^{-1}=Q=\begin{bmatrix}Q_1 & 0\\ Q_2 & Q_3\end{bmatrix},\qquad \bar{R}=R^{-1}=\begin{bmatrix}\bar{R}_{11} & \bar{R}_{12}\\ \bar{R}_{12}^{\mathrm{T}} & \bar{R}_{22}\end{bmatrix},\qquad \bar{S}=S^{-1}$$

在式 (10.33) 的左右两边分别乘以 $\mathrm{diag}\{Q^{\mathrm{T}},I_{3n+p+q}\}$ 与 $\mathrm{diag}\{Q,I_{3n+p+q}\}$，为了得到 LMI，令 $W=\epsilon I_{2n}$，其中，ϵ 为常数，$KQ_1=Y$。这时，可以得系统的反馈控制器设计算法如下。

定理 10.13 给定 $d^*>0$，ϵ、$\gamma>0$，时滞系统 (10.32) 在 $F(t)=0$ 时对满足 $0\leqslant d\leqslant d^*$ 的任意时滞 d 是可镇定的，且闭环系统具有 H_∞ 性能 γ，如果存在对称正定矩阵 Q_1、$\bar{R}=\begin{bmatrix}\bar{R}_{11} & \bar{R}_{12}\\ \bar{R}_{12}^{\mathrm{T}} & \bar{R}_{22}\end{bmatrix}$、$\bar{S}$，矩阵 Q_2、Q_3、Y 满足：

$$\varUpsilon=\begin{bmatrix}\varUpsilon_{11} & \varUpsilon_{12} & 0 & \delta\bar{R}_1 & \delta\bar{R}_2 & 0 & Q_1 & Q_1C^{\mathrm{T}} & 0 & d^*Q_2^{\mathrm{T}}A_d^{\mathrm{T}}\\ * & \varUpsilon_{22} & B_\omega & \delta\bar{R}_2^{\mathrm{T}} & \delta\bar{R}_3 & \epsilon A_d\bar{S} & 0 & 0 & 0 & d^*Q_3^{\mathrm{T}}A_d^{\mathrm{T}}\\ * & * & -\gamma^2I_p & 0 & 0 & 0 & 0 & 0 & 0 & 0\\ * & * & * & -d^*\bar{R}_1 & -d^*\bar{R}_2 & 0 & 0 & 0 & 0 & 0\\ * & * & * & * & -d^*\bar{R}_3 & 0 & 0 & 0 & 0 & 0\\ * & * & * & * & * & -\bar{S} & 0 & 0 & 0 & 0\\ * & * & * & * & * & * & -\bar{S} & 0 & 0 & 0\\ * & * & * & * & * & * & * & -I_q & 0 & 0\\ * & * & * & * & * & * & * & * & -d^*\bar{R}_1 & -d^*\bar{R}_2\\ * & * & * & * & * & * & * & * & * & -d^*\bar{R}_3\end{bmatrix}<0 \tag{10.38}$$

其中

$$\begin{aligned}\delta&=1+\epsilon\\ \varUpsilon_{11}&=Q_2+Q_2^{\mathrm{T}}\\ \varUpsilon_{12}&=Q_3-Q_2^{\mathrm{T}}+Q_1(A+A_d)^{\mathrm{T}}+\epsilon Q_1A_d^{\mathrm{T}}+Y^{\mathrm{T}}B^{\mathrm{T}}\\ \varUpsilon_{22}&=-Q_3-Q_3^{\mathrm{T}}\end{aligned}$$

这时，状态反馈控制器为

$$u(t) = YQ_1^{-1}x(t)$$

最后，考虑不确定参数 $F(t)$。将式 (10.38) 中的 A、A_d 与 B 分别用 $A+\Delta A$、$A_d+\Delta A_d$、$B+\Delta B$ 代换，得如下的鲁棒状态反馈控制器设计算法。

定理 10.14　给定 $d^*>0$，ϵ、$\gamma>0$，不确定时滞系统 (10.32) 对满足 $0\leqslant d\leqslant d^*$ 的任意时滞 d 是可镇定的，且闭环系统具有 H_∞ 性能 γ，如果存在对称正定矩阵 Q_1、$\bar{R}=\begin{bmatrix}\bar{R}_{11} & \bar{R}_{12}\\ \bar{R}_{12}^T & \bar{R}_{22}\end{bmatrix}$、$\bar{S}$，矩阵 Q_2、Q_3、Y，标量 $\varepsilon_1>0$、$\varepsilon_2>0$ 满足：

$$\varPi=\begin{bmatrix}\varUpsilon & \varepsilon_1\varPi_2 & \varPi_3^{\mathrm{T}} & \varepsilon_2\varPi_4 & \varPi_5^{\mathrm{T}}\\ \varepsilon_1\varPi_2^{\mathrm{T}} & -\varepsilon_1 I_i & 0 & 0 & 0\\ \varPi_3 & 0 & -\varepsilon_1 I_j & 0 & 0\\ \varepsilon_2\varPi_4^{\mathrm{T}} & 0 & 0 & -\varepsilon_2 I_i & 0\\ \varPi_5 & 0 & 0 & 0 & -\varepsilon_2 I_j\end{bmatrix}<0 \tag{10.39}$$

其中

$$\begin{aligned}
&\delta=1+\epsilon\\
&\varPi_2=\begin{bmatrix}0 & M^{\mathrm{T}} & 0 & 0 & 0 & 0 & 0 & 0 & 0 & 0\end{bmatrix}^{\mathrm{T}}\\
&\varPi_3=\begin{bmatrix}0 & (N_a+N_d)Q_1+\epsilon N_dQ_1+N_bY & 0 & 0 & 0 & 0 & 0 & 0 & 0 & 0\end{bmatrix}\\
&\varPi_4=\begin{bmatrix}0 & 0 & 0 & 0 & 0 & 0 & 0 & 0 & 0 & M^{\mathrm{T}}\end{bmatrix}^{\mathrm{T}}\\
&\varPi_5=\begin{bmatrix}d^*N_dQ_2 & d^*N_dQ_2 & 0 & 0 & 0 & 0 & 0 & 0 & 0 & 0\end{bmatrix}
\end{aligned}$$

这时，鲁棒状态反馈控制器为

$$u(t) = YQ_1^{-1}x(t)$$

证明　由 ΔA、ΔA_d、ΔB 的形式可知，系统是鲁棒可镇定的，且闭环系统满足 H_∞ 性能 γ，如果

$$\varUpsilon+\varPi_2F(t)\varPi_3+\varPi_3^{\mathrm{T}}F^{\mathrm{T}}(t)\varPi_2^{\mathrm{T}}+\varPi_4F(t)\varPi_5+\varPi_5^{\mathrm{T}}F^{\mathrm{T}}(t)\varPi_4^{\mathrm{T}}<0$$

而该矩阵不等式成立的充分必要条件是存在标量 $\varepsilon_1>0$、$\varepsilon_2>0$ 满足：

$$\varUpsilon+\varepsilon_1\varPi_2\varPi_2^{\mathrm{T}}+\varepsilon_1^{-1}\varPi_3^{\mathrm{T}}\varPi_3+\varepsilon_2\varPi_4\varPi_4^{\mathrm{T}}+\varepsilon_2^{-1}\varPi_5^{\mathrm{T}}\varPi_5<0$$

运用 Schur 补引理，可得式 (10.39)。　□

10.4　不确定离散时滞系统的保成本控制

考虑以下不确定离散时滞系统：

$$\begin{cases} x(k+1)=(A+\Delta A)x(k)+(A_d+\Delta A_d)x(k-d)+(B+\Delta B)u(k) \\ x(k)=\varphi(k), \qquad k\in[-d,0] \end{cases} \tag{10.40}$$

其中，$x(k)\in\mathbb{R}^n$ 为状态向量；$u(k)\in\mathbb{R}^m$ 为输入向量；$d>0$ 为整数时滞；$\varphi(k)$ 为系统初始条件；A、A_d、B 为已知的定常矩阵；ΔA、ΔA_d、ΔB 为时变函数，表示系统的不确定性，并满足：

$$\begin{bmatrix}\Delta A & \Delta B\end{bmatrix}=E_1F_1(k)\begin{bmatrix}H_1 & H_3\end{bmatrix}, \qquad \Delta A_d=E_2F_2(k)H_2$$

其中，E_i、$H_j(i=1,2,j=1,2,3)$ 为已知的具有适当维数的定常矩阵，不确定矩阵 $F_1(t)\in\mathbb{R}^{i_1\times j_1}$、$F_2(t)\in\mathbb{R}^{i_2\times j_2}$ 满足以下的范数有界条件：

$$F_l^{\mathrm{T}}(k)F_l(k)\leqslant I, \qquad l=1,2$$

对于系统 (10.40)，定义如下的二次成本函数：

$$J=\sum_{k=0}^{\infty}\left(x^{\mathrm{T}}(k)Qx(k)+u^{\mathrm{T}}(k)Ru(k)\right) \tag{10.41}$$

其中，Q 和 R 为给定的对称正定矩阵。

我们首先研究无输入情形，即 $u(k)=0$。

定理 10.15　如果存在对称正定矩阵 P_1、S_1、S_2，矩阵 P_2、P_3、W_1、W_2、W_3、M_1、M_2，以及标量 $\varepsilon_1>0$ 和 $\varepsilon_2>0$ 使得以下 LMI 成立：

$$\Omega=\begin{bmatrix} \Omega_{11} & \Omega_{12} & P_2^{\mathrm{T}}A_d-M_1 & P_2^{\mathrm{T}}E_1 & P_2^{\mathrm{T}}E_2 \\ \Omega_{12}^{\mathrm{T}} & \Omega_{22} & P_3^{\mathrm{T}}A_d-M_2 & P_3^{\mathrm{T}}E_1 & P_3^{\mathrm{T}}E_2 \\ A_d^{\mathrm{T}}P_2-M_1^{\mathrm{T}} & A_d^{\mathrm{T}}P_3-M_2^{\mathrm{T}} & -S_2+\varepsilon_2H_2H_2^{\mathrm{T}} & 0 & 0 \\ E_1^{\mathrm{T}}P_2 & E_1^{\mathrm{T}}P_3 & 0 & -\varepsilon_1I_{i1} & 0 \\ E_2^{\mathrm{T}}P_2 & E_2^{\mathrm{T}}P_3 & 0 & 0 & -\varepsilon_2I_{i2} \end{bmatrix}<0 \tag{10.42a}$$

$$\begin{bmatrix} W_1 & W_2 & M_1 \\ W_2^{\mathrm{T}} & W_3 & M_2 \\ M_1^{\mathrm{T}} & M_2^{\mathrm{T}} & S_1 \end{bmatrix}\geqslant 0 \tag{10.42b}$$

其中

$$\Omega_{11}=P_2^{\mathrm{T}}(A-I_n)+(A-I_n)^{\mathrm{T}}P_2+dW_1+M_1+M_1^{\mathrm{T}}+\varepsilon_1H_1^{\mathrm{T}}H_1+S_2+Q$$

$$\Omega_{12}=P_1-P_2^{\mathrm{T}}+(A-I_n)^{\mathrm{T}}P_3+dW_2+M_2^{\mathrm{T}}$$

$$\Omega_{22} = -P_3 - P_3^{\mathrm{T}} + P_1 + dW_3 + dS_1$$

则对于所有容许的不确定性，系统是鲁棒稳定的，且成本函数满足：

$$J \leqslant J^* = x^{\mathrm{T}}(0)P_1x(0) + \sum_{\theta=-d}^{-1} x^{\mathrm{T}}(\theta)S_2x(\theta) + \sum_{\theta=-d+1}^{0} \sum_{s=-1+\theta}^{-1} y^{\mathrm{T}}(s)S_1y(s) \tag{10.43}$$

其中，$y(s) = x(s+1) - x(s)$。

证明　为了符号描述方便，定义

$$A(k) \overset{\text{def}}{=\!=} A + \Delta A(k), \qquad A_d(k) \overset{\text{def}}{=\!=} A_d + \Delta A_d(k)$$

则有

$$\begin{aligned} x(k+1) &= A(k)x(k) + A_d(k)x(k-d) \\ &= (A(k) + A_d(k))x(k) - A_d(k) \sum_{\theta=k-d}^{k-1} y(\theta) \end{aligned}$$

很显然，上式等价于

$$0 = (A(k) + A_d(k) - I_n)x(k) - y(k) - A_d(k) \sum_{\theta=k-d}^{k-1} y(\theta) \tag{10.44}$$

定义 Lyapunov 泛函如下：

$$V(x_k) = x^{\mathrm{T}}(k)P_1x(k) + \sum_{\theta=k-d}^{k-1} x^{\mathrm{T}}(\theta)S_2x(\theta) + \sum_{\theta=-d+1}^{0} \sum_{s=k-1+\theta}^{k-1} y^{\mathrm{T}}(s)S_1y(s) \tag{10.45}$$

沿着系统 (10.40) 的状态轨迹，取 $V(x_k)$ 的前向差分为

$$\begin{aligned} \Delta V(x_k) = {} & 2x^{\mathrm{T}}(k)P_1y(k) + x^{\mathrm{T}}(k)S_2x(k) + y^{\mathrm{T}}(k)(P_1 + dS_1)y(k) \\ & - x^{\mathrm{T}}(k-d)S_2x(k-d) - \sum_{\theta=k-d}^{k-1} y^{\mathrm{T}}(\theta)S_1y(\theta) \end{aligned}$$

考虑到式 (10.44)，有

$$\begin{aligned} 2x^{\mathrm{T}}(k)P_1y(k) &= 2\eta^{\mathrm{T}}(k)P^{\mathrm{T}} \begin{bmatrix} y(k) \\ 0 \end{bmatrix} \\ &= 2\eta^{\mathrm{T}}(k)P^{\mathrm{T}} \left\{ \begin{bmatrix} y(k) \\ (A(k) + A_d(k) - I_n)x(k) - y(k) \end{bmatrix} - \sum_{\theta=k-d}^{k-1} \begin{bmatrix} 0 \\ A_d(k) \end{bmatrix} y(\theta) \right\} \end{aligned}$$

其中

$$\eta(k) = \begin{bmatrix} x(k) \\ y(k) \end{bmatrix}, \qquad P = \begin{bmatrix} P_1 & 0 \\ P_2 & P_3 \end{bmatrix}$$

使用 Moon 不等式界定交叉项

$$
\begin{aligned}
&-2\eta^{\mathrm{T}}(k)P^{\mathrm{T}}\sum_{\theta=k-d}^{k-1}\begin{bmatrix}0\\A_d(k)\end{bmatrix}y(\theta)\\
&\leqslant\sum_{\theta=k-d}^{k-1}\begin{bmatrix}\eta(k)\\y(\theta)\end{bmatrix}^{\mathrm{T}}\begin{bmatrix}W & M-P^{\mathrm{T}}\begin{bmatrix}0\\A_d(k)\end{bmatrix}\\ * & S_1\end{bmatrix}\begin{bmatrix}\eta(k)\\y(\theta)\end{bmatrix}\\
&=d\eta^{\mathrm{T}}(k)W\eta(k)+2\eta^{\mathrm{T}}(k)\left(M-P^{\mathrm{T}}\begin{bmatrix}0\\A_d(k)\end{bmatrix}\right)(x(k)-x(k-d))+\sum_{\theta=k-d}^{k-1}y^{\mathrm{T}}(\theta)S_1y(\theta)
\end{aligned}
$$

其中，W、M、S_1 具有适当维数，且满足：

$$
\begin{bmatrix}W & M\\M^{\mathrm{T}} & S_1\end{bmatrix}\geqslant 0
$$

由此，可以得

$$
\begin{aligned}
\Delta V(x_k)\leqslant{}&\eta^{\mathrm{T}}(k)\Psi\eta(k)+2\eta^{\mathrm{T}}(k)\left(P^{\mathrm{T}}\begin{bmatrix}0\\A_d(k)\end{bmatrix}-M\right)x(k-d)\\
&+x^{\mathrm{T}}(k-d)(\varepsilon_2H_2^{\mathrm{T}}H_2-S_2)x(k-d)-x^{\mathrm{T}}(k)Qx(k)
\end{aligned}
$$

其中

$$
\begin{aligned}
\Psi={}&P^{\mathrm{T}}\begin{bmatrix}0 & I_n\\A-I_n & -I_n\end{bmatrix}+\begin{bmatrix}0 & I_n\\A-I_n & -I_n\end{bmatrix}^{\mathrm{T}}P+dW+\begin{bmatrix}M & 0\end{bmatrix}\\
&+\begin{bmatrix}M^{\mathrm{T}}\\0\end{bmatrix}+\begin{bmatrix}\varepsilon_1H_1^{\mathrm{T}}H_1+S_2+Q & 0\\0 & P_1+dS_1\end{bmatrix}+\sum_{i=1}^{2}\varepsilon_i^{-1}P^{\mathrm{T}}\begin{bmatrix}0\\E_i\end{bmatrix}\begin{bmatrix}0 & E_i^{\mathrm{T}}\end{bmatrix}P
\end{aligned}
$$

其中，$\varepsilon_1>0$ 和 $\varepsilon_2>0$ 为任意变量。

定义

$$
\xi(k)=\begin{bmatrix}x(k)\\y(k)\\x(k-d)\end{bmatrix},\qquad \Sigma=\begin{bmatrix}\Psi & P^{\mathrm{T}}\begin{bmatrix}0\\A_d(k)\end{bmatrix}-M\\ \begin{bmatrix}0 & A_d^{\mathrm{T}}(k)\end{bmatrix}P-M^{\mathrm{T}} & -S_2+\varepsilon_2H_2^{\mathrm{T}}H_2\end{bmatrix}
$$

则有

$$
\Delta V(x_k)\leqslant\xi^{\mathrm{T}}(k)\Sigma\xi(k)-x^{\mathrm{T}}(k)Qx(k)
$$

分解 W 和 M 为

$$
W=\begin{bmatrix}W_1 & W_2\\W_2^{\mathrm{T}} & W_3\end{bmatrix},\qquad M=\begin{bmatrix}M_1\\M_2\end{bmatrix}
$$

则由 Schur 补引理可知，式 (10.42a) 等价于 $\Sigma<0$。因此有

$$\Delta V(x_k) \leqslant -\lambda_{\min}(Q) \left\| x(k) \right\|^2$$

从而

$$x^{\mathrm{T}}(k)Qx(k) \leqslant -\Delta V(x_k)$$

把该不等式两边累加求和，得

$$\begin{aligned} J &= \sum_{k=0}^{\infty} x^{\mathrm{T}}(k)Qx(k) \\ &\leqslant V(x_0) = x^{\mathrm{T}}(0)P_1x(0) + \sum_{\theta=-d}^{-1} x^{\mathrm{T}}(\theta)S_2x(\theta) + \sum_{\theta=-d+1}^{0}\sum_{s=-1+\theta}^{-1} y^{\mathrm{T}}(s)S_1y(s) \end{aligned}$$

从而获得性能指标上界 J^*。□

下面讨论控制器设计问题，目的是设计无记忆状态反馈控制器 $u(k) = Kx(k)$ 使得闭环系统是鲁棒稳定的，同时使得成本函数小于一给定值。

把控制器 $u(k) = Kx(k)$ 代入式 (10.40) 得到如下的闭环系统：

$$\begin{cases} x(k+1) = (A + BK + \Delta A(k) + \Delta B(k)K)x(k) + (A_d + \Delta A_d(k))x(k-d) \\ x(k) = \varphi(k), \qquad k \in [-d, 0] \end{cases} \tag{10.46}$$

定理 10.16　如果给定标量 $\epsilon > 0$，存在对称正定矩阵 $\bar{P}_1$、$\bar{S}_1$、$\bar{S}_2$，矩阵 $\bar{W}_1$、$\bar{W}_2$、$\bar{W}_3$、$\bar{P}_2$、$\bar{P}_3$、$\bar{Y}$ 和标量 $\varepsilon_1 > 0$、$\varepsilon_2 > 0$ 使得

$$\begin{bmatrix} \bar{\Omega}_{11} & \bar{\Omega}_{12} & 0 & 0 & \bar{P}_1 & \bar{\Omega}_{16} & \bar{P}_2^{\mathrm{T}} & h\bar{P}_2^{\mathrm{T}} & \bar{P}_1 & \bar{Y}^{\mathrm{T}} \\ * & \bar{\Omega}_{22} & (1-\epsilon)A_d\bar{S}_2 & 0 & 0 & 0 & \bar{P}_3^{\mathrm{T}} & d\bar{P}_3^{\mathrm{T}} & 0 & 0 \\ * & * & -\bar{S}_2 & \bar{S}_2H_2^{\mathrm{T}} & 0 & 0 & 0 & 0 & 0 & 0 \\ * & * & * & -\varepsilon_2 I_{j2} & 0 & 0 & 0 & 0 & 0 & 0 \\ * & * & * & * & -\bar{S}_2 & 0 & 0 & 0 & 0 & 0 \\ * & * & * & * & * & -\varepsilon_1 I_{j1} & 0 & 0 & 0 & 0 \\ * & * & * & * & * & * & -\bar{P}_1 & 0 & 0 & 0 \\ * & * & * & * & * & * & * & -d\bar{S}_1 & 0 & 0 \\ * & * & * & * & * & * & * & * & -Q^{-1} & 0 \\ * & * & * & * & * & * & * & * & * & -R^{-1} \end{bmatrix} < 0 \tag{10.47a}$$

$$\begin{bmatrix} \bar{W}_1 & \bar{W}_2 & 0 \\ \bar{W}_2^{\mathrm{T}} & \bar{W}_3 & \epsilon A_d\bar{S}_1 \\ 0 & \epsilon\bar{S}_1A_d^{\mathrm{T}} & \bar{S}_1 \end{bmatrix} \geqslant 0 \tag{10.47b}$$

其中

$$\bar{\Omega}_{11} = \bar{P}_2 + \bar{P}_2^T + d\bar{W}_1$$
$$\bar{\Omega}_{12} = \bar{P}_1(A^{\mathrm{T}} + \epsilon A_d^{\mathrm{T}} - I_n) + \bar{Y}^{\mathrm{T}}B^{\mathrm{T}} - \bar{P}_2^{\mathrm{T}} + \bar{P}_3 + d\bar{W}_2$$
$$\bar{\Omega}_{16} = \bar{P}_1 H_1^{\mathrm{T}} + \bar{Y}^{\mathrm{T}} H_3$$
$$\bar{\Omega}_{22} = -\bar{P}_3 - \bar{P}_3^{\mathrm{T}} + \sum_{i=1}^{2} \varepsilon_i E_i E_i^{\mathrm{T}} + d\bar{W}_3$$

则闭环系统是鲁棒稳定的，同时成本函数满足：

$$J \leqslant J^* = x^{\mathrm{T}}(0)\bar{P}_1^{-1}x(0) + \sum_{\theta=-d}^{-1} x^{\mathrm{T}}(\theta)\bar{S}_2^{-1}x(\theta) + \sum_{\theta=-d+1}^{0}\sum_{s=-1+\theta}^{-1} y^{\mathrm{T}}(s)\bar{S}^{-1}y(s)$$

其中，$y(s) = x(s+1) - x(s)$。此时，鲁棒反馈控制器为

$$u(k) = \bar{Y}\bar{P}_1^{-1}x(k)$$

证明　由定理 10.15可知，控制器 $u(k) = Kx(k)$ 保证闭环系统鲁棒稳定同时具有保成本性能的充分条件是存在对称正定矩阵 P_1、S_1、S_2，矩阵 P_2、P_3、W_1、W_2、W_3、M_1、M_2 以及标量 $\varepsilon_1 > 0$ 和 $\varepsilon_2 > 0$ 满足：

$$\begin{bmatrix} \bar{\Psi} & P^{\mathrm{T}}\begin{bmatrix} 0 \\ A_d \end{bmatrix} - M \\ * & -S_2 + \varepsilon_2^{-1}H_2^{\mathrm{T}}H_2 \end{bmatrix} < 0 \tag{10.48}$$

和

$$\begin{bmatrix} W & M \\ M^{\mathrm{T}} & S_1 \end{bmatrix} \geqslant 0 \tag{10.49}$$

其中

$$\begin{aligned}\bar{\Psi} =& P^{\mathrm{T}}\begin{bmatrix} 0 & I_n \\ A+BK-I_n & -I_n \end{bmatrix} + \begin{bmatrix} 0 & I_n \\ A+BK-I_n & -I_n \end{bmatrix}^{\mathrm{T}} P \\ &+ hW + \begin{bmatrix} M & 0 \end{bmatrix} + \begin{bmatrix} M^{\mathrm{T}} \\ 0 \end{bmatrix} + \begin{bmatrix} S_2 + Q + K^{\mathrm{T}}RK & 0 \\ 0 & hS_1 + P_1 \end{bmatrix} \\ &+ \varepsilon_1^{-1}\begin{bmatrix} H_1^{\mathrm{T}} + K^{\mathrm{T}}H_3 \\ 0 \end{bmatrix}\begin{bmatrix} H_1 + H_3K & 0 \end{bmatrix} + \sum_{i=1}^{2}\varepsilon_i P^{\mathrm{T}}\begin{bmatrix} 0 \\ E_i \end{bmatrix}\begin{bmatrix} 0 & E_i^{\mathrm{T}} \end{bmatrix} P\end{aligned}$$

在式 (10.48) 的左右两边分别乘以 $\mathrm{diag}\{P^{-T}, S_2^{-1}\}$ 与 $\mathrm{diag}\{P^{-1}, S_2^{-1}\}$，在式 (10.49) 的左右两边分别乘以 $\mathrm{diag}\{P^{-\mathrm{T}}, S_1^{-1}\}$ 与 $\mathrm{diag}\{P^{-1}, S_1^{-1}\}$。为了描述方便，定义 $\bar{P}_1 = P_1^{-1}$、$\bar{P}_3 = P_3^{-1}$、$\bar{P}_2 = -\bar{P}_3P_2\bar{P}_1$、$\bar{Y} = K\bar{P}_1$、$W = P^{-\mathrm{T}}WP^{-1} = \begin{bmatrix} \bar{W}_1 & \bar{W}_2 \\ \bar{W}_2^{\mathrm{T}} & \bar{W}_3 \end{bmatrix}$、$\bar{S}_1 = S_1^{-1}$、

$\bar{S}_2 = S_2^{-1}$。为了得到 LMI，进一步令

$$M = \epsilon P^{\mathrm{T}} \begin{bmatrix} 0 \\ A_d \end{bmatrix}$$

其中，ϵ 为给定常数。运用 Schur 补引理可得结论。 □

注记　本章内容由文献 (俞立，2002) 第 9 章，文献 (苏宏业 等，2007) 第 4、5、7 章，文献 (何勇，2004) 第 7 章，文献 (Chen et al., 2003；Fridman et al., 2002；Park, 1999；Moon et al., 2001) 相关内容改写。

习　题

10-1　考虑时滞系统 (10.1)，其中参数矩阵取值如下：

$$A = \begin{bmatrix} -2 & 0 \\ 0 & -0.9 \end{bmatrix}, \qquad A_d = \begin{bmatrix} -1 & 0 \\ -1 & -1 \end{bmatrix}$$

采用定理 10.1 验证系统是否时滞无关稳定，如果不是，采用定理 10.5 验证系统是否时滞依赖稳定，并求取最大时滞 d^*。

10-2　考虑标称离散时滞系统 (10.22)，其中

$$A = \begin{bmatrix} 0.8 & 0 \\ 0 & 0.9 \end{bmatrix}, \qquad A_d = \begin{bmatrix} -0.1 & -0.1 \\ -0.1 & -0.1 \end{bmatrix}, \qquad B = \begin{bmatrix} 0 \\ 1 \end{bmatrix} B_\omega = \begin{bmatrix} 1 \\ 1 \end{bmatrix}, \qquad C = \begin{bmatrix} 1 & 1 \end{bmatrix}$$

基于定理 10.8，求保证系统稳定的最大时滞 d^*。

10-3　考虑标称时滞系统 (10.32)，其中

$$A = \begin{bmatrix} 0 & 0 \\ 0 & 1 \end{bmatrix}, \qquad A_d = \begin{bmatrix} -1 & -1 \\ -1 & -0.9 \end{bmatrix}, \qquad B = \begin{bmatrix} 0 \\ 1 \end{bmatrix}, \qquad B_\omega = \begin{bmatrix} 1 \\ 1 \end{bmatrix}, \qquad C = \begin{bmatrix} 1 & 1 \end{bmatrix}$$

基于定理 10.13，求系统的稳定区间并求 H_∞ 性能指标 γ。

10-4　考虑系统 (10.40)，其中

$$A = \begin{bmatrix} 1 & 0.01 \\ 0.01 & 0.5 \end{bmatrix}, \qquad A_d = \begin{bmatrix} 0.1 & 0 \\ 0 & 0.1 \end{bmatrix}, \qquad B = \begin{bmatrix} 1 \\ 0 \end{bmatrix}, \qquad E_1 = E_2 = \begin{bmatrix} 0.1 & 0 \\ 0 & 0.1 \end{bmatrix}$$

$$H_1 = \begin{bmatrix} 0.1 & 0.05 \\ -0.02 & 0.1 \end{bmatrix}, \qquad H_2 = 0, \qquad H_3 = \begin{bmatrix} -0.2 \\ 0.8 \end{bmatrix}, \qquad d = 1$$

$$x(0) = \begin{bmatrix} 0.1 \\ -0.1 \end{bmatrix}, \qquad x(-1) = \begin{bmatrix} 0.1 \\ 0 \end{bmatrix}, \qquad Q = \begin{bmatrix} 1 & 0 \\ 0 & 1 \end{bmatrix}, \qquad R = 1$$

试设计状态反馈保成本控制器，并求成本上界 J^*。

参 考 文 献

何勇，2004. 基于自由权矩阵的时滞相关鲁棒稳定与镇定 [D]. 长沙: 中南大学.

苏宏业，褚健，鲁仁全，等，2007. 不确定时滞系统的鲁棒控制理论 [M]. 北京：科学出版社.

俞立，2002. 鲁棒控制——线性矩阵不等式处理方法 [M]. 北京：清华大学出版社.

CHEN W H，GUAN Z H，LU X，2003. Delay-dependent guaranteed cost control for uncertaindiscrete-time systems with delay[J]. IEE Proceedings on Control Theory and Applications，150(4):412-416.

FRIDMAN E，SHAKED U，2002. A descriptor system approach to H_∞ control of linear time-delay systems[J]. IEEE Transactions on Automatic Control，47(2):253-270.

MOON Y S，PARK P，KWON W H，et al.，2001. Delay-dependent robust stabilization of uncertainstate-delayed systems[J]. International Journal of Control，74(14):1447-1455.

PARK P，1999. A delay-dependent stability criterion for systems with uncertain time-invariant delays[J]. IEEE Transactions on Automatic Control，44(4):876-877.

第 11 章　奇异线性系统的鲁棒控制

奇异系统，又称广义系统、隐式系统、非完全状态系统等，是一种比状态空间系统更广泛的动力学系统。它由微分（差分）方程描述的动态层慢变子系统和代数方程描述的静态层快变子系统组成，是将传统的动态系统及静态系统相结合的复杂系统，广泛存在于电力系统、神经网络、天气预报等科学技术与工程领域。本章介绍奇异线性系统鲁棒控制的基础理论，包括奇异线性系统的正则性、无脉冲性（因果性）、稳定性、可镇定性、H_∞ 控制等。

11.1　奇异连续线性系统的容许性

考虑奇异连续线性系统

$$E\dot{x}(t) = Ax(t) \tag{11.1}$$

其中，$x(t) \in \mathbb{R}^n$ 为系统状态向量；A、E 为适当维数的常数矩阵，其中，E 为奇异矩阵，一般假设 $\operatorname{rank} E = r < n$。

从系统描述上看，奇异线性系统 (11.1) 可以看作状态空间系统 $\dot{x}(t) = Ax(t)$ 的简单推广，但是这种推广赋予了奇异系统一些独有的特性。例如，奇异系统存在有限动态模、无限动态模和无限非动态模等三种模态，而状态空间系统只存在有限动态模而没有后两种模态。为了说明奇异系统的复杂性，考虑一个简单的奇异线性系统模型：

$$\begin{cases} \begin{bmatrix} 0 & 1 \\ 0 & 0 \end{bmatrix} \begin{bmatrix} \dot{x}_1(t) \\ \dot{x}_2(t) \end{bmatrix} = \begin{bmatrix} 1 & 0 \\ 0 & 1 \end{bmatrix} \begin{bmatrix} x_1(t) \\ x_2(t) \end{bmatrix} + \begin{bmatrix} 0 \\ 1 \end{bmatrix} u(t) \\ y(t) = \begin{bmatrix} 1 & 0 \end{bmatrix} \begin{bmatrix} x_1(t) \\ x_2(t) \end{bmatrix} \end{cases} \tag{11.2}$$

其中，$x_1(t)$、$x_2(t)$ 为系统的状态变量；$u(t)$、$y(t)$ 分别为系统的输入变量和输出变量。

奇异系统 (11.2) 的输入输出传递函数为

$$G(s) = \begin{bmatrix} 1 & 0 \end{bmatrix} \left(s \begin{bmatrix} 0 & 1 \\ 0 & 0 \end{bmatrix} - \begin{bmatrix} 1 & 0 \\ 0 & 1 \end{bmatrix} \right)^{-1} \begin{bmatrix} 0 \\ 1 \end{bmatrix} = -s \tag{11.3}$$

如果令 $u(t) = 0$，奇异系统 (11.2) 的状态可以写成

$$\begin{aligned} x_1(t) &= \dot{x}_2(t) \\ x_2(t) &= 0, \qquad t \geqslant 0 \end{aligned}$$

其对应的解为

$$\begin{bmatrix} x_1(t) \\ x_2(t) \end{bmatrix} = \begin{bmatrix} -x_2(0_-)\delta(t) \\ 0 \end{bmatrix}, \qquad t \geqslant 0 \tag{11.4}$$

状态轨迹如图 11.1所示。

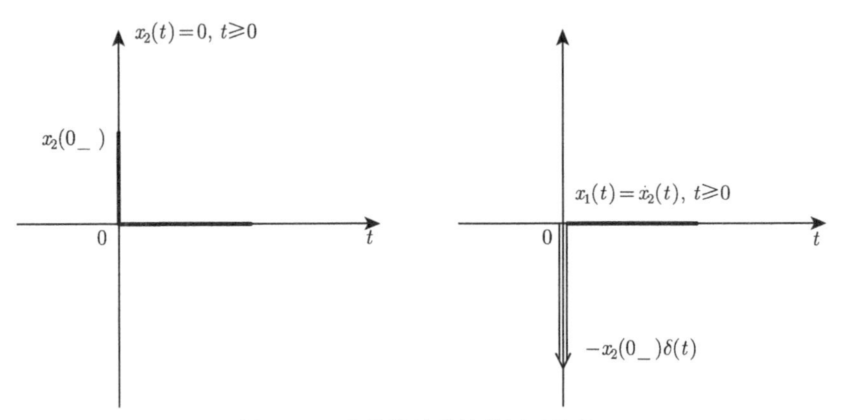

图 11.1　奇异线性系统的运动轨迹

由图 11.1 可以看出，奇异线性系统 (11.2) 具有脉冲解，这是状态空间系统不存在的情形。为此，在研究奇异系统时有必要引入新的定义和方法。

定义 11.1　(1) 如果矩阵对 (E, A) 满足 $\det(sE - A) \neq 0$，则称矩阵对 (E, A) 是正则的。

(2) 如果矩阵对 (E, A) 满足 $\deg(\det(sE - A)) = \mathrm{rank}E$，则称矩阵对 (E, A) 是无脉冲的。

下面给出验证矩阵对 (E, A) 是否正则、无脉冲的方法。

定理 11.1　矩阵对 (E, A) 是正则、无脉冲的，当且仅当存在非奇异矩阵 G 和 H 使得

$$GEH = \begin{bmatrix} I_r & 0 \\ 0 & 0 \end{bmatrix}, \qquad GAH = \begin{bmatrix} \bar{A}_{11} & 0 \\ 0 & I_{n-r} \end{bmatrix} \tag{11.5}$$

证明　(1) 充分性证明。

对于矩阵 $\bar{A}_{11}$，一定存在非奇异矩阵 Q 使得 $Q^{-1}\bar{A}_{11}Q = J$，其中，J 为 Jordan 矩阵，这时有

$$\begin{aligned} \det(sE - A) &= \det(G^{-1})\det(H^{-1})\det(sI_r - \bar{A}_{11}) \\ &= \det(G^{-1})\det(H^{-1})\det(sI_r - J) \\ &= \det(G^{-1})\det(H^{-1})(s-\alpha_1)^{r_1}(s-\alpha_2)^{r_2}\cdots(s-\alpha_m)^{r_m} \end{aligned} \tag{11.6}$$

其中，$\alpha_i(i = 1, 2, \cdots, m)$ 为矩阵 $\bar{A}_{11}$ 的特征根；r_i 为特征根 α_i 的重数，且有 $r_1 + r_2 + \cdots + r_m = r$。

从式 (11.6) 可以看出，对于 $s=\alpha_i(i=1,2,\cdots,m)$，有 $\det(sE-A)=0$ 成立，否则 $\det(sE-A)\neq 0$，即 $\det(sE-A)\not\equiv 0$。同时，由式 (11.6) 可知 $\deg(\det(sE-A))=\deg(\det(sI_r-\bar{A}_{11}))=r$，由定义 11.1 可知矩阵对 (E,A) 是正则、无脉冲的。

(2) 必要性证明。

对于矩阵 E、A，一定存在非奇异矩阵 $\tilde{G}$、$\tilde{H}$ 使得

$$\tilde{E}=\tilde{G}E\tilde{H}=\begin{bmatrix}I_r & 0\\ 0 & 0\end{bmatrix},\qquad \tilde{A}=\tilde{G}A\tilde{H}=\begin{bmatrix}\tilde{A}_{11} & \tilde{A}_{12}\\ \tilde{A}_{21} & \tilde{A}_{22}\end{bmatrix}$$

由 $\deg(\det(sE-A))=r$ 可知 $\tilde{A}_{22}$ 是非奇异矩阵。定义矩阵

$$G=\begin{bmatrix}I_r & -\tilde{A}_{12}\tilde{A}_{22}^{-1}\\ 0 & I_{n-r}\end{bmatrix}\tilde{G},\qquad H=\tilde{H}\begin{bmatrix}I_r & 0\\ -\tilde{A}_{22}^{-1}\tilde{A}_{21} & \tilde{A}_{22}^{-1}\end{bmatrix} \tag{11.7}$$

容易验证式 (11.5) 成立，其中，$\bar{A}_{11}=\tilde{A}_{11}-\tilde{A}_{12}\tilde{A}_{22}^{-1}\tilde{A}_{21}$。 □

定理 11.2　如果矩阵对 (E,A) 是正则、无脉冲的，则奇异线性系统 (11.1) 的解是存在、唯一、无脉冲的。

证明　如果矩阵对 (E,A) 是正则、无脉冲的，采用式 (11.5) 的矩阵分解方法，并定义线性变换

$$\xi(t)=\begin{bmatrix}\xi_1(t)\\ \xi_2(t)\end{bmatrix}=H^{-1}x(t),\qquad \xi_1(t)\in\mathbb{R}^r,\qquad \xi_2(t)\in\mathbb{R}^{n-r} \tag{11.8}$$

可以将系统 (11.1) 分解为

$$\dot{\xi}_1(t)=\bar{A}_{11}\xi_1(t) \tag{11.9a}$$

$$0=\xi_2(t) \tag{11.9b}$$

由此可知系统 (11.1) 的解是存在、唯一、无脉冲的。 □

定义 11.2　对于奇异线性系统 (11.1)，如果对任意的 $\epsilon>0$，总存在一个标量 $\delta(\epsilon)>0$，使得对任意初始条件 $\|x(0)\|\leqslant\delta(\epsilon)$，系统 (11.1) 的解满足 $\|x(t)\|\leqslant\epsilon$，则称奇异线性系统 (11.1) 是稳定的，如果有 $\lim\limits_{t\to\infty}\|x(t)\|=0$，则称奇异线性系统 (11.1) 是渐近稳定的。

根据 Lyapunov 定理，如果 $\bar{A}_{11}$ 的特征值 $\lambda(\bar{A}_{11})$ 具有负实部或为零，且零实部特征值为 $\bar{A}_{11}$ 最小多项式的单根，则系统 (11.9a) 是稳定的，从而奇异系统 (11.1) 是稳定的；如果 $\bar{A}_{11}$ 的特征值均具有负实部，即 $\mathrm{Re}\lambda(\bar{A}_{11})<0$，则系统 (11.9a) 是渐近稳定的，从而奇异系统 (11.1) 是渐近稳定的。而由式 (11.6) 可知 $\bar{A}_{11}$ 的特征值 $\lambda(\bar{A}_{11})$ 与矩阵对 (E,A) 的广义特征值 $\lambda(E,A)$ 相同，因此，判断奇异系统 (11.1) 是否渐近稳定，只要判断 $\lambda(E,A)$ 是否具有负实部即可。

定义 11.3　如果矩阵对 (E,A) 是正则、无脉冲且渐近稳定的，则称奇异线性系统 (11.1) 是容许的。

下面给出奇异线性系统 (11.1) 容许的充分必要条件。

定理 11.3　奇异线性系统 (11.1) 是容许的，当且仅当存在矩阵 P 满足：

$$E^{\mathrm{T}}P = P^{\mathrm{T}}E \geqslant 0 \tag{11.10a}$$

$$A^{\mathrm{T}}P + P^{\mathrm{T}}A < 0 \tag{11.10b}$$

证明　(1) 充分性证明。

由于 $\mathrm{rank}E = r < n$，一定存在两个非奇异矩阵 G 和 H 使得

$$\bar{E} = GEH = \begin{bmatrix} I_r & 0 \\ 0 & 0 \end{bmatrix}, \qquad \bar{A} = GAH = \begin{bmatrix} \bar{A}_{11} & \bar{A}_{12} \\ \bar{A}_{21} & \bar{A}_{22} \end{bmatrix} \tag{11.11}$$

同理可以定义

$$\bar{P} = G^{-\mathrm{T}}PH = \begin{bmatrix} \bar{P}_{11} & \bar{P}_{12} \\ \bar{P}_{21} & \bar{P}_{22} \end{bmatrix} \tag{11.12}$$

在式 (11.10a) 的左右两边分别乘以 H^{T} 和 H 可得

$$\bar{P}_{11} \geqslant 0, \qquad \bar{P}_{12} = 0 \tag{11.13}$$

在式 (11.10b) 的左右两边分别乘以 H^{T} 和 H，并利用式 (11.13) 可得

$$\bar{A}_{22}^{\mathrm{T}}\bar{P}_{22} + \bar{P}_{22}^{\mathrm{T}}\bar{A}_{22} < 0 \tag{11.14}$$

由此可知 $\bar{A}_{22}$ 是非奇异矩阵，否则必定存在非零向量 $\zeta \in \mathbb{R}^{n-r}$ 使得 $\bar{A}_{22}\zeta = 0$，从而 $\zeta^{\mathrm{T}}(\bar{A}_{22}^{\mathrm{T}}\bar{P}_{22} + \bar{P}_{22}^{\mathrm{T}}\bar{A}_{22})\zeta = 0$，这与式 (11.14) 矛盾。

这时有

$$\det(sE - A) = \det(G^{-1})\det(H^{-1})\det(\bar{A}_{22})\det(sI_r - (\bar{A}_{11} - \bar{A}_{12}\bar{A}_{22}^{-1}\bar{A}_{21})) \tag{11.15}$$

可得 $\det(sE - A) \neq 0$，且 $\deg(\det(sE - A)) = r = \mathrm{rank}E$, 由定义 11.1 可知系统 (11.1) 是正则、无脉冲的。

因为 $\bar{A}_{22}$ 是非奇异矩阵，定义

$$\bar{G} = \begin{bmatrix} I_r & -\bar{A}_{12}\bar{A}_{22}^{-1} \\ 0 & I_{n-r} \end{bmatrix} G, \qquad \bar{H} = H \begin{bmatrix} I_r & 0 \\ -\bar{A}_{22}^{-1}\bar{A}_{21} & \bar{A}_{22}^{-1} \end{bmatrix} \tag{11.16}$$

可得

$$\tilde{E} = \bar{G}E\bar{H} = \begin{bmatrix} I_r & 0 \\ 0 & 0 \end{bmatrix}, \qquad \tilde{A} = \bar{G}A\bar{H} = \begin{bmatrix} \tilde{A}_{11} & 0 \\ 0 & I_{n-r} \end{bmatrix} \tag{11.17}$$

其中，$\tilde{A}_{11} = \bar{A}_{11} - \bar{A}_{12}\bar{A}_{22}^{-1}\bar{A}_{21}$。

与式 (11.12) 类似，定义

$$\tilde{P} = \bar{G}^{-\mathrm{T}} P \bar{H} = \begin{bmatrix} \tilde{P}_{11} & \tilde{P}_{12} \\ \tilde{P}_{21} & \tilde{P}_{22} \end{bmatrix} \tag{11.18}$$

在不等式 (11.10a) 的左右两边分别乘以 $\bar{H}^{\mathrm{T}}$ 和 $\bar{H}$，得到 $\tilde{P}_{11} \geqslant 0$ 和 $\tilde{P}_{12} = 0$。在式 (11.10b) 的左右两边分别乘以 $\bar{H}^{\mathrm{T}}$ 和 $\bar{H}$，可得

$$\tilde{A}_{11}^{\mathrm{T}} \tilde{P}_{11} + \tilde{P}_{11} \tilde{A}_{11} < 0 \tag{11.19}$$

从而 $\tilde{P}_{11}$ 是非奇异的，结合 $\tilde{P}_{11} \geqslant 0$，可知 $\tilde{P}_{11} > 0$。

对于奇异系统 (11.1)，定义线性变换

$$\xi(t) = \begin{bmatrix} \xi_1(t) \\ \xi_2(t) \end{bmatrix} = \bar{H}^{-1} x(t), \qquad \xi_1(t) \in \mathbb{R}^r, \qquad \xi_2(t) \in \mathbb{R}^{n-r} \tag{11.20}$$

这时，可以将奇异线性系统 (11.1) 分解为标准的快慢子系统形式

$$\dot{\xi}_1(t) = \tilde{A}_{11} \xi_1(t) \tag{11.21a}$$

$$0 = \xi_2(t) \tag{11.21b}$$

对于线性子系统 (11.21a)，设计如下的 Lyapunov 函数：

$$V(\xi_1(t)) = \xi_1^{\mathrm{T}}(t) \tilde{P}_{11} \xi_1(t) \tag{11.22}$$

由不等式 (11.19) 可知

$$\dot{V}(\xi_1(t)) = \xi_1^{\mathrm{T}}(t) \left(\tilde{A}_{11}^{\mathrm{T}} \tilde{P}_{11} + \tilde{P}_{11} \tilde{A}_{11} \right) \xi_1(t) < 0$$

从而子系统 (11.21a) 是渐近稳定的，即 $\lim\limits_{t\to\infty} \xi_1(t) = 0$。由此可知 $\lim\limits_{t\to\infty} x(t) = 0$，从而奇异线性系统 (11.1) 是渐近稳定的，再由定义 11.3 可知，奇异线性系统 (11.1) 是容许的。

(2) 必要性证明。

如果矩阵对 (E, A) 是正则、无脉冲的，由定理 11.1 可知，必定存在非奇异矩阵 $\bar{G}$、$\bar{H}$ 使得式 (11.17) 成立。同时，由奇异系统 (11.1) 渐近稳定可知系统 (11.21a) 渐近稳定，从而存在对称正定矩阵 $\tilde{P}_{11}$ 满足 Lyapunov 不等式 (11.19)。容易验证 (11.10) 存在可行解

$$P = \bar{G}^{\mathrm{T}} \begin{bmatrix} \tilde{P}_{11} & 0 \\ 0 & -I_{n-r} \end{bmatrix} \bar{H}^{-1}$$

□

可以看出，如果奇异线性系统 (11.1) 中的 $E = I_n$，这时式 (11.10a) 退化为 $P \geqslant 0$，式 (11.10b) 退化为 $A^{\mathrm{T}} P + PA < 0$，即存在矩阵 P 使得 $P > 0$ 和 $A^{\mathrm{T}} P + PA < 0$ 同时成立，这正是状态空间线性系统 $\dot{x}(t) = Ax(t)$ 渐近稳定的充分必要条件，因此定理 11.3 可以看作状态空间线性系统稳定性判据的推广。

定理 11.3 给出了奇异线性系统 (11.1) 正则、无脉冲、渐近稳定的充分必要条件，但是式 (11.10a) 是等式约束，具有脆弱性，数值计算比较困难。通过矩阵的分解和变换，可以给出以下的 LMI 条件。

定理 11.4 奇异线性系统 (11.1)是容许的，当且仅当存在对称正定矩阵 P 和矩阵 S 满足 LMI

$$A^{\mathrm{T}}(PE+RS^{\mathrm{T}})+(E^{\mathrm{T}}P+SR^{\mathrm{T}})A<0 \tag{11.23}$$

其中，R 是任意满足 $E^{\mathrm{T}}R=0$ 的列满秩矩阵。

证明 (1) 充分性证明。

令 $\mathcal{P}=PE+RS^{\mathrm{T}}$，容易验证 $\mathcal{P}^{\mathrm{T}}E=E^{\mathrm{T}}\mathcal{P}=E^{\mathrm{T}}PE\geqslant 0$ 和 $A^{\mathrm{T}}\mathcal{P}+\mathcal{P}^{\mathrm{T}}A<0$ 成立，因此奇异线性系统 (11.1) 是容许的。

(2) 必要性证明。

由于奇异线性系统 (11.1) 是容许的，一定存在矩阵 $\mathcal{P}$ 满足：

$$\mathcal{P}^{\mathrm{T}}E=E^{\mathrm{T}}\mathcal{P}\geqslant 0 \tag{11.24a}$$

$$\mathcal{P}^{\mathrm{T}}A+A^{\mathrm{T}}\mathcal{P}<0 \tag{11.24b}$$

同时，必存在非奇异矩阵 G 和 H 使得

$$\bar{E}=GEH=\begin{bmatrix} I_r & 0\\ 0 & 0\end{bmatrix},\qquad \bar{A}=GAH=\begin{bmatrix} \bar{A}_{11} & 0\\ 0 & I_{n-r}\end{bmatrix}$$

定义

$$\bar{\mathcal{P}}=G^{-\mathrm{T}}\mathcal{P}H=\begin{bmatrix} \bar{\mathcal{P}}_{11} & \bar{\mathcal{P}}_{12}\\ \bar{\mathcal{P}}_{21} & \bar{\mathcal{P}}_{22}\end{bmatrix} \tag{11.25}$$

在式 (11.24a) 的左右两边分别乘以 H^{T} 和 H，可得 $\bar{\mathcal{P}}_{11}\geqslant 0$ 和 $\bar{\mathcal{P}}_{12}=0$。在式 (11.24b) 的左右两边分别乘以 H^{T} 和 H 可得 $\bar{A}_{11}^{\mathrm{T}}\bar{\mathcal{P}}_{11}+\bar{\mathcal{P}}_{11}\bar{A}_{11}<0$，从而 $\bar{\mathcal{P}}_{11}>0$。

对于给定的满足 $E^{\mathrm{T}}R=0$ 的列满秩矩阵 R，$\bar{E}G^{-\mathrm{T}}R=0$ 显然成立，则 R 可以表示为

$$R=G^{\mathrm{T}}\begin{bmatrix} 0\\ I_{n-r}\end{bmatrix}U \tag{11.26}$$

其中，$U\in\mathbb{R}^{(n-r)\times(n-r)}$ 为非奇异矩阵。

这时，将矩阵 $\mathcal{P}$ 分解为

$$\begin{aligned}\mathcal{P}&=G^{\mathrm{T}}\bar{\mathcal{P}}H^{-1}\\ &=G^{\mathrm{T}}\begin{bmatrix} \bar{\mathcal{P}}_{11} & 0\\ 0 & I_{n-r}\end{bmatrix}\underbrace{GG^{-1}\begin{bmatrix} I_r & 0\\ 0 & 0\end{bmatrix}H^{-1}}_{=E}+\underbrace{G^{\mathrm{T}}\begin{bmatrix} 0\\ I_{n-r}\end{bmatrix}U}_{=R}U^{-1}\begin{bmatrix} \bar{\mathcal{P}}_{21}^{\mathrm{T}}\\ \bar{\mathcal{P}}_{22}^{\mathrm{T}}\end{bmatrix}^{\mathrm{T}}H^{-1}\end{aligned} \tag{11.27}$$

令

$$P = G^{\mathrm{T}} \begin{bmatrix} \bar{\mathcal{P}}_{11} & 0 \\ 0 & I_{n-r} \end{bmatrix} G, \qquad S = H^{-\mathrm{T}} \begin{bmatrix} \mathcal{P}_{21}^{\mathrm{T}} \\ \mathcal{P}_{22}^{\mathrm{T}} \end{bmatrix} U^{-\mathrm{T}}$$

可知式 (11.23) 成立。 □

从定理 11.4 可以看出，验证奇异系统 (11.1) 的容许性需要预先给定矩阵 R，但是可以证明不同的矩阵 R 并不影响 LMI (11.23) 的可行性。为了说明该问题，首先假设对于满足 $E^{\mathrm{T}}R = 0$ 的列满秩矩阵 R，LMI (11.23) 存在可行解 P 和 S。如果我们设计了另一个满足 $E^{\mathrm{T}}R' = 0$ 的列满秩矩阵 R'，由于 R 和 R' 是维数相同的列满秩矩阵，必定存在非奇异矩阵 $Q \in \mathbb{R}^{(n-r)\times(n-r)}$ 使得 $R' = RQ$。这时，容易验证 P 和 $S' = SQ^{\mathrm{T}}$ 满足式 (11.23)。

11.2　奇异连续线性系统的状态反馈镇定

考虑如下的带控制输入的奇异连续线性系统

$$E\dot{x}(t) = Ax(t) + Bu(t) \tag{11.28}$$

其中，$x(t) \in \mathbb{R}^n$ 为系统状态向量；$u(t) \in \mathbb{R}^m$ 为控制输入向量；A、B、E 为适当维数的常数矩阵，其中，E 为奇异矩阵，即 $\mathrm{rank}E = r < n$。

对于系统 (11.28)，如果存在线性状态反馈控制律 $u(t) = Kx(t)$，$K \in \mathbb{R}^{m\times n}$ 使得闭环系统

$$E\dot{x}(t) = (A + BK)x(t) \tag{11.29}$$

是容许的，则称奇异线性系统 (11.28) 是状态反馈可镇定的。

定理 11.5　奇异线性系统 (11.28) 是状态反馈可镇定的，当且仅当存在对称正定矩阵 P 和矩阵 S、Y 满足：

$$A(PE^{\mathrm{T}} + RS^{\mathrm{T}}) + (EP + SR^{\mathrm{T}})A^{\mathrm{T}} + BY + Y^{\mathrm{T}}B^{\mathrm{T}} < 0 \tag{11.30}$$

其中，R 是任意满足 $ER = 0$ 的列满秩矩阵。这时，状态反馈控制律为

$$u(t) = Y(PE^{\mathrm{T}} + RS^{\mathrm{T}})^{-1}x(t)$$

证明　由 $\det(sE - (A+BK)) = \det(sE^{\mathrm{T}} - (A+BK)^{\mathrm{T}})$ 可知，矩阵对 $(E, (A+BK))$ 是容许的，当且仅当矩阵对 $(E, (A+BK)^{\mathrm{T}})$ 是容许的，即闭环系统 (11.29) 是容许的，当且仅当奇异连续线性系统

$$E^{\mathrm{T}}\dot{\xi}(t) = (A + BK)^{\mathrm{T}}\xi(t)$$

是容许的，其中，$\xi(t) \in \mathbb{R}^n$ 为状态向量。因此奇异线性系统 (11.29) 是容许的，当且仅当存在对称正定矩阵矩阵 P 和矩阵 S 满足：

$$(A + BK)(PE^{\mathrm{T}} + RS^{\mathrm{T}}) + (EP + SR^{\mathrm{T}})(A + BK)^{\mathrm{T}} < 0 \tag{11.31}$$

其中，R 是满足 $ER = 0$ 的列满秩矩阵。定义 $Y = K(PE^{\mathrm{T}} + RS^{\mathrm{T}})$ 可得式 (11.30)。 □

定理 11.5 的控制律设计算法需要求解 $\mathcal{P}=PE^{\mathrm{T}}+RS^{\mathrm{T}}$ 的逆矩阵。当矩阵 $\mathcal{P}$ 为奇异矩阵时，可以选取充分小的 $\theta>0$ 使得 $\bar{\mathcal{P}}=\mathcal{P}+\theta I_n$ 满足式 (11.30) 且 $\bar{\mathcal{P}}$ 可逆。这时，状态反馈控制律为 $u(t)=Y\bar{\mathcal{P}}^{-1}x(t)$。

11.3　奇异连续线性系统的 H_∞ 控制

考虑如下的带扰动输入的奇异线性系统：

$$\begin{cases}E\dot{x}(t)=Ax(t)+B_w w(t)\\ z(t)=Cx(t)\end{cases}\tag{11.32}$$

其中，$x(t)\in\mathbb{R}^n$ 为状态向量；$w(t)\in\mathbb{R}^p$ 为平方可积的扰动输入，即 $w(t)\in\mathcal{L}_2^p[0,\infty)$，$z(t)\in\mathbb{R}^q$ 为系统的被调输出；A、B_w、C、E 为适当维数的定常矩阵，其中，E 为奇异矩阵，且 $\mathrm{rank}E=r<n$。

奇异线性系统 (11.32) 从扰动输入 $w(t)$ 到被调输出 $z(t)$ 的传递函数为

$$G_{zw}(s)=\frac{Z(s)}{W(s)}=C(sE-A)^{-1}B_w\tag{11.33}$$

其 H_∞ 范数定义为

$$\|G_{zw}(s)\|_\infty=\sup_{\theta\in\mathbb{R}}\sigma_{\max}\{G_{zw}(\mathrm{j}\theta)\}$$

11.3.1　奇异连续线性系统的 H_∞ 性能

以下定理给出了奇异线性系统 (11.32) 的有界实引理。

定理 11.6　给定标量 $\gamma>0$，奇异线性系统 (11.32) 是容许的，且 $\|G_{zw}(s)\|_\infty<\gamma$，当且仅当存在矩阵 P 满足：

$$E^{\mathrm{T}}P=P^{\mathrm{T}}E\geqslant 0\tag{11.34a}$$

$$\begin{bmatrix}A^{\mathrm{T}}P+P^{\mathrm{T}}A & P^{\mathrm{T}}B_w & C^{\mathrm{T}}\\ B_w^{\mathrm{T}}P & -\gamma^2 I_p & 0\\ C & 0 & -I_q\end{bmatrix}<0\tag{11.34b}$$

证明　(1) 充分性证明。

由式 (11.34b) 可得 $A^{\mathrm{T}}P+P^{\mathrm{T}}A<0$，结合式 (11.34a) 可知系统 (11.32) 是容许的。因此，我们只要证明系统 (11.32) 的传递函数 $G_{zw}(s)$ 满足 $\|G_{zw}(s)\|_\infty<\gamma$，即

$$\gamma^2 I_p-G^{\mathrm{T}}(-\mathrm{j}\theta)G(\mathrm{j}\theta)=\gamma^2 I_p-B_w^{\mathrm{T}}(-\mathrm{j}\theta E-A)^{-\mathrm{T}}C^{\mathrm{T}}C(\mathrm{j}\theta E-A)^{-1}B_w>0\tag{11.35}$$

对所有的 $\theta\in\mathbb{R}$ 都成立。由 Schur 补引理知，式 (11.34b) 等价于

$$A^{\mathrm{T}}P+P^{\mathrm{T}}A+C^{\mathrm{T}}C+\gamma^{-2}P^{\mathrm{T}}B_wB_w^{\mathrm{T}}P<0\tag{11.36}$$

因此，一定存在对称正定矩阵 $Z>0$，使得

$$A^{\mathrm{T}}P+P^{\mathrm{T}}A+C^{\mathrm{T}}C+\gamma^{-2}P^{\mathrm{T}}B_wB_w^{\mathrm{T}}P+Z<0 \tag{11.37}$$

成立。令 $Q=\gamma^{-2}P^{\mathrm{T}}B_wB_w^{\mathrm{T}}P+Z$，由 $Z>0$ 可知 $Q-\gamma^{-2}P^{\mathrm{T}}B_wB_w^{\mathrm{T}}P>0$，即

$$\begin{bmatrix} Q & P^{\mathrm{T}}B_w \\ B_w^{\mathrm{T}}P & \gamma^2 I_p \end{bmatrix}>0 \tag{11.38}$$

从而得到

$$\gamma^2 I_p-B_w^{\mathrm{T}}PQ^{-1}P^{\mathrm{T}}B_w>0$$

根据式 (11.37)，对任意 $\theta\in\mathbb{R}$，有

$$A^{\mathrm{T}}P+P^{\mathrm{T}}A+C^{\mathrm{T}}C+Q-\mathrm{j}\theta P^{\mathrm{T}}E+\mathrm{j}\theta E^{\mathrm{T}}P<0 \tag{11.39}$$

合并化简可得

$$(-\mathrm{j}\theta E-A)^{\mathrm{T}}P+P^{\mathrm{T}}(\mathrm{j}\theta E-A)-C^{\mathrm{T}}C-Q>0 \tag{11.40}$$

由于矩阵对 (E,A) 是容许的，因此 $(\mathrm{j}\theta E-A)^{-1}$、$(-\mathrm{j}\theta E-A)^{-1}$ 都存在。在式 (11.40) 的左右两边分别乘以 $B_w^{\mathrm{T}}(-\mathrm{j}\theta E-A)^{-\mathrm{T}}$ 和 $(\mathrm{j}\theta E-A)^{-1}B_w$，可以得到

$$\begin{aligned} &B_w^{\mathrm{T}}P(\mathrm{j}\theta E-A)^{-1}B_w+B_w^{\mathrm{T}}(-\mathrm{j}\theta E-A)^{-\mathrm{T}}P^{\mathrm{T}}B_w \\ &-B_w^{\mathrm{T}}(-\mathrm{j}\theta E-A)^{-\mathrm{T}}C^{\mathrm{T}}C(\mathrm{j}\theta E-A)^{-1}B_w-B_w^{\mathrm{T}}(-\mathrm{j}\theta E-A)^{-\mathrm{T}}Q(\mathrm{j}\theta E-A)^{-1}B_w \\ &\geqslant 0 \end{aligned} \tag{11.41}$$

进一步可以得到

$$\begin{aligned} &\gamma^2 I_p-B_w^{\mathrm{T}}(-\mathrm{j}\theta E-A)^{-\mathrm{T}}C^{\mathrm{T}}C(\mathrm{j}\theta E-A)^{-1}B_w \\ \geqslant\,&\gamma^2 I_p-B_w^{\mathrm{T}}P(\mathrm{j}\theta E-A)^{-1}B_w-B_w^{\mathrm{T}}(-\mathrm{j}\theta E-A)^{-\mathrm{T}}P^{\mathrm{T}}B_w \\ &+B_w^{\mathrm{T}}(-\mathrm{j}\theta E-A)^{-\mathrm{T}}Q(\mathrm{j}\theta E-A)^{-1}B_w \\ =\,&\gamma^2 I_p+\left(B_w^{\mathrm{T}}(-\mathrm{j}\theta E-A)^{-\mathrm{T}}-B_w^{\mathrm{T}}PQ^{-1}\right)Q\left((\mathrm{j}\theta E-A)^{-1}B_w-Q^{-1}P^{\mathrm{T}}B_w\right) \\ &-B_w^{\mathrm{T}}PQ^{-1}P^{\mathrm{T}}B_w \\ \geqslant\,&\gamma^2 I_p-B_w^{\mathrm{T}}PQ^{-1}P^{\mathrm{T}}B_w \\ >\,&0 \end{aligned}$$

从而式 (11.35) 成立。

(2) 必要性证明。

如果奇异线性系统 (11.32) 是容许的，则存在非奇异矩阵 G、H 使得

$$\bar{E}=GEH=\begin{bmatrix}I_r & 0\\ 0 & 0\end{bmatrix},\qquad \bar{A}=GAH=\begin{bmatrix}\bar{A}_{11} & 0\\ 0 & I_{n-r}\end{bmatrix}\tag{11.42}$$

其中，矩阵 $\bar{A}_{11}$ 是稳定的。类似地，可以定义

$$\bar{C}\xlongequal{\text{def}}CH=\begin{bmatrix}\bar{C}_1 & \bar{C}_2\end{bmatrix},\qquad \bar{B}_w\xlongequal{\text{def}}GB_w=\begin{bmatrix}\bar{B}_{w1}\\ \bar{B}_{w2}\end{bmatrix}$$

容易验证，奇异线性系统 (11.32) 的传递函数可以简化为

$$G_{zw}(s)=\bar{C}_1(sI_r-\bar{A}_{11})^{-1}\bar{B}_{w1}-\bar{C}_2\bar{B}_{w2}\tag{11.43}$$

可以看出，传递函数 $G_{zw}(s)$ 可以看作线性系统

$$\begin{cases}\dot{\xi}_1(t)=\bar{A}_{11}\xi_1(t)+\bar{B}_{w1}w(t)\\ z(t)=\bar{C}_1\xi(t)-\bar{C}_2\bar{B}_{w2}w(t)\end{cases}\tag{11.44}$$

从 $w(t)$ 到 $z(t)$ 的传递函数，其中，$\xi_1(t)\in\mathbb{R}^r$ 为系统的状态向量；$w(t)\in\mathbb{R}^p$ 为扰动输入向量；$z(t)\in\mathbb{R}^q$ 为被调输出向量。

对于系统 (11.44)，由定理 8.3 可知，$\|G_{zw}(s)\|_\infty<\gamma$ 等价于存在对称正定矩阵 $\bar{P}_{11}$ 使得

$$\begin{bmatrix}\bar{A}_{11}^{\mathrm{T}}\bar{P}_{11}+\bar{P}_{11}\bar{A}_{11}+\bar{C}_1^{\mathrm{T}}\bar{C}_1 & \bar{P}_{11}\bar{B}_{w1}-\bar{C}_1^{\mathrm{T}}\bar{C}_2\bar{B}_{w2}\\ \bar{B}_{w1}^{\mathrm{T}}\bar{P}_{11}-\bar{B}_{w2}^{\mathrm{T}}\bar{C}_2^{\mathrm{T}}\bar{C}_1 & -\gamma^2I_p+\bar{B}_{w2}^{\mathrm{T}}\bar{C}_2^{\mathrm{T}}\bar{C}_2\bar{B}_{w2}\end{bmatrix}<0\tag{11.45}$$

由式 (11.45) 可知，存在一个常量 $\epsilon>0$，使得

$$\begin{bmatrix}\bar{A}_{11}^{\mathrm{T}}\bar{P}_{11}+\bar{P}_{11}\bar{A}_{11}+\bar{C}_1^{\mathrm{T}}\bar{C}_1 & \bar{P}_{11}\bar{B}_{w1}-\bar{C}_1^{\mathrm{T}}\bar{C}_2\bar{B}_{w2}\\ \bar{B}_{w1}^{\mathrm{T}}\bar{P}_{11}-\bar{B}_{w2}^{\mathrm{T}}\bar{C}_2^{\mathrm{T}}\bar{C}_1 & -\gamma^2I_p+\bar{B}_{w2}^{\mathrm{T}}\left(\bar{C}_2^{\mathrm{T}}\bar{C}_2+\epsilon I_p\right)\bar{B}_{w2}\end{bmatrix}<0\tag{11.46}$$

定义 $\Theta=\bar{C}_2^{\mathrm{T}}\bar{C}_2+\epsilon I_p$，显然有 $\Theta(\bar{C}_2^{\mathrm{T}}\bar{C}_2+2\epsilon I_p)^{-1}\Theta<\Theta$，于是得到

$$\begin{bmatrix}\bar{A}_{11}^{\mathrm{T}}\bar{P}_{11}+\bar{P}_{11}\bar{A}_{11}+\bar{C}_1^{\mathrm{T}}\bar{C}_1 & \bar{P}_{11}\bar{B}_{w1}-\bar{C}_1^{\mathrm{T}}\bar{C}_2\bar{B}_{w2}\\ \bar{B}_{w1}^{\mathrm{T}}\bar{P}_{11}-\bar{B}_{w2}^{\mathrm{T}}\bar{C}_2^{\mathrm{T}}\bar{C}_1 & -\gamma^2I_p+\bar{B}_{w2}^{\mathrm{T}}\Theta^{\mathrm{T}}\left(\bar{C}_2^{\mathrm{T}}\bar{C}_2+2\epsilon I_p\right)^{-1}\Theta\bar{B}_{w2}\end{bmatrix}<0\tag{11.47}$$

根据 Schur 补引理可以得到

$$\begin{bmatrix}\bar{A}_{11}^{\mathrm{T}}\bar{P}_{11}+\bar{P}_{11}^{\mathrm{T}}\bar{A}_{11}+\bar{C}_1^{\mathrm{T}}\bar{C}_1 & \bar{P}_{11}\bar{B}_{w1}-\bar{C}_1^{\mathrm{T}}\bar{C}_2\bar{B}_{w2} & 0\\ \bar{B}_{w1}^{\mathrm{T}}\bar{P}_{11}-\bar{B}_{w2}^{\mathrm{T}}\bar{C}_2^{\mathrm{T}}\bar{C}_1 & -\gamma^2I_p & -\bar{B}_{w2}^{\mathrm{T}}\Theta\\ 0 & -\Theta\bar{B}_{w2} & -\bar{C}_2^{\mathrm{T}}\bar{C}_2-2\epsilon I_p\end{bmatrix}<0\tag{11.48}$$

交换式 (11.48) 最后 2 行和 2 列，可得

$$\begin{bmatrix} \bar{A}_{11}^{\mathrm{T}}\bar{P}_{11}+\bar{P}_{11}^{\mathrm{T}}\bar{A}_{11}+\bar{C}_1^{\mathrm{T}}\bar{C}_1 & 0 & \bar{P}_{11}\bar{B}_{w1}-\bar{C}_1^{\mathrm{T}}\bar{C}_2\bar{B}_{w2} \\ 0 & -\bar{C}_2^{\mathrm{T}}\bar{C}_2-2\epsilon I_p & -\Theta\bar{B}_{w2} \\ \bar{B}_{w1}^{\mathrm{T}}\bar{P}_{11}-\bar{B}_{w2}^{\mathrm{T}}\bar{C}_2^{\mathrm{T}}\bar{C}_1 & -\bar{B}_{w2}^{\mathrm{T}}\Theta & -\gamma^2 I_p \end{bmatrix}<0 \tag{11.49}$$

定义

$$P \xlongequal{\text{def}} G^{\mathrm{T}}\begin{bmatrix} \bar{P}_{11} & 0 \\ -\bar{C}_2^{\mathrm{T}}\bar{C}_1 & -\Theta \end{bmatrix}H^{-1} \tag{11.50}$$

容易验证 P 满足式 (11.34a), 又根据式 (11.49)可知矩阵 P 满足:

$$\begin{bmatrix} H^{\mathrm{T}}(A^{\mathrm{T}}P+P^{\mathrm{T}}A+C^{\mathrm{T}}C)H & H^{\mathrm{T}}P^{\mathrm{T}}B_w \\ B_w^{\mathrm{T}}PH & -\gamma^2 I_p \end{bmatrix}<0 \tag{11.51}$$

在式 (11.51) 的左右两边分别乘以 $\mathrm{diag}\{H^{-\mathrm{T}}, I_n\}$ 和 $\mathrm{diag}\{H^{-1}, I_n\}$ 即可得到式 (11.34b)。 □

可以看出，当系统 (11.32) 中的 $E=I_n$ 时，式 (11.34a) 退化为 $P>0$，这时定理 11.6 退化为状态空间线性系统的有界实引理，即定理 8.3。

与定理 11.4 类似，为了去掉定理 11.6 中的等式约束 (11.34a)，给出以下定理。

定理 11.7　给定标量 $\gamma>0$，奇异线性系统 (11.32) 是容许的，且 $\|G_{zw}(s)\|_\infty<\gamma$，当且仅当存在对称正定矩阵 P 和矩阵 S 满足以下 LMI:

$$\begin{bmatrix} A^{\mathrm{T}}(PE+RS^{\mathrm{T}})+(E^{\mathrm{T}}P+SR^{\mathrm{T}})A & (PE+RS^{\mathrm{T}})^{\mathrm{T}}B_w & C^{\mathrm{T}} \\ B_w^{\mathrm{T}}(PE+RS^{\mathrm{T}}) & -\gamma^2 I_p & 0 \\ C & 0 & -I_q \end{bmatrix}<0 \tag{11.52}$$

其中，R 为任意满足 $E^{\mathrm{T}}R=0$ 的列满秩矩阵。

证明　与定理 11.4 的证明过程类似。略。 □

11.3.2　奇异连续线性系统的 H_∞ 控制律设计

考虑如下的带控制输入的奇异线性系统:

$$\begin{cases} E\dot{x}(t)=Ax(t)+Bu(t)+B_w w(t) \\ z(t)=Cx(t) \end{cases} \tag{11.53}$$

其中，$x(t)\in\mathbb{R}^n$ 为状态向量；$u(t)\in\mathbb{R}^m$ 为控制输入向量；$w(t)\in\mathbb{R}^p$ 为平方可积的扰动输入，即 $w(t)\in\mathcal{L}_2^p[0,\infty)$；$z(t)\in\mathbb{R}^q$ 为系统的被调输出；A、B、B_w、C、E 为适当维数的常数矩阵，其中，E 为奇异矩阵，且 $\mathrm{rank}E=r<n$。

对于系统 (11.53)，如果存在状态反馈控制律 $u(t)=Kx(t)$，$K\in\mathbb{R}^{m\times n}$ 使得闭环系统是容许的，且 $\|G_{zw}(s)\|_\infty<\gamma$，则称系统 (11.53) 是 H_∞ 状态反馈可镇定，这时 $u(t)=Kx(t)$ 是系统 (11.53) 的 H_∞ 状态反馈控制律。

将状态反馈控制律 $u(t)=Kx(t)$ 代入系统 (11.53) 得到闭环系统为

$$\begin{cases}E\dot{x}(t)=(A+BK)x(t)+B_w w(t)\\ z(t)=Cx(t)\end{cases} \tag{11.54}$$

根据定理 11.7，可以得到以下的 H_∞ 状态反馈控制律设计算法。

定理 11.8　给定标量 $\gamma>0$，奇异线性系统 (11.53) 是 H_∞ 状态反馈可镇定的，当且仅当存在对称正定矩阵 P 和矩阵 S、Y 满足：

$$\begin{bmatrix}A\mathcal{P}+\mathcal{P}^{\mathrm{T}}A^{\mathrm{T}}+BY+Y^{\mathrm{T}}B^{\mathrm{T}} & \mathcal{P}^{\mathrm{T}}C^{\mathrm{T}} & B_w\\ C\mathcal{P} & -\gamma^2 I_q & 0\\ B_w^{\mathrm{T}} & 0 & -I_p\end{bmatrix}<0 \tag{11.55}$$

其中，$\mathcal{P}=PE^{\mathrm{T}}+RS^{\mathrm{T}}$，矩阵 R 为满足 $ER=0$ 的列满秩矩阵。

此时，H_∞ 状态反馈控制律为

$$u(t)=Y\mathcal{P}^{-1}x(t)$$

证明　考虑到 $\det(sE-(A+BK))=\det(sE^{\mathrm{T}}-(A+BK)^{\mathrm{T}})$，同时

$$\|G_{zw}(s)\|_\infty=\sup_{\theta\in\mathbb{R}}\sigma_{\max}\{C(E\mathrm{j}\theta-(A+BK))^{-1}B_w\}$$

在数值上等于

$$\|G_{\zeta\nu}(s)\|_\infty=\sup_{\theta\in\mathbb{R}}\sigma_{\max}\{B_w^{\mathrm{T}}(E^{\mathrm{T}}\mathrm{j}\theta-(A+BK)^{\mathrm{T}})^{-1}C^{\mathrm{T}}\}$$

因此系统 (11.54) 是容许的，且 $\|G_{zw}(s)\|_\infty<\gamma$，当且仅当系统

$$\begin{cases}E^{\mathrm{T}}\dot{\xi}(t)=(A+BK)^{\mathrm{T}}\xi(t)+C^{\mathrm{T}}\nu(t)\\ \zeta(t)=B_w^{\mathrm{T}}\xi(t)\end{cases} \tag{11.56}$$

是容许的，且 $\|G_{\zeta\nu}(s)\|_\infty<\gamma$，其中，$\xi(t)\in\mathbb{R}^n$ 为状态向量；$\nu(t)\in\mathbb{R}^q$ 为平方可积的扰动输入向量，即 $\nu(t)\in\mathcal{L}_2^q[0,\infty)$；$\zeta(t)\in\mathbb{R}^p$ 为系统的被调输出；$G_{\zeta\nu}(s)$ 为系统 (11.56) 从扰动输入 $\nu(t)$ 到被调输出 $\zeta(t)$ 的传递函数。

因此，系统 (11.54) 是容许的，且 $\|G_{zw}(s)\|_\infty<\gamma$，当且仅当存在对称正定矩阵 P 和矩阵 S 满足：

$$\begin{bmatrix}(A+BK)\mathcal{P}+\mathcal{P}^{\mathrm{T}}(A+BK)^{\mathrm{T}} & \mathcal{P}^{\mathrm{T}}C^{\mathrm{T}} & B_w\\ C\mathcal{P} & -\gamma^2 I_q & 0\\ B_w^{\mathrm{T}} & 0 & -I_p\end{bmatrix}<0 \tag{11.57}$$

其中，$\mathcal{P}=PE^{\mathrm{T}}+RS^{\mathrm{T}}$，$R$ 为满足 $ER=0$ 的列满秩矩阵。

定义 $Y=K\mathcal{P}$ 即得到式 (11.55)。□

与定理 11.5 类似，当求解 LMI (11.55) 得到的矩阵 $\mathcal{P}$ 为奇异矩阵时，可选取充分小的 $\theta>0$ 使得 $\bar{\mathcal{P}}=\mathcal{P}+\theta I_n$ 满足式 (11.55) 且 $\bar{\mathcal{P}}$ 可逆。这时，状态反馈控制律为 $u(t)=Y\bar{\mathcal{P}}^{-1}x(t)$。

11.4　奇异离散线性系统的容许性

考虑如下的奇异离散线性系统:

$$Ex(k+1) = Ax(k) \tag{11.58}$$

其中，$x(k) \in \mathbb{R}^n$ 为系统状态向量；A、E 为适当维数的常数矩阵，其中，E 是奇异矩阵，不失一般性，假设 $\mathrm{rank}E = r < n$。

定义 11.4　(1) 如果矩阵对 (E, A) 满足 $\det(zE - A) \neq 0$，则称矩阵对 (E, A) 是正则的；

(2) 如果矩阵对 (E, A) 满足 $\deg(\det(zE - A)) = \mathrm{rank}E$，则称矩阵对 (E, A) 是因果的。

类似于定理 11.2，以下定理给出了奇异线性系统 (11.58) 解存在且唯一的条件。

定理 11.9　如果矩阵对 (E, A) 是正则、因果的，则奇异线性系统 (11.58) 的解是存在、唯一的。

类似于定义 11.2，我们给出奇异线性系统 (11.58) 稳定和渐近稳定的定义。

定义 11.5　对于奇异线性系统 (11.58)，如果对于任意的 $\epsilon > 0$，总存在一个标量 $\delta(\epsilon) > 0$ 对于任意的初始条件 $\|x(0)\| \leqslant \delta(\epsilon)$，系统 (11.58) 的解满足 $\|x(k)\| \leqslant \epsilon$，则称奇异线性系统 (11.58) 是稳定的，如果有 $\lim\limits_{k \to \infty} \|x(k)\| = 0$，则称奇异线性系统 (11.58) 是渐近稳定的。

类似于定理 11.1，矩阵对 (E, A) 是正则、因果的，当且仅当存在非奇异矩阵 G 和 H 将矩阵对 (E, A) 分解成标准形式 (11.5)。

与奇异连续线性系统的分析方法类似，如果 (E, A) 的广义特征值 $\lambda(E, A)$ 均位于单位圆内，则奇异离散线性系统 (11.58) 是渐近稳定的。

定义 11.6　如果奇异线性系统 (11.58) 的解是存在、唯一、渐近稳定的，则称奇异线性系统 (11.58) 是容许的。

以下定理给出了奇异线性系统 (11.58) 容许的充分必要条件。

定理 11.10　奇异线性系统 (11.58) 是容许的，当且仅当存在对称正定矩阵 P 和矩阵 S 满足:

$$A^{\mathrm{T}}PA - E^{\mathrm{T}}PE + SR^{\mathrm{T}}A + A^{\mathrm{T}}RS^{\mathrm{T}} < 0 \tag{11.59}$$

其中，R 为任意满足 $E^{\mathrm{T}}R = 0$ 的列满秩矩阵。

证明　(1) 充分性证明。

对于矩阵 E 和 A，一定存在非奇异矩阵 G、H 使得

$$\bar{E} = GEH = \begin{bmatrix} I_r & 0 \\ 0 & 0 \end{bmatrix}, \qquad \bar{A} = GAH = \begin{bmatrix} \bar{A}_{11} & \bar{A}_{12} \\ \bar{A}_{21} & \bar{A}_{22} \end{bmatrix}$$

由于 R 为满足 $E^{\mathrm{T}}R = 0$ 的列满秩矩阵，可以将 R 参数化为

$$R = G^{\mathrm{T}} \begin{bmatrix} 0 \\ I_{n-r} \end{bmatrix} \bar{U}$$

其中，$\bar{U} \in \mathbb{R}^{(n-r)\times(n-r)}$ 为非奇异矩阵。

类似地，可以定义

$$\bar{P} \overset{\text{def}}{=\!=} G^{-\mathrm{T}}PG^{-1} = \begin{bmatrix} \bar{P}_{11} & \bar{P}_{12} \\ \bar{P}_{12}^{T} & \bar{P}_{22} \end{bmatrix}, \qquad \bar{S} \overset{\text{def}}{=\!=} H^{\mathrm{T}}S = \begin{bmatrix} \bar{S}_1 \\ \bar{S}_2 \end{bmatrix}$$

在式 (11.59) 的左右两边分别乘以 H^{T} 和 H，可得

$$\bar{A}^{\mathrm{T}}\bar{P}\bar{A} - \bar{E}^{\mathrm{T}}\bar{P}\bar{E} + \bar{S}\bar{R}^{\mathrm{T}}\bar{A} + \bar{A}^{\mathrm{T}}\bar{R}\bar{S}^{\mathrm{T}} < 0 \tag{11.60}$$

其中

$$\bar{R} = G^{-\mathrm{T}}R = \begin{bmatrix} 0 \\ I_{n-r} \end{bmatrix} \bar{U}$$

由式 (11.60) 可得

$$\begin{bmatrix} \star & \star \\ \star & W \end{bmatrix} < 0$$

其中，$\star$ 为与后续讨论无关的矩阵元素；

$W = \bar{A}_{12}^{\mathrm{T}}\bar{P}_{11}\bar{A}_{12} + \bar{A}_{22}^{\mathrm{T}}\bar{P}_{12}^{\mathrm{T}}\bar{A}_{12} + \bar{A}_{12}^{\mathrm{T}}\bar{P}_{12}\bar{A}_{22} + \bar{A}_{22}^{\mathrm{T}}\bar{P}_{22}\bar{A}_{22} + \bar{S}_2\bar{U}^{\mathrm{T}}\bar{A}_{22} + \bar{A}_{22}^{\mathrm{T}}\bar{U}\bar{S}_2^{\mathrm{T}}$

由此可知 $\bar{A}_{22}$ 是非奇异矩阵，从而矩阵对 (E, A) 是正则、因果的。

下面证明奇异线性系统 (11.58) 的渐近稳定性。定义

$$\bar{G} = \begin{bmatrix} I_r & -\bar{A}_{12}\bar{A}_{22}^{-1} \\ 0 & I_{n-r} \end{bmatrix} G, \qquad \bar{H} = H \begin{bmatrix} I_r & 0 \\ -\bar{A}_{22}^{-1}\bar{A}_{21} & \bar{A}_{22}^{-1} \end{bmatrix}$$

则有

$$\tilde{E} = \bar{G}E\bar{H} = \begin{bmatrix} I_r & 0 \\ 0 & 0 \end{bmatrix}, \qquad \tilde{A} = \bar{G}A\bar{H} = \begin{bmatrix} \tilde{A}_{11} & 0 \\ 0 & I_{n-r} \end{bmatrix}$$

定义线性变换

$$\xi(k) = \begin{bmatrix} \xi_1(k) \\ \xi_2(k) \end{bmatrix} = \bar{H}^{-1}x(k), \qquad \xi_1(k) \in \mathbb{R}^{r}, \qquad \xi_2(k) \in \mathbb{R}^{n-r} \tag{11.61}$$

这时，可以将系统 (11.58) 分解为标准形式

$$\xi_1(k+1) = \tilde{A}_{11}\xi_1(k) \tag{11.62a}$$

$$0 = \xi_2(k) \tag{11.62b}$$

定义

$$\tilde{P}=\bar{G}^{-\mathrm{T}}P\bar{G}^{-1}=\begin{bmatrix}\tilde{P}_{11} & \tilde{P}_{12}\\ \tilde{P}_{12}^{T} & \tilde{P}_{22}\end{bmatrix},\qquad \tilde{S}=\bar{H}^{\mathrm{T}}S=\begin{bmatrix}\tilde{S}_1\\ \tilde{S}_2\end{bmatrix}$$

这时，R 可以参数化为

$$R=\bar{G}^{\mathrm{T}}\begin{bmatrix}0\\ I_{n-r}\end{bmatrix}\tilde{U}$$

其中，$\tilde{U}\in\mathbb{R}^{(n-r)\times(n-r)}$ 为非奇异矩阵。

这时，在式 (11.59) 的左右两边分别乘以 $\bar{H}^{\mathrm{T}}$ 和 $\bar{H}$ 得到

$$\begin{bmatrix}\tilde{A}_{11}^{\mathrm{T}}\tilde{P}_{11}\tilde{A}_{11}-\tilde{P}_{11} & \tilde{A}_{11}^{\mathrm{T}}\tilde{P}_{12}+\tilde{S}_1\tilde{U}^{\mathrm{T}}\\ \tilde{P}_{12}^{\mathrm{T}}\tilde{A}_{11}+\tilde{U}^{\mathrm{T}}\tilde{S}_1 & \tilde{P}_{22}+\tilde{S}_2\tilde{U}^{\mathrm{T}}+\tilde{U}\tilde{S}_2^{\mathrm{T}}\end{bmatrix}<0 \tag{11.63}$$

由 $\tilde{A}_{11}^{\mathrm{T}}\tilde{P}_{11}\tilde{A}_{11}-\tilde{P}_{11}<0$ 可知系统 (11.62a) 是渐近稳定的，从而系统 (11.58) 是渐近稳定的。

(2) 必要性证明。

由于矩阵对 (E,A) 是正则、因果、渐近稳定的，一定存在非奇异矩阵 G 和 H 使得

$$\bar{E}=GEH=\begin{bmatrix}I_r & 0\\ 0 & 0\end{bmatrix},\qquad \bar{A}=GAH=\begin{bmatrix}\bar{A}_{11} & 0\\ 0 & I_{n-r}\end{bmatrix}$$

同时 $\bar{A}_{11}$ 是渐近稳定的。由 $\bar{A}_{11}$ 的渐近稳定性可知，存在对称正定矩阵 $\bar{P}_{11}$ 使得

$$\bar{A}_{11}^{\mathrm{T}}\bar{P}_{11}\bar{A}_{11}-\bar{P}_{11}<0$$

同时由 $E^{\mathrm{T}}R=0$，可以将 R 参数化为

$$R=G^{\mathrm{T}}\begin{bmatrix}0\\ I_{n-r}\end{bmatrix}\bar{U}$$

其中，$\bar{U}\in\mathbb{R}^{(n-r)\times(n-r)}$ 为非奇异矩阵。

这时可以构造 P 和 S 为

$$P=G^{\mathrm{T}}\begin{bmatrix}\bar{P}_{11} & 0\\ 0 & I_{n-r}\end{bmatrix}G,\qquad S=H^{-\mathrm{T}}\begin{bmatrix}0\\ -I_{n-r}\end{bmatrix}\bar{U}^{-\mathrm{T}}$$

满足式 (11.59)。 □

当奇异线性系统 (11.58) 中的 $E=I_n$ 时，$R=0$，这时式 (11.59) 退化为 $A^{\mathrm{T}}PA-P<0$，这正是状态空间离散线性系统 $x(k+1)=Ax(k)$ 渐近稳定的充分必要条件。因此，定理 11.10 也可以看作状态空间系统的有关结论在奇异系统中的推广。

11.5　奇异离散线性系统的状态反馈镇定

考虑以下的带控制输入的奇异离散线性系统

$$Ex(k+1)=Ax(k)+Bu(k) \tag{11.64}$$

其中，$x(k)\in\mathbb{R}^n$ 为状态向量；$u(k)\in\mathbb{R}^m$ 为控制输入向量；A、B、E 为适当维数的常数矩阵，其中，E 为奇异矩阵，且满足 $\text{rank}E=r<n$。

对于系统 (11.64)，如果存在状态反馈控制律 $u(k)=Kx(k)$，$K\in\mathbb{R}^{m\times n}$ 使得闭环系统

$$Ex(k+1)=(A+BK)x(k) \tag{11.65}$$

是容许的，则称系统 (11.64) 是状态反馈可镇定的。

以下定理给出了系统 (11.64) 的状态反馈控制律存在的充分必要条件，并给出了状态反馈控制律设计算法。

定理 11.11　奇异线性系统 (11.64) 是可镇定的，当且仅当存在对称正定矩阵 P、矩阵 S 和标量 $\delta>0$ 满足：

$$A^{\rm T}PA-E^{\rm T}PE+SR^{\rm T}A+A^{\rm T}RS^{\rm T}-(SR^{\rm T}+A^{\rm T}P)B(B^{\rm T}PB+\delta I_m)^{-1}B^{\rm T}(SR^{\rm T}+A^{\rm T}P)^{\rm T}<0 \tag{11.66}$$

其中，R 为任意满足 $E^{\rm T}R=0$ 的列满秩矩阵。这时，状态反馈控制律为

$$u(k)=-(B^{\rm T}PB+\delta I_m)^{\rm T}B^{\rm T}(SR^{\rm T}+A^{\rm T}P)^{\rm T}x(k)$$

证明　(1) 充分性证明。

令 $K=-(B^{\rm T}PB+\delta I_m)^{\rm T}B^{\rm T}(SR^{\rm T}+A^{\rm T}P)^{\rm T}$。容易验证

$$\begin{aligned}&(SR^{\rm T}+A^{\rm T}P)BK+K^{\rm T}B^{\rm T}(SR^{\rm T}+A^{\rm T}P)^{\rm T}+K^{\rm T}(B^{\rm T}PB+\delta I)K\\&=-(SR^{\rm T}+A^{\rm T}P)B(B^{\rm T}PB+\delta I_m)^{-1}B^{\rm T}(SR^{\rm T}+A^{\rm T}P)^{\rm T}\end{aligned}$$

从而

$$\begin{aligned}&(A+BK)^{\rm T}P(A+BK)-E^{\rm T}PE+SR^{\rm T}(A+BK)+(A+BK)^{\rm T}RS^{\rm T}\\\leqslant\ &A^{\rm T}PA-E^{\rm T}PE+SR^{\rm T}A+A^{\rm T}RS^{\rm T}+(SR^{\rm T}+A^{\rm T}P)BK+K^{\rm T}B^{\rm T}(SR^{\rm T}+A^{\rm T}P)^{\rm T}\\&+K^{\rm T}(B^{\rm T}PB+\delta I_m)K\\=\ &A^{\rm T}PA-E^{\rm T}PE+SR^{\rm T}A+A^{\rm T}RS^{\rm T}\\&-(SR^{\rm T}+A^{\rm T}P)B(B^{\rm T}PB+\delta I_m)^{-1}B^{\rm T}(SR^{\rm T}+A^{\rm T}P)^{\rm T}\\<\ &0\end{aligned}$$

基于定理 11.10，闭环系统 (11.65) 是容许的。

(2) 必要性证明。

假定存在定理 11.11 所示的状态反馈控制律使得闭环系统 (11.65) 是容许的，则一定存在对称正定矩阵 P 和矩阵 S 满足：

$$(A+BK)^{\mathrm{T}}P(A+BK)-E^{\mathrm{T}}PE+SR^{\mathrm{T}}(A+BK)+(A+BK)^{\mathrm{T}}RS^{\mathrm{T}}<0$$

即

$$\begin{aligned}&A^{\mathrm{T}}PA-E^{\mathrm{T}}PE+SR^{\mathrm{T}}A+A^{\mathrm{T}}RS^{\mathrm{T}}+(SR^{\mathrm{T}}+A^{\mathrm{T}}P)BK\\&\quad+K^{\mathrm{T}}B^{\mathrm{T}}(SR^{\mathrm{T}}+A^{\mathrm{T}}P)^{\mathrm{T}}+K^{\mathrm{T}}B^{\mathrm{T}}PBK<0\end{aligned}$$

这时，一定存在标量 $\delta>0$ 使得

$$\begin{aligned}&A^{\mathrm{T}}PA-E^{\mathrm{T}}PE+SR^{\mathrm{T}}A+A^{\mathrm{T}}RS^{\mathrm{T}}+(SR^{\mathrm{T}}+A^{\mathrm{T}}P)BK\\&\quad+K^{\mathrm{T}}B^{\mathrm{T}}(SR^{\mathrm{T}}+A^{\mathrm{T}}P)^{\mathrm{T}}+K^{\mathrm{T}}(B^{\mathrm{T}}PB+\delta I_m)K<0\end{aligned}$$

进一步将该式写成

$$\begin{aligned}&A^{\mathrm{T}}PA-E^{\mathrm{T}}PE+SR^{\mathrm{T}}A+A^{\mathrm{T}}RS^{\mathrm{T}}\\&\quad-(SR^{\mathrm{T}}+A^{\mathrm{T}}P)B(B^{\mathrm{T}}PB+\delta I_m)^{-1}B^{\mathrm{T}}(SR^{\mathrm{T}}+A^{\mathrm{T}}P)^{\mathrm{T}}\\&\quad+\Big(K^{\mathrm{T}}+(SR^{\mathrm{T}}+A^{\mathrm{T}}P)B(B^{\mathrm{T}}PB+\delta I_m)^{-1}\Big)(B^{\mathrm{T}}PB+\delta I_m)\\&\quad\times\Big(K^{\mathrm{T}}+(SR^{\mathrm{T}}+A^{\mathrm{T}}P)B(B^{\mathrm{T}}PB+\delta I_m)^{-1}\Big)^{\mathrm{T}}<0\end{aligned}$$

从而式 (11.66) 成立。 □

容易证明，当 $E=I_n$ 时，式 (11.66) 中的 $R=0$，这时定理 11.11 退化为状态空间离散线性系统 $x(k+1)=Ax(k)+Bu(k)$ 状态反馈可镇定的充分必要条件。

11.6 奇异离散线性系统的 H_∞ 控制

考虑奇异离散线性系统

$$\begin{cases}Ex(k+1)=Ax(k)+B_w w(k)\\z(k)=Cx(k)+Dw(k)\end{cases}\tag{11.67}$$

其中，$x(k)\in\mathbb{R}^n$ 为状态向量；$w(k)\in\mathbb{R}^p$ 为能量有限的扰动输入向量；$z(k)\in\mathbb{R}^q$ 为系统的被调输出；A、B_w、C、D、E 为适当维数的常数矩阵，其中，E 为奇异矩阵，我们假设 $\mathrm{rank}E=r<n$。

该系统的传递函数为

$$G_{zw}(z)=C(zE-A)^{-1}B_w+D\tag{11.68}$$

其 H_∞ 范数定义为

$$\|G_{zw}(z)\|_\infty=\sup_{\theta\in[0,2\pi)}\sigma_{\max}(G_{zw}(\mathrm{e}^{\mathrm{j}\theta}))$$

11.6.1　奇异离散线性系统的 H_∞ 性能

以下定理给出了奇异线性系统 (11.67) 的有界实引理。

定理 11.12　给定标量 $\gamma > 0$，奇异线性系统 (11.67) 是容许的，且 $\|G_{zw}(z)\|_\infty < \gamma$，当且仅当存在对称正定矩阵 P 和矩阵 S 满足以下的 LMI:

$$\begin{bmatrix} A^{\mathrm{T}}PA - E^{\mathrm{T}}PE + C^{\mathrm{T}}C & A^{\mathrm{T}}PB_w + C^{\mathrm{T}}D \\ B_w^{\mathrm{T}}PA + D^{\mathrm{T}}C & B_w^{\mathrm{T}}PB_w + D^{\mathrm{T}}D - \gamma^2 I_p \end{bmatrix} + \begin{bmatrix} A^{\mathrm{T}} \\ B_w^{\mathrm{T}} \end{bmatrix} RS^{\mathrm{T}} + SR^{\mathrm{T}} \begin{bmatrix} A^{\mathrm{T}} \\ B_w^{\mathrm{T}} \end{bmatrix}^{\mathrm{T}} < 0 \tag{11.69}$$

其中，R 为任意满足 $E^{\mathrm{T}}R = 0$ 的列满秩矩阵。

证明　在此仅证明充分性。假设 LMI (11.69) 成立。将 S 分解为

$$S = \begin{bmatrix} S_1 \\ S_2 \end{bmatrix}, \qquad S_1 \in \mathbb{R}^{n\times(n-r)}, \qquad S_2 \in \mathbb{R}^{p\times(n-r)}$$

则 LMI (11.69) 可分解成

$$\begin{bmatrix} A^{\mathrm{T}}PA - E^{\mathrm{T}}PE + A^{\mathrm{T}}RS_1^{\mathrm{T}} + S_1R^{\mathrm{T}}A + C^{\mathrm{T}}C \\ B_w^{\mathrm{T}}PA + D^{\mathrm{T}}C + S_2R^{\mathrm{T}}A + B_w^{\mathrm{T}}RS_1^{\mathrm{T}} \end{bmatrix. \\ \left. \begin{matrix} A^{\mathrm{T}}PB_w + C^{\mathrm{T}}D + A^{\mathrm{T}}RS_2^{\mathrm{T}} + S_1R^{\mathrm{T}}B_w \\ B_w^{\mathrm{T}}PB_\omega + D^{\mathrm{T}}D - \gamma^2 I_p + B_w^{\mathrm{T}}RS_2^{\mathrm{T}} + S_2R^{\mathrm{T}}B_w \end{matrix} \right] < 0 \tag{11.70}$$

从式 (11.70) 可以得到

$$A^{\mathrm{T}}PA - E^{\mathrm{T}}PE + A^{\mathrm{T}}RS_1^{\mathrm{T}} + S_1R^{\mathrm{T}}A < 0$$

由定理 11.10 可知，系统 (11.67) 是容许的，接下来我们进一步证明 $\|G_{zw}(z)\|_\infty < \gamma$。

利用 Schur 补引理，LMI (11.70) 等价于

$$\begin{aligned} &A^{\mathrm{T}}PA - E^{\mathrm{T}}PE + C^{\mathrm{T}}C + A^{\mathrm{T}}RS_1^{\mathrm{T}} + S_1R^{\mathrm{T}}A \\ &\quad + (A^{\mathrm{T}}PB_w + C^{\mathrm{T}}D + A^{\mathrm{T}}RS_2^{\mathrm{T}} + S_1R^{\mathrm{T}}B_w)\varOmega^{-1} \\ &\quad \times (B_w^{\mathrm{T}}PA + D^{\mathrm{T}}C + S_2R^{\mathrm{T}}A + B_w^{\mathrm{T}}RS_1^{\mathrm{T}}) < 0 \end{aligned} \tag{11.71}$$

其中，$\varOmega = \gamma^2 I_p - D^{\mathrm{T}}D - B_w^{\mathrm{T}}PB_w - B_w^{\mathrm{T}}RS_2^{\mathrm{T}} - S_2R^{\mathrm{T}}B_w > 0$。

由式 (11.71) 可知，必存在对称正定矩阵 W 使得

$$\begin{aligned} &A^{\mathrm{T}}PA - E^{\mathrm{T}}PE + C^{\mathrm{T}}C + A^{\mathrm{T}}RS_1^{\mathrm{T}} + S_1R^{\mathrm{T}}A \\ &\quad + (A^{\mathrm{T}}PB_w + C^{\mathrm{T}}D + A^{\mathrm{T}}RS_2^{\mathrm{T}} + S_1R^{\mathrm{T}}B_w)\varOmega^{-1} \\ &\quad \times (B_w^{\mathrm{T}}PA + D^{\mathrm{T}}C + S_2R^{\mathrm{T}}A + B_w^{\mathrm{T}}RS_1^{\mathrm{T}}) + W < 0 \end{aligned} \tag{11.72}$$

令

$$\psi(\mathrm{j}\theta) = \mathrm{e}^{\mathrm{j}\theta}E - A \tag{11.73}$$

由于系统 (11.67) 是容许的，因此 $\psi(\mathrm{j}\theta)$ 对所有的 $\theta \in [0, 2\pi)$ 是非奇异的。

令

$$\Omega = (A^{\mathrm{T}}PB_w + C^{\mathrm{T}}D + A^{\mathrm{T}}RS_2^{\mathrm{T}} + S_1R^{\mathrm{T}}B_w)\Omega^{-1}(B_w^{\mathrm{T}}PA + D^{\mathrm{T}}C + S_2R^{\mathrm{T}}A + B_w^{\mathrm{T}}RS_1^{\mathrm{T}}) + W \tag{11.74}$$

并在式 (11.72) 的左右两边分别乘以 $B_w^{\mathrm{T}}\psi^{-\mathrm{T}}(-\mathrm{j}\theta)$ 和 $\psi^{-1}(\mathrm{j}\theta)B_w$，得到

$$\begin{aligned}&B_w^{\mathrm{T}}\psi^{-\mathrm{T}}(-\mathrm{j}\theta)(A^{\mathrm{T}}PA + C^{\mathrm{T}}C - E^{\mathrm{T}}PE + A^{\mathrm{T}}RS_1^{\mathrm{T}} + S_1R^{\mathrm{T}}A)\psi^{-1}(\mathrm{j}\theta)B_w \\ &+ B_w^{\mathrm{T}}\psi^{-\mathrm{T}}(-\mathrm{j}\theta)\Omega\psi^{-1}(\mathrm{j}\theta)B_w \leqslant 0\end{aligned} \tag{11.75}$$

即

$$\begin{aligned}&- B_w^{\mathrm{T}}\psi^{-\mathrm{T}}(-\mathrm{j}\theta)(A^{\mathrm{T}}PA - E^{\mathrm{T}}PE + A^{\mathrm{T}}RS_1^{\mathrm{T}} + S_1R^{\mathrm{T}}A)\psi^{-\mathrm{T}}(\mathrm{j}\theta)B_w \\ &\geqslant B_w^{\mathrm{T}}\psi^{-\mathrm{T}}(-\mathrm{j}\theta)\Omega\psi^{-1}(\mathrm{j}\theta)B_w + B_w^{\mathrm{T}}\psi^{-\mathrm{T}}(-\mathrm{j}\theta)C^{\mathrm{T}}C\psi^{-1}(\mathrm{j}\theta)B_w\end{aligned} \tag{11.76}$$

同时，利用 $E^{\mathrm{T}}R = 0$，可知式 (11.77) 成立：

$$\begin{aligned}&B_w^{\mathrm{T}}PB_w + B_w^{\mathrm{T}}\psi^{-\mathrm{T}}(-\mathrm{j}\theta)(A^{\mathrm{T}}P + S_1R^{\mathrm{T}})B_w \\ &\quad + B_w^{\mathrm{T}}(A^{\mathrm{T}}P + S_1R^{\mathrm{T}})^{\mathrm{T}}\psi^{-1}(\mathrm{j}\theta)B_w + B_w^{\mathrm{T}}\psi^{-\mathrm{T}}(-\mathrm{j}\theta) \\ &\quad \times (A^{\mathrm{T}}PA - E^{\mathrm{T}}PE + A^{\mathrm{T}}RS_1^{\mathrm{T}} + S_1R^{\mathrm{T}}A)\psi^{-1}(\mathrm{j}\theta)B_w = 0\end{aligned} \tag{11.77}$$

综合式 (11.76) 和式 (11.77)，可知下式成立：

$$\begin{aligned}&B_w^{\mathrm{T}}PB_w - B_w^{\mathrm{T}}\psi^{-\mathrm{T}}(-\mathrm{j}\theta)C^{\mathrm{T}}C\psi^{-1}(\mathrm{j}\theta)B_w \\ &\geqslant - B_w^{\mathrm{T}}\psi^{-\mathrm{T}}(-\mathrm{j}\theta)(A^{\mathrm{T}}P + S_1R^{\mathrm{T}})B_w - B_w^{\mathrm{T}}(A^{\mathrm{T}}P + S_1R^{\mathrm{T}})^{\mathrm{T}}\psi^{-1}(\mathrm{j}\theta)B_w \\ &\quad + B_w^{\mathrm{T}}\psi^{-\mathrm{T}}(-\mathrm{j}\theta)\Omega\psi^{-1}(\mathrm{j}\theta)B_w\end{aligned} \tag{11.78}$$

另一方面，对于任意的 $\theta \in [0, 2\pi)$，下式成立：

$$\begin{aligned}&\gamma^2I_p - G^{\mathrm{T}}(\mathrm{e}^{-\mathrm{j}\theta})G(\mathrm{e}^{\mathrm{j}\theta}) \\ &= \gamma^2I_p - D^{\mathrm{T}}D - B_w^{\mathrm{T}}\psi^{-\mathrm{T}}(-\mathrm{j}\theta)C^{\mathrm{T}}C\psi^{-1}(\mathrm{j}\theta)B_w \\ &\quad - B_w^{\mathrm{T}}\psi^{-\mathrm{T}}(-\mathrm{j}\theta)C^{\mathrm{T}}D - D^{\mathrm{T}}C\psi^{-1}(\mathrm{j}\theta)B_w \\ &= \Omega + B_w^{\mathrm{T}}PB_w - B_w^{\mathrm{T}}\psi^{-\mathrm{T}}(-\mathrm{j}\theta)C^{\mathrm{T}}C\psi^{-1}(\mathrm{j}\theta)B_w \\ &\quad - B_w^{\mathrm{T}}\psi^{-\mathrm{T}}(-\mathrm{j}\theta)(A^{\mathrm{T}}PB_w + C^{\mathrm{T}}D + A^{\mathrm{T}}RS_2^{\mathrm{T}} + S_1R^{\mathrm{T}}B_w) \\ &\quad - (B_w^{\mathrm{T}}PA + D^{\mathrm{T}}C + S_2R^{\mathrm{T}}A + B_w^{\mathrm{T}}RS_1^{\mathrm{T}})\psi^{-1}(\mathrm{j}\theta)B_w \\ &\quad + B_w^{\mathrm{T}}\psi^{-\mathrm{T}}(-\mathrm{j}\theta)(A^{\mathrm{T}}P + S_1R^{\mathrm{T}})B_w + B_w^{\mathrm{T}}(A^{\mathrm{T}}P + S_1R^{\mathrm{T}})^{\mathrm{T}}\psi^{-1}(\mathrm{j}\theta)B_w\end{aligned} \tag{11.79}$$

综合式 (11.79) 和式 (11.78) 可得

$$\begin{aligned}&\gamma^2 I_p - G^{\mathrm{T}}(\mathrm{e}^{-\mathrm{j}\theta})G(\mathrm{e}^{\mathrm{j}\theta})\\ \geqslant\ &\Omega - B_w^{\mathrm{T}}\psi^{-\mathrm{T}}(-\mathrm{j}\theta)(A^{\mathrm{T}}PB_w + C^{\mathrm{T}}D + A^{\mathrm{T}}RS_2^{\mathrm{T}} + S_1R^{\mathrm{T}}B_w)\\ &-(B_w^{\mathrm{T}}PA + D^{\mathrm{T}}C + S_2R^{\mathrm{T}}A + B_w^{\mathrm{T}}RS_1^{\mathrm{T}})\psi^{-1}(\mathrm{j}\theta)B_w\\ &+B_w^{\mathrm{T}}\psi^{-\mathrm{T}}(-\mathrm{j}\theta)\Omega\psi^{-1}(\mathrm{j}\theta)B_w\end{aligned} \tag{11.80}$$

进一步有

$$\begin{aligned}&\gamma^2 I_p - G^{\mathrm{T}}(\mathrm{e}^{-\mathrm{j}\theta})G(\mathrm{e}^{\mathrm{j}\theta})\\ \geqslant\ &\Omega - (B_w^{\mathrm{T}}PA + D^{\mathrm{T}}C + S_2R^{\mathrm{T}}A + B_w^{\mathrm{T}}RS_1^{\mathrm{T}})\Omega^{-1}\\ &\times(A^{\mathrm{T}}PB_w + C^{\mathrm{T}}D + A^{\mathrm{T}}RS_2^{\mathrm{T}} + S_1R^{\mathrm{T}}B_w)\end{aligned} \tag{11.81}$$

注意到

$$\begin{aligned}&\Omega - (A^{\mathrm{T}}PB_w + C^{\mathrm{T}}D + A^{\mathrm{T}}RS_2^{\mathrm{T}} + S_1R^{\mathrm{T}}B_w)\Omega^{-1}\\ &\times(B_w^{\mathrm{T}}PA + D^{\mathrm{T}}C + S_2R^{\mathrm{T}}A + B_w^{\mathrm{T}}RS_1^{\mathrm{T}}) = W > 0\end{aligned} \tag{11.82}$$

运用 Schur 补引理，可得

$$\begin{bmatrix}\Omega & B_w^{\mathrm{T}}PA + D^{\mathrm{T}}C + S_2R^{\mathrm{T}}A + B_w^{\mathrm{T}}RS_1^{\mathrm{T}}\\ A^{\mathrm{T}}PB_w + C^{\mathrm{T}}D + A^{\mathrm{T}}RS_2^{\mathrm{T}} + S_1R^{\mathrm{T}}B_w & \Omega\end{bmatrix} > 0 \tag{11.83}$$

再次运用 Schur 补引理，得

$$\begin{aligned}&\Omega - (B_w^{\mathrm{T}}PA + D^{\mathrm{T}}C + S_2R^{\mathrm{T}}A + B_w^{\mathrm{T}}RS_1^{\mathrm{T}})\Omega^{-1}\\ &\times(A^{\mathrm{T}}PB_w + C^{\mathrm{T}}D + A^{\mathrm{T}}RS_2^{\mathrm{T}} + S_1R^{\mathrm{T}}B_w) > 0\end{aligned} \tag{11.84}$$

从而有

$$\gamma^2 I_p - G^{\mathrm{T}}(\mathrm{e}^{-\mathrm{j}\theta})G(\mathrm{e}^{\mathrm{j}\theta}) > 0 \tag{11.85}$$

从而 $\|G_{zw}(z)\|_\infty < \gamma$ 成立。　□

如果奇异线性系统 (11.67) 中的 $E = I_n$，LMI (11.69) 中的 $R = 0$，这时定理 11.12 退化为状态空间离散线性系统的有界实引理，即定理 8.5。

11.6.2 奇异离散线性系统的 H_∞ 控制律设计

考虑带控制输入的奇异线性系统

$$\begin{cases}Ex(k+1) = Ax(k) + Bu(k) + B_w w(k)\\ z(k) = Cx(k) + Dw(k)\end{cases} \tag{11.86}$$

其中，$x(k)\in\mathbb{R}^n$ 为系统状态向量；$u(k)\in\mathbb{R}^m$ 为控制输入向量；$w(k)\in\mathbb{R}^p$ 为能量有限的扰动信号；$z(k)\in\mathbb{R}^q$ 为系统的被调输出；A、B、B_w、C、D、E 为适当维数的常数矩阵，其中，E 为奇异矩阵，并有 $\mathrm{rank}E=r<n$。

对于系统 (11.86)，如果存在状态反馈控制律 $u(k)=Kx(k)$，$K\in\mathbb{R}^{m\times n}$ 使得闭环系统是容许的,且 $\|G_{zw}(s)\|_\infty<\gamma$,则称系统 (11.86) 是 H_∞ 状态反馈可镇定,这时 $u(k)=Kx(k)$ 是系统 (11.86) 的 H_∞ 状态反馈控制律。

定理 11.13　奇异线性系统 (11.86) 是 H_∞ 状态反馈可镇定的，当且仅当存在对称正定矩阵 P，矩阵 S_1、S_2 满足：

$$X=\gamma^2I_p-\left(B_w^{\mathrm{T}}PB_w+D^{\mathrm{T}}D+S_2R^{\mathrm{T}}B_w+B_w^{\mathrm{T}}RS_2^{\mathrm{T}}\right)>0 \tag{11.87a}$$

$$Y_1+Y_2X^{-1}Y_2^{\mathrm{T}}-\left(\varPsi_1^{\mathrm{T}}+Y_2X^{-1}\varPsi_2^{\mathrm{T}}\right)\varPi^{-1}\left(\varPsi_1+\varPsi_2X^{-1}Y_2^{\mathrm{T}}\right)<0 \tag{11.87b}$$

其中，$R\in\mathbb{R}^{n\times(n-r)}$ 为任意满足 $E^{\mathrm{T}}R=0$ 的列满秩矩阵；

$Y_1=A^{\mathrm{T}}PA-E^{\mathrm{T}}PE+C^{\mathrm{T}}C+S_1R^{\mathrm{T}}A+A^{\mathrm{T}}RS_1^{\mathrm{T}}$；

$Y_2=C^{\mathrm{T}}D+S_1R^{\mathrm{T}}B_w+A^{\mathrm{T}}(PB_w+RS_2^{\mathrm{T}})$；

$\varPsi_1=B^{\mathrm{T}}(PA+RS_1^{\mathrm{T}})$；

$\varPsi_2=B^{\mathrm{T}}(PB_w+RS_2^{\mathrm{T}})$；

$\varPi=B^{\mathrm{T}}PB+\varPsi_2X^{-1}\varPsi_2^{\mathrm{T}}+\delta I_m$。

这时，状态反馈控制律为

$$u(k)=-\varPi^{-1}\left(\varPsi_1+\varPsi_2X^{-1}Y_2^{\mathrm{T}}\right)x(t)$$

证明　在此仅证明充分性。将式 (11.69) 中 A 用 $A+BK$ 代替，并将 S 分解为

$$S=\begin{bmatrix}S_1\\S_2\end{bmatrix},\qquad S_1\in\mathbb{R}^{n\times(n-r)},\qquad S_2\in\mathbb{R}^{p\times(n-r)}$$

可得

$$\begin{bmatrix}C^{\mathrm{T}}C-E^{\mathrm{T}}PE+S_1R^{\mathrm{T}}(A+BK)+(A+BK)^{\mathrm{T}}RS_1^{\mathrm{T}} & (A+BK)^{\mathrm{T}}(PB_w+RS_2^{\mathrm{T}})+C^{\mathrm{T}}D+S_1R^{\mathrm{T}}B_w & (A+BK)^{\mathrm{T}}P\\(B_w^{\mathrm{T}}P+S_2R^{\mathrm{T}})(A+BK)+D^{\mathrm{T}}C+B_w^{\mathrm{T}}RS_1^{\mathrm{T}} & B_w^{\mathrm{T}}PB_w^{\mathrm{T}}+D^{\mathrm{T}}D-\gamma^2I_p+S_2R^{\mathrm{T}}B_w+B_w^{\mathrm{T}}RS_2 & 0\\P(A+BK) & 0 & -P\end{bmatrix}<0 \tag{11.88}$$

使用 Schur 补引理，可知式 (11.88) 等价于 $X>0$ 和

$$\begin{bmatrix}Y_1+\varPsi_1^{\mathrm{T}}K+K^{\mathrm{T}}\varPsi_1+K^{\mathrm{T}}B^{\mathrm{T}}PBK & Y_2+K^{\mathrm{T}}\varPsi_2\\Y_2^{\mathrm{T}}+\varPsi_2^{\mathrm{T}}K & -X\end{bmatrix}<0 \tag{11.89}$$

运用 Schur 补引理，式 (11.89) 等价于

$$\begin{aligned}&Y_1+Y_2X^{-1}Y_2^{\mathrm{T}}+\left(\Psi_1^{\mathrm{T}}+Y_2X^{-1}\Psi_2^{\mathrm{T}}\right)K+K^{\mathrm{T}}\left(\Psi_1+\Psi_2X^{-1}Y_2^{\mathrm{T}}\right)\\&\quad+K^{\mathrm{T}}\left(B^{\mathrm{T}}PB+\Psi_2X^{-1}\Psi_2^{\mathrm{T}}\right)K<0\end{aligned} \tag{11.90}$$

该不等式成立，当且仅当存在标量 $\delta>0$ 使得

$$Y_1+Y_2X^{-1}Y_2^{\mathrm{T}}+\left(\Psi_1^{\mathrm{T}}+Y_2X^{-1}\Psi_2^{\mathrm{T}}\right)K+K^{\mathrm{T}}\left(\Psi_1+\Psi_2X^{-1}Y_2^{\mathrm{T}}\right)+K^{\mathrm{T}}\Pi K<0 \tag{11.91}$$

即

$$\begin{aligned}&Y_1+Y_2X^{-1}Y_2^{\mathrm{T}}-\left(\Psi_1^{\mathrm{T}}+Y_2X^{-1}\Psi_2^{\mathrm{T}}\right)\Pi^{-1}\left(\Psi_1+\Psi_2X^{-1}Y_2^{\mathrm{T}}\right)\\&\quad+\left(K^{\mathrm{T}}+\left(\Psi_1^{\mathrm{T}}+Y_2X^{-1}\Psi_2^{\mathrm{T}}\right)\Pi^{-1}\right)\Pi\left(K+\Pi^{-1}\left(\Psi_1+\Psi_2X^{-1}Y_2^{\mathrm{T}}\right)\right)<0\end{aligned} \tag{11.92}$$

由此可知，存在状态反馈增益 K 使得式 (11.92) 成立，当且仅当式 (11.87b) 成立。 □

容易验证，如果奇异系统 (11.86) 中的 $E=I_n$，这时式 (11.87) 中的 $R=0$，定理 11.13 退化为离散线性系统 H_∞ 状态反馈控制律存在的充分必要条件。

注记 本章内容由文献 (Xu et al., 2006) 第 2、3、4 章，文献 (鲁仁全 等，2008；嵇小辅，2006) 相关内容改写。

习 题

11-1 考虑奇异连续线性系统 (11.29)，其中

$$E=\begin{bmatrix}1&1&-1\\-0.5&-0.5&-0.5\\1&1&-1\end{bmatrix},\quad A=\begin{bmatrix}3&4&-2.8\\-2&-1&0.1\\5&4&-4.8\end{bmatrix},\quad B=\begin{bmatrix}1&-1&7\\-4.5&-0.5&3\\1&3&9\end{bmatrix}$$

验证开环系统是不是容许的，如果开环系统不是容许的，试设计状态反馈控制律使得闭环系统是容许的。

11-2 基于定理 11.8，讨论奇异线性系统

$$\begin{cases}E\dot{x}(t)=Ax(t)+Bu(t)+B_ww(t)\\z(t)=Cx(t)+Du(t)\end{cases}$$

H_∞ 状态反馈可镇定的充分必要条件，并给出状态反馈控制律设计算法。如果

$$E=\begin{bmatrix}-10.5&-7&7\\-18&7.5&5.5\\7.5&-4&-2\end{bmatrix},\quad A=\begin{bmatrix}31.5&0&-14\\15&13&-11\\-4.5&-6&4\end{bmatrix},\quad B=\begin{bmatrix}1.9&-0.3\\-1&-1.8\\0.3&1.3\end{bmatrix},$$

$$B_w=\begin{bmatrix}2.7\\2.6\\-1.3\end{bmatrix},\quad C=\begin{bmatrix}5.3&-2&-2.8\end{bmatrix},\quad D=\begin{bmatrix}-1&1\end{bmatrix}$$

验证该系统是否 H_∞ 状态反馈可镇定，如果 $\gamma = 0.6$，试设计 H_∞ 状态反馈控制律。

11-3　考虑奇异离散线性系统 (11.64)，其中

$$E = \begin{bmatrix} 2 & 1 & 0.5 \\ 2 & 1 & 1 \\ 0 & 0 & 0 \end{bmatrix}, \quad A = \begin{bmatrix} 2.4 & 0.2 & 1.2 \\ 4 & 1.5 & 2 \\ 0 & 0 & 0 \end{bmatrix}, \quad B = \begin{bmatrix} 0 & 1 & 1 \\ 1 & 0 & 0 \\ 1 & 2 & 1 \end{bmatrix}$$

验证开环系统是不是容许的，如果开环系统不是容许的，试设计状态反馈控制律使得闭环系统是容许的。

参 考 文 献

嵇小辅，2006. 不确定线性系统鲁棒控制若干问题研究 [D]. 杭州: 浙江大学.

鲁仁全，苏宏业，薛安克，等，2008. 奇异系统的鲁棒控制理论 [M]. 北京：科学出版社.

DAI L，1989. Singular control systems[M]. Berlin: Springer-Verlag.

VERGHESE G C，LEVY B C，KAILATH T，1981. A generalized state-space for singular systems[J]. IEEE Transactions on Automatic Control，26(4):811-831.

XU S，VAN DOOREN P M，STEFAN R，et al.，2002. Robust stability and stabilization for singular systems with state delay and parameter uncertainty[J]. IEEE Transactions on Automatic Control，47(7):1122-1128.

XU S Y，LAM J，2006. Robust control and filtering of singular systems[M]. Berlin: Springer-Verlag.

第 12 章　多智能体系统事件触发分布式协同控制

本章主要介绍多智能体系统的研究背景及事件触发分布式协同控制分析时涉及很多方面的基础知识，包括代数图论、系统模型、事件触发控制策略设计及协同分析。

12.1　多智能体系统研究背景

自然界中存在大量的群集合作行为，例如，成群的蚂蚁搬运一大块食物、一群大雁组成有序的队列飞行、巨大的鱼群或鸟群通过不断变化队形躲避天敌等。在这些群体中，每个个体都没有复杂的智慧，但是个体之间通过分工合作完成了自身无法完成的工作，呈现出一种整体的智能行为。这些简单的个体通过分工与合作涌现出个体无法完成的群体行为的现象称为群集智能，具有群集智能特性的系统称为多智能体系统 (Multi-Agent Systems, MASs)。多智能体系统是由多个相互作用的智能个体组成的分布式集群系统。基于网络拓扑结构，智能体之间能够相互交换信息并生成相应的分布式控制律以达到集群行为。相比于单个系统，多智能体系统能够通过智能体之间的相互通信完成单个系统无法完成的复杂任务，从而提高整个集群系统的控制效率，具有高度的协调性、更强的鲁棒性和灵活性。因此被广泛运用到智能电网、交通控制、编队控制等工业领域。

采样控制是随着数字化时代高速发展而出现的一种高效的控制策略，它能够降低控制器的更新频率和传感器的通讯频率，从而减少系统的能量消耗，有效地解决了大量数据传输与有限带宽之间的矛盾。随着微型数字处理器和数字电路的飞速发展，传统设备中的模拟电路已经逐渐被高效率的数字电路所取代，即控制回路中连续控制器逐渐转变为采样控制器。在经典的控制理论中，基于事件触发的控制 (采样控制) 方法被广泛地运用于控制系统，来避免各个环节之间连续的通信。然而，传统的时间触发控制周期地执行控制任务可能会产生不必要的信息采集和控制器更新，从而消耗额外的能量并造成资源浪费。基于事件触发的采样控制能够根据系统信息计算出采样时刻点，更符合实际的控制需求，从而能够更加有效地利用有限的通信带宽资源。在多智能体系统中，所有智能体利用通信网络来交换信息导致整个系统的能量消耗较大，如何通过事件触发控制来有效地降低整个系统的能量消耗是一个研究热点。综上所述，研究多智能体系统的分布式事件触发协同控制问题不仅具有重要的理论意义，而且具有潜在的应用价值。

12.2　事 件 触 发

1962 年，事件触发机制率先由 Dorf 等提出，它是一种通过测量系统参数来改变采样频率的自适应系统。随后，事件触发的思想应用于发动机控制中，用来解决传感器问题。事件触发是基于预先给定触发条件的一种控制方式，一旦控制任务满足触发条件，例如系统的状态误差超过某一设定阈值，则事件发生，此时系统执行触发任务，邻居之间进行信息的传递或者控制器进行更新，能够有效地减少控制任务的执行次数，节约通信、计算资源，在一定程度上解决网络拥堵问题。由于事件触发控制在节约通信、计算等资源方面的优势，其在多智能体系统分布式控制中已得到广大研究者的关注，并已经被广泛地应用到各个领域。

在传统的控制理论中，为了克服连续的通信，采样控制被广泛应用于研究多智能体系统的一致性问题。其中，系统在演变过程中每次经过一个提前设定的固定采样间距时对系统的状态进行采样。然而，这种以时间触发的采样方案可能会导致通信和计算资源的大量消耗，特别是当系统状态接近平衡且没有对系统施加外部干扰时。另一方面，尽管采样控制可以在某种意义上保证系统的控制性能，但是这种方法导致数据更新的频率很高，并带来有害的后果，如上升成本和交通拥堵，从而限制了其他关键的系统监控和保护功能。众所周知，通信阻塞可能会导致时滞过长、丢包增加、吞吐量降低，从而不可避免地降低系统的稳定性和可靠性。因此，如何设计合适的控制方案，既能保持良好的控制性能，又能显著减少通信及其计算资源过度消耗是一个急需解决的重要问题。为了避免采样控制的过度采样问题，事件触发控制方法为上述问题提供了一个积极的解决方案。相比较于时间采样，事件触发控制的显著特点是智能体之间有通信需求时才通信从而来减少通信负载和计算资源的不必要利用。目前已有的研究成果主要采用集中式事件触发控制 (Centralized Event-triggered Control)、分散式事件触发控制 (Decentralized Event-triggered Control) 以及分布式事件触发控制 (Distributed Event-triggered Control) 这三种控制策略。

集中式事件触发控制，是指在事件触发时刻，每个智能体都需要知道整个多智能体系统中的全局信息，所有智能体要在触发时刻同时更新自己的控制器。注意到，集中式事件触发控制需要每个智能体都知道整个系统的全局信息。实际上，当整个多智能体系统中智能体的数量很庞大时，每个智能体很难去知道系统的全局信息。因此，关于多智能体系统集中式事件触发一致性相关的研究成果不都是由于每个智能体都需要全局信息这一苛刻条件所致。分散 / 分布式事件触发控制，为了减少智能体之间的通信负载来达到最优的控制目的，分散 / 分布式事件触发控制方法被用来分配网络资源从而达到节省有限的网络资源的目的。目前关于多智能体系统事件触发控制协议的设计主要集中在如下四种类型：基于事件的采样协议、基于模型的事件触发协议、基于采样数据的事件触发协议、自触发采样协议。

芝诺行为是指在事件触发控制中，在有限时间内发生无限次触发的现象，这种情况在物理上是不可实现的，在现实中也是不合理的。芝诺行为存在与否与事件触发条件的设置有关，通常事件触发条件的设置会保证两次触发的间隔有一个正的下界。对于周期事件触发而言，由于其采样的数据是周期性的，这种采样是离散的，任意两次采样的时间间隔一定会大于一个正值，所以已经避免了芝诺行为，但是对于其他方式的触发，需要分析芝诺行为是否存在。因此实现事件触发的最基本的要求之一就是要排除芝诺现象。

12.3　基础知识

本节主要介绍代数图论、多智能体系统的数学模型、稳定性理论及一些数学引理和标准假设等。

12.3.1 代数图论

在多智能体系统中，通常把智能体看成一个节点，节点之间的信息交换通过图论中通信拓扑图来形象描述。本节引入图论中一些基本的概念，详细的概念请看文献。

在网络化多智能体系统中，智能体之间的信息交换通常用一个无向 (有向) 通信拓扑图 $\mathcal{G}=(\mathcal{V},\mathcal{E},\mathcal{A})$ 来表示，其中 $\mathcal{V}=(1,\cdots,i,\cdots,N)$ 表示 $\mathcal{G}$ 中所有节点的集合，节点 i 表示第 i 个智能体；$\mathcal{E}\subseteq\mathcal{V}\times\mathcal{V}$ 表示 $\mathcal{G}$ 中所有边的集合，其中，(j,i) 表示一条边。在无向图中，节点 i 和节点 j 之间可以进行信息的相互交换，即 $(j,i)\in\mathcal{E}\Leftrightarrow(i,j)\in\mathcal{E}$。如果 $(j,i)\in\mathcal{E}$，节点 i 的邻居是节点 j，其中，节点 i 的邻居集合可表示为：$\mathcal{N}_i=\{j\in\mathcal{V}|(j,i)\in\mathcal{E},j\neq i\}$。在节点 i_1 和节点 i_m 之间的路径是 $(i_z,\ i_{z+1})$，$z=1,\cdots,m-1$ 形式的一系列边的序列。$\mathcal{A}=[a_{ij}]\in\mathbb{R}^{N\times N}$ 表示邻接矩阵，它主要用来描述节点之间是否是邻居的关系。如果 $(j,i)\in\mathcal{E}$，$a_{ij}>0$；$(j,i)\neq\mathcal{E}$，$a_{ij}=0$。在无向图中，邻接矩阵 $\mathcal{A}$ 是对称的，即 $\mathcal{A}=\mathcal{A}^{\mathrm{T}}$。

拉普拉斯矩阵 $\mathcal{L}=[l_{ij}]\in\mathbb{R}^{N\times N}$ 用来描述节点与边的关系。定义拉普拉斯矩阵 $\mathcal{L}=\mathcal{D}-\mathcal{A}$，其中，$\mathcal{D}=\mathrm{diag}\{d_{\mathrm{in}}(i)\}$ 表示通信拓扑结构中节点 i 和目标节点关系的度矩阵。$d_{\mathrm{in}}(i)$ 表示节点 i 的入度，其表示 $d_{\mathrm{in}}(i)=\sum\limits_{j\in\mathcal{N}_i}a_{ij}$。在无向图中，矩阵 $\mathcal{L}=[l_{ij}]$ 满足如下等式

$$l_{ij}=\begin{cases}\sum\limits_{j\in\mathcal{N}_i}a_{ij}, & i=j\\ -a_{ij}, & i\neq j\end{cases}\tag{12.1}$$

在多智能体系统中，如果存在领航者 0 时，存在新的通信拓扑 $\bar{\mathcal{G}}=(\bar{\mathcal{V}},\bar{\mathcal{E}},\bar{\mathcal{A}})$，其中，$\bar{\mathcal{V}}=\mathcal{V}\cup\{0\}$ 和 $\bar{\mathcal{E}}\subseteq\bar{\mathcal{V}}\times\bar{\mathcal{V}}$。新的邻接矩阵 $\bar{\mathcal{A}}=[a_{ij}]\in\mathbb{R}^{N+1\times N+1}$。如果节点 i 可以接收领航者 0 的信息，那么 $a_{i0}>0$；否则，$a_{i0}=0$。定义 $H=\mathcal{L}+\Delta$，其中，$\Delta=\mathrm{diag}\{a_{10},\cdots,a_{N0}\}$。在无向图中，如果通信拓扑中任意两个节点之间都存在一条路径，那么称 $\mathcal{G}$ 或 $\bar{\mathcal{G}}$ 是连通图。

在无向图中，矩阵 $\mathcal{L}$ 是对称矩阵并且满足如下性质。

引理 12.1 在无向图中，拉普拉斯矩阵 $\mathcal{L}$ 存在 N 个特征根，其中，0 是矩阵 $\mathcal{L}$ 的零特征根，与之对应的右特征向量是 $\mathbf{1}$。其余特征根满足于 $0=\lambda_1(\mathcal{L})<\lambda_2(\mathcal{L})\leqslant\cdots\leqslant\lambda_N(\mathcal{L})$。

引理 12.2 如果 $\mathcal{G}$ 是无向连通图，拉普拉斯矩阵 $\mathcal{L}$ 满足 $\mathcal{L}=M^{\mathrm{T}}M$，其中，$M$ 是无向图的关联矩阵。

引理 12.3 矩阵 H 的所有特征根都大于零当且仅当通信拓扑图是无向连通图。

12.3.2 数学模型与问题描述

无领航者数学模型：考虑一个无领航者的多智能体系统由 N 个智能体组成，其中，智能体 i 的动态方程为

$$\begin{aligned}\dot{x}_i(t)&=Ax_i(t)+Bu_i(t),\qquad i=1,\cdots,N\\ y_i(t)&=Cx_i(t)\end{aligned}\tag{12.2}$$

其中，$x_i(t)$ 为第 i 个智能体的状态；$u_i(t)$ 为第 i 个智能体理想的控制输入。

领航者-跟随者数学模型： 考虑一个领航者-跟随者的多智能体系统由 N 个智能体组成，其中，智能体 i 的动态方程为

$$\begin{aligned} &\text{领航者：} \quad \dot{x}_0(t) = Ax_0(t) \\ &\text{跟随者：} \quad \dot{x}_i(t) = Ax_i(t) + Bu_i(t), \qquad i = 1, \cdots, N \end{aligned} \tag{12.3}$$

其中，$x_0(t)$ 为领航者的状态；A、B、C 为适度维数的已知矩阵，满足如下假设：

假设 12.1 (A, B) 是可镇定的。

假设 12.2 (A, C) 是可观测的。

注 12.1 领航者可被认为是被跟踪信号，跟随者可被认为是跟踪参考信号。

12.3.3 稳定性理论

在现代控制理论中，Lyapunov 稳定性理论是最直接、最常见用来证明控制系统的稳定性方法。该方法的主要思想是通过分析状态向量来分析系统的稳定性。本节主要采用 Lyapunov 第二方法 (直接方法) 来分析多智能体系统的稳定性。

考虑线性定常系统，其自治系统动态方程为

$$\dot{x}(t) = f(x(t)), \qquad t \geqslant 0 \tag{12.4}$$

其中，$x(t)$ 为状态，在平衡点 $x(t) = 0$ 处满足 $f(0) = 0$。

引理 12.4 对自治系统 (12.4)，如果存在一个标量 $V(x)$ 对任意非零点 x 是连续的一阶导数，并且非零点 x 在状态空间内满足如下三个性质：

(1) $V(x) > 0$，即标量 $V(x)$ 是正定；

(2) $\dot{V}(x) < 0$，即标量 $\dot{V}(x)$ 是负定；

(3) 当 $\|x\| \to 0$ 时，$V(x) \to 0$。

那么，系统的原点平衡点 $x = 0$ 为大范围渐近稳定。

12.3.4 基本数学引理

首先，一些数学引理将会在后面章节的一致性证明中用到。

引理 12.5 (杨氏不等式) 对任意整数 $a > 0$ 和 $b > 0$，存在正实数 p 和 q 满足 $\dfrac{1}{p} + \dfrac{1}{q} = 1$，那么不等式 (12.5) 成立：

$$ab \leqslant \frac{a^q}{q} + \frac{b^p}{p} \tag{12.5}$$

引理 12.6 (柯西收敛准则) 序列 $V(t_i)$，$i = 0, 1, 2, \cdots$ 收敛到某一个值或者范围当且仅当对任意 $\alpha > 0$，存在一正数 $\mathcal{W}_\alpha$ 使得任意 $s > \mathcal{W}_\alpha$ 并且满足：

$$|V(t_{s+1}) - V(t_s)| < \alpha \qquad \text{或} \qquad \left| \int_{t_s}^{t_{s+1}} \dot{V}(t)\mathrm{d}t \right| < \alpha \tag{12.6}$$

引理 12.7 如果 $x(t)$ 和 $\dot{x}(t)$ 是有界，并且满足 $\int_0^\infty x^{\mathrm{T}}(s)x(s)\mathrm{d}s=0$。然后，当 $t\to\infty$，那么 $x(t)\to 0$。

引理 12.8 (Bounding $\mathrm{e}^{\Omega t}$) 对矩阵 $\Omega\in\mathbb{R}^{n\times n}$，$\Omega$ 的边界可得

(1) 幂级数：$\|\mathrm{e}^{\Omega t}\|\leqslant \mathrm{e}^{\|\Omega\|t}$。

(2) 范数：如果 $\mu(\Omega)=\max\left\{\mu|\mu\in\lambda(\dfrac{\Omega+\Omega^{T'}}{2})\right\}$，那么，$\|\mathrm{e}^{\Omega}\|\leqslant \mathrm{e}^{\mu(\Omega)}$，其中，$\lambda\left(\dfrac{\Omega+\Omega^{T'}}{2}\right)$ 是矩阵 $\dfrac{\Omega+\Omega^{T'}}{2}$ 的谱。

12.4 无领航者的多智能体系统事件触发平均一致性

本节主要考虑在无向图中多智能体系统中无领航者的平均一致性问题、领航者-跟随者的跟踪控制问题。

12.4.1 数学模型与问题描述

考虑一个无领航者的多智能体系统由 N 个智能体组成，其中，智能体 i 的动态方程如下：

$$\begin{cases}\dot{x}_i(t)=Ax_i(t)+Bu_i(t), \qquad i=1,\cdots,N\\ y_i(t)=Cx_i(t),\end{cases}\tag{12.7}$$

其中，$x_i(t)$ 为第 i 个智能体的状态；$u_i(t)$ 为第 i 个智能体理想的控制输入；A、B、C 是适度维数的已知矩阵。针对智能体 i，

假设 12.3　(A,B) 是可镇定的。

假设 12.4　(A,C) 是可观测的。

在多智能体系统的通信网络中，由于某些不确定因素的存在可能导致系统的状态是不完全可测量的，通常采用基于观测器的方法来估计不可测量的状态。传统的观测器如下：

$$\begin{cases}\dot{r}_i(t)=Ar_i(t)+Bu_i(t)+L(Cr_i(t)-Cx_i(t))\\ y_{ri}(t)=Cr_i(t)\end{cases}\tag{12.8}$$

其中，$r_i(t)$ 为观测器的状态；L 为后续设计的观测器增益。

本节考虑智能体 i 执行器发生故障，执行器故障的模型如下：

$$\begin{cases}u_i^f(t)=\mu_i u_i(t), \qquad i=1,\cdots,N\\ u_i(t)=K\displaystyle\sum_{j=1}^{N}a_{ij}(r_i(t)-r_j(t))\end{cases}\tag{12.9}$$

其中，$u_i^f(t)$ 为第 i 个智能体的实际控制输入；μ_i 为受影响的未知故障因素，而且满足 $0<\underline{\mu}_i\leqslant\mu_i\leqslant\bar{\mu}_i\leqslant 1$；$K$ 为设计的控制器增益。

目标：设计基于观测器的完全分布式自适应事件触发控制协议，使得任意初始条件下跟随者的状态能够达到一致性，即

$$\lim_{t\to\infty}\|x_i(t)-x_j(t)\|=0$$

同时，避免芝诺现象发生。

12.4.2 自适应事件触发控制器和事件触发条件设计

为了避免智能体之间连续通信和克服系统对全局信息的依赖，本小节采用事件触发控制和自适应控制方法来设计事件触发控制策略，其包括自适应事件触发控制器和事件触发条件。

(1) 基于观测器的自适应事件触发容错控制器设计。

首先，令 $\tilde{r}_i(t)=\mathrm{e}^{A(t-t_k^i)}r_i(t_k^i)$。考虑如下观测器的动态方程和设计事件触发控制器：

$$\begin{cases}\dot{r}_i(t)=Ar_i(t)+Bu_i^f(t)+L(Cr_i(t)-Cx_i(t))\\ u_i(t)=\zeta_i(t)+h_i(\zeta_i(t))\\ \zeta_i(t)=\hat{\sigma}_i(t_k^i)K\sum\limits_{j=1}^{N}a_{ij}(\tilde{r}_i(t)-\tilde{r}_j(t))\end{cases}\tag{12.10}$$

其中，t_k^i 为事件触发时刻，它由后续设计的事件触发条件来决定；$\tilde{r}_j(t)$ 为第 j 个观测器的状态估计值，其动态方程满足：

$$\begin{cases}\dot{\tilde{r}}_j(t)=A\tilde{r}_j(t), & t\in[t_i^k,t_{i+1}^k)\\ \tilde{r}_j(t_i^k)=x_j(t_i^k), & t=t_i^k\end{cases}\tag{12.11}$$

$h(\cdot)$ 为一个非线性函数，被定义如下：对任意 $\phi\in\mathbb{R}$,

$$h_i(\phi)=\begin{cases}\dfrac{\phi}{\|\phi\|}, & \text{if } \|\phi\|\neq 0\\ 0, & \text{if } \|\phi\|=0\end{cases}\tag{12.12}$$

$\hat{\sigma}_i^k=\hat{\sigma}_i(t_k^i)$ 为在事件触发时刻时变参数 $\sigma_i(t)$ 的估计值，其满足如下动态方程：

$$\dot{\hat{\sigma}}_i=\mathrm{Proj}_{[\underline{\sigma},\bar{\sigma}]}\{\hat{\sigma}_i\}=\begin{cases}0, & \text{if } \hat{\sigma}_i=\min\{\hat{\sigma}_i\}=\underline{\sigma} \text{ and } \psi_i<0\\ & \text{or } \hat{\sigma}_i=\max\{\hat{\sigma}_i\}=\bar{\sigma} \text{ and } \psi_i>0\\ \pi_i\hat{\mu}_i^k\psi_i, & \text{otherwise}\end{cases}\tag{12.13}$$

其中，$\pi_i>0$ 和

$$\psi_i=-\vartheta_i^k\hat{\sigma}_i^k+\sum_{j=1}^{N}a_{ij}(\tilde{r}_i-\tilde{r}_j)^{\mathrm{T}}Q^{-1}BB^{\mathrm{T}}Q^{-1}(\tilde{r}_i-\tilde{r}_j)\tag{12.14}$$

$\int_0^\infty \vartheta_i(s)\mathrm{d}s = 0$。$\hat{\mu}_i^k = \hat{\mu}_i(t_k^i)$ 表示在触发时间 $\mu_i(t)$ 的估计值，其动态方程在后面被设计。

(2) 自适应事件触发条件设计。

针对智能体 i, 定义状态测量误差 $e_i(t) = \tilde{r}_i(t) - r_i(t)$，并设计如下自适应事件触发函数 $G_i(t)$ 来决定下一事件触发时刻 t_{k+1}^i：

$$t_{k+1}^i = \inf\left\{t > t_k^i : G_i(t) > 0\right\} \tag{12.15}$$

其中

$$\begin{aligned} G_i(t) = \rho_i\|e_i(t)\|^2 + 2\bar{\mu}_i\bar{\sigma}\|e_i(t)\| - \hat{\mu}_i^k\hat{\sigma}_i^k\|(\tilde{r}_i - \tilde{r}_j)\|^2 \\ - \bar{\mu}_i\bar{\sigma}\|(\tilde{r}_i(t) - \tilde{r}_j(t))\| - \kappa_i\mathrm{e}^{-\epsilon_i t} > 0 \end{aligned} \tag{12.16}$$

$\rho_i = (14\bar{\sigma}\bar{\mu}_i + \frac{12}{a_i})$、$a_i > 0$、$\kappa_i > 0$、$\epsilon_i > 0$ 为已知常数。$\hat{\mu}_i(t)$ 为时变参数并且满足如下动态方程：

$$\dot{\hat{\mu}}_i(t) = \mathrm{Proj}_{[\underline{\mu}_i,\bar{\mu}_i]}\{\hat{\mu}_i(t)\} = \begin{cases} 0, & \text{if } \hat{\mu}_i = \min\{\mu_i\} = \underline{\mu}_i \text{ and } \Theta_i < 0 \\ & \text{or } \hat{\mu}_i = \max\{\mu_i\} = \bar{\mu}_i \text{ and } \Theta_i > 0 \\ \varpi_i\hat{\sigma}_i^k\Theta_i, & \text{otherwise} \end{cases} \tag{12.17}$$

其中，$\varpi_i > 0$;

$$\Theta_i(t) = -\vartheta_i^k\hat{\mu}_i^k + \sum_{j=1}^N a_{ij}(\tilde{r}_i(t) - \tilde{r}_j(t))^{\mathrm{T}}Q^{-1}BB^{\mathrm{T}}Q^{-1}(\tilde{r}_i(t) - \tilde{r}_j(t)) \tag{12.18}$$

注意到设计的事件触发函数 (12.16) 被采用观测器的估计值而不是文献 (Dimarogonas, 2011；Xu, 2015；Hu, 2015) 的绝对值以及组合测量方法中的相对状态值。其中，后面两种情况中事件触发条件的检测是需要智能体之间连续的通信。相较于目前存在的结果，设计的事件触发函数 (12.16) 具有如下好处：① 设计的事件触发通信协议以及事件触发函数可以完全避免智能体之间的连续通信，这很大程度的节省有限的网络资源；② 相较于文献 (Xu, 2015) 设计事件触发函数，它不仅需要智能体之间连续通信，而且需要知道全局信息，设计的事件触发通信协议以及事件触发函数是完全分布式的；③ 采用自适应控制来设计事件触发函数，在已有的结果中很少考虑。因此，设计的事件触发函数具有很强的可调性，因为它可以通过调整独立于系统其他参数的参数 a_i 在线进行调整触发条件的参数。

12.4.3 平均一致性分析

首先，定义系统的平均一致性误差 $\theta_i(t)$、观测器的平均一致性误差 $\varphi_i(t)$ 以及系统误差与观测误差之间的误差 $\delta_i(t)$ 如下：

$$\theta_i(t) = x_i(t) - \frac{1}{N}\sum_{j=1}^N x_j(t) \tag{12.19a}$$

$$\varphi_i(t) = r_i(t) - \frac{1}{N}\sum_{j=1}^{N} r_j(t) \tag{12.19b}$$

$$\delta_i(t) = \varphi_i(t) - \theta_i(t) \tag{12.19c}$$

根据上述误差，得出如下误差动态方程：

$$\begin{cases} \dot{\delta}_i = (A+LC)\delta_i \\ \dot{\varphi}_i = A\varphi_i + \mu_i\hat{\sigma}_i^k BK\sum_{j=1}^{N} a_{ij}(\tilde{r}_i - \tilde{r}_j) \\ \qquad + \mu_i\hat{\sigma}_i^k Bh_i\left(K\sum_{j=1}^{N} a_{ij}(\tilde{r}_i - \tilde{r}_j)\right) - LC\delta_i \end{cases} \tag{12.20}$$

在给出主要结果之前，首先设计观测器增益 L 和控制器增益 K, 其为后续收敛性分析起铺垫作用。

由于 (A,B) 是可镇定的，(A,C) 是可观测的, 存在一矩阵 L 使得 $A+LC$ 是 Hurwitz，存在矩阵 $\varGamma \in \mathbb{R}^{n\times n}$ 和 $Q \in \mathbb{R}^{n\times n} > 0$ 满足：

$$(A+LC)^{\mathrm{T}}\varGamma + \varGamma^{\mathrm{T}}(A+LC) + I = 0 \tag{12.21}$$

$$\begin{bmatrix} AQ + Q^{\mathrm{T}}A + I - BB^{\mathrm{T}} & Q \\ Q & -I \end{bmatrix} < 0 \tag{12.22}$$

其中，控制器增益被设计为 $K = -B^{\mathrm{T}}Q^{-1}$。

定理 12.1　考虑多智能体系统 (12.1)，假设智能体之间的通信拓扑是无向连通图。如果存在矩阵 L 和 Q 满足式 (12.21)~ 式(12.22), 设计的自适应事件触发控制协议 (12.6) 和分布式事自适应触发条件 (12.15) 可以保证多智能体系统的实现事件触发平均一致性。而且，控制器参数 $\hat{\sigma}_i$ 和触发条件参数 $\hat{\mu}_i$ 渐近收敛到有限的状态值。

证明　构建如下 Lyapunov 函数 $V(t) = V_1(t) + V_2(t)$，其中

$$V_1(t) = \left\|Q^{-1}LC\right\|^2 \sum_{i=1}^{N} \delta_i^{\mathrm{T}}\varGamma\delta_i + \sum_{i=1}^{N} \varphi_i^{\mathrm{T}}Q^{-1}\varphi_i \tag{12.23a}$$

$$V_2(t) = \sum_{i=1}^{N}\left(\frac{(\hat{\sigma}_i - \alpha)^2}{2\pi_i} + \frac{(\hat{\mu}_i - \mu_i)^2}{2\varpi_i}\right) \tag{12.23b}$$

其中，$\hat{\mu}_i - \mu_i = \tilde{\mu}_i$；$\pi_i > 0$；$\varpi_i > 0$；参数 $\alpha > 0$ 在后续被设计。根据 $Q > 0$ 和 $\varGamma > 0$，可知 $V(t) > 0$。

上述函数的时间导数满足：

$$
\begin{aligned}
\dot{V}_1(t) = &\left\|Q^{-1}LC\right\|^2\sum_{i=1}^{N}\delta_i^{\mathrm{T}}(t)\Big[(A+LC)\Gamma+\Gamma(A+LC)\Big]\delta_i(t)\\
&+\sum_{i=1}^{N}\varphi_i^{\mathrm{T}}(t)(A^{\mathrm{T}}Q^{-1}+Q^{-1}A)\varphi_i(t)+2\sum_{i=1}^{N}\varphi_i^{\mathrm{T}}(t)Q^{-1}LC\delta_i(t)\\
&+2\mu_i\hat{\sigma}_i^k(t)\sum_{i=1}^{N}\sum_{j=1}^{N}a_{ij}\varphi_i^{\mathrm{T}}(t)Q^{-1}BK(\tilde{r}_i(t)-\tilde{r}_j(t))\\
&+2\mu_i\hat{\sigma}_i^k(t)\sum_{i=1}^{N}\varphi_i^{\mathrm{T}}(t)Q^{-1}Bh_i\Big(K\sum_{j=1}^{N}a_{ij}(\tilde{r}_i(t)-\tilde{r}_j(t))\Big)
\end{aligned}
\tag{12.24}
$$

令 $\varXi=Q^{-1}BB^{\mathrm{T}}Q^{-1}$，式 (12.24) 中第 4 项可写成：

$$
\begin{aligned}
&2\sum_{i=1}^{N}\sum_{j=1}^{N}a_{ij}\varphi_i^{\mathrm{T}}Q^{-1}BK(\tilde{r}_i(t)-\tilde{r}_j(t))\\
=&-\sum_{i=1}^{N}\sum_{j=1}^{N}a_{ij}(\tilde{r}_i(t)-\tilde{r}_j(t))\varXi(\tilde{r}_i(t)-\tilde{r}_j(t))\\
&+\sum_{i=1}^{N}\sum_{j=1}^{N}a_{ij}(e_i(t)-e_j(t))^{\mathrm{T}}\varXi(\tilde{r}_i(t)-\tilde{r}_j(t))\\
\leqslant&-\frac{1}{2}\sum_{i=1}^{N}\sum_{j=1}^{N}a_{ij}(r_i(t)-r_j(t))^{\mathrm{T}}\varXi(r_i(t)-r_j(t))\\
&+2\sum_{i=1}^{N}\sum_{j=1}^{N}a_{ij}e_i^{\mathrm{T}}(t)\varXi e_i(t)
\end{aligned}
\tag{12.25}
$$

类似地，式 (12.24) 中第 5 项可写成：

$$
\begin{aligned}
&2\sum_{i=1}^{N}\varphi_i^{\mathrm{T}}(t)Q^{-1}Bh_i\Big(K\sum_{j=1}^{N}a_{ij}(\tilde{r}_i(t)-\tilde{r}_j(t))\Big)\\
=&-\sum_{i=1}^{N}\sum_{j=1}^{N}a_{ij}(\varphi_i(t)-\varphi_j(t))\frac{\varXi(\tilde{r}_i(t)-\tilde{r}_j(t))}{\|B^{\mathrm{T}}Q^{-1}(\tilde{r}_i-\tilde{r}_j)\|}\\
\leqslant&-\sum_{i=1}^{N}\sum_{j=1}^{N}a_{ij}\|B^{\mathrm{T}}Q^{-1}(\tilde{r}_i(t)-\tilde{r}_j(t))\|\\
&+2\sum_{i=1}^{N}\sum_{j=1}^{N}a_{ij}\|B^{\mathrm{T}}Q^{-1}e_i(t)\|
\end{aligned}
\tag{12.26}
$$

把式 (12.25) 和式 (12.26) 代入式 (12.24) 可得

$$
\begin{aligned}
\dot{V}_1(t) \leqslant & \sum_{i=1}^{N} \varphi_i^{\mathrm{T}}(t)(A^{\mathrm{T}}Q^{-1}+Q^{-1}A+I)\varphi_i(t) \\
& -\frac{1}{2}\mu_i\hat{\sigma}_i^k \sum_{i=1}^{N}\sum_{j=1}^{N} a_{ij}(r_i(t)-r_j(t))\Xi(r_i(t)-r_j(t)) \\
& +2\mu_i\hat{\sigma}_i^k \sum_{i=1}^{N}\sum_{j=1}^{N} a_{ij}\Big(\|B^{\mathrm{T}}Q^{-1}e_i(t)\|^2+\|B^{\mathrm{T}}Q^{-1}e_i(t)\|\Big) \\
& -\mu_i\hat{\sigma}_i^k \sum_{i=1}^{N}\sum_{j=1}^{N} a_{ij}\|B^{\mathrm{T}}Q^{-1}(\tilde{r}_i(t)-\tilde{r}_j(t))\|
\end{aligned}
\tag{12.27}
$$

针对函数 $V_2(t)$, 由于存在 2 个不同的参数 $\hat{\sigma}_i$ 和 $\hat{\mu}_i$。因此，存在如下 4 种情况。

情况 1　如果 $\hat{\sigma}_i=\underline{\sigma}$ 和 $\psi_i(t)<0$ 或者 $\hat{\sigma}_i=\bar{\sigma}$ 和 $\psi_i(t)>0$；如果 $\hat{\mu}_i=\underline{\mu}_i$ 和 $\Theta_i(t)<0$ 或者 $\hat{\mu}_i=\bar{\mu}_i$ 和 $\Theta_i(t)>0$，意味着 $\dot{\hat{\sigma}}_i(t)=0$ 和 $\dot{\hat{\mu}}_i(t)=0$。因此，$\dot{V}_2(t)=0$。

情况 2　如果 $\hat{\sigma}_i=\underline{\sigma}$ 和 $\psi_i(t)<0$ 或者 $\hat{\sigma}_i=\bar{\sigma}$ 和 $\psi_i(t)>0$；$\hat{\mu}_i\in[\underline{\mu}_i,\bar{\mu}_i]$。易得 $\dot{\hat{\sigma}}_i(t)=0$ 和

$$
\begin{aligned}
\dot{V}_2(t) = & \sum_{i=1}^{N}\frac{(\hat{\mu}_i(t)-\mu_i(t))^2}{2\varpi} \\
= & \tilde{\mu}_i(t)\hat{\sigma}_i^k(t)\sum_{i=1}^{N}\sum_{j=1}^{N} a_{ij}(r_i(t)-r_j(t))^{\mathrm{T}}\Xi(r_i(t)-r_j(t)) \\
& +4\tilde{\mu}_i(t)\hat{\sigma}_i^k(t)\sum_{i=1}^{N}\sum_{j=1}^{N} a_{ij}e_i^{\mathrm{T}}\Xi e_i-\sum_{i=1}^{N}\tilde{\mu}_i(t)\vartheta_i^k(t)\hat{\mu}_i^k(t)\hat{\sigma}_i^k(t) \\
& +2\tilde{\mu}_i(t)\hat{\sigma}_i^k(t)\sum_{i=1}^{N}\sum_{j=1}^{N} a_{ij}(r_i(t)-r_j(t))^{\mathrm{T}}\Xi(e_i(t)-e_j(t))
\end{aligned}
\tag{12.28}
$$

情况 3　如果 $\hat{\mu}_i(t)=\underline{\mu}_i$ 和 $\Theta_i(t)<0$ 或者 $\hat{\mu}_i=\bar{\mu}_i$ 和 $\Theta_i(t)>0,\hat{\sigma}_i\in[\underline{\sigma},\bar{\sigma}]$。可知 $\dot{\hat{\mu}}_i(t)=0$，类似的方法获得该情况的 $\dot{V}_2(t)$。

情况 4　如果 $\hat{\sigma}_i\in[\underline{\sigma},\bar{\sigma}]$ 和 $\hat{\mu}_i\in[\underline{\mu}_i,\ \bar{\mu}_i]$。很容易知道 $\dot{\hat{\sigma}}_i(t)\neq 0$ 和 $\dot{\hat{\mu}}_i(t)\neq 0$。$V_2(t)$ 的时间导数可得

$$
\begin{aligned}
\dot{V}_{2i}(t) \leqslant & (3\bar{\sigma}\bar{\mu}_i-\alpha\underline{\mu}_i)\sum_{i=1}^{N}\sum_{j=1}^{N} a_{ij}(r_i(t)-r_j(t))^{\mathrm{T}}\Xi(r_i(t)-r_j(t)) \\
& -\hat{\mu}_i^k\hat{\sigma}_i^k\sum_{i=1}^{N}\sum_{j=1}^{N} a_{ij}(\tilde{r}_i(t)-\tilde{r}_j(t))^{\mathrm{T}}\Xi(\tilde{r}_i(t)-\tilde{r}_j(t)) \\
& +6\bar{\sigma}\bar{\mu}_i\sum_{i=1}^{N}\sum_{j=1}^{N} a_{ij}(r_i(t)-r_j(t))^{\mathrm{T}}\Xi(e_i(t)-e_j(t)) \\
& +12\bar{\sigma}\bar{\mu}_i\sum_{i=1}^{N}\sum_{j=1}^{N} a_{ij}e_i^{\mathrm{T}}(t)\Xi e_i(t)-\sum_{i=1}^{N}\vartheta_i\Big(\tilde{\sigma}\bar{\mu}^2+\bar{\sigma}\bar{\mu}(\bar{\sigma}-\alpha)\Big)
\end{aligned}
\tag{12.29}
$$

根据杨氏不等式 (Young's Inequality) 性质，式 (12.29) 中第 3 项可写成：

$$
\begin{aligned}
&6\bar{\sigma}\bar{\mu}_i\sum_{i=1}^{N}\sum_{j=1}^{N}a_{ij}(r_i(t)-r_j(t))^{\mathrm{T}}\Xi(e_i(t)-e_j(t))\\
&\leqslant 3a_i\bar{\sigma}^2\bar{\mu}_i^2\sum_{i=1}^{N}\sum_{j=1}^{N}a_{ij}(r_i(t)-r_j(t))^{\mathrm{T}}\Xi(r_i(t)-r_j(t))\\
&+\frac{12}{a_i}\sum_{i=1}^{N}\sum_{j=1}^{N}a_{ij}e_i^{\mathrm{T}}(t)\Xi e_i(t)
\end{aligned} \tag{12.30}
$$

其中，$\forall a_i>0$, 总存在一个合适的 a_i 使得 $a_i\bar{\sigma}\bar{\mu}_i\geqslant 1$。

通过结合函数 $\dot{V}_1(t)$ 和 $\dot{V}_2(t)$ 可得

$$
\begin{aligned}
\dot{V}_i(t)\leqslant&(5.5\bar{\sigma}\bar{\mu}_i-\alpha\underline{\mu}_i)\sum_{i=1}^{N}\sum_{j=1}^{N}a_{ij}(r_i(t)-r_j(t))^{\mathrm{T}}\Xi(r_i(t)-r_j(t))\\
&+\sum_{i=1}^{N}\varphi_i^{\mathrm{T}}(t)(A^{\mathrm{T}}Q^{-1}+Q^{-1}A+I)\varphi_i(t)\\
&+\sum_{i=1}^{N}\left\{\sum_{j=1}^{N}a_{ij}\left((14\bar{\sigma}\bar{\mu}_i+\frac{12}{a_i})\|B^{\mathrm{T}}Q^{-1}e_i(t)\|^2\right.\right.\\
&+2\bar{\mu}_i\bar{\sigma}\|B^{\mathrm{T}}Q^{-1}e_i(t)\|-\bar{\mu}_i\bar{\sigma}\|B^{\mathrm{T}}Q^{-1}(\tilde{r}_i(t)-\tilde{r}_j(t))\|\\
&\left.\left.-\hat{\mu}_i^k\hat{\sigma}_i^k\|B^{\mathrm{T}}Q^{-1}(\tilde{r}_i-\tilde{r}_j)\|^2\right)\right\}\\
=&\sum_{i=1}^{N}\varphi_i^{\mathrm{T}}(t)\Big(A^{\mathrm{T}}Q^{-1}+Q^{-1}A+I-(2\alpha\underline{\mu}_i-11\bar{\sigma}\bar{\mu}_i)\\
&\times\sum_{j=1}^{N}l_{ij}\Xi\Big)\varphi_i(t)+\sum_{i=1}^{N}d_i\kappa_i\Big\|B^{\mathrm{T}}Q^{-1}\Big\|\mathrm{e}^{-\epsilon_i t}-\sum_{i=1}^{N}\vartheta_i\nu
\end{aligned} \tag{12.31}
$$

其中，$\nu=\tilde{\sigma}\bar{\mu}^2+\tilde{\sigma}\bar{\mu}(\bar{\sigma}-\alpha)$。

令 $\tilde{\varphi}_i(t)=Q^{-1}\varphi_i(t)$，式 (12.31) 可写成：

$$
\begin{aligned}
\dot{V}_i(t)\leqslant&\sum_{i=1}^{N}\tilde{\varphi}_i^{\mathrm{T}}(t)\Big\{A^{\mathrm{T}}Q+QA+I-(2\alpha\underline{\mu}_i-11\hat{\sigma}\bar{\mu}_i)\\
&\times\sum_{j=1}^{N}l_{ij}BB^{\mathrm{T}}\Big\}\tilde{\varphi}_i(t)+\chi_i-\sum_{i=1}^{N}\vartheta_i\nu\\
=&\tilde{\boldsymbol{\varphi}}^{\mathrm{T}}(t)\Big(I_N\otimes(A^{\mathrm{T}}Q+QA+I)-(2\alpha\underline{\boldsymbol{\mu}}-11\hat{\sigma}\bar{\boldsymbol{\mu}})\mathcal{L}\\
&\otimes BB^{\mathrm{T}}\Big)\tilde{\boldsymbol{\varphi}}(t)+\chi_i-\sum_{i=1}^{N}\vartheta_i\nu
\end{aligned} \tag{12.32}
$$

其中，$\chi_i = \sum\limits_{i=1}^{N} \kappa_i d_i \|B^{\mathrm{T}} Q^{-1}\| \mathrm{e}^{-\epsilon_i t}$；$\tilde{\boldsymbol{\varphi}}(t) = (\tilde{\varphi}_1(t), \cdots, \tilde{\varphi}_N(t))^{\mathrm{T}}$；$\underline{\boldsymbol{\mu}} = \mathrm{diag}(\underline{\mu}_1, \underline{\mu}_2, \cdots, \underline{\mu}_N)$；$\bar{\boldsymbol{\mu}} = \mathrm{diag}(\bar{\mu}_1, \bar{\mu}_2, \cdots, \bar{\mu}_N)$。

在无向连通图中，存在一非奇异矩阵 U 使得 $U^{\mathrm{T}} \mathcal{L} U = \Lambda = \mathrm{diag}(\lambda_1 = 0, \lambda_2, \cdots, \lambda_N)$ 成立。令 $\bar{\boldsymbol{\varphi}}(t) = (\bar{\varphi}_1^{\mathrm{T}}(t), \cdots, \bar{\varphi}_N^{\mathrm{T}}(t))^{\mathrm{T}} = (U^{\mathrm{T}} \otimes I_n) \tilde{\boldsymbol{\varphi}}(t)$

$$\dot{V}_i(t) \leqslant \sum_{i=2}^{N} \bar{\varphi}_i^{\mathrm{T}}(t) \Big(A^{\mathrm{T}} Q + QA + I - BB^{\mathrm{T}} \Big) \bar{\varphi}_i(t) - \sum_{i=1}^{N} \vartheta_i \nu + \chi_i \tag{12.33}$$

式 (12.33) 成立通过选择足够大的 α 使得 $(2\alpha\underline{\mu}_i - 11\bar{\sigma}\bar{\mu}_i)\lambda_2 > 1$。

对式 (12.33) 两边同时积分可得

$$V(\infty) - V(0) = -\int_0^{\infty} \Big(\lambda_{\min}(Q^2) \sum_{i=2}^{N} \bar{\varphi}_i^{\mathrm{T}}(s) \bar{\varphi}_i(s) - \chi_i \Big) \mathrm{d}s - \sum_{i=1}^{N} \int_0^{\infty} \vartheta_i(s) \nu \mathrm{d}s < 0 \tag{12.34}$$

其中，$\sum\limits_{i=1}^{N} \int_0^{\infty} \vartheta_i(s) \nu \mathrm{d}s = 0$。

令 $\bar{\chi}_i = \int_0^{\infty} \sum\limits_{i=1}^{N} \kappa_i d_i \|B^{\mathrm{T}} Q^{-1}\| \mathrm{e}^{-\epsilon_i t}$。式 (12.34) 满足：

$$\int_0^{\infty} \sum_{i=2}^{N} \bar{\varphi}_i^{\mathrm{T}}(s) \bar{\varphi}_i(s) \mathrm{d}s \leqslant \big[V(\infty) - V(0) + \bar{\chi}_i \big] < \infty \tag{12.35}$$

注意到，当 $t \to \infty$ 时，$\dot{V}_i < 0$。根据 Barbalat's 引理，可知 $\bar{\varphi}_i \to 0 \Rightarrow \tilde{\varphi}_i \to 0 \Rightarrow \varphi_i \to 0$ 当 $t \to \infty$。因此，多智能体系统的一致性是可实现的。此外，自适应参数 $\hat{\sigma}_i$ 和 $\hat{\mu}_i$ 是有界，并且满足：

$$\sum_{i=1}^{N} \frac{(\hat{\sigma}_{ij} - \alpha)^2}{2\pi_i} \leqslant V_i(0), \qquad \sum_{i=1}^{N} \frac{(\hat{\mu}_i - \mu_i)^2}{2\varpi_i} \leqslant V_i(0) \tag{12.36}$$

和自适应参数渐近收敛到有限的状态值如下：

$$\|\hat{\sigma}_i\| \leqslant \sqrt{2\pi V_i(0)} + \alpha, \qquad \|\hat{\mu}_i\| \leqslant \sqrt{2\varpi V_i(0)} + \underline{\mu}_i \tag{12.37}$$

其中，$\pi = \max\{\pi_i | i = 1, 2, \cdots, N\}$ 和 $\varpi = \max\{\varpi_i | i = 1, 2, \cdots, N\}$。

在多智能体系统中, 事件触发控制的引入会引发了一种现象——芝诺现象 (Zeno Phenomenon)。芝诺现象是指在有限的时间内发生无限次数的事件触发。芝诺现象的存在可能会降低系统的性能甚至破坏系统的稳定性。因此，这种现象在多智能体系统中需要被排除。

定理 12.2　考虑无向连通图下的多智能体系统(12.1), 并且存在矩阵 L 和 Q 满足式 (12.21) ～ 式 (12.22)。在提出的事件触发控制器 (12.6) 和设计的自适应事件触发条件(12.15)下，通过证明任意相邻两个事件触发时刻之间存在一个正的下边界可以排除芝诺现象的发生。

证明　对任意时间 $t \in [t_k^i, t_{k+1}^i)$, 状态测量误差 $e_i(t) = \tilde{r}_i(t) - r_i(t)$ 的右上迪尼导数满足:

$$D^+\|e_i(t)\| \leqslant \|A\|\|e_i(t)\| + \bar{\mu}_i\bar{\sigma}\|B\|\Big(\|\tilde{\zeta}_i(s)\| + \|h_i(\tilde{\zeta}_i(s))\|\Big) + \|LC\|\|\delta_i(t)\| \tag{12.38}$$

其中，$\tilde{\zeta}_i(s) = K\sum\limits_{j=1}^{N}\hat{\sigma}_{ij}(t_k^i)a_{ij}(\tilde{r}_i(t_k^i) - \tilde{r}_j(t_{k'}^j))$ ；$k' = \text{argmax}_{k\in\mathbb{N}}\{t_k^j | t_k^j < t\}$。

在初始时刻 $e_i(t) = 0$ 和 $\delta_i(t) = 0$，式 (12.38) 的解满足:

$$\begin{aligned}\|e_i(t)\|^+ \leqslant & \int_{t_k^i}^{t} \bar{\mu}_i\bar{\sigma}\|B\|\mathrm{e}^{\|A\|(t-s)}\|\zeta_i(t)\|\mathrm{d}s \\ & + \int_{t_k^i}^{t} \bar{\mu}_i\bar{\sigma}\|B\|\mathrm{e}^{\|A\|(t-s)}\|h_i(\tilde{\zeta}_i(t))\|\mathrm{d}s \\ \leqslant & \frac{2\bar{\mu}_i\bar{\sigma}\|B\|}{\|A\|}\left[\mathrm{e}^{\|A\|(t-t_k^i)} - 1\right]\|\tilde{\zeta}_i(t)\|\end{aligned} \tag{12.39}$$

如果触发条件 (12.15) 被激活，则事件被触发。因此，根据触发条件对测量误差的求解，可以计算出事件触发的临界值:

$$\|e_i\| = \Big(- \bar{\mu}_i\bar{\sigma} + \sqrt{\bar{\mu}_i^2\bar{\sigma}^2 + \rho_i\bar{\Delta}_i}\Big)\rho_i^{-1} \tag{12.40}$$

其中，$\bar{\Delta}_i$ 为 $\hat{\mu}_i^k\hat{\sigma}_{ij}^i\|(\tilde{r}_i + \tilde{r}_j)\|^2 + \bar{\mu}_i\bar{\sigma}\|(\tilde{r}_i - \tilde{r}_j)\| + \zeta_i\mathrm{e}^{-\epsilon_i t}$ 的上边界。

当事件被触发时，状态测量误差 $e_i(t)$ 满足 $\|\mathrm{e}_i(t)\|^+ \geqslant \|e_i(t)\|$。那么任意相邻的两个触发时刻的下边界满足:

$$t_{k+1}^i - t_k^i \geqslant \tau_i > \frac{1}{\|A\|}\ln\left[\frac{-\bar{\mu}_i\bar{\sigma} + \sqrt{\bar{\mu}_i^2\bar{\sigma}^2 + \rho_i\bar{\Delta}_i}}{2\rho_i\bar{\mu}_i\bar{\sigma}\|B\|\|\tilde{\zeta}_i\|\|A\|^{-1}} + 1\right] > 0 \tag{12.41}$$

因此，$t_{k+1}^i - t_k^i \geqslant \tau_i > 0$ 表明芝诺现象可避免发生。

注意到，由于不连续非线性函数 $h_i(\cdot)$ 的存在导致事件触发控制器 $u_i(t)$(12.6) 是不连续的函数，其主要原因是切换设备的缺陷导致抖振现象的发生。为了克服抖振现象，采用状态的边界层的方法来提出一种改进的连续非线性函数 $\hat{h}_i(\cdot)$ 取代控制器 (12.6) 中非线性函数 $h_i(\cdot)$。其中，新的连续非线性函数 $\hat{h}_i(\cdot)$ 被定义如下：对 $\phi \in \mathbb{R}^n$, $\hat{h}_i(\cdot)$ 满足:

$$\hat{h}_i(\phi) = \begin{cases} \dfrac{\phi}{\|\phi\|}, & \text{if } \hat{\sigma}_i\|\phi\| > \varrho_i \\ \dfrac{\phi}{\varrho_i}\hat{\sigma}_i, & \text{if } \hat{\sigma}_i\|\phi\| \leqslant \varrho_i \end{cases} \tag{12.42}$$

其中,$\varrho_i > 0$ 为边界层的宽度。

考虑如下事件触发控制器:

$$\begin{cases} u_i(t) = \zeta_i(t) + \hat{h}_i(\zeta_i(t)) \\ \zeta_i(t) = \hat{\sigma}_i^k K\sum\limits_{j=1}^{N} a_{ij}(\tilde{r}_i(t) - \tilde{r}_j(t)) \end{cases} \tag{12.43}$$

其中，采用 σ-修剪技术设计时变参数 $\hat{\sigma}_i(t)$ 的动态方程如下：

$$\begin{cases} \dot{\hat{\sigma}}_i = \operatorname{Proj}_{[\underline{\sigma},\bar{\sigma}]}\{\hat{\sigma}_i\} \\ \quad = \begin{cases} 0, & \text{if } \hat{\sigma}_i = \min\{\hat{\sigma}_i\} = \underline{\sigma} \text{ and } \psi_i < 0 \\ & \text{or } \hat{\sigma}_i = \max\{\bar{\sigma}\} \text{ and } \psi_i(t) > 0 \\ -\omega_i\hat{\sigma}_i(t) + \pi_i\hat{\mu}_i^k(t)\psi_i(t), & \text{otherwise} \end{cases} \\ \psi_i(t) = -\vartheta_i^k(t)\hat{\sigma}_i^k(t) + \sum_{j=1}^{N} a_{ij}(\tilde{r}_i(t) - \tilde{r}_j(t))^{\mathrm{T}}\Xi(\tilde{r}_i(t) - \tilde{r}_j(t)) \end{cases} \tag{12.44}$$

其中，$\omega_i > 0$；$\pi_i > 0$。

类似地, 事件触发函数中参数 $\hat{\mu}_i(t)$ 动态方程如下：

$$\begin{cases} \dot{\hat{\mu}}_i(t) = \operatorname{Proj}_{[\underline{\mu}_i,\bar{\mu}_i]}\{\hat{\mu}_i\} \\ \quad = \begin{cases} 0, & \text{if } \hat{\mu}_i = \min\{\hat{\mu}_i\} = \underline{\mu}_i \text{ and } \Theta_i < 0 \\ & \text{or } \hat{\mu}_i = \max\{\hat{\mu}_i\} = \bar{\mu}_i \text{ and } \Theta_i > 0 \\ -\eta_i\hat{\mu}_i(t) + \varpi_i\hat{\sigma}_i^k(t)\Theta_i(t), & \text{otherwise} \end{cases} \\ \Theta_i(t) = -\vartheta_i^k(t)\hat{\mu}_i^k(t) + \sum_{j=1}^{N} a_{ij}(\tilde{r}_i(t) - \tilde{r}_j(t))^{\mathrm{T}}\Xi(\tilde{r}_i(t) - \tilde{r}_j(t)) \end{cases} \tag{12.45}$$

其中，$\eta_i > 0$；$\varpi_i > 0$。

定理 12.3　考虑无向连通图下多智能体系统 (12.1)，并且存在矩阵 L 和 Q 满足式 (12.21) ~ 式 (12.22)。基于提出的控制器 (12.43) 和自适应分布式事件触发条件 (12.15) 可以保证多智能体系统可以实现最大边界一致性并且不会出现芝诺现象。而且, 自适应参数 $\hat{\sigma}_i$ 和 $\hat{\mu}_i$ 会逐渐地收敛到有限的状态值。

证明　考虑 Lyapunov 函数 $V(t) = V_1(t) + V_2^M(t)$, 其中

$$\begin{cases} V_1(t) = 2\left\|Q^{-1}LC\right\|^2 \sum_{i=1}^{N} \delta_i^{\mathrm{T}}(t)\Gamma\delta_i(t) + \sum_{i=1}^{N} \varphi_i^{\mathrm{T}}(t)Q^{-1}\varphi_i(t) \\ V_2^M(t) = \sum_{i=1}^{N} \dfrac{(\hat{\sigma}_i(t) - \alpha)^2}{2\pi_i} + \sum_{i=1}^{N} \dfrac{\tilde{\mu}_i^2}{2\varpi_i} \end{cases} \tag{12.46}$$

其中，$\hat{\mu}_i - \mu_i = \tilde{\mu}_i$。根据 $Q > 0$ 和 $\Gamma > 0$，可知 $V(t) > 0$。

针对函数 $V_1(t)$, 类似地时间导数如式 (12.24)。唯一不同之处在连续函数 $\hat{h}_i(\phi)$ 取代非连续函数 $h_i(\phi)$。注意到，$V_{1i}(t)$ 的时间导数存在如下一项：

$$2\mu_i\hat{\sigma}_i^k \sum_{i=1}^{N} \varphi_i^{\mathrm{T}}(t)Q^{-1}B\hat{h}_i\Big(K\sum_{j=1}^{N} a_{ij}(\tilde{r}_i(t) - \tilde{r}_j(t))\Big)$$

根据连续函数 $\hat{h}_i(\phi)$ 在式 (12.42) 的定义，存在两种不同的情况需要被讨论，第一种情况：$\hat{h}_i(\phi) = \frac{\phi}{\|\phi\|}$, 其结果同式 (12.26)。第二种情况，不难得出

$$\begin{aligned}
&2\mu_i(t)\hat{\sigma}_i^k(t)\sum_{i=1}^{N}\varphi_i^{\mathrm{T}}(t)Q^{-1}B\hat{h}_i\Big(K\sum_{j=1}^{N}a_{ij}(\tilde{r}_i(t)-\tilde{r}_j(t))\Big)\\
&\leqslant-\bar{\mu}_i\bar{\sigma}\sum_{i=1}^{N}\sum_{j=1}^{N}a_{ij}\|B^{\mathrm{T}}Q^{-1}(\tilde{r}_i(t)-\tilde{r}_j(t))\|\\
&+2\bar{\mu}_i\sum_{i=1}^{N}\sum_{j=1}^{N}a_{ij}\|B^{\mathrm{T}}Q^{-1}e_i(t)\|+\sum_{i=1}^{N}\frac{1}{4}\bar{\mu}_i\bar{\sigma}\varrho_i
\end{aligned}\tag{12.47}$$

结合式 (12.47) 可得

$$\begin{aligned}
\dot{V}_1(t)\leqslant&\sum_{i=1}^{N}\varphi_i^{\mathrm{T}}(t)(A^{\mathrm{T}}Q^{-1}+Q^{-1}A+I)\varphi_i(t)\\
&-\frac{1}{2}\bar{\mu}_i\bar{\sigma}\sum_{i=1}^{N}\sum_{j=1}^{N}a_{ij}(r_i(t)-r_j(t))^{\mathrm{T}}\varXi(r_i(t)-r_j(t))\\
&+2\bar{\mu}_i\bar{\sigma}\sum_{i=1}^{N}\sum_{j=1}^{N}a_{ij}(\|B^{\mathrm{T}}Q^{-1}e_i(t)\|^2+\|B^{\mathrm{T}}Q^{-1}e_i(t)\|)\\
&-\bar{\mu}_i\bar{\sigma}\sum_{i=1}^{N}\sum_{j=1}^{N}a_{ij}\|B^{\mathrm{T}}Q^{-1}(\tilde{r}_i(t)-\tilde{r}_j(t))\|\\
&+\frac{1}{4}\sum_{i=1}^{N}\bar{\mu}_i\bar{\sigma}\varrho-\left\|Q^{-1}LC\right\|^2\sum_{i=1}^{N}\delta_i^{\mathrm{T}}(t)\delta_i(t)
\end{aligned}\tag{12.48}$$

$V_2^M(t)$ 对时间的导数同样存在 4 种情况，其方法类似于不连续情况的推导。在此考虑第四种情况，即 $\hat{\sigma}_i(t)\in[\underline{\sigma},\bar{\sigma}]$ 和 $\hat{\mu}_i(t)\in[\underline{\mu}_i,\bar{\mu}_i]$。不难得出 $\dot{\hat{\sigma}}_i(t)\neq 0$ 和 $\dot{\hat{\mu}}_i(t)\neq 0$。函数 $V_2^M(t)$ 的时间导数可得

$$\begin{aligned}
\dot{V}_2^M(t)=&\sum_{i=1}^{N}\frac{(\hat{\sigma}_i(t)-\alpha)}{\pi_i}\dot{\hat{\sigma}}_{ij}(t)+\sum_{i=1}^{N}\frac{(\hat{\mu}_i-\mu_i)^2}{\varpi_i}\dot{\hat{\mu}}_i(t)\\
\leqslant&-\sum_{i=1}^{N}\frac{(\hat{\sigma}_i(t)-\alpha)}{\pi_i}(-\omega_i\hat{\sigma}_i)-\sum_{i=1}^{N}\frac{(\hat{\mu}_i-\mu_i)}{\varpi_i}(-\eta_i\hat{\mu}_i)\\
&+\sum_{i=1}^{N}\left(\frac{\omega_i\alpha^2}{2\pi_i}+\frac{\eta_i\bar{\mu}^2}{2\varpi_i}\right)+\dot{V}_2(t)
\end{aligned}\tag{12.49}$$

其中，$\dot{V}_2(t)$ 在式 (12.29)中被给出。

注意，式 (12.49) 的第一项满足：

$$\sum_{i=1}^{N}\frac{(\hat{\sigma}_i-\alpha)}{\pi_i}(-\omega_i\hat{\sigma}_i)\leqslant\sum_{i=1}^{N}\frac{\omega_i}{\pi_i}\Big(-\frac{1}{2}(\hat{\sigma}_i-\alpha)^2+\frac{1}{2}\alpha^2\Big)\tag{12.50}$$

类似地, 式 (12.49) 的第二项存在类似的推导。

因此，结合式 (12.48)~ 式 (12.50) 可得

$$
\begin{aligned}
\lim_{t\to\infty}\dot{V}(t) \leqslant & \sum_{i=2}^{N}\bar{\varphi}_i^{\mathrm{T}}(t)(A^{\mathrm{T}}Q+QA+I-BB^{\mathrm{T}})\bar{\varphi}_i(t)+\chi_i \\
& -\frac{1}{\lambda_{\max}(\varGamma)}\left\|Q^{-1}LC\right\|^2\sum_{i=1}^{N}\delta_i^{\mathrm{T}}(t)\varGamma\delta_i(t)-\sum_{i=1}^{N}\vartheta_i\nu \\
& -\sum_{i=1}^{N}\frac{(\hat{\sigma}_i(t)-\alpha)^2}{2\pi_i}\omega_i-\sum_{i=1}^{N}\frac{(\hat{\mu}_i(t)-\mu_i(t))^2}{2\varpi_i}\eta_i \\
\leqslant & -\xi V_i(t)-\sum_{i=1}^{N}\vartheta_i\nu+\varPi
\end{aligned}
\tag{12.51}
$$

其中，$\xi=\min\{\max\{\lambda_{\min}(Q^{-3}),\dfrac{1}{\lambda_{\max}(\varGamma)}\},\omega_i,\eta_i\}>0$ 和

$$
\varPi=\sum_{i=1}^{N}\left(\frac{\omega_i\alpha^2}{2\pi_i}+\frac{\eta_i\bar{\mu}^2}{2\varpi_i}+\frac{1}{4}\bar{\mu}_i\bar{\sigma}\varrho_i+\kappa_i d_i\|B^{\mathrm{T}}Q^{-1}\|\mathrm{e}^{-\epsilon_i t}\right)
$$

式 (12.51) 的解满足：

$$
\begin{aligned}
\lim_{t\to\infty}V_i(t) &\leqslant \lim_{t\to\infty}\left(\mathrm{e}^{-\xi t}V(0)+\frac{\varPi}{\xi}(1-\mathrm{e}^{-\xi t})\right) \\
&=\frac{1}{\xi}\sum_{i=1}^{N}\left(\frac{\omega_i\alpha^2}{2\pi_i}+\frac{\eta_i\bar{\mu}^2}{2\varpi_i}+\frac{1}{4}\bar{\mu}_i\bar{\sigma}\varrho_i\right)
\end{aligned}
\tag{12.52}
$$

式 (12.52) 表明 $V(t)$ 收敛到 0 伴随着残差很小。因此，最终一致有界性 (Uniformly ultimate boundedness，UUB) 是可以实现的。芝诺现象的证明类似于之前的结果，因此不做详细推导。

12.5　领航者-跟随者多智能体系统的事件触发跟踪一致性

本节考虑固定通信拓扑和切换通信拓扑下的领航者-跟随者多智能体系统事件触发跟踪一致性问题。

12.5.1　数学模型与问题描述

考虑一个多智能体系统由 N 个跟随者和一个领航者构成, 其动态方程分别如下：

$$
\begin{cases}
\dot{x}_0(t)=Ax_0(t) \\
\dot{x}_i(t)=Ax_i(t)+Bu_i(t), \qquad i=1,\cdots,N
\end{cases}
\tag{12.53}
$$

其中，$x_i(t)$、$u_i(t)$ 分别为第 i 个跟随者的状态和控制输入；$x_0(t)$ 为领航者的状态；A、B 为已知维数的增益矩阵和输入矩阵。

目标: 对任意初始条件 $x_i(0)(i=1,2,\cdots,N)$, 设计事件触发控制协议 $u_i(t)$ 使得领航者-跟随者多智能体系统的一致性可实现如果跟踪误差 $\phi_i(t)=x_i(t)-x_0(t)$ 满足:

$$\lim_{t\to\infty}\|\phi_i(t)\|=\lim_{t\to\infty}\|x_i(t)-x_0(t)\|=0 \tag{12.54}$$

12.5.2 事件触发控制器设计

1) 固定通信拓扑

(1) 事件触发控制器设计。

为了减少智能体之间的通信负载，设计如下事件触发一致性协议:

$$\begin{cases}u_i(t)=K\hat{\zeta}_i(t)\\ \hat{\zeta}_i(t)=\sum_{j=1}^{N}a_{ij}(\hat{x}_j(t)-\hat{x}_i(t))+a_{i0}(x_0(t)-\hat{x}_i(t))\end{cases} \tag{12.55}$$

其中,K 为后续设计控制器增益矩阵。在初始时刻,假设 $x_0(t)=\hat{x}_0(t)(x_0(t)$ 用来取代 $\hat{x}_0(t)$, 因为领航者 $x_0(t)$ 不存在控制输入)。$\hat{x}_j(t)$ 为智能体 j 的状态估计值，其动态满足:

$$\begin{cases}\dot{\hat{x}}_j(t)=A\hat{x}_j(t), & t\in[t_q^k,t_{q+1}^k)\\ \hat{x}_j(t_q^k)=x_j(t_q^k), & q=0,1,2,\cdots,N\end{cases} \tag{12.56}$$

其中，t_q^k 为事件触发时刻，它由后续设计的触发条件来决定。

(2) 事件触发条件设计。

针对智能体 i，基于模型的控制方法的引进使得智能体 i 的估计状态值 $\hat{x}_i(t)$ 和其真实状态值 $x_i(t)$ 之间存在误差。定义状态测量误差 $e_i(t)$ 为

$$e_i(t)=\hat{x}_i(t)-x_i(t) \tag{12.57}$$

根据定义的测量误差 $e_i(t)=\hat{x}_i(t)-x_i(t)$, 设计如下事件触发控制函数 $\mathcal{F}(e_i(t),\hat{\zeta}_i(t))$ 来决定下一触发时刻:

$$t_{q+1}^i=\inf\left\{t>t_q^i\mid \mathcal{F}(e_i(t),\hat{\zeta}_i(t))>0\right\},\qquad q=0,1,2,\cdots,N \tag{12.58}$$

和

$$\mathcal{F}(e_i(t),\hat{\zeta}_i(t))=\|e_i(t)\|-\sqrt{\frac{\delta_i(\varrho_1-\varrho_2\rho)}{(\varrho_2+\varrho_3\varrho)\rho^{-1}}}\|\hat{\zeta}_i(t)\|,\qquad 0<\rho<\frac{\varrho_1}{\varrho_2} \tag{12.59}$$

其中，$0<\delta_i<1$。存在一个整数 $\epsilon_{\min}^1>0$ 满足 $0<\epsilon_{\min}^1<\epsilon_{\min}$ 使得 $\varrho_1>0$、$\varrho_2>0$ 和 $\varrho_3>0$。其中, 正数 $\varrho_i,i=1$, 2, 3 具体表示如下:

$$\varrho_1=\min\{\epsilon_{\min}^1\mathcal{T}_{\min}(H^{-2})\}$$

$$\varrho_2=\max\{\mathcal{T}_{\max}(I_N\otimes(2QBB^{\mathrm{T}}Q))-H^{-1}\otimes 2\epsilon_{\min}^1 I_N\}$$

$$\varrho_3=\max\{\mathcal{T}_{\max}(H\otimes(2QBB^{\mathrm{T}}Q))-\epsilon_{\min}^1\}$$

其中，$\mathcal{T}$ 为最大广义特征根。

在事件触发条件 (12.58) 中, 如果事件触发函数 $\mathcal{F}(e_i(t),\hat{\zeta}_i)=0$, 即事件触发函数在触发时刻 $t=t_q^k$ 被激活。智能体 i 把它的状态 $x_i(t)$ 传输给它的邻居去更新 $\hat{x}_i(t)$。同时, 测量状态误差 $e_i(t)$ 被重置为 0。$\hat{x}_i(t)$ 被更新完后, 测量状态误差 $e_i(t)$ 将随着时间从 0 增加到下一次触发时刻。这个过程不断重复循环。

2) 切换通信拓扑

(1) 事件触发控制器设计。

当智能体之间的通信拓扑是切换拓扑情况，考虑如下事件触发通信协议：

$$\begin{cases}u_i(t)=K\hat{\zeta}_i(t), & i=1,2,\cdots,N\\ \hat{\zeta}_i(t)=\sum\limits_{j\in\mathcal{N}_i}^{N}a_{ij}^{\sigma(t)}(t)(\hat{x}_k(t)-\hat{x}_i(t))+a_{i0}^{\sigma(t)}(t)(x_0(t)-\hat{x}_i(t))\end{cases}\tag{12.60}$$

其中，$\mathcal{N}_i$ 为智能体 i 的邻居集合；$a_{i0}^{\sigma(t)}(t)$ 为切换拓扑下领航者和跟随者之间的牵引增益。$\sigma(t)$ 为分段的切换信号并满足 $\sigma(t):[0,\infty)\to\mathcal{P}$，$\mathcal{P}=\{1,2,\cdots,N\}$ 为一个有限的切换通信图的集合使得 $\{\bar{\mathcal{G}}_{\sigma(t)}:p\in\mathcal{P}\}$。其中，$\bar{\mathcal{G}}_{\sigma(t)}$ 为切换的通信拓扑。

类似于固定拓扑情况，采用基于模型的控制方法来估计智能体的状态值

$$\begin{cases}\dot{\hat{x}}_j(t)=A\hat{x}_j(t), & t\in[t_s^k,t_{s+1}^k), \quad j\in\{i\}\cup\mathcal{N}_i\\ \hat{x}_j(t_s^k)=x_j(t_s^k), & s=1,2,\cdots,N\\ t_s^k=\begin{cases}t_p, & \text{切换拓扑时刻}\\ t_q^k, & \text{事件触发时刻}\end{cases}\end{cases}\tag{12.61}$$

在式 (12.61)中，智能体 j 的估计值发生更新包含 2 个步骤。① 判断在离散时刻 $t=t_s^k$ 是发生切换拓扑还是事件被触发；② 开始执行式 (12.61) 在时间间隔 $\in[t_s^k,t_{s+1}^k),k\in\{m\}\cup\mathcal{N}_i$。智能体 j 的状态更新仅仅发生在离散时刻，而且在离散时刻智能体 j 的估计值等于它的实际状态值，这样可以避免智能体之间连续的通信从而使得控制输入 $u_i(t)$ 是分段连续函数。值得强调的是，两种情况下的智能体之间是需要通信的。首先，当拓扑结构发生切换时，邻居智能体之间有新的连接边；其次，当智能体接收邻居的状态信息或者发送自己的状态信息去更新估计状态时，也需要智能体之间连续通信。

(2) 事件触发条件设计。

根据定义的测量误差 $e_i(t)=\hat{x}_i(t)-x_i(t)$, 设计如下事件触发控制函数：

$$t_{s+1}^i=\inf\left\{t>t_s^i\mid\mathcal{F}(e_i(t),\hat{\zeta}_i(t))=\parallel e_i(t)\parallel>\sqrt{\frac{\delta_i(\bar{\varrho}_1-\bar{\varrho}_2\rho)}{(\bar{\varrho}_2+\bar{\varrho}_3\varrho)\rho^{-1}}}\parallel\hat{\zeta}_i\parallel\right\}\tag{12.62}$$

其中，$s=1,2,\cdots,N$，$0<\rho<\dfrac{\bar{\varrho}}{\bar{\varrho}}>0$；$0<\delta_i<1$。存在一个整数 $\epsilon_{\min}^1>0$ 满足 $0<\epsilon_{\min}^1<\epsilon_{\min}$，这样可确保 $\bar{\varrho}_1>0$、$\bar{\varrho}_2>0$、$\bar{\varrho}_3>0$。其中，正数 $\bar{\varrho}_i$, $i=1,2,3$ 满足：

$$\bar{\varrho}_1 = \min\{\epsilon_{\min}^1 \mathcal{T}_{\min}(\bar{H}_p^{-2})\}$$

$$\bar{\varrho}_2 = \max\{\mathcal{T}_{\max}(I_N \otimes (2QBB^{\mathrm{T}}Q)) - \bar{H}_p^{-1} \otimes 2\epsilon_{\min}^1 I_N\}$$

$$\bar{\varrho}_3 = \max\{\mathcal{T}_{\max}(\bar{H}_p \otimes (2QBB^{\mathrm{T}}Q)) - \epsilon_{\min}^1\}$$

其中，$\mathcal{T}$ 为最大广义特征根。

针对切换通信拓扑情况，存在如下假设：

假设 12.5　对任意 $p \in \mathcal{P}$, $\bar{\mathcal{G}}$ 是无向连通图。

假设 12.6　假设在有限时间间隔内存在有限的切换信号 $\sigma(t)$, 其中,信号 $\sigma(t)$ 在 $t = t_p$ 时发生切换;在时间间隔 $[t_p, t_{p+1}), p = 0, 1, \cdots, N$ 内是固定的并且满足 $0 < \kappa < t_{p+1} - t_p < \mathcal{T}_p$，其中，$\kappa$ 为切换拓扑下的驻留时间；$\mathcal{T}_p$ 为大于零的数。

假设 12.7　假设驻留时间 κ 满足 $\kappa > \dfrac{e_i}{\zeta_i}$。

由于 (A, B) 是可镇定的，存在一个矩阵 $H > 0$ 和一个对称正定矩阵 $Q = Q^{\mathrm{T}} \in \mathbb{R}^{n\times n} > 0$ 满足如下 Riccati 不等式：

$$A^{\mathrm{T}}Q + QA - 2\epsilon_{\min}QBBQ + \epsilon_{\min}I < 0 \tag{12.63}$$

其中，$\epsilon_{\min}$ 为矩阵 $H = \mathcal{L} + \Delta$ 的最小特征根。控制器增益设计为 $K = B^{\mathrm{T}}Q$。

12.6　跟踪一致性分析

本节主要给出固定拓扑和切换拓扑两种情况下一致性收敛性分析，同时给出智能体实现一致性的充分条件。

12.6.1　固定拓扑

对于智能体 i, 定义跟随者跟踪领航者的跟踪误差为 $\phi_i(t) = x_i(t) - x_0(t), i = 1, 2, \cdots, N$。$\phi_i(t)$ 的时间导数如下：

$$\begin{aligned}
\dot{\phi}_i(t) = {} & A(\hat{x}_i(t) - x_0(t)) + BK\sum_{j=1}^{N} a_{ij}(x_j(t) - x_i(t)) \\
& + BK\sum_{j=1}^{N} a_{ij}(e_j(t) - e_i(t)) \\
& + BKa_{i0}(x_0(t) - x_i(t)) - BKa_{i0}e_i(t) \\
= {} & A\phi_i(t) - BK\sum_{j=1}^{N}(l_{ij} + \Delta_i)\phi_i(t) - \mu BK\sum_{j=1}^{N} h_{ij}e_i(t)
\end{aligned} \tag{12.64}$$

式 (12.64) 转换成：

$$\dot{\boldsymbol{\phi}}(t) = (I_N \otimes A - H \otimes BK)\boldsymbol{\phi}(t) - (H \otimes BK)\boldsymbol{e}(t) \tag{12.65}$$

其中，$\boldsymbol{\phi}(t) = (\phi_1(t), \phi_2(t), \cdots, \phi_N(t))^{\mathrm{T}}$；$\boldsymbol{e}(t) = (e_1(t), e_2(t), \cdots, e_N(t))^{\mathrm{T}}$。

由上述跟踪误差系统 (12.65) 可知，多智能体系统的事件触发一致性问题转化成跟踪误差系统的稳定性问题。

定理 12.4　考虑无向连通图下的领航者-跟随者多智能体系统 (12.53) , 在任意初始条件下，设计的事件触发一致性协议 (12.55) 和事件触发条件 (12.58) 可以确保多智能体系统中的所有跟随者的状态能跟踪到领航者的状态从而达到状态一致性。

证明　选取 Lyapunov 函数 $V(t)$ 为

$$V(t)=\boldsymbol{\phi}^{\mathrm{T}}(t)(I_N\otimes Q)\boldsymbol{\phi}(t) \tag{12.66}$$

其中，$Q>0$ 使得函数 $V(t)>0$。

对函数 $V(t)$ 进行时间求导数可得

$$\begin{aligned}\dot V(t)&=2\boldsymbol{\phi}^{\mathrm{T}}(t)(I_N\otimes Q)\Big((I_N\otimes A-H\otimes BK)\boldsymbol{\phi}(t)-(H\otimes BK)\boldsymbol{e}(t)\Big)\\&=\boldsymbol{\phi}^{\mathrm{T}}(t)(A^{\mathrm{T}}Q+QA-H\otimes 2QBB^{\mathrm{T}}Q)\boldsymbol{\phi}(t)-\boldsymbol{\phi}^{\mathrm{T}}(t)(H\otimes 2QBB^{\mathrm{T}}Q)\boldsymbol{e}(t)\\&\leqslant-\epsilon_{\min}\boldsymbol{\phi}^{\mathrm{T}}(t)\boldsymbol{\phi}(t)-\boldsymbol{e}^{\mathrm{T}}(t)(H\otimes 2QBB^{\mathrm{T}}Q)\boldsymbol{\phi}(t)\end{aligned} \tag{12.67}$$

此外, 变量 $\hat\zeta_i(t)$ 和跟踪误差 $\phi_i(t)$ 之间存在如下关系：

$$\begin{aligned}\hat\zeta_i(t)&=\sum_{j=1}^{N}a_{ij}(\hat x_j(t)-\hat x_i(t))+a_{i0}(x_0(t)-\hat x_i(t))\\&=\sum_{k=1}^{N}a_{ij}(\hat x_k(t)-x_0(t)+x_0(t)-\hat x_i(t))+a_{i0}(x_0(t)-\hat x_i(t))\\&=-(H\otimes I_N)(\boldsymbol{x}(t)-\mathbf{1}_N\otimes x_0(t))\end{aligned} \tag{12.68}$$

其中，$\boldsymbol{x}(t)=(x_1^{\mathrm{T}},x_2^{\mathrm{T}},\cdots,x_N^{\mathrm{T}})^{\mathrm{T}}$。

式 (12.68) 可写成：

$$\hat{\boldsymbol{\zeta}}(t)=-(H\otimes I_N)(\hat{\boldsymbol{x}}(t)-x_0(t)) \tag{12.69}$$

其中，$\hat{\boldsymbol{\zeta}}(t)=(\hat\zeta_1(t),\hat\zeta_2(t),\cdots,\hat\zeta_N(t))^{\mathrm{T}}$ 和 $\hat{\boldsymbol{x}}(t)=(\hat{\boldsymbol{x}}_1(t),\hat{\boldsymbol{x}}_2(t),\cdots,\hat{\boldsymbol{x}}_N(t))^{\mathrm{T}}$。

另一方面, 跟踪误差 $\phi_i(t)=\hat x_i(t)-e_i(t)-x_0(t)$ 代入式 (12.69) 可得

$$\boldsymbol{\phi}(t)=-(H^{-1}\otimes I_N)\hat{\boldsymbol{\zeta}}(t)-\boldsymbol{e}(t) \tag{12.70}$$

把式 (12.70) 代入式 (12.67) 可得

$$\begin{aligned}\dot V(t)\leqslant&-(\epsilon_{\min}^1+\epsilon_{\min}^2)\Big(\hat{\boldsymbol{\zeta}}^{\mathrm{T}}(t)(H^{-2}\otimes I_N)\hat{\boldsymbol{\zeta}}(t)+\boldsymbol{e}^{\mathrm{T}}(t)\boldsymbol{e}(t)\\&+2\hat\zeta^{\mathrm{T}}(t)(H^{-1}\otimes I_N)\boldsymbol{e}(t)\Big)-\boldsymbol{e}^{\mathrm{T}}(t)(I_N\otimes 2QBB^{\mathrm{T}}Q)\hat{\boldsymbol{\zeta}}(t)\\&+\boldsymbol{e}^{\mathrm{T}}(t)(I_N\otimes 2QBB^{\mathrm{T}}Q)\boldsymbol{e}(t)\\\leqslant&-\epsilon_{\min}^1\hat{\boldsymbol{\zeta}}^{\mathrm{T}}(t)(H^{-2}\otimes I_N)\hat{\boldsymbol{\zeta}}(t)+2\epsilon_{\min}^1\hat{\boldsymbol{\zeta}}(t)(H^{-1}\otimes I_N)\boldsymbol{e}(t)\\&-\epsilon_{\min}^1\boldsymbol{e}^{\mathrm{T}}(t)\boldsymbol{e}(t)-\boldsymbol{e}^{\mathrm{T}}(t)(I_N\otimes 2QBB^{\mathrm{T}}Q)\hat{\boldsymbol{\zeta}}\\&+\boldsymbol{e}^{\mathrm{T}}(t)(H\otimes 2QBB^{\mathrm{T}}Q)\boldsymbol{e}(t)-\epsilon_{\min}^2\boldsymbol{\phi}^{\mathrm{T}}(t)\boldsymbol{\phi}(t)\end{aligned} \tag{12.71}$$

其中, $\epsilon_{\min}=\epsilon_{\min}^1+\epsilon_{\min}^2$。

根据不等式性质:$m^{\mathrm T}n\leqslant\| m \|\| n \|$, 式 (12.71) 满足不等式 (12.72):

$$\begin{cases}-\epsilon_{\min}^1\hat{\boldsymbol\zeta}^{\mathrm T}(t)(H^{-2}\otimes I_N)\hat{\boldsymbol\zeta}\leqslant-\varrho_1\|\hat{\boldsymbol\zeta}(t)\|^2\\ 2\epsilon_{\min}^1\hat{\boldsymbol\zeta}(t)(H^{-1}\otimes I_N)\boldsymbol e(t)-\boldsymbol e^{\mathrm T}(I_N\otimes 2QBB^{\mathrm T}Q)\hat{\boldsymbol\zeta}(t)\leqslant 2\varrho_2\|\boldsymbol e(t)\|\|\hat{\boldsymbol\zeta}(t)\|\\ -\epsilon_{\min}^1\boldsymbol e^{\mathrm T}(t)\boldsymbol e(t)+\boldsymbol e^{\mathrm T}(t)(H\otimes 2QBB^{\mathrm T}Q)\boldsymbol e(t)\leqslant\varrho_3\|\boldsymbol e(t)\|^2\end{cases}\tag{12.72}$$

根据杨氏不等式性质:$\|m\|\|n\|\leqslant\dfrac{1}{2\rho}\|m\|^2+\dfrac{\rho}{2}\|n\|^2$,把式 (12.72) 代入式 (12.71) 可得

$$\begin{aligned}\dot V(t)\leqslant&-\varrho_1\|\hat{\boldsymbol\zeta}(t)\|^2+2\varrho_2\|\boldsymbol e(t)\|\|\hat{\boldsymbol\zeta}(t)\|+\varrho_3\|\boldsymbol e(t)\|^2-\epsilon_{\min}^2\boldsymbol\phi^{\mathrm T}(t)\boldsymbol\phi(t)\\ \leqslant&-\varrho_1\|\hat{\boldsymbol\zeta}(t)\|^2+2\varrho_2\left(\frac{1}{2\rho}\|\boldsymbol e(t)\|^2+\frac{\rho}{2}\|\hat{\boldsymbol\zeta}(t)\|^2\right)\\ &+\varrho_3\|\boldsymbol e(t)\|^2-\epsilon_{\min}^2\boldsymbol\phi^{\mathrm T}(t)\boldsymbol\phi(t)\\ \leqslant&-\sum_{m=1}^{N}\left[(\varrho_1-\varrho_2\rho)\|\hat\zeta_m(t)\|^2-\left(\frac{\varrho_2}{\rho}+\varrho_3\right)\|e_m(t)\|^2\right]\\ &-\epsilon_{\min}^2\boldsymbol\phi^{\mathrm T}(t)\boldsymbol\phi(t)\end{aligned}\tag{12.73}$$

由事件触发条件 (12.58) 可知,如果事件触发条件没有被激活,不等式 (12.74) 成立:

$$\|e_i(t)\|^2<\frac{\delta_i(\varrho_1-\varrho_2\rho)}{(\varrho_2+\varrho_3\varrho)\rho^{-1}}\|\hat\zeta_i(t)\|^2\tag{12.74}$$

因此为了确保函数 $\dot V(t)<0$。把式 (12.74) 代入式 (12.73) 可得

$$\begin{aligned}\dot V(t)&\leqslant-\sum_{l\in\mathcal V}\left[(1-\delta_i)(\varrho_1-\varrho_2\rho)\|\hat{\boldsymbol\zeta}_l\|^2\right]-\epsilon_{\min}^2\boldsymbol\phi^{\mathrm T}(t)\boldsymbol\phi(t)\\ &\leqslant-\epsilon_{\min}^2\boldsymbol\phi^{\mathrm T}(t)\boldsymbol\phi(t)=-\frac{\epsilon_{\min}^2}{\lambda_{\min}(Q)}V(t)\end{aligned}\tag{12.75}$$

其中,$\lambda_{\min}(Q)$ 是矩阵 Q 的最小特征根。从式 (12.75) 可知, 其解可得

$$\|V(t)\|\leqslant\mathrm e^{-\gamma t}\|V(0)(t)\|,\ \text{其中},\ \gamma=\frac{\epsilon_{\min}^2}{\theta_{\min}(Q)}$$

显然,$\lim\limits_{t\to\infty}\|V(t)\|=0$ 和 $\lim\limits_{t\to\infty}\|\phi_i(t)\|=\|x_i(t)-x_0(t)\|=0$, 即跟随者的状态可以跟踪到领航者的状态。

定理 12.5 考虑无向连通图下的领航者-跟随者多智能体系统 (12.53) , 设计的事件触发一致性协议 (12.55) 和事件触发条件 (12.58) 可以通过证明任意两个相邻的触发时刻中间存在一个正的下边界 τ 来避免芝诺现象的发生:

$$\tau>\frac{1}{\max\{b_1,b_2\}}\ln\left\{\frac{1}{N}\sqrt{\frac{\delta_i(\varrho_1-\varrho_2\rho)}{(\varrho_2+\varrho_3\varrho)\rho^{-1}}}-1\right\}\tag{12.76}$$

其中, $b_1=\max\{\mathcal T(A)\}$; $b_2=\max\{\mathcal T_{\max}\{(I_N\otimes A)+(H\otimes BK)\}+\mathcal T_{\max}(H\otimes BK)+\mathcal T_{\max}(A)\}$。

证明　根据 $e_i(t)$ 和式 (12.65) 可知, 测量误差和跟踪误差可写成:

$$\begin{cases} \|\dot{\boldsymbol{e}}(t)\| \leqslant \|I_N \otimes A - H \otimes BK\|\|\boldsymbol{e}(t)\| - \|H \otimes BK\|\|\boldsymbol{\phi}(t)\| \\ \|\dot{\boldsymbol{\phi}}(t)\| \leqslant \|I_N \otimes A - H \otimes BK\|\|\boldsymbol{\phi}(t)\| - \|H \otimes BK\|\|\boldsymbol{e}(t)\| \end{cases} \tag{12.77}$$

令 $F(t) = \dfrac{\|\boldsymbol{e}(t)\|}{\|\hat{\boldsymbol{\zeta}}(t)\|}$。那么，$F(t) = \dfrac{\|\boldsymbol{e}(t)\|}{\|\hat{\boldsymbol{\zeta}}(t)\|}$ 的导数为

$$\begin{aligned} \dot{F}(t) = \frac{\mathrm{d}}{\mathrm{d}t}\left(\frac{\|\boldsymbol{e}(t)\|}{\|\hat{\boldsymbol{\zeta}}(t)\|}\right) &\leqslant \frac{\|\dot{\boldsymbol{e}}(t)\|}{\|\hat{\boldsymbol{\zeta}}(t)\|} + \frac{\|\dot{\hat{\boldsymbol{\zeta}}}(t)\|\|\boldsymbol{e}(t)\|}{\|\hat{\boldsymbol{\zeta}}(t)\|^2} \\ &\leqslant \Big(\|I_N \otimes A - H \otimes BK\| + \|H \otimes BK\|\Big) \\ &\quad \times \frac{\|\boldsymbol{e}(t)\|}{\|\hat{\boldsymbol{\zeta}}(t)\|} + \|I_N \otimes BK\| \end{aligned} \tag{12.78}$$

式 (12.78) 写成如下微分方程形式:

$$\dot{F}(t) \leqslant \max\{b_1, b_2\}(1 + F(t)) \tag{12.79}$$

当 $t \in [t_s^i, t_{s+1}^i)$, $\dot{F}(t) \leqslant \varphi(t, \varphi_0)$ 成立时，其中，$\varphi(t, \varphi_0)$ 是微分方程 (12.80) 的解:

$$\dot{\varphi}(t) \leqslant \max\{b_1, b_2\}(1 + \varphi(t)), \qquad \varphi(0) = F(0) \tag{12.80}$$

其解为

$$\varphi(t, \varphi_0) = \mathrm{e}^{\max\{b_1, b_2\}t} - 1 \tag{12.81}$$

另一方面，如果事件触发条件没有被激活，不难知道 $\dfrac{\| e_i(t) \|}{\| \hat{\zeta}_i(t) \|} < \sqrt{\dfrac{\delta(\varrho_1 - \varrho_2\rho)}{(\varrho_2 + \varrho_3\varrho)\rho^{-1}}}$ 成立。考虑到 $\dfrac{\|e_i(t)\|}{\|\hat{\zeta}_i(t)\|} \leqslant N\dfrac{\|\boldsymbol{e}(t)\|}{\|\hat{\boldsymbol{\zeta}}(t)\|}$，所以 $\dfrac{\|e_i(t)\|}{\|\hat{\zeta}_i(t)\|} \leqslant N\dfrac{\|\boldsymbol{e}(t)\|}{\|\hat{\boldsymbol{\zeta}}(t)\|} = N(\mathrm{e}^{\max\{b_1, b_2\}t} - 1)$ 成立。假设 τ 是相邻两个事件触发时刻的最小边界值，$\dfrac{\| e_i(t) \|}{\| \hat{\zeta}_i(t) \|}$ 的值在 $t = t_s^i$ 时刻从 0 增加到 $N(\mathrm{e}^{\max\{b_1, b_2\}t} - 1)$ 在 $t_{s+1}^i \geqslant t_s^i + \tau_i$，并且满足 $\mathrm{e}^{\max\{b_1, b_2\}t} - 1 > \dfrac{1}{N}\sqrt{\dfrac{\delta(\varrho_1 - \varrho_2\rho)}{(\varrho_2 + \varrho_3\varrho)\rho^{-1}}}$。因此，不难计算出 τ_i 为

$$t_{s+1}^i - t_s^i > \tau_i > \frac{1}{\max\{b_1, b_2\}} \ln\left\{\frac{1}{N}\sqrt{\frac{\delta_i(q_1 - q_2\rho)}{(q_2 + q_3\varrho)\rho^{-1}}} + 1\right\} > 0 \tag{12.82}$$

因此，芝诺现象被排除。

12.6.2　切换拓扑情况

在事件触发控制协议 (12.60)下，多智能体系统的跟踪误差为 $\phi_i(t) = x_i(t) - x_0(t)$,$i = 1, 2, \cdots, N$ 满足:

$$\dot{\boldsymbol{\phi}}(t) = (I_N \otimes A - \bar{H}_{\sigma(t)} \otimes BK)\boldsymbol{\phi}(t) - (\bar{H}_{\sigma(t)} \otimes BK)\boldsymbol{e}(t) \tag{12.83}$$

其中，$\bar{H}_{\sigma(t)}=\mathcal{L}_{\sigma(t)}+\Delta_{\sigma(t)}$；$\boldsymbol{\phi}(t)=(\phi_1^{\mathrm{T}}(t),\cdots,\phi_N^{\mathrm{T}}(t))^{\mathrm{T}}$；$\boldsymbol{e}(t)=(e_1^{\mathrm{T}}(t),\cdots,e_N^{\mathrm{T}}(t))^{\mathrm{T}}$。

假设 $\epsilon_p=\lambda_{\min}(\bar{H}_p)$ 成立对任意 $p\in\mathcal{P}$。考虑切换图 $\mathcal{P}$ 是有限的，而且存在一个有限集合 $\epsilon_p:p\in\mathcal{P}$。定义 $\epsilon_{\min}:=\min\{\epsilon_p:p\in\mathcal{P}\}>0$，可知 $\bar{H}_{\sigma(t)}>0$。考虑到 (A,B) 是可镇定, 存在一个对称正定矩阵 Q 满足不等式 (12.79)：

$$\begin{cases}A^{\mathrm{T}}Q+QA-2\epsilon_{\min}QBB^{\mathrm{T}}Q+\epsilon_{\min}I_N<0\\ A^{\mathrm{T}}Q+QA<0\end{cases}\tag{12.84}$$

其中, $\epsilon_{\min}=\lambda_{\min}(\bar{H}_p)$。控制器增益矩阵 K 设计为 $K=B^{\mathrm{T}}Q$。

定理 12.6 考虑领航者-跟随者多智能体系统 (12.53)，并且满足假设 12.2 和假设 12.4 ~ 假设 12.6。在任意初始条件下，设计的事件触发一致性协议 (12.60) 和事件触发条件 (12.62) 可以确保多智能体系统中的所有跟随者能跟踪到领航者从而达到一致性。

证明 考虑如下 Lyapunov 函数 $V(t)$

$$V(t)=\boldsymbol{\phi}^{\mathrm{T}}(t)(I_N\otimes Q)\boldsymbol{\phi}(t)\tag{12.85}$$

其中，$Q>0$。

类似于固定拓扑情况，$V(t)$ 的时间导数满足：

$$\begin{aligned}\dot{V}(t)=&\boldsymbol{\phi}^{\mathrm{T}}(t)(A^{\mathrm{T}}Q+QA-\bar{H}_p\otimes 2QBB^{\mathrm{T}}Q)\boldsymbol{\phi}(t)-\boldsymbol{\phi}^{T}(t)(\bar{H}_p\otimes 2QBB^{\mathrm{T}}Q)\boldsymbol{e}(t)\\ \leqslant&-\epsilon_{\min}\boldsymbol{\phi}^{\mathrm{T}}(t)\boldsymbol{\phi}(t)-\boldsymbol{e}^{\mathrm{T}}(t)(\bar{H}_p\otimes 2QBB^{\mathrm{T}}Q)\boldsymbol{\phi}\\ \leqslant&-\bar{\varrho}_1\parallel\hat{\boldsymbol{\zeta}}(t)\parallel^2+2\bar{\varrho}_2\parallel\boldsymbol{e}(t)\parallel\parallel\hat{\boldsymbol{\zeta}}(t)\parallel+\bar{\varrho}_3\parallel\boldsymbol{e}(t)\parallel^2-\epsilon_{\min}^2\boldsymbol{\phi}^{\mathrm{T}}(t)\boldsymbol{\phi}(t)\\ \leqslant&-\bar{\varrho}_1\parallel\hat{\boldsymbol{\zeta}}(t)\parallel^2+2\bar{\varrho}_2\left[\frac{1}{2\rho}\parallel\boldsymbol{e}(t)\parallel^2+\frac{\rho}{2}\parallel\hat{\boldsymbol{\zeta}}(t)\parallel^2\right]\\ &+\bar{\varrho}_3\parallel\boldsymbol{e}(t)\parallel^2-\epsilon_{\min}^2\boldsymbol{\phi}^{\mathrm{T}}(t)\boldsymbol{\phi}(t)\\ \leqslant&-\sum_{i=1,i\in h(p)}^{N}\left[(1-\delta)(\bar{\varrho}_1-\bar{\varrho}_2\rho)\parallel\hat{\zeta}_i(t)\parallel^2\right]\\ &-\epsilon_{\min}^2\sum_{i=1,i\in h(p)}^{N}\phi_i^{\mathrm{T}}(t)\phi_i(t)\\ \leqslant&-\epsilon_{\min}^2\sum_{i=1,i\in h(p)}^{N}\phi_i^{\mathrm{T}}(t)\phi_i(t)\end{aligned}\tag{12.86}$$

其中，$h(p)$ 是 λ_p^i 的一个集合。基于式 (12.86) 可知，$\dot{V}(t)<0$ 存在。

接下来证明 $\lim\limits_{t\to\infty}\phi_i(t)=0$。考虑到函数 $V(t_i),i=1,2,\cdots,N$ 是有限的序列，利用柯西收敛准则引理可得

$$\int_{t_s^0}^{t_s^1}[-\dot{V}(t)]\mathrm{d}t+\cdots+\int_{t_s^{\mathcal{W}_s-1}}^{t_s^{\mathcal{W}_s}}[-\dot{V}(t)]\mathrm{d}t<\alpha\tag{12.87}$$

根据式 (12.86)，每个积分项都满足：

$$\int_{t_s^i}^{t_s^{i+1}} [-\dot{V}(t)]\mathrm{d}t \geqslant \epsilon_{\min}^2 \int_{t_s^i}^{t_s^i+\varsigma} \sum_{s\in h(\sigma(t_s^i))} \phi_i^{\mathrm{T}}(t)\phi_i(t)\mathrm{d}t \tag{12.88}$$

因此，可知

$$\alpha > \epsilon_2 \sum_{s\in h(\sigma(t_s^i))} \left[\int_{t_s^0}^{t_s^0+\varsigma} \phi_i^{\mathrm{T}}(t)\phi_i(t)\mathrm{d}t + \cdots + \int_{t_s^{\mathcal{W}_l}}^{t_s^{\mathcal{W}_s-1}+\varsigma} \phi_i^{\mathrm{T}}(t)\phi_i(t)\right]\mathrm{d}t \tag{12.89}$$

考虑到时间间隔 $[t_s, t_{s+1})$ 含有有限个拓扑切换，以及 $\mathcal{W}_s, s=1,2,\cdots,N$ 也是有限的，可得

$$\lim_{t\to\infty} \int_t^{t+\varsigma} \sum_{l\in h(\sigma(t_s^l))} \phi_l^{\mathrm{T}}(\varrho)\phi_l(\varrho)\mathrm{d}\varrho = 0, \qquad l=0,\cdots,\mathcal{W}_s-1 \tag{12.90}$$

式 (12.90) 导出如下等式成立：

$$\lim_{t\to\infty} \int_t^{t+\varsigma} \left[\sum_{i\in h(\sigma(t_s^0))} \phi_i^{\mathrm{T}}(\varrho)\phi_i(\varrho) + \cdots + \sum_{i\in h(\sigma(t_s^i))} \phi_i^{\mathrm{T}}(\varrho)\phi_i(\varrho)\right]\mathrm{d}\varrho = 0 \tag{12.91}$$

考虑到在时间间隔 $[t_s, t_{s+1})$ 内，通信拓扑图 $\bar{\mathcal{G}}_p$ 是连通图，上述等式 (12.91)可写成如下

$$\lim_{t\to\infty} \int_t^{t+\varsigma} \left[\sum_{i=1}^N a_i\phi_i^{\mathrm{T}}(\varrho)\phi_m(\varrho)\right]\mathrm{d}\varrho = 0 \tag{12.92}$$

其中，$a_i > 0, i=1,2,\cdots,N$。根据设计的 Lyapunov 函数 $V(t)>0$ 和 $\dot{V}(t)<0$, 可知 $\phi_i(t)$ 是有界的。基于 Barbalat's 引理可得 $\lim\limits_{t\to\infty}\phi_i(t)=0$。因此，多智能体系统的跟踪一致性可实现。排除芝诺现象的证明类似于定理 12.5 。因此不详细讨论。

注记　本章内容由文献 (Wu et al., 2018；Xu et al., 2020) 相关内容改写。

习　题

12-1　请阐述一致性的概念。

12-2　请阐述有领航者和无领航者两种情况下，通信拓扑图需要满足什么条件。

12-3　请阐述芝诺现象对系统的影响以及如何排除芝诺现象。

参 考 文 献

陈杰，方浩，辛斌，2017. 多智能体系统的协同群集运动控制 [M]. 北京：科学出版社.

AREL I，LIU C，URBANIK T，et al.，2010. Reinforcement learning-based multi-agent system for network traffic signal control[J]. IET Intelligent Transport Systems，4(2):128-135.

BIDRAM A，DAVOUDI A，LEWIS F L，et al.，2013. Secondary control of microgrids based on distributed cooperative control of multi-agent systems[J]. IET Generation Transmission &Distribution，7(8):822-831.

DIMAROGONAS D V，FRAZZOLI E，JOHANSSON K H，2011. Distributed event-triggered control for multi-agent systems[J]. IEEE Transactions on Automatic Control，57(5):1291-1297.

GODSIL C，ROYLE G，2013. Algebraic graph theory. Berlin: Springer Science & Business Media.

HU W F，LIU L，FENG G，2015. Consensus of linear multi-agent systems by distributed event-triggered strategy[J]. IEEE transactions on cybernetics，46(1):148-157.

ROLDÃO V，CUNHA R，CABECINHAS D，et al.，2014. A leader-following trajectory generator with application to quadrotor formation flight[J]. Robotics and Autonomous Systems，62(10): 1597-1609.

TABUADA P，2007. Event-triggered real-time scheduling of stabilizing control tasks[J]. IEEE Transactions on Automatic Control，52(9):1680-1685.

WHEELER G，SU C Y，STEPANENKO Y，1998. A sliding mode controller with improved adaptation laws for the upper bounds on the norm of uncertainties[J]. Automatica，34(12):1657-1661.

WU Z G，XU Y，LU R，et al.，2018. Event-triggered control for consensus of multiagent systems with fixed/switching topologies[J]. IEEE Transactions on Systems，Man，and Cybernetics: Systems，48(10):1736-1746.

XU W Y，HO D W C，LI L L，et al.，2015. Event-triggered schemes on leader-following consensus of general linear multiagent systems under different topologies[J]. IEEE Transactions on Cybernetics，47(1):1-12.

XU Y，WU Z G，2020. Distributed adaptive event-triggered fault-tolerant synchronization for multi-agent systems[J]. IEEE Transactions on Industrial Electronics，68(2):1537-1547.

第 13 章　Markov 跳变系统的分析与非同步综合

本章主要介绍鲁棒控制方法在网络化 Markov 跳变系统的分析与非同步综合方向的应用，主要内容包括研究背景、Markov 跳变系统模型、基于隐 Markov 模型的非同步描述、非同步量化控制、非同步量化滤波策略设计等。

13.1　Markov 跳变系统研究背景

随着控制理论和高新技术的迅猛发展，对控制精度和控制性能提出了更高的要求，这就对系统的建模精度提出了更苛刻的要求。对于实际应用中的复杂系统，单一的微分方程或者差分方程已经难以精确描述其动态特性，因而混杂动态系统应运而生，而 Markov 跳变系统作为一类特殊的混杂系统，因其简单的数学描述形式和对实际系统强大的建模能力得到了学术界和工业界的青睐。Markov 跳变系统有着深刻的研究背景。在很多实际系统中，当系统的零部件发生故障、系统运行的环境发生改变或者系统内部连接方式发生变化时，系统的动态特性也会产生相应的改变。为了便于对这类系统进行分析和设计，可以用 Markov 跳变系统来描述它们。Markov 跳变系统的应用范围十分广泛，如汽车工业、航空航天、网络通信、电力系统、化学工程等众多领域都有用武之地。

鉴于 Markov 跳变系统的重要性，它的分析与综合问题引起了广泛关注，如 Markov 跳变系统的控制、滤波、模型降阶、故障诊断等。以控制器设计为例，它的最佳设计方案是分别针对各子系统设计有效的控制器，进而当 Markov 跳变系统在子系统间切换时，控制器跟随系统进行同步切换。然而，控制器与系统实现模态同步的条件十分苛刻，它要求控制必须实时准确地获取到系统的模态信息。随着数字化时代的到来，计算机技术、通信技术和控制科学之间的结合日益紧密。高速发展的网络通信技术提高了系统性能的同时，迫使被控系统必须适应于网络环境下的运行特性。网络环境中频繁发生的时滞、噪声、信息丢失等现象往往会导致控制器所获取的系统模态会存在一定的误差，从而造成系统与控制器之间的模态不同步。在此情形下，已有的同步控制方法将无法保证在模态异步情形下闭环系统的稳定性。因此，研究 Markov 跳变系统的非同步综合问题具有极大的理论意义和应用价值。

13.2　基 础 知 识

本节将主要介绍 Markov 跳变系统的数学模型、隐 Markov 非同步模型、对数量化器、随机均方稳定性和耗散性定义等。

13.2.1　Markov 跳变系统数学模型

简单来说，Markov 跳变系统是由多个模态或子系统组成，但任意时刻只有一个模态处于激活状态，模态之间的转移是在一个 Markov 过程的支配下随机进行的。以离散时间的线性系统为例，Markov 跳变系统可由如下的数学模型进行描述：

$$\begin{cases} x(k+1) = A(\theta_k)x(k) + B(\theta_k)u(k) + E(\theta_k)w(k) \\ y(k) = C(\theta_k)x(k) + D(\theta_k)u(k) + F(\theta_k)w(k) \end{cases} \tag{13.1}$$

其中，$x(k) \in \mathbb{R}^{n_x}$ 为系统状态；$u(k) \in \mathbb{R}^{n_u}$ 为控制输入；$w(k) \in \mathbb{R}^{n_w}$ 为扰动输入；$y(k) \in \mathbb{R}^{n_y}$ 为被调输出；$A(\theta_k)$、$B(\theta_k)$、$C(\theta_k)$、$D(\theta_k)$、$E(\theta_k)$、$F(\theta_k)$ 为具有适当维数的实值矩阵，且依赖于参数 θ_k；θ_k 为离散时间的 Markov 链，它可在有限集合或无限集合中取值。以有限取值状态的 Markov 链为例，即 $\theta_k \in \mathscr{N}_1 \triangleq \{1, 2, \cdots, n_1\}$，它的状态变化符合如下的转移概率：

$$\Pr\{\theta_{k+1} = j|\theta_k = i, \theta_{k-1} = i_{k-1}, \cdots, \theta_0 = i_0\} = \Pr\{\theta_{k+1} = j|\theta_k = i\} = \pi_{ij}(k) \tag{13.2}$$

式 (13.2) 表明，θ_k 的状态转移只与上一时刻的状态相关，而与之前时刻的状态均无关。$\pi_{ij}(k)$ 被称作是一步状态转移概率。特别地，若 $\pi_{ij}(k) = \pi_{ij}$，即状态转移概率与时刻无关，则称 Markov 链 θ_k 是齐次的。定义转移概率矩阵 $\Theta = \{\pi_{ij}\}$。根据概率论知识可知，转移概率矩阵 Θ 的元素满足非负性和行元素加和等于 1，即 $\pi_{ij} \geqslant 0$，$\sum_{j=1}^{n_1} \pi_{ij} = 1$，$\forall i, j \in \mathscr{N}_1$。

13.2.2 隐 Markov 模型

隐 Markov 模型是基于 Markov 链发展起来的。最早提出隐 Markov 模型是用于解决语音识别中的相关问题。该模型包括两个随机过程，其中之一是一个 Markov 链，它按照一定的转移概率发生变化，而另一个随机过程可看作是 Markov 链的状态观测值，两者之间并不存在一一映射的关系，而是通过一定的条件概率相联系。

正如上文中所述，系统(13.1)的模态往往是不可精确测得的，控制器仅可获得系统的部分模态信息，因此系统和控制器之间的模态不是完全一致的，两者之间的非同步关系可以用隐 Markov 模型描述。基于隐 Markov 模型的非同步控制器可描述如下：

$$u(k) = K(\lambda_k)x(k) \tag{13.3}$$

其中，控制器增益 $K(\cdot)$ 依赖于模态 λ_k，$\lambda_k \in \mathscr{N}_2 \triangleq \{1, 2, \cdots, n_2\}$。模态 λ_k 的转移依据如下的条件概率进行：

$$\Pr\{\lambda_k = m|\theta_k = i\} = \omega_{im}$$

将 $\Omega = [\omega_{im}]$ 定义为条件概率矩阵。

注 13.1　控制器(13.3)的跳变直接受控于参数 λ_k，同时又间接地通过条件概率矩阵 Ω 受到 Markov 参数 θ_k (转移概率矩阵 Θ) 的影响。由此可见，它们形成了一个隐 Markov 模型，该模型较好地描述了系统(13.1)和控制器(13.3)之间的非同步现象。

注 13.2　隐 Markov 非同步模型是一个统一的框架，它涵盖了如下 3 种特殊情形：

(1) 同步。在这种情形中，$\Omega = I$，系统和控制器可达到完美的同步；

(2) 聚类。在这种情形中，可将 Markov 参数 θ_k 的状态分成几类，在每一类中，λ_k 的条件概率仅依赖于该类标签。一种极端的情况是只存在一个类，此时条件概率矩阵 Ω 的行全部是相等的；

(3) 模态非依赖。在这种情形中，$\lambda_k \in \{1\}$，$\Omega = [1 \ \cdots \ 1]^{\mathrm{T}}$，$\theta_k$ 对控制器的模态切换没有起任何作用，其实这就等价于聚类情形中只有一类的极端情况。

13.2.3　对数量化器

下面给出模态依赖的对数量化器 $f_q(a)$ 的数学描述：

$$f_q(a) = \begin{cases} r_{ql}, & \dfrac{1}{1+\delta_q} r_{ql} < a \leqslant \dfrac{1}{1-\delta_q} r_{ql} \\ 0, & a = 0 \\ -f_q(-a), & a < 0 \end{cases} \tag{13.4}$$

其中，标量 a 为量化器的输入值；$r_{ql} = \rho_q^l r_0$ 为量化器输出值，$l = 0, \pm 1, \pm 2, \cdots$，$0 < \rho_q < 1$，$r_0 > 0$；$q$ 为量化器模态，$q \in \mathscr{N}_3 \stackrel{\text{def}}{=\!=} \{1, 2, \cdots, n_3\}$，它控制着量化器的模态切换。不失一般性，对任意的模态 $q \in \mathscr{N}_3$，r_0 是不变的，即 r_0 是模态非依赖的。对数量化器中的参数 δ_q 和 ρ_q 之间存在如下的关系：

$$\delta_q = \frac{1-\rho_q}{1+\rho_q} \tag{13.5}$$

值得一提的是，对数量化器的量化密度为 $-2/\ln(\rho_q)$，因此，可以通过观察参数 ρ_q 或 δ_q 来判断对数量化器的粗糙程度，ρ_q 越小或者是 δ_q 越大，则量化器越粗糙。对数量化器(13.4)受限在一个扇形区域中，它的边界为 $(1+\delta_q)a$ 和 $(1-\delta_q)a$，由此可得对数量化器量化误差的界，即 $-\delta_q a \leqslant f_q(a) - a \leqslant \delta_q a$，也可写成

$$f_q(a) - a = \Delta_q a, \qquad \Delta_q \in [-\delta_q, \delta_q] \tag{13.6}$$

注 13.3　由式(13.6)可知，对数量化会给原系统引入不确定性，因此可用鲁棒控制的方法对量化系统进行分析和设计。

13.2.4　相关定义

结合系统(13.1)和控制器(13.3)可得如下闭环系统：

$$\begin{cases} x(k+1) = A_{im}x(k) + E_i w(k) \\ y(k) = C_{im}x(k) + F_i w(k) \end{cases} \tag{13.7}$$

其中，i、m 分别为系统与控制器的模态 θ_k、λ_k。

$$A_{im} = A_i + B_i K_m, \qquad C_{im} = C_i + D_i K_m$$

下面将针对上述闭环系统给出随机均方稳定性、H_∞ 性能、耗散性的定义。

定义 13.1 闭环系统(13.7)被称作是随机均方稳定的，如果当 $w(k) \equiv 0$ 时，对于任意的初始条件 $(x(k_0), \theta_0)$，如下的条件成立：

$$\mathbb{E}\left\{ \sum_{k=0}^{\infty} \| x(k) \|^2 | x(k_0), \theta_0 \right\} < \infty \tag{13.8}$$

定义 13.2 闭环系统(13.7)是随机均方稳定的。系统(13.7)被称作是具有 H_∞ 噪声衰减性能 γ，如果当 $w(k) \in l_2[0, \infty)$ 时，在零初始条件下，如下的条件成立：

$$\sum_{k=0}^{\infty} \mathbb{E}\{\| y(k) \|^2\} < \gamma^2 \sum_{k=0}^{\infty} \| w(k) \|^2 \tag{13.9}$$

其中，γ 为一个大于零的标量。

在引入耗散性的定义之前，先给出如下的二次多项式函数：

$$\Lambda(w(k), e(k)) = e^{\mathrm{T}}(k)\mathscr{U} e(k) + 2e^{\mathrm{T}}(k)\mathscr{S} w(k) + w^{\mathrm{T}}(k)\mathscr{V} w(k) \tag{13.10}$$

其中，$\mathscr{U}$、$\mathscr{S}$、$\mathscr{V}$ 均为实矩阵，$\mathscr{U} \triangleq -U_1^{\mathrm{T}} U_1$ 为负半定矩阵，$\mathscr{V}$ 为对称矩阵。

定义 13.3 闭环系统(13.7)是随机均方稳定的。给定一个标量 $\gamma > 0$、矩阵 $\mathscr{U} \leqslant 0$、$\mathscr{S}$ 以及对称矩阵 $\mathscr{V}$，闭环系统(13.7)称为是严格 $(\mathscr{U}, \mathscr{S}, \mathscr{V})$-$\gamma$-耗散的，如果在零初始状态下，$w(k) \in l_2[0, \infty)$，对于任意的正整数 N，如下的条件成立：

$$\sum_{k=0}^{N} \mathbb{E}\{\Lambda(w(k), e(k))\} \geqslant \gamma \sum_{k=0}^{N} w^{\mathrm{T}}(k) w(k) \tag{13.11}$$

13.2.5 相关引理

下面将给出一些重要引理。

引理 1.1 (Schur 补引理) 对于给定的对称矩阵

$$R = \begin{bmatrix} R_{11} & R_{12} \\ R_{12}^{\mathrm{T}} & R_{22} \end{bmatrix}$$

以下三种情况是等价的：

(1) $R < 0$;

(2) $R_{11} < 0$，$R_{22} - R_{12}^{\mathrm{T}} R_{11}^{-1} R_{12} < 0$;

(3) $R_{22} < 0$，$R_{11} - R_{12} R_{22}^{-1} R_{12}^{\mathrm{T}} < 0$。

引理 1.2 (Projection 引理) 给定矩阵 X、U 和 V，存在矩阵 Y 使得以下不等式成立

$$X + U^{\mathrm{T}} Y^{\mathrm{T}} V + V^{\mathrm{T}} Y U < 0$$

当且仅当

$$\tilde{U}^{\mathrm{T}} X \tilde{U} < 0, \qquad \tilde{V}^{\mathrm{T}} X \tilde{V} < 0$$

成立，其中，$\tilde{U}$ 和 $\tilde{V}$ 分别为 U 和 V 的正交补。

引理 1.3　给定适当维数的矩阵 X、Y 和 Z，且 $X^{\mathrm{T}}=X$，则使得下列不等式

$$X+ZY+Y^{\mathrm{T}}Z^{\mathrm{T}}<0$$

成立的一个充分条件是，存在正定矩阵 W 使得下式成立：

$$X+ZW^{-1}Z^{\mathrm{T}}+Y^{\mathrm{T}}WY<0$$

引理 1.4　令 $x=(x_1,x_2,\cdots,x_n)^{\mathrm{T}}\in\mathbb{R}^n$，连续非线性函数 $f(x)=(f_1(x_1),f_2(x_2),\cdots,f_n(x_n))^{\mathrm{T}}$ 满足

$$\alpha_i\leqslant\frac{f_i(s)}{s}\leqslant\beta_i,\qquad s\neq0,\qquad s\in\mathbb{R},\qquad i=1,2,\cdots,n$$

其中，α_i 和 β_i 均为常数。则存在正定对称阵 $H>0$，使得

$$\begin{bmatrix}x\\f(x)\end{bmatrix}^{\mathrm{T}}\begin{bmatrix}F_1H&-F_2H\\-F_2H&H\end{bmatrix}\begin{bmatrix}x\\f(x)\end{bmatrix}<0$$

成立，其中，$F_1=\operatorname{diag}\{\alpha_1\beta_1,\alpha_2\beta_2,\cdots,\alpha_n\beta_n\}$，$F_2=\operatorname{diag}\{\frac{\alpha_1+\beta_1}{2},\frac{\alpha_2+\beta_2}{2},\cdots,\frac{\alpha_n+\beta_n}{2}\}$。

13.3　Markov 跳变时滞系统的非同步量化反馈控制

本节介绍鲁棒控制方法在 Markov 跳变时滞系统非同步量化反馈控制问题中的应用，通过设计一个量化反馈控制器使得闭环系统是随机均方稳定的且具有一定的 H_∞ 噪声衰减性能。

13.3.1　非同步量化反馈控制问题描述

本节将主要研究如下的 Markov 跳变时滞系统：

$$\mathbb{S}:\begin{cases}x(k+1)=A(\theta_k)x(k)+A_d(\theta_k)x(k-d(k))+B_1(\theta_k)u(k)+B_2(\theta_k)w(k)\\y(k)=C(\theta_k)x(k)+C_d(\theta_k)x(k-d(k))+D_1(\theta_k)u(k)+D_2(\theta_k)w(k)\\x(k_0)=\varsigma(k_0),\qquad k_0=-d_2,-d_2+1,\cdots,-1,0\end{cases}\tag{13.12}$$

其中，$x(k)\in\mathbb{R}^{n_x}$ 为系统状态；$\varsigma(k_0)$ 为系统的初始状态，这里假设系统的状态都是可得到的；$y(k)\in\mathbb{R}^{n_y}$ 为系统的被控输出；$u(k)\in\mathbb{R}^m$ 和 $w(k)\in\mathbb{R}^{n_w}$ 分别为控制输入和扰动输入，并且 $w(k)\in l_2[0,\infty)$。注意到上述的系统 $\mathbb{S}$ 中存在时变时滞 $d(k)$，$d(k)\in\mathbb{N}^+$，并且 $d(k)$ 存在上界 d_1 和下界 d_2，$d_1<d_2$。$\mathbb{S}$ 中的系统矩阵均为具有适当维数的已知实矩阵。Markov 跳变系统 $\mathbb{S}$ 的模态转移受到 Markov 参数 θ_k 的控制，$\theta_k\in\mathscr{N}$ $(\mathscr{N}=\{1,2,\cdots,n\})$，相应的转移概率矩阵为 $\Theta=[\pi_{ij}]$，其中转移概率 π_{ij} 由下式定义：

$$\Pr\{\theta_{k+1}=j|\theta_k=i\}=\pi_{ij}\tag{13.13}$$

显然，对于 $\forall i,\ j \in \mathscr{N}$，$\pi_{ij} \in [0,1]$，$\sum\limits_{j=1}^{n} \pi_{ij} = 1$。

本节将为系统 $\mathbb{S}$ 设计模态依赖的量化反馈控制器，其中的控制器和量化器描述如下：

$$\mathbb{C}: v(k) = K(\lambda_k)x(k) \tag{13.14}$$

$$\mathbb{Q}: u(k) = \mathscr{Q}(\xi_k, v(k)) \tag{13.15}$$

其中，$v(k) \in \mathbb{R}^m$ 为未经过量化的状态反馈值；$K(\lambda_k)$ 为反馈控制增益。随后，$v(k)$ 经过量化器 $\mathscr{Q}(\cdot,\cdot)$ 得到量化控制输入 $u(k)$。量化器 $\mathscr{Q}(\cdot,\cdot)$ 是由 m 个模态依赖的对数量化器组成，即

$$\mathscr{Q}(\xi_k, v(k)) = \begin{bmatrix} f_1(\xi_k, v_1(k)) & \cdots & f_m(\xi_k, v_m(k)) \end{bmatrix}^{\mathrm{T}} \tag{13.16}$$

控制器 $\mathbb{C}$ 和量化器 $\mathbb{Q}$ 中的变量 λ_k 和 ξ_k 是它们接收到的被控系统的模态信息。然而，不可靠的信道传输会导致 λ_k 和 ξ_k 并不等同于 θ_k。不失一般性，假设上述的三个参数 λ_k、ξ_k 和 θ_k 的取值集合均为 $\mathscr{N}$。λ_k 和 ξ_k 分别为控制器 $\mathbb{C}$ 和量化器 $\mathbb{Q}$ 的模态，它们控制着 $\mathbb{C}$ 和 $\mathbb{Q}$ 的模态转移；另一方面，它们的状态转移又受到系统 $\mathbb{S}$ 的模态的影响，这种影响作用体现在条件概率矩阵 $\varOmega = [\omega_{ip}]$ 和 $\varSigma = [\sigma_{iq}]$。条件概率 ω_{ip}(或 σ_{iq}) 表示的是当系统 $\mathbb{S}$ 的第 i 个模态工作时，控制器 $\mathbb{C}$ 运行于第 p 个模态 (或量化器 $\mathbb{Q}$ 运行于第 q 个模态) 的概率，可用下式来进行描述：

$$\Pr\{\lambda_k = p|\theta_k = i\} = \omega_{ip}, \qquad \Pr\{\xi_k = q|\theta_k = i\} = \sigma_{iq} \tag{13.17}$$

显然地，对于 $\forall i,\ p,\ q \in \mathscr{N}$，$\omega_{ip} \in [0,1]$，$\sum\limits_{p=1}^{n} \omega_{ip} = 1$，$\sigma_{iq} \in [0,1]$，$\sum\limits_{q=1}^{n} \sigma_{iq} = 1$。需要说明的是，在通常情况下，模态依赖的控制器或量化器指的是它们直接依赖于原系统的模态。然而，这里的模态依赖与通常的用法略有不同。这里，控制器 $\mathbb{C}$ 和量化器 $\mathbb{Q}$ 通过条件概率(13.17)间接地依赖于系统 $\mathbb{S}$ 的模态 θ_k。

注 13.4 注意到，系统 $\mathbb{S}$ 和控制器 $\mathbb{C}$、系统 $\mathbb{S}$ 和量化器 $\mathbb{Q}$ 的模态之间分别形成了两个独立的隐 Markov 模型用以描述这三者之间的非同步现象，称该模型为双独立隐 Markov 模型。

注 13.5 为了符号的简便，在下文中将用下标 i、j、p 和 q 代替 θ_k、θ_{k+1}、λ_k 和 ξ_k，例如，$A(\theta_k)$ 将被简化成 A_i。

本节采用对数量化器对反馈输入进行量化，即式(13.16)中，$f_1(\xi_k, v_1(k)) \cdots f_m(\xi_k, v_m(k))$ 是形如式(13.4)的对数量化器。由式(13.6) 可得

$$\mathscr{Q}_q(v(k)) = (I + H_q(k))v(k) \tag{13.18}$$

其中

$$H_q(k) = \mathrm{diag}\{\Delta_{1q}(k), \cdots, \Delta_{mq}(k)\} \tag{13.19}$$

$\Delta_{sq}(k) \in [-\delta_{sq}, \delta_{sq}]$，$s = 1, 2, \cdots, m$。结合系统 $\mathbb{S}$、控制器 $\mathbb{C}$、量化器 $\mathbb{Q}$ 及式 (13.18)可得如下的闭环动态系统：

$$\mathbb{S}_{cl}: \begin{cases} x(k+1) = \bar{A}(\theta_k\lambda_k\xi_k, k)x(k) + A_{di}x(k-d(k)) + B_{2i}w(k) \\ y(k) = \bar{C}(\theta_k\lambda_k\xi_k, k)x(k) + C_{di}x(k-d(k)) + D_{2i}w(k) \end{cases} \tag{13.20}$$

其中

$$\bar{A}(\theta_k\lambda_k\xi_k, k) = A_i + B_{1i}(I + H_q(k))K_p$$
$$\bar{C}(\theta_k\lambda_k\xi_k, k) = C_i + D_{1i}(I + H_q(k))K_p$$

在下文中，矩阵 $\bar{A}(\theta_k\lambda_k\xi_k, k)$ 和 $\bar{C}(\theta_k\lambda_k\xi_k, k)$ 将被分别简写成 $\bar{A}_{ipq}(k)$ 和 $\bar{C}_{ipq}(k)$。

本节的目标是在隐 Markov 模型的非同步框架下，为系统 $\mathbb{S}$ 设计一个可行的非同步量化状态反馈控制律，即控制器 $\mathbb{C}$ 和对数量化控制器 $\mathbb{Q}$，使得闭环系统 $\mathbb{S}_{cl}$ 是随机均方稳定的且具有一定的 H_∞ 噪声衰减性能 γ。

13.3.2　闭环系统稳定性及 H_∞ 性能分析

本节将分析闭环系统 $\mathbb{S}_{cl}$ 的随机均方稳定性和 H_∞ 噪声衰减性能，并将在定理 13.1 中给出相应的充分条件。

定理 13.1　闭环系统 $\mathbb{S}_{cl}$ 是随机均方稳定的且具有 H_∞ 噪声衰减性能 γ，如果存在矩阵 $K_p \in \mathbb{R}^{m\times n_x}$、正定矩阵 $P_i \in \mathbb{R}^{n_x\times n_x}$、$R \in \mathbb{R}^{n_x\times n_x}$、$F_{ipq} \in \mathbb{R}^{n_x\times n_x}$ 以及正定的对角矩阵 $W_{iq} \in \mathbb{R}^{m\times m}$，对于 $\forall i$、p、$q \in \mathscr{N}$ 如下的条件成立：

$$\sum_{p=1}^{n}\sum_{q=1}^{n}\omega_{ip}\sigma_{iq}F_{ipq} < P_i \tag{13.21}$$

$$\begin{bmatrix} \varPhi_{ipq} & \mathscr{K}_p^{\mathrm{T}} & G_i\varLambda_q W_{iq} \\ * & -W_{iq} & 0 \\ * & * & -W_{iq} \end{bmatrix} < 0 \tag{13.22}$$

其中

$$\varPhi_{ipq} = \begin{bmatrix} -\tilde{P}_i^{-1} & 0 & \bar{A}_{ip}^* & A_{di} & B_{2i} \\ * & -I & \bar{C}_{ip}^* & C_{di} & D_{2i} \\ * & * & dR - F_{ipq} & 0 & 0 \\ * & * & * & -R & 0 \\ * & * & * & * & -\gamma^2 I \end{bmatrix}$$

$$\bar{A}_{ip}^* = A_i + B_{1i}K_p, \qquad \bar{C}_{ip}^* = C_i + D_{1i}K_p$$

$$\mathscr{K}_p = \begin{bmatrix} 0 & 0 & K_p & 0 & 0 \end{bmatrix}, \qquad G_i = \begin{bmatrix} B_{1i}^{\mathrm{T}} & D_{1i}^{\mathrm{T}} & 0 & 0 & 0 \end{bmatrix}^{\mathrm{T}}$$

$$\varLambda_q = \mathrm{diag}\{\delta_{1q}, \delta_{2q}, \cdots, \delta_{mq}\}$$

$$\tilde{P}_i = \sum_{j=1}^{n}\pi_{ij}P_j, \qquad d = d_2 - d_1 + 1$$

上述条件中，系统 $\mathbb{S}$ 的所有系统矩阵、转移概率矩阵 Θ、条件概率矩阵 Ω 和 Σ、量化器参数 Λ_q、时滞的上下界 d_1 和 d_2 都是已知的。

证明 我们首先从条件(13.21)和式 (13.22)推导一些重要的不等式，用以推动定理 13.1 的证明。由条件(13.21)可知

$$\mathscr{F}_i \overset{\text{def}}{=\!=} \sum_{p=1}^{n}\sum_{q=1}^{n}\omega_{ip}\sigma_{iq}F_{ipq} - P_i < 0 \tag{13.23}$$

对条件(13.22)使用 Schur 补引理可得

$$\Phi_{ipq} + \mathscr{K}_p^{\mathrm{T}} W_{iq}^{-1}\mathscr{K}_p + G_i\Lambda_q W_{iq}\Lambda_q G_i^{\mathrm{T}} < 0 \tag{13.24}$$

结合式 (13.19)和 $\Delta_{sq}(k) \in [-\delta_{sq}, \delta_{sq}]$，$s = 1, 2, \cdots, m$，同时注意到 W_{iq} 是一个正定的对角矩阵，可得

$$\Phi_{ipq} + \mathscr{K}_p^{\mathrm{T}} W_{iq}^{-1}\mathscr{K}_p + G_i H_q(k) W_{iq} H_q(k) G_i^{\mathrm{T}} < 0 \tag{13.25}$$

成立。借助于引理 1.3，由式 (13.25)可得

$$\Phi_{ipq} + \mathscr{K}_p^{\mathrm{T}} H_q(k) G_i^{\mathrm{T}} + G_i H_q(k)\mathscr{K}_p < 0 \tag{13.26}$$

成立，也就是

$$\begin{bmatrix} -\tilde{P}_i^{-1} & 0 & \bar{A}_{ipq}(k) & A_{di} & B_{2i} \\ * & -I & \bar{C}_{ipp}(k) & C_{di} & D_{2i} \\ * & * & dR - F_{ipq} & 0 & 0 \\ * & * & * & -R & 0 \\ * & * & * & * & -\gamma^2 I \end{bmatrix} < 0 \tag{13.27}$$

成立，这意味着

$$\begin{bmatrix} -\tilde{P}_i^{-1} & \bar{A}_{ipq}(k) & A_{di} \\ * & dR - F_{ipq} & 0 \\ * & * & -R \end{bmatrix} < 0 \tag{13.28}$$

成立。接着，分别对式 (13.27)和式 (13.28)使用 Schur 补引理，可得

$$\begin{cases} \Phi_{ipq}^{\dagger} \overset{\text{def}}{=\!=} \mathscr{C} - \mathscr{D}_{ipq}^{\mathrm{T}}\mathscr{G}_i^{-1}\mathscr{D}_{ipq} < \hat{F}_{ipq} \\ \Phi_{ipq}^{*} \overset{\text{def}}{=\!=} \mathscr{A} + \mathscr{B}_{ipq}^{\mathrm{T}}\tilde{P}_i\mathscr{B}_{ipq} < \tilde{F}_{ipq} \end{cases} \tag{13.29}$$

其中

$$\mathscr{A} = \mathrm{diag}\{dR, -R\}, \qquad \mathscr{B}_{ipq} = \begin{bmatrix} \bar{A}_{ipq}(k) & A_{di} \end{bmatrix}$$

$$\mathscr{C} = \mathrm{diag}\{dR, -R, -\gamma^2 I\}, \qquad \mathscr{D}_{ipq} = \begin{bmatrix} \bar{A}_{ipq}(k) & A_{di} & B_{2i} \\ \bar{C}_{ipq}(k) & C_{di} & D_{2i} \end{bmatrix}$$

$$\mathscr{G}_i = \mathrm{diag}\{-\tilde{P}_i^{-1}, -I\}, \qquad \tilde{F}_{ipq} = \mathrm{diag}\{F_{ipq}, 0\}, \qquad \hat{F}_{ipq} = \mathrm{diag}\{F_{ipq}, 0, 0\}$$

我们引入如下的 Lyapunov-Krasovskii 泛函：

$$V(k)=\sum_{t=1}^{2}V_t(k) \tag{13.30}$$

其中

$$\begin{aligned}V_1(k)&=x^{\mathrm{T}}(k)P_{\theta_k}x(k)\\V_2(k)&=\sum_{\beta=-d_2+1}^{-d_1+1}\sum_{\alpha=k-1+\beta}^{k-1}x^{\mathrm{T}}(\alpha)Rx(\alpha)\end{aligned}$$

记 $\nabla V(k)$ 为 $V(k)$ 的前向差分。由式 (13.30)可知，$\mathbb{E}\{\nabla V(k)\}$ 由 $\mathbb{E}\{\nabla V_1(k)\}$ 和 $\mathbb{E}\{\nabla V_2(k)\}$ 两部分组成。首先计算第一部分

$$\begin{aligned}&\mathbb{E}\{\nabla V_1(k)\}\\=&\mathbb{E}\{V_1(k+1)-V_1(k)|x(k),\theta_k=i\}\\=&\mathbb{E}\{x^{\mathrm{T}}(k+1)\tilde{P}_ix(k+1)\}-x^{\mathrm{T}}(k)P_ix(k)\end{aligned} \tag{13.31}$$

引入符号 $\zeta_1(k)=[x^{\mathrm{T}}(k)\ x^{\mathrm{T}}(k-d(k))]^{\mathrm{T}}$ 和 $\zeta(k)=[\zeta_1^{\mathrm{T}}(k)\ w^{\mathrm{T}}(k)]^{\mathrm{T}}$。基于闭环系统 $\mathbb{S}_{cl}$ 的动态方程可得

$$\begin{aligned}&\mathbb{E}\{x^{\mathrm{T}}(k+1)\tilde{P}_ix(k+1)\}\\=&\mathbb{E}\left\{\sum_{p=1}^{n}\sum_{q=1}^{n}\omega_{ip}\sigma_{iq}\zeta^{\mathrm{T}}(k)\begin{bmatrix}\mathscr{B}_{ipq}^{\mathrm{T}}\\B_{2i}^{\mathrm{T}}\end{bmatrix}\tilde{P}_i\begin{bmatrix}\mathscr{B}_{ipq} & B_{2i}\end{bmatrix}\zeta(k)\right\}\end{aligned} \tag{13.32}$$

第二部分

$$\begin{aligned}&\mathbb{E}\{\nabla V_2(k)\}=E\{V_2(k+1)-V_2(k)\}\\=&\mathbb{E}\left\{\sum_{\beta=-d_2+1}^{-d_1+1}\sum_{\alpha=k+\beta}^{k}x^{\mathrm{T}}(\alpha)Rx(\alpha)-\sum_{\beta=-d_2+1}^{-d_1+1}\sum_{\alpha=k-1+\beta}^{k-1}x^{\mathrm{T}}(\alpha)Rx(\alpha)\right\}\\=&\mathbb{E}\left\{\sum_{\beta=-d_2+1}^{-d_1+1}\{x^{\mathrm{T}}(k)Rx(k)-x^{\mathrm{T}}(k-1+\beta)Rx(k-1+\beta)\}\right\}\end{aligned} \tag{13.33}$$

并且，下面的式 (13.34)和式 (13.35)成立

$$\sum_{\beta=-d_2+1}^{-d_1+1}x^{\mathrm{T}}(k)Rx(k)=x^{\mathrm{T}}(k)dRx(k) \tag{13.34}$$

$$\begin{aligned}\sum_{\beta=-d_2+1}^{-d_1+1}x^{\mathrm{T}}(k-1+\beta)Rx(k-1+\beta)&=\sum_{\beta=k-d_2}^{k-d_1}x^{\mathrm{T}}(\beta)Rx(\beta)\\&\geqslant x^{\mathrm{T}}(k-d(k))Rx(k-d(k))\end{aligned} \tag{13.35}$$

基于式 (13.34)和式 (13.35)可得

$$\begin{aligned}
&\mathbb{E}\{\nabla V_2(k)\}\\
&\leqslant \mathbb{E}\{x^{\mathrm{T}}(k)dRx(k)-x^{\mathrm{T}}(k-d(k))Rx(k-d(k))\}\\
&=\mathbb{E}\{\zeta_1^{\mathrm{T}}(k)\mathscr{A}\zeta_1(k)\}
\end{aligned}\tag{13.36}$$

注意到随机均方稳定性的定义中 $w(k)\equiv 0$，结合式 (13.31)、式 (13.32)和式 (13.36)可得

$$\begin{aligned}
&\mathbb{E}\{\nabla V(k)\}=\mathbb{E}\{\nabla V_1(k)\}+\mathbb{E}\{\nabla V_2(k)\}\\
&\leqslant \mathbb{E}\Big\{\sum_{p=1}^{n}\sum_{q=1}^{n}\omega_{ip}\sigma_{iq}\zeta_1^{\mathrm{T}}(k)\varPhi_{ipq}^{*}\zeta_1(k)-x^{\mathrm{T}}(k)P_ix(k)\Big\}\\
&<\mathbb{E}\Big\{\zeta_1^{\mathrm{T}}(k)\Big(\sum_{p=1}^{n}\sum_{q=1}^{n}\omega_{ip}\sigma_{iq}\tilde{F}_{ipq}\Big)\zeta_1(k)-x^{\mathrm{T}}(k)P_ix(k)\Big\}\\
&=\mathbb{E}\Big\{x^{\mathrm{T}}(k)\mathscr{F}_ix(k)\Big\}\leqslant \phi\mathbb{E}\{x^{\mathrm{T}}(k)x(k)\}
\end{aligned}\tag{13.37}$$

其中，“$<$”成立是因为式 (13.29)，ϕ 为矩阵 $\mathscr{F}_i(\forall i\in\mathscr{N})$ 最大的特征值，并且由式 (13.23)可知 $\phi<0$。基于上述分析，可得

$$\begin{aligned}
&\mathbb{E}\Big\{\sum_{0}^{\infty}x^{\mathrm{T}}(k)x(k)\Big\}\\
&<\frac{1}{\phi}\mathbb{E}\Big\{\sum_{0}^{\infty}\nabla V(k)\Big\}\\
&=\frac{1}{\phi}\mathbb{E}\{V(\infty)-V(0)\}\\
&\leqslant -\frac{1}{\phi}\mathbb{E}\{V(0)\}<\infty
\end{aligned}\tag{13.38}$$

这与定义 13.3 中的条件(13.8)是一致的，因此闭环系统 $\mathbb{S}_{cl}$ 的随机均方稳定性得到了证明。接下来，我们将关注闭环系统的 H_∞ 噪声衰减性能。在零初始条件下，考虑如下的性能指标函数：

$$\begin{aligned}
J&=\sum_{k=0}^{\infty}\mathbb{E}\{y^{\mathrm{T}}(k)y(k)-\gamma^2w^{\mathrm{T}}(k)w(k)\}\\
&\leqslant\sum_{k=0}^{\infty}\mathbb{E}\{y^{\mathrm{T}}(k)y(k)-\gamma^2w^{\mathrm{T}}(k)w(k)+\nabla V(k)\}\\
&\leqslant\sum_{k=0}^{\infty}\mathbb{E}\left\{\sum_{p=1}^{n}\sum_{q=1}^{n}\omega_{ip}\sigma_{iq}\zeta^{\mathrm{T}}(k)\varPhi_{ipq}^{\dagger}\zeta(k)-x^{\mathrm{T}}(k)P_ix(k)\right\}
\end{aligned}\tag{13.39}$$

其中，由式 (13.31)、式 (13.32)和式 (13.36)可知上述的第二个“$\leqslant$”成立。类似于式 (13.37)的推导，我们可得

$$J<\sum_{k=0}^{\infty}\mathbb{E}\Big\{x^{\mathrm{T}}(k)\mathscr{F}_ix(k)\Big\}<0\tag{13.40}$$

式 (13.40) 说明条件式 (13.9)得到了满足。定理得证。 □

注 13.6 定理 13.1 给出了保证闭环系统 $\mathbb{S}_{cl}$ 随机均方稳定且具有 H_∞ 噪声衰减性能 γ 的充分条件，通过引入矩阵 F_{ipq}，将式(13.22)与条件概率 ω_{ip} 和 σ_{iq} 分离开来。否则，用于设计控制器增益的线性矩阵不等式的维数将很高，并且会随着系统模态数量的增加而急剧地增长。因此，矩阵 F_{ipq} 的引入为控制器的设计提供了便利。

13.3.3 非同步量化状态反馈控制器设计

由于定理 13.1 给出的充分条件中包含非线性项，直接用它来求解控制器增益 K_p 比较困难。因此，本节将在定理 13.3 的基础之上进一步给出控制器增益 K_p 的求解方法。

定理 13.2 闭环系统 $\mathbb{S}_{cl}$ 是随机均方稳定的且具有 H_∞ 噪声衰减性能 γ，如果存在正的标量 $\bar{\gamma}$、矩阵 $\bar{K}_p \in \mathbb{R}^{m\times n_x}$、$L \in \mathbb{R}^{n_x\times n_x}$、正定矩阵 $\bar{P}_i \in \mathbb{R}^{n_x\times n_x}$、$\bar{R} \in \mathbb{R}^{n_x\times n_x}$、$\bar{F}_{ipq} \in \mathbb{R}^{n_x\times n_x}$ 以及正定对角矩阵 $W_{iq} \in \mathbb{R}^{m\times m}$，对于 $\forall i$、p、$q \in \mathscr{N}$ 如下的条件成立：

$$\begin{bmatrix} -\bar{P}_i & \Gamma_i \\ * & \Xi_i \end{bmatrix} < 0 \tag{13.41}$$

$$\begin{bmatrix} \mathscr{U}_{ipq} & \mathscr{V}_{ipq} & \mathscr{W}_{ipq} \\ * & -I & 0 \\ * & * & \mathscr{P} \end{bmatrix} < 0 \tag{13.42}$$

其中

$$\begin{aligned}
\Gamma_i &= \begin{bmatrix} \sqrt{\mu_{i11}}\bar{P}_i & \cdots & \sqrt{\mu_{ipq}}\bar{P}_i & \cdots & \sqrt{\mu_{inn}}\bar{P}_i \end{bmatrix} \\
\Xi_i &= \mathrm{diag}\{-\bar{F}_{i11}, \cdots, -\bar{F}_{ipq}, \cdots, -\bar{F}_{inn}\}, \qquad \mu_{ipq} = \omega_{ip}\sigma_{iq} \\
\mathscr{U}_{ipq} &= \begin{bmatrix} d\bar{R} + \bar{F}_{ipq} - L^{\mathrm{T}} - L & 0 & 0 & \bar{K}_p^{\mathrm{T}} & 0 \\ * & -\bar{R} & 0 & 0 & 0 \\ * & * & -\bar{\gamma}I & 0 & 0 \\ * & * & * & -W_{iq} & 0 \\ * & * & * & * & -W_{iq} \end{bmatrix} \\
\mathscr{V}_{ipq} &= \begin{bmatrix} C_iL + D_{1i}\bar{K}_p & C_{di}L & D_{2i} & 0 & D_{1i}\Lambda_q W_{iq} \end{bmatrix}^{\mathrm{T}} \\
\mathscr{W}_{ipq} &= \begin{bmatrix} \sqrt{\pi_{i1}}Z_{ipq}^{\mathrm{T}} & \sqrt{\pi_{i2}}Z_{ipq}^{\mathrm{T}} & \cdots & \sqrt{\pi_{in}}Z_{ipq}^{\mathrm{T}} \end{bmatrix} \\
Z_{ipq} &= \begin{bmatrix} A_iL + B_{1i}\bar{K}_p & A_{di}L & B_{2i} & 0 & B_{1i}\Lambda_q W_{iq} \end{bmatrix} \\
\mathscr{P} &= \mathrm{diag}\{-\bar{P}_1, -\bar{P}_2, \cdots, -\bar{P}_n\}
\end{aligned}$$

上述条件中，系统 $\mathbb{S}$ 的所有系统矩阵、转移概率矩阵 Θ、条件概率矩阵 Ω 和 Σ、量化器参数 Λ_q、时滞的上下界 d_1 和 d_2 都是已知的。进一步，如果矩阵不等式 (13.41) 和式 (13.42) 存在可行解，控制器增益 K_p 可通过下式进行计算：

$$K_p = \bar{K}_p L^{-1} \tag{13.43}$$

证明 首先，我们作如下的变量替换：

$$\bar{P}_i = P_i^{-1}, \qquad \bar{F}_{ipq} = F_{ipq}^{-1}, \qquad \bar{\gamma} = \gamma^2, \qquad \bar{R} = L^{\mathrm{T}}RL, \qquad \bar{K}_p = K_pL \tag{13.44}$$

其中，L 是一个松弛矩阵，由式 (13.42)可知 L 是可逆的。利用矩阵 $\mathrm{diag}\{P_i, I, \cdots, I\}$ 对式 (13.41)进行同余变换，可知如下的矩阵不等式成立：

$$\begin{bmatrix} -P_i & \bar{\varGamma}_i \\ * & \varXi_i \end{bmatrix} < 0 \tag{13.45}$$

其中，$\bar{\varGamma}_i = \begin{bmatrix} \sqrt{\mu_{i11}}I & \cdots & \sqrt{\mu_{ipq}}I & \cdots & \sqrt{\mu_{inn}}I \end{bmatrix}$。由 Schur 补引理可知，式 (13.45)等价于式 (13.21)成立。

另一方面，有如下的不等式成立：

$$(\bar{F}_{ipq} - L)^{\mathrm{T}} \bar{F}_{ipq}^{-1} (\bar{F}_{ipq} - L) \geqslant 0 \tag{13.46}$$

即

$$-L^{\mathrm{T}} \bar{F}_{ipq}^{-1} L \leqslant \bar{F}_{ipq} - L^{\mathrm{T}} - L \tag{13.47}$$

因此，式 (13.42)成立可以保证

$$\begin{bmatrix} \bar{\mathscr{U}}_{ipq} & \mathscr{V}_{ipq} & \mathscr{W}_{ipq} \\ * & -I & 0 \\ * & * & \mathscr{P} \end{bmatrix} < 0 \tag{13.48}$$

成立，其中

$$\bar{\mathscr{U}}_{ipq} = \begin{bmatrix} d\bar{R} - L^{\mathrm{T}}\bar{F}_{ipq}^{-1}L & 0 & 0 & \bar{K}_p^{\mathrm{T}} & 0 \\ * & -\bar{R} & 0 & 0 & 0 \\ * & * & -\bar{\gamma}I & 0 & 0 \\ * & * & * & -W_{iq} & 0 \\ * & * & * & * & -W_{iq} \end{bmatrix}$$

令 $\mathscr{L} = \mathrm{diag}\{(L^{\mathrm{T}})^{-1}, (L^{\mathrm{T}})^{-1}, I, I, I, I, I, \cdots, I\}$，对式 (13.48)分别左乘 $\mathscr{L}$ 和右乘 $\mathscr{L}^{\mathrm{T}}$，可得

$$\begin{bmatrix} X_{ipq} & Y_{ipq}^{\dagger\mathrm{T}} & \mathscr{Y}_{ipq} \\ * & -I & 0 \\ * & * & \mathscr{P} \end{bmatrix} < 0 \tag{13.49}$$

其中

$$X_{ipq} = \begin{bmatrix} dR - F_{ipq} & 0 & 0 & K_p^{\mathrm{T}} & 0 \\ * & -R & 0 & 0 & 0 \\ * & * & -\gamma^2 I & 0 & 0 \\ * & * & * & -W_{iq} & 0 \\ * & * & * & * & -W_{iq} \end{bmatrix}$$

$$Y_{ipq}^{\dagger} = \begin{bmatrix} C_i + D_{1i}K_p & C_{di} & D_{2i} & 0 & D_{1i}\Lambda_q W_{iq} \end{bmatrix}$$

$$\mathscr{Y}_{ipq} = \begin{bmatrix} \sqrt{\pi_{i1}}Y_{ipq}^{*\mathrm{T}} & \sqrt{\pi_{i2}}Y_{ipq}^{*\mathrm{T}} & \cdots & \sqrt{\pi_{in}}Y_{ipq}^{*\mathrm{T}} \end{bmatrix}$$

$$Y_{ipq}^{*} = \begin{bmatrix} A_i + B_{1i}K_p & A_{di} & B_{2i} & 0 & B_{1i}\Lambda_q W_{iq} \end{bmatrix}$$

最后，对式 (13.49)应用 Schur 补引理可得式 (13.22)。定理得证。 □

注 13.7 参数 γ 表示的是系统的 H_∞ 性能，γ 越小，则系统的 H_∞ 性能越好。借助于 MATLAB 中的线性矩阵不等式工具箱，可对参数 γ 进行优化，即在约束条件(13.41)和式 (13.42)下最小化 $\bar{\gamma}$，则可得 γ 的最优值 $\gamma^* = \sqrt{\bar{\gamma}_{\min}}$。

13.4 Markov 跳变神经网络系统的非同步量化滤波

本节将介绍鲁棒控制方法在 Markov 跳变神经网络系统非同步量化滤波问题中应用，通过设计非同步量化滤波器使滤波误差动态系统具有随机均方稳定性和严格 $(\mathscr{U},\mathscr{S},\mathscr{V})$-$\gamma$ 耗散性。

13.4.1 Markov 跳变神经网络系统描述

本节所考虑的 Markov 跳变神经网络系统具有非线性特性和时变时滞，其具体的数学描述如下所示：

$$S_0: \begin{cases} x(k+1) = A(\varepsilon_k)x(k) + E_d(\varepsilon_k)f(x(k-\tau(k))) + E(\varepsilon_k)f(x(k)) + B(\varepsilon_k)w(k) \\ y(k) = C_1(\varepsilon_k)x(k) + D(\varepsilon_k)w(k) \\ z(k) = C_2(\varepsilon_k)x(k) \\ x(k_0) = \varkappa(k_0), \qquad k_0 = -\bar{\tau}, -\bar{\tau}+1, \cdots, -1, 0 \end{cases} \tag{13.50}$$

其中，$x(k) = [x_1(k)\ x_2(k) \cdots x_n(k)]^{\mathrm{T}}$ 为神经元状态，其初始值为 $\varkappa(k_0)$；神经网络系统的输出为 $y(k) = [y_1(k)\ y_2(k) \cdots y_q(k)]^{\mathrm{T}}$；$z(k) \in \mathbb{R}^{n_z}$ 为待估计的目标信号；$w(k) \in \mathbb{R}^{n_w}$ 为随机扰动信号，属于 $l_2[0,\infty)$ 空间；$\tau(k) \in \mathbb{N}^+$ 为时变时滞，有上界 $\bar{\tau}$ 和下界 $\underline{\tau}$；$A(\varepsilon_k)$ 为一个块对角矩阵，它描述的是当某个神经元与网络和外部输入同时断连时，它将自身的状态传递给其他状态的速率；$E(\varepsilon_k)$ 和 $E_d(\varepsilon_k)$ 分别为连接权重矩阵和时滞连接权重矩阵。非线性函数 $f(x(k)) = [f_1(x_1(k))\ f_2(x_2(k)) \cdots f_n(x_n(k))]^{\mathrm{T}}$ 称为激活函数，关于该激活函数有如下假设：

假设 13.1 假设系统 (S_0) 中的激活函数 $f_i(\cdot)(i=1,2,\cdots,n)$ 是连续且有界的，存在常数 a_i 和 b_i 使得如下的条件成立：

$$a_i \leqslant \frac{f_i(c_1)-f_i(c_2)}{c_1-c_2} \leqslant b_i \qquad i=1,2,\cdots,n \tag{13.51}$$

其中，$f_i(0)=0$；$c_1,c_2\in\mathbb{R}$；$c_1\neq c_2$。

参数 ε_k 为离散时间 Markov 链，它控制着系统 (S_0) 的状态转移。ε_k 的取值集合为有限集合 $\mathscr{T}=\{1,2,\cdots,t\}$，转移概率 λ_{ij} 定义为

$$\Pr\{\varepsilon_{k+1}=j|\varepsilon_k=i\}=\lambda_{ij} \tag{13.52}$$

对于 $\forall i,\ j\in\mathscr{T}$，$\lambda_{ij}$ 满足 $\lambda_{ij}\geqslant 0$ 和 $\sum\limits_{j=1}^{t}\lambda_{ij}=1$，称 $\varLambda=[\lambda_{ij}]$ 为转移概率矩阵。

13.4.2 基于量化的非同步滤波问题描述

本节将基于输出的测量值设计一个全阶滤波器用以估计信号 $z(k)$。然而，无法得到准确的输出值 $y(k)$ 而仅能得到其量化值：

$$\mathscr{Q}(\sigma_k,y(k))=[Q_1(\sigma_k,y_1(k)),\cdots,Q_q(\sigma_k,y_q(k))]^{\mathrm{T}} \tag{13.53}$$

其中，$Q_h(\sigma_k,y_h(k))(h=1,2,\cdots,q)$ 是形如式(13.4)的对数量化器，则有

$$\mathscr{Q}(\sigma_k,y(k))=(I+K(\sigma_k,k))y(k) \tag{13.54}$$

其中，$K(\sigma_k,k)=\mathrm{diag}\{\Delta_1(\sigma_k,k),\cdots,\Delta_q(\sigma_k,k)\}$，$\Delta_h(\sigma_k,k)\in[-\delta_h(\sigma_k),\delta_h(\sigma_k)]$，$h=1,2,\cdots,q$。

基于量化测量值 (式(13.54))，设计如下模态依赖的全阶滤波器用以估计信号 $z(k)$：

$$S_f:\begin{cases}\hat{x}(k+1)=\hat{A}(\eta_k)\hat{x}(k)+\hat{B}(\eta_k)\mathscr{Q}(\sigma_k,y(k))\\ \hat{z}(k)=\hat{C}(\eta_k)\hat{x}(k)+\hat{D}(\eta_k)\mathscr{Q}(\sigma_k,y(k))\end{cases} \tag{13.55}$$

其中，$\hat{x}(k)$ 为滤波器状态；$\hat{z}(k)$ 为 $z(k)$ 的估计值；$\hat{A}(\eta_k)$、$\hat{B}(\eta_k)$、$\hat{C}(\eta_k)$ 和 $\hat{D}(\eta_k)$ 为待定的滤波器矩阵参数值，它们均依赖于参数 $\eta_k(\eta_k\in\mathscr{T})$。

如上所述，量化器 $\mathscr{Q}(\cdot,\cdot)$ 和滤波器 (S_f) 分别依赖于模态 σ_k 和 η_k，它们分别依据条件概率 π_{is} 和 ϕ_{im} 进行模态切换，其中条件概率 π_{is} 和 ϕ_{im} 定义为

$$\Pr\{\sigma_k=s|\varepsilon_k=i\}=\pi_{is},\qquad \Pr\{\eta_k=m|\varepsilon_k=i\}=\phi_{im} \tag{13.56}$$

π_{is}(或 ϕ_{im}) 为当系统 (S_0) 工作在第 i 个模态时，量化器工作在第 s 个模态 (或滤波工作在第 m 个模态) 的概率。定义条件概率矩阵 $\varPi=[\pi_{is}]$ 和 $\varPhi=[\phi_{im}]$。显然地，对于

$\forall i,s,m \in \mathscr{T}$，$\pi_{is} \geqslant 0$，$\sum\limits_{s=1}^{t}\pi_{is}=1$，$\phi_{im} \geqslant 0$，$\sum\limits_{m=1}^{t}\phi_{im}=1$。

注 13.8　注意到，滤波器 (S_f)、量化器 $\mathscr{Q}(\cdot,\cdot)$ 和系统 (S_0) 的模态切换分别受控于三个不同的参数 η_k、σ_k 和 ε_k，三者的模态切换是非同步的。ε_k 通过条件概率(13.56)对 η_k 和 σ_k 产生影响。$(\varepsilon_k,\eta_k,\Lambda,\Phi)$ 或 $(\varepsilon_k,\sigma_k,\Lambda,\Pi)$ 称为隐 Markov 模型，它们一起形成了双独立隐 Markov 模型。

注 13.9　在本节的工作中假定 ε_k、η_k 和 σ_k 取值于同一个有限集合 $\mathscr{T}$。需要指出的是，不难将本节的结论推广到三个模态分别取值于不同集合的情况。为了符号的简便，在下文中，模态参数 ε_k、ε_{k+1}、η_k 和 σ_k 将以下标的形式简记为 i、j、m、s，例如，$A(\varepsilon_k) \overset{\text{def}}{=\!=} A_i$，$K(\sigma_k,k) \overset{\text{def}}{=\!=} K_s(k)$。

令 $\bar{x}(k)=\begin{bmatrix}x(k)^{\mathrm{T}} & \hat{x}(k)^{\mathrm{T}}\end{bmatrix}^{\mathrm{T}}$，$e(k)=z(k)-\hat{z}(k)$。结合式(13.50)、式(13.54)和式(13.55)，可得如下的滤波误差动态系统：

$$S_e:\begin{cases}\bar{x}(k+1)=\bar{A}_{ims}\bar{x}(k)+\bar{B}_{ims}w(k)+H[E_{di}f(x(k-\tau(k)))+E_if(x(k))]\\ e(k)=\bar{C}_{ims}\bar{x}(k)+\bar{D}_{ims}w(k)\end{cases} \tag{13.57}$$

其中

$$\begin{aligned}\bar{A}_{ims}&=\begin{bmatrix}A_i & 0\\ \hat{B}_m(I+K_s(k))C_{1i} & \hat{A}_m\end{bmatrix}\\ \bar{B}_{ims}&=\begin{bmatrix}B_i\\ \hat{B}_m(I+K_s(k))D_i\end{bmatrix},\qquad H=\begin{bmatrix}I\\0\end{bmatrix}\\ \bar{C}_{ims}&=\begin{bmatrix}C_{2i}-\hat{D}_m(I+K_s(k))C_{1i} & -\hat{C}_m\end{bmatrix}\\ \bar{D}_{ims}&=\begin{bmatrix}-\hat{D}_m(I+K_s(k))D_i\end{bmatrix}\end{aligned}$$

将本节所感兴趣的问题总结如下：考虑离散时间的 Markov 跳变神经网络系统 (S_0)，基于对数量化器 $\mathscr{Q}(\cdot,\cdot)$，为其设计一个可行的非同步滤波器 (S_f)，使得滤波误差动态系统 (S_e) 是随机均方稳定的且是严格 $(\mathscr{U},\mathscr{S},\mathscr{V})$-$\gamma$-耗散的。

13.4.3　系统稳定性及耗散性能分析

为了下面叙述的方便，引入如下的符号：

$$\begin{aligned}&\bar{A}_{im}^{(1)}=\begin{bmatrix}A_i & 0\\ \hat{B}_mC_{1i} & \hat{A}_m\end{bmatrix},\qquad \bar{B}_{im}^{(1)}=\begin{bmatrix}B_i\\ \hat{B}_mD_i\end{bmatrix}\\ &\bar{C}_{im}^{(1)}=\begin{bmatrix}C_{2i}-\hat{D}_mC_{1i} & -\hat{C}_m\end{bmatrix},\qquad \bar{D}_{im}^{(1)}=\begin{bmatrix}-\hat{D}_mD_i\end{bmatrix}\\ &X_1=\mathrm{diag}\{a_1b_1,a_2b_2,\cdots,a_nb_n\}\\ &X_2=\mathrm{diag}\left\{\frac{a_1+b_1}{2},\frac{a_2+b_2}{2},\cdots,\frac{a_n+b_n}{2}\right\}\\ &\Sigma_s=\mathrm{diag}\{\delta_{1s},\delta_{2s},\cdots,\delta_{qs}\}\end{aligned}$$

$$\xi_1(k) = \begin{bmatrix} \bar{x}(k) \\ f(x(k)) \\ x(k-\tau(k)) \\ f(x(k-\tau(k))) \end{bmatrix}, \quad \xi(k) = \begin{bmatrix} \xi_1(k) \\ w(k) \end{bmatrix}$$

$$R = \begin{bmatrix} R_{11} & R_{12} \\ * & R_{22} \end{bmatrix}, \quad \bar{P}_i = \sum_{j=1}^{t} \lambda_{ij} P_j, \quad \tau = \overline{\tau} - \underline{\tau} + 1$$

定理 13.3　基于假设 13.1 考虑滤波误差动态系统 (S_e)。系统 (S_e) 是随机均方稳定的且是严格 $(\mathscr{U},\mathscr{S},\mathscr{V})$-$\gamma$- 耗散的，如果存在矩阵 $\hat{A}_m$、$\hat{B}_m$、$\hat{C}_m$、$\hat{D}_m$、$G_{ims}>0$，$P_i>0$，$R>0$，对角矩阵 $M_1>0$，$M_2>0$，$L_s>0$，对于 $\forall i,m,s\in\mathscr{T}$，如下的条件能够成立：

$$\sum_{m=1}^{t}\sum_{s=1}^{t} \phi_{im}\pi_{is}G_{ims} < P_i \tag{13.58}$$

$$\Theta_{ims} = \begin{bmatrix} \Theta_{ims}^{(1)} & Y_m & Z_i^{\mathrm{T}}\Sigma_s L_s \\ * & -L_s & 0 \\ * & * & -L_s \end{bmatrix} < 0 \tag{13.59}$$

其中

$$\Theta_{ims}^{(1)} = \begin{bmatrix} \Theta_i^{(11)} & \Theta_{im}^{(12)} & \Theta_i^{(13)} & \Theta_{im}^{(14)} \\ * & \tau\bar{R} - \Theta^{(22)} - \bar{G}_{ims} & 0 & \Theta_{im}^{(24)} \\ * & * & -R-\Theta^{(33)} & 0 \\ * & * & * & \Theta_{im}^{(44)} \end{bmatrix}$$

$$\Theta_i^{(11)} = \begin{bmatrix} -\bar{P}_i^{-1} & 0 \\ 0 & -I \end{bmatrix}, \quad \Theta_{im}^{(12)} = \begin{bmatrix} \bar{A}_{im}^{(1)} & HE_i \\ U_1\bar{C}_{im}^{(1)} & 0 \end{bmatrix}$$

$$\Theta_i^{(13)} = \begin{bmatrix} 0 & HE_{di} \\ 0 & 0 \end{bmatrix}, \quad \Theta_{im}^{(14)} = \begin{bmatrix} \bar{B}_{im}^{(1)} \\ U_1\bar{D}_{im}^{(1)} \end{bmatrix}$$

$$\bar{R} = \begin{bmatrix} HR_{11}H^{\mathrm{T}} & HR_{12} \\ * & R_{22} \end{bmatrix}, \quad \bar{G}_{ims} = \begin{bmatrix} G_{ims} & 0 \\ * & 0 \end{bmatrix}$$

$$\Theta^{(22)} = \begin{bmatrix} HX_1M_1H^{\mathrm{T}} & -HX_2M_1 \\ * & M_1 \end{bmatrix}$$

$$\Theta_{im}^{(24)} = \begin{bmatrix} -\bar{C}_{im}^{(1)\mathrm{T}}\mathscr{S} \\ 0 \end{bmatrix}, \quad \Theta^{(33)} = \begin{bmatrix} X_1M_2 & -X_2M_2 \\ * & M_2 \end{bmatrix}$$

$$\begin{aligned}
\Theta_{im}^{(44)} &= -\bar{D}_{im}^{(1)\mathrm{T}}\mathscr{S} - \mathscr{S}^{\mathrm{T}}\bar{D}_{im}^{(1)} + \gamma I - \mathscr{V} \\
Y_m &= \left[\begin{array}{cccccccc} \mathscr{B}_m & -\hat{D}_m^{\mathrm{T}}U_1^{\mathrm{T}} & 0 & 0 & 0 & 0 & \hat{D}_m^{\mathrm{T}}\mathscr{S} \end{array}\right]^{\mathrm{T}} \\
Z_i &= \left[\begin{array}{ccccccc} 0 & 0 & \mathscr{C}_i & 0 & 0 & 0 & D_i \end{array}\right] \\
\mathscr{B}_m &= \left[\begin{array}{cc} 0 & \hat{B}_m^{\mathrm{T}} \end{array}\right], \qquad \mathscr{C}_i = \left[\begin{array}{cc} C_{1i} & 0 \end{array}\right]
\end{aligned}$$

证明　首先，根据 Schur 补引理，不等式(13.59)等价于

$$\Theta_{ims}^{(1)} + Y_m L_s^{-1} Y_m^{\mathrm{T}} + Z_i^{\mathrm{T}} \Sigma_s L_s \Sigma_s Z_i < 0 \tag{13.60}$$

由此可以得到

$$\Theta_{ims}^{(1)} + Y_m L_s^{-1} Y_m^{\mathrm{T}} + Z_i^{\mathrm{T}} K_s(k) L_s K_s(k) Z_i < 0 \tag{13.61}$$

由式(13.61)可得

$$\Theta_{ims}^{(2)} \xlongequal{\mathrm{def}} \Theta_{ims}^{(1)} + Y_m K_s(k) Z_i + Z_i^{\mathrm{T}} K_s^{\mathrm{T}}(k) Y_m^{\mathrm{T}} < 0 \tag{13.62}$$

不难计算出

$$\Theta_{ims}^{(2)} = \begin{bmatrix} \Theta_i^{(11)} & \bar{\Theta}_{ims}^{(12)} & \Theta_i^{(13)} & \bar{\Theta}_{ims}^{(14)} \\ * & \tau\bar{R} - \Theta^{(22)} - \bar{G}_{ims} & 0 & \bar{\Theta}_{ims}^{(24)} \\ * & * & -R - \Theta^{(33)} & 0 \\ * & * & * & \bar{\Theta}_{ims}^{(44)} \end{bmatrix} \tag{13.63}$$

其中

$$\begin{aligned}
\bar{\Theta}_{ims}^{(12)} &= \begin{bmatrix} \bar{A}_{ims} & HE_i \\ U_1\bar{C}_{ims} & 0 \end{bmatrix} \\
\bar{\Theta}_{ims}^{(14)} &= \begin{bmatrix} \bar{B}_{ims} \\ U_1\bar{D}_{ims} \end{bmatrix}, \qquad \bar{\Theta}_{ims}^{(24)} = \begin{bmatrix} -\bar{C}_{ims}^{\mathrm{T}}\mathscr{S} \\ 0 \end{bmatrix} \\
\bar{\Theta}_{ims}^{(44)} &= -\bar{D}_{ims}^{\mathrm{T}}\mathscr{S} - \mathscr{S}^{\mathrm{T}}\bar{D}_{ims} + \gamma I - \mathscr{V}
\end{aligned}$$

记

$$\begin{aligned}
\mathscr{M} &= \begin{bmatrix} \bar{A}_{ims} & HE_i & 0 & HE_{di} \end{bmatrix} \\
\mathscr{N} &= \begin{bmatrix} \tau\bar{R} - \Theta^{(22)} & 0 \\ * & -R - \Theta^{(33)} \end{bmatrix} \\
\mathscr{X} &= \begin{bmatrix} \bar{\Theta}_{ims}^{(12)} & \Theta_i^{(13)} & \bar{\Theta}_{ims}^{(14)} \end{bmatrix} \\
\mathscr{Y} &= \begin{bmatrix} \tau\bar{R} - \Theta^{(22)} & 0 & \bar{\Theta}_{ims}^{(24)} \\ * & -R - \Theta^{(33)} & 0 \\ * & * & \bar{\Theta}_{ims}^{(44)} \end{bmatrix} \\
\tilde{G}_{ims} &= \begin{bmatrix} \bar{G}_{ims} & 0 \\ 0 & 0 \end{bmatrix}, \qquad \hat{G}_{ims} = \begin{bmatrix} \bar{G}_{ims} & 0 & 0 \\ 0 & 0 & 0 \\ 0 & 0 & 0 \end{bmatrix}
\end{aligned}$$

对 $\Theta_{ims}^{(2)} < 0$ 使用 Schur 补引理可得

$$\begin{cases}\Theta_{ims}^{(3)} \overset{\text{def}}{=\!=\!=} \mathscr{N} + \mathscr{M}^{\mathrm{T}} \bar{P}_i \mathscr{M} < \tilde{G}_{ims} \\ \Theta_{ims}^{(4)} \overset{\text{def}}{=\!=\!=} \mathscr{Y} - \mathscr{X}^{\mathrm{T}} (\Theta_i^{(11)})^{-1} \mathscr{X} < \hat{G}_{ims}\end{cases} \tag{13.64}$$

接下来，将基于不等式(13.64)证明系统 (S_e) 的随机均方稳定性和严格耗散性。引入如下的 Lyapunov-Krasovskii 泛函：

$$V(k) = V_1(k) + V_2(k) \tag{13.65}$$

其中

$$\begin{aligned} V_1(k) &= \bar{x}^{\mathrm{T}}(k) P_{\varepsilon_k} \bar{x}(k) \\ V_2(k) &= \sum_{v=-\bar{\tau}+1}^{-\underline{\tau}+1} \sum_{u=k-1+v}^{k-1} \begin{bmatrix} x(u) \\ f(x(u)) \end{bmatrix}^{\mathrm{T}} R \begin{bmatrix} x(u) \\ f(x(u)) \end{bmatrix} \end{aligned}$$

沿着系统 (S_e) 的轨迹计算前向差分 $\nabla V_1(k)$ 和 $\nabla V_2(k)$ 并求其期望，可得

$$\begin{aligned} \mathbb{E}\{\nabla V_1(k)\} =& E\{V_1(k+1) - V_1(k) | \bar{x}(k), \varepsilon_k\} \\ =& \mathbb{E}\{\bar{x}^{\mathrm{T}}(k+1) P_j \bar{x}(k+1) - \bar{x}^{\mathrm{T}}(k) P_i \bar{x}(k) | \bar{x}(k), i\} \\ =& \mathbb{E}\left\{ \sum_{m=1}^{t} \sum_{s=1}^{t} \sum_{j=1}^{t} \phi_{im} \pi_{is} \lambda_{ij} \bar{x}^{\mathrm{T}}(k+1) P_j \bar{x}(k+1) - \bar{x}^{\mathrm{T}}(k) P_i \bar{x}(k) \right\} \\ =& \mathbb{E}\left\{ \sum_{m=1}^{t} \sum_{s=1}^{t} \phi_{im} \pi_{is} \bar{x}^{\mathrm{T}}(k+1) \bar{P}_i \bar{x}(k+1) - \bar{x}^{\mathrm{T}}(k) P_i \bar{x}(k) \right\} \\ =& \mathbb{E}\left\{ \sum_{m=1}^{t} \sum_{s=1}^{t} \phi_{im} \pi_{is} \xi^{\mathrm{T}}(k) \begin{bmatrix} \mathscr{M}^{\mathrm{T}} \\ \bar{B}_{ims}^{\mathrm{T}} \end{bmatrix} \bar{P}_i \begin{bmatrix} \mathscr{M} & \bar{B}_{ims} \end{bmatrix} \xi(k) - \bar{x}^{\mathrm{T}}(k) P_i \bar{x}(k) \right\} \end{aligned} \tag{13.66}$$

以及

$$\begin{aligned} \mathbb{E}\{\nabla V_2(k)\} =& E\{V_2(k+1) - V_2(k)\} \\ =& \mathbb{E}\left\{ \tau \begin{bmatrix} x(k) \\ f(x(k)) \end{bmatrix}^{\mathrm{T}} R \begin{bmatrix} x(k) \\ f(x(k)) \end{bmatrix} - \sum_{v=k-\bar{\tau}}^{k-\underline{\tau}} \begin{bmatrix} x(v) \\ f(x(v)) \end{bmatrix}^{\mathrm{T}} R \begin{bmatrix} x(v) \\ f(x(v)) \end{bmatrix} \right\} \\ \leqslant& \mathbb{E}\left\{ \begin{bmatrix} \bar{x}(k) \\ f(x(k)) \end{bmatrix}^{\mathrm{T}} \tau \bar{R} \begin{bmatrix} \bar{x}(k) \\ f(x(k)) \end{bmatrix} - \begin{bmatrix} x(k-\tau(k)) \\ f(x(k-\tau(k))) \end{bmatrix}^{\mathrm{T}} R \begin{bmatrix} x(k-\tau(k)) \\ f(x(k-\tau(k))) \end{bmatrix} \right\} \end{aligned} \tag{13.67}$$

由假设 13.1 和引理 1.4 可知，存在对角矩阵 $M_1 > 0$ 和 $M_2 > 0$ 使得如下的不等式成立：

$$\begin{bmatrix} \bar{x}(k) \\ f(x(k)) \end{bmatrix}^{\mathrm{T}} \Theta^{(22)} \begin{bmatrix} \bar{x}(k) \\ f(x(k)) \end{bmatrix} \leqslant 0 \tag{13.68}$$

$$\begin{bmatrix} x(k-\tau(k)) \\ f(x(k-\tau(k))) \end{bmatrix}^{\mathrm{T}} \Theta^{(33)} \begin{bmatrix} x(k-\tau(k)) \\ f(x(k-\tau(k))) \end{bmatrix} \leqslant 0 \tag{13.69}$$

结合式(13.67)、式(13.68)和式(13.69)，可得

$$\mathbb{E}\{\nabla V_2(k)\} \leqslant \mathbb{E}\{\xi_1^{\mathrm{T}}(k)\mathscr{N}\xi_1(k)\} \tag{13.70}$$

注意到，当讨论随机均方稳定性时，有 $w(k) \equiv 0$，则

$$\begin{aligned} \mathbb{E}\{\nabla V(k)\} =& E\{\nabla V_1(k)\} + \mathbb{E}\{\nabla V_2(k)\} \\ \leqslant& \mathbb{E}\left\{ \sum_{m=1}^{t}\sum_{s=1}^{t} \phi_{im}\pi_{is}\xi_1^{\mathrm{T}}(k)\Theta_{ims}^{(3)}\xi_1(k) - \bar{x}^{\mathrm{T}}(k)P_i\bar{x}(k) \right\} \\ <& \mathbb{E}\left\{ \xi_1^{\mathrm{T}}(k)\left(\sum_{m=1}^{t}\sum_{s=1}^{t} \phi_{im}\pi_{is}\tilde{G}_{ims} \right)\xi_1(k) - \bar{x}^{\mathrm{T}}(k)P_i\bar{x}(k) \right\} \\ =& \mathbb{E}\left\{ \bar{x}^{\mathrm{T}}(k)\left(\sum_{m=1}^{t}\sum_{s=1}^{t} \phi_{im}\pi_{is}G_{ims} - P_i \right)\bar{x}(k) \right\} \\ \leqslant& \zeta\mathbb{E}\{\bar{x}^{\mathrm{T}}(k)\bar{x}(k)\} \end{aligned} \tag{13.71}$$

其中，“$<$” 成立是因为式(13.64)；标量 ζ 为 $(\sum_{m=1}^{t}\sum_{s=1}^{t} \phi_{im}\pi_{is}G_{ims} - P_i)$ 的最大特征值，并且有 $\zeta < 0$，由此可得

$$\mathbb{E}\{V(\infty) - V(0)\} = \mathbb{E}\left\{ \sum_{0}^{\infty} \nabla V(k) \right\} \leqslant \zeta\mathbb{E}\left\{ \sum_{0}^{\infty} \bar{x}^{\mathrm{T}}(k)\bar{x}(k) \right\} \tag{13.72}$$

因此

$$\mathbb{E}\left\{ \sum_{0}^{\infty} \bar{x}^{\mathrm{T}}(k)\bar{x}(k) \right\} \leqslant -\frac{1}{\zeta}\mathbb{E}\{V(0)\} < \infty \tag{13.73}$$

成立，这符合定义 13.1 中均方稳定性条件，系统的随机均方稳定性得证。

为了证明严格耗散性，引入如下的性能指标：

$$\begin{aligned} J(N) =& \sum_{k=0}^{N} \mathbb{E}\{w^{\mathrm{T}}(k)(\gamma I - \mathscr{V})w(k) - e^{\mathrm{T}}(k)\mathscr{U}e(k) - 2e^{\mathrm{T}}(k)\mathscr{S}w(k)\} \\ \leqslant& \sum_{k=0}^{N} \mathbb{E}\{w^{\mathrm{T}}(k)(\gamma I - \mathscr{V})w(k) + e^{\mathrm{T}}(k)U_1^{\mathrm{T}}U_1 e(k) - 2e^{\mathrm{T}}(k)\mathscr{S}w(k) + \nabla V(k)\} \\ \leqslant& \sum_{k=0}^{N} \mathbb{E}\left\{ \sum_{m=1}^{t}\sum_{s=1}^{t} \phi_{im}\pi_{is}\xi^{\mathrm{T}}(k)\Theta_{ims}^{(4)}\xi(k) - \bar{x}^{\mathrm{T}}(k)P_i\bar{x}(k) \right\} \\ <& \sum_{k=0}^{N} \mathbb{E}\left\{ \sum_{m=1}^{t}\sum_{s=1}^{t} \phi_{im}\pi_{is}\xi^{\mathrm{T}}(k)\hat{G}_{ims}\xi(k) - \bar{x}^{\mathrm{T}}(k)P_i\bar{x}(k) \right\} \\ =& \sum_{k=0}^{N} \mathbb{E}\left\{ \bar{x}^{\mathrm{T}}(k)\left(\sum_{m=1}^{t}\sum_{s=1}^{t} \phi_{im}\pi_{is}G_{ims} - P_i \right)\bar{x}(k) \right\} \\ <& 0 \end{aligned} \tag{13.74}$$

其中，两个“<”成立分别是因为式(13.64)和式(13.58)。由式(13.74)可知：滤波误差动态系统 (S_e) 是严格 $(\mathscr{U},\mathscr{S},\mathscr{V})$-$\gamma$-耗散的。定理得证。 □

13.4.4 基于非同步量化的非同步滤波器设计

定理 13.3 通过引入松弛矩阵 G_{ims} 大大简化了矩阵不等式的形式，但其中存在非线性项，难以直接用来求解滤波器参数。定理 13.4 将基于 Projection 引理给出滤波器的设计方法。

定理 13.4 基于假设 13.1 考虑滤波误差动态系统 (S_e)。系统 (S_e) 是随机均方稳定的且是严格 $(\mathscr{U},\mathscr{S},\mathscr{V})$-$\gamma$- 耗散的，如果存在矩阵 $\tilde{A}_m$、$\tilde{B}_m$、$\tilde{C}_m$、$\tilde{D}_m$、W_m，对角矩阵 $M_1>0$、$M_2>0$、$L_s>0$，以及如下的正定矩阵

$$P_i=\begin{bmatrix}P_i^{(1)} & P_i^{(2)}\\ * & P_i^{(3)}\end{bmatrix},\qquad G_{ims}=\begin{bmatrix}G_{ims}^{(1)} & G_{ims}^{(2)}\\ * & G_{ims}^{(3)}\end{bmatrix},\qquad R=\begin{bmatrix}R_{11} & R_{12}\\ * & R_{22}\end{bmatrix}$$

对于 $\forall i,\ m,\ s\in\mathscr{T}$ 如下的条件能够成立：

$$\sum_{m=1}^{t}\sum_{s=1}^{t}\phi_{im}\pi_{is}G_{ims}<P_i \tag{13.75}$$

$$\Gamma_i^{\mathrm{T}}\breve{\Theta}_{ims}\Gamma_i<0,\qquad \grave{\Theta}_{ims}<0 \tag{13.76}$$

其中

$$\breve{\Theta}_{ims}=\begin{bmatrix}\bar{P}_i-\breve{W}_m & \breve{\Theta}_{im}^{(12)}\\ * & \grave{\Theta}_{ims}\end{bmatrix},\qquad \breve{W}_m=\begin{bmatrix}0 & W_m\\ W_m^{\mathrm{T}} & W_m+W_m^{\mathrm{T}}\end{bmatrix}$$

$$\breve{\Theta}_{im}^{(12)}=\begin{bmatrix}0 & \tilde{B}_mC_{1i} & \tilde{A}_m & 0 & 0 & 0 & \tilde{B}_mD_i & \tilde{B}_m & 0\\ 0 & \tilde{B}_mC_{1i} & \tilde{A}_m & 0 & 0 & 0 & \tilde{B}_mD_i & \tilde{B}_m & 0\end{bmatrix}$$

$$\grave{\Theta}_{ims}=\begin{bmatrix}\grave{\Theta}_{ims}^{(1)} & \grave{Y}_m & \grave{Z}_i^{\mathrm{T}}\Sigma_sL_s\\ * & -L_s & 0\\ * & * & -L_s\end{bmatrix}$$

$$\grave{\Theta}_{ims}^{(1)}=\begin{bmatrix}-I & \grave{\Theta}_{im}^{(12)} & 0 & -U_1\tilde{D}_mD_i\\ * & \tilde{\Theta}_{ims}^{(22)} & 0 & \tilde{\Theta}_{im}^{(24)}\\ * & * & -R-\Theta^{(33)} & 0\\ * & * & * & \tilde{\Theta}_{im}^{(44)}\end{bmatrix}$$

$$\grave{\Theta}_{im}^{(12)}=\begin{bmatrix}U_1C_{2i}-U_1\tilde{D}_mC_{1i} & -U_1\tilde{C}_m & 0\end{bmatrix}$$

$$\tilde{\Theta}_{ims}^{(22)}=\begin{bmatrix}\tau R_{11}-X_1M_1-G_{ims}^{(1)} & -G_{ims}^{(2)} & \tau R_{12}+X_2M_1\\ * & -G_{ims}^{(3)} & 0\\ * & * & \tau R_{22}-M_1\end{bmatrix}$$

$$
\begin{aligned}
&\tilde{\Theta}_{im}^{(24)}=\begin{bmatrix} -\mathscr{S}^{\mathrm{T}}C_{2i}+\mathscr{S}^{\mathrm{T}}\tilde{D}_mC_{1i} & \mathscr{S}^{\mathrm{T}}\tilde{C}_m & 0 \end{bmatrix}^{\mathrm{T}}\\
&\tilde{\Theta}_{im}^{(44)}=D_i^{\mathrm{T}}\tilde{D}_m^{\mathrm{T}}\mathscr{S}+\mathscr{S}^{\mathrm{T}}\tilde{D}_mD_i+\gamma I-\mathscr{V}\\
&\grave{Y}_m=\begin{bmatrix} -\tilde{D}_m^{\mathrm{T}}U_1^{\mathrm{T}} & 0 & 0 & 0 & 0 & 0 & \tilde{D}_m^{\mathrm{T}}\mathscr{S} \end{bmatrix}^{\mathrm{T}}\\
&\grave{Z}_i=\begin{bmatrix} 0 & C_{1i} & 0 & 0 & 0 & 0 & D_i \end{bmatrix}\\
&\Gamma_i=\begin{bmatrix} \breve{\Gamma}_i^{\mathrm{T}} & I_{(6n+n_z+n_w+2q)} \end{bmatrix}^{\mathrm{T}}\\
&\breve{\Gamma}_i=\begin{bmatrix} 0 & 0 & A_i & 0 & E_i & 0 & E_{di} & B_i & 0 & 0 \end{bmatrix}
\end{aligned}
$$

进一步，如果线性矩阵式(13.75)和式(13.76)存在可行解，那么滤波器矩阵参数可通过式 (13.77) 计算得到：

$$
\begin{cases}\hat{A}_m=(W_m)^{-1}\tilde{A}_m, & \hat{B}_m=(W_m)^{-1}\tilde{B}_m\\ \hat{C}_m=\tilde{C}_m, & \hat{D}_m=\tilde{D}_m\end{cases}\tag{13.77}
$$

证明　由定理 13.3 可知，条件(13.58)和式(13.59)成立是系统滤波误差系统 (S_e) 随机均方稳定且 $(\mathscr{U},\mathscr{S},\mathscr{V})$-$\gamma$- 耗散的充分条件。首先，将式(13.59)简写为如下形式：

$$
\begin{bmatrix} -\bar{P}_i^{-1} & \Omega_{im}^{(1)}\\ * & \Omega_{ims}^{(2)}\end{bmatrix}<0\tag{13.78}
$$

比较式(13.59)和式(13.78)便可知矩阵 $\Omega_{im}^{(1)}$ 和 $\Omega_{ims}^{(2)}$ 的具体形式，此处不再赘述。接下来将证明式(13.76)是式(13.78)的充分条件。

引入矩阵 W_{ims}

$$
W_{ims}=\begin{bmatrix} W_{ims}^{(1)} & W_m\\ W_{ims}^{(2)} & W_m\end{bmatrix}\tag{13.79}
$$

以及如下结构的矩阵

$$
\tilde{\Theta}_{ims}\overset{\text{def}}{=\!=}\begin{bmatrix} \bar{P}_i-W_{ims}-W_{ims}^{\mathrm{T}} & W_{ims}\Omega_{im}^{(1)}\\ * & \Omega_{ims}^{(2)}\end{bmatrix}\tag{13.80}
$$

将 $\bar{A}_{im}^{(1)}$、$\bar{B}_{im}^{(1)}$、$\bar{C}_{im}^{(1)}$ 和 $\bar{D}_{im}^{(1)}$ 的具体形式代入式(13.80)，并做如下的替换：

$$
\begin{cases}\tilde{A}_m\overset{\text{def}}{=\!=}W_m\hat{A}_m, & \tilde{B}_m\overset{\text{def}}{=\!=}W_m\hat{B}_m\\ \tilde{C}_m\overset{\text{def}}{=\!=}\hat{C}_m, & \tilde{D}_m\overset{\text{def}}{=\!=}\hat{D}_m\end{cases}\tag{13.81}
$$

进一步定义如下的矩阵：

$$
\begin{aligned}
&\Psi_i=\begin{bmatrix} -I_n & \breve{\Gamma}_i\end{bmatrix},\qquad \Upsilon=\begin{bmatrix} I_{2n} & 0_{(2n)\times(5n+n_z+n_w+2q)}\end{bmatrix}\\
&\Upsilon_{\perp}=\begin{bmatrix} 0_{(2n)\times(5n+n_z+n_w+2q)}\\ I_{(5n+n_z+n_w+2q)}\end{bmatrix},\qquad \bar{W}_{ims}=\begin{bmatrix} W_{ims}^{(1)}\\ W_{ims}^{(2)}\end{bmatrix}
\end{aligned}
$$

注意到

$$\Psi_i \cdot \Gamma_i = 0, \qquad \Upsilon \cdot \Upsilon_\perp = 0 \tag{13.82}$$

即 Γ_i 和 $\Upsilon_\perp$ 分别为 Ψ_i 和 Υ 的正交补。将矩阵 $\tilde{\Theta}_{ims}$ 进行如下分解：

$$\tilde{\Theta}_{ims} = \breve{\Theta}_{ims} + \Upsilon^{\mathrm{T}} \bar{W}_{ims} \Psi_i + \Psi_i^{\mathrm{T}} \bar{W}_{ims}^{\mathrm{T}} \Upsilon \tag{13.83}$$

注意到，条件(13.76)可以重新表述成

$$\Gamma_i^{\mathrm{T}} \breve{\Theta}_{ims} \Gamma_i < 0, \qquad \Upsilon_\perp^{\mathrm{T}} \breve{\Theta}_{ims} \Upsilon_\perp < 0 \tag{13.84}$$

根据 Projection 引理，式(13.84)等价于 $\tilde{\Theta}_{ims} < 0$。由 $\tilde{\Theta}_{ims} < 0$ 可知，$W_{ims} + W_{ims}^{\mathrm{T}}$ 和 $W_m + W_m^{\mathrm{T}}$ 均为正定矩阵，这意味着矩阵 W_{ims} 和 W_m 是可逆的。另外，由不等式 $(\bar{P}_i - W_{ims})\bar{P}_i^{-1}(\bar{P}_i - W_{ims})^{\mathrm{T}} \geqslant 0$ 可知如下的不等式成立：

$$\bar{P}_i - W_{ims} - W_{ims}^{\mathrm{T}} \geqslant -W_{ims} \bar{P}_i^{-1} W_{ims}^{\mathrm{T}} \tag{13.85}$$

因此，当 $\tilde{\Theta}_{ims} < 0$ 成立时

$$\begin{bmatrix} -W_{ims} \bar{P}_i^{-1} W_{ims}^{\mathrm{T}} & W_{ims} \Omega_{im}^{(1)} \\ * & \Omega_{ims}^{(2)} \end{bmatrix} < 0 \tag{13.86}$$

必定成立。利用矩阵 $\mathrm{diag}\{W_{ims}^{-1}, I\}$ 对式(13.86)进行同余变换，可得式(13.78)。这就证明了当条件(13.75)和式(13.76)同时成立时，系统 (S_e) 是随机均方稳定的和严格耗散的，并由式(13.81)直接可得滤波器参数计算方法(13.77)。定理得证。 □

注 13.10　在耗散性定义中，式(13.11)的左侧为供给能量，右侧 $\sum\limits_{k=0}^{N} w^{\mathrm{T}}(k)w(k)$ 为消耗的能量。根据耗散性理论，γ 的值越大则表明系统耗散性能越好。因此，在求解滤波器参数时，可通过求解如下的优化问题对耗散性能参数进行优化 (优化后的参数记作 γ^*)：

$$\begin{cases} \min \quad -\gamma \\ \text{s.t.} \quad 式(13.75), 式(13.76). \end{cases} \tag{13.87}$$

注记　本章内容由文献 (Shen et al., 2019a; Shen et al., 2019b) 及文献 (沈英, 2020) 第 1、4、5 章等内容改写。

习　题

13-1　考虑如下的 Markov 跳变系统：

$$\begin{cases} x(k+1) = A(\theta_k)x(k) + B(\theta_k)w(k) \\ y(k) = C(\theta_k)x(k) + D(\theta_k)w(k) \end{cases}$$

其中，$x(k) \in \mathbb{R}^{n_x}$ 为系统状态；$y(k) \in \mathbb{R}^{n_y}$ 为系统输出；$w(k) \in \mathbb{R}^{n_w}$ 为扰动输入，并且 $w(k) \in l_2[0, \infty)$；$A(\theta_k)$、$B(\theta_k)$、$C(\theta_k)$、$D(\theta_k)$ 均为已知矩阵；$\theta_k \in \mathscr{N}$ ($\mathscr{N} = \{1, 2, \cdots, n\}$) 为 Markov 跳变参数，

它的转移概率为 $\Pr\{\theta_{k+1}=j|\theta_k=i\}=\pi_{ij}$。试推导可保证上述系统随机均方稳定且具有 H_∞ 性能 γ 的充分条件。

13-2　若习题 13-1 中的系统存在不确定性，即

$$\begin{cases}x(k+1)=(A(\theta_k)+\Delta A(\theta_k))x(k)+(B(\theta_k)+\Delta B(\theta_k))w(k)\\ y(k)=C(\theta_k)x(k)+D(\theta_k)w(k)\end{cases}$$

其中，$\Delta A(\theta_k)$ 和 $\Delta B(\theta_k)$ 为系统不确定项，它满足

$$\begin{bmatrix}\Delta A(\theta_k) & \Delta B(\theta_k)\end{bmatrix}=E(\theta_k)F(k)\begin{bmatrix}H_1(\theta_k) & H_2(\theta_k)\end{bmatrix}$$

$E(\theta_k)$、$H_i(\theta_k), i=1,2$ 为已知矩阵；不确定矩阵 $F(k)$ 满足范数有界条件 $F^{\mathrm{T}}(k)F(k)\leqslant I$。试推导可保证上述系统随机均方稳定且具有耗散性能 γ 的充分条件。

参 考 文 献

沈英，2020. Markov 跳变系统的非同步综合 [D]. 杭州: 浙江大学.

SHEN Y，WU Z，SHI P，et al.，2019b. H_∞ control of Markov jump time-delay systems under asynchronous controller and quantizer[J]. Automatica，99(12):352-360.

SHEN Y，WU Z，SHI P，et al.，2019a. Asynchronous filtering for Markov jump neural networks with quantized outputs[J]. IEEE Transactions on Systems，Man，and Cybernetics:Systems，49(2):433-443.